XII. Band. **Bau und Leben der Pflanzen.** Von Dr. **G. W. Thomé** in Cöln. 21 Bogen Text mit 70 Holzschnitten.

XIII. Band. **Die Mechanik des menschlichen Körpers.** Von Prof. Dr. **Kollmann** in München. 20 Bgn. Text mit 60 Holzschn.

XIV. Band. **Das Mikroskop und seine Anwendung.** Von Prof. Dr. **Fr. Merkel** in Rostock. 20 Bogen Text mit 132 Holzschn.

XV. Band. **Das Spektrum und die Spektralanalyse.** Von Dr. **P. Zech**, Prof. der Physik am Polytechnikum in Stuttgart. 15 Bogen Text mit 33 Holzschnitten und einer Tafel.

XVI. Band. **Darwinismus und Thierproduktion.** Von Prof. Dr. **C. E. R. Hartmann.** 19 Bgn. Text mit 46 Holzschnitten.

XVII. Band. **Fels und Erdboden.** Von Hofrath, Prof. Dr. **Ferdinand Senft.** 26 Bogen. Text mit 17 Holzschnitten.

XVIII. Band. **Gesundheitslehre des menschlichen Körpers.** Von Dr. **P. Niemeyer** in Leipzig. 19 Bogen Text mit 31 Holzschn.

XIX. Band. **Die Ernährung des Menschen.** Von Dr. **Johannes Ranke** in München. 26 Bogen Text und eine Photographie von J. v. Liebig.

XX. Band. **Die Naturkräfte in ihrer Anwendung auf die Landwirthschaft.** Von Dr. **v. Hamm**, Ministerialrath in Wien. 22 Bogen Text mit 64 Holzschnitten.

XXI. Band. **Organismus der Insekten.** Von Professor Dr. **V. Graber** in Czernowitz. 26 Bogen Text mit 200 Holzschn.

Unter der Presse befinden sich und werden demnächst erscheinen:

XXII. Band. **Leben der Insekten.** Prof. Dr. **V. Graber** in Czernowitz.

XXIII. Band. **Gesetzmäßigkeit im Gesellschaftsleben.** Von Ministerialrath, Prof. Dr. **G. Mayr** in München.

XXIV. Band. **Die Naturkräfte in den Alpen.** Von Prof. Dr. **Fr. Pfaff** in Erlangen.

In Vorbereitung befinden sich folgende Bände:

Bollinger, Prof. Dr. in München. **Die Ursachen der Epidemien.**

Brefeld, Privatdocent Dr. in Berlin. **Bacterien und Pilze.**

Gudden, Prof. Dr. in München. **Physiologie des Gehirns und der Nerven.**

Heller, Prof. Dr. in Kiel. **Die Parasiten.**

Jäger, Prof. Dr. Gust. in Stuttgart. **Die menschliche Arbeitskraft.**

Immermann, Prof. Dr. in Basel. **Gesundheit und Krankheit.**

Krebs, Dr. in Frankfurt. **Die Wechselwirkung der Naturkräfte.**

Lorenz, Dr., Ministerialrath in Wien. **Der Wald, der Boden und das Klima.**

Im Drucke ist und erscheint demnächst:

Vergleichende

Lebens- und Entwicklungs-Geschichte

der

Insekten.

Von

Dr. Vitus Graber.

8°. ca. 20 Bogen mit 93 Original-Holzschnitten.

Preis ordinär 3 Mark.

(II. Theil des vorliegenden Werkes.)

Ferner:

Die

Gesetzmäßigkeit

im

Gesellschaftsleben

von

Dr. Georg Mayr,

k. b. Ministerialrath und Universitätsprofessor, Vorstand des statistischen Bureau's für das Königreich Bayern.

8°. 21 Bogen mit 19 Abbildungen und einem Kärtchen in Farbendruck.

Preis ordinär 3 Mark.

Im Drucke ist und erscheint demnächst:

Die Naturkräfte
in den
Alpen.

von

Dr. Friedrich Pfaff,
o. ö. Professor an der Universität Erlangen.

8°. ca. 20 Bogen mit ca. 70 Holzschnitten.

Preis ordinär 3 Mark.

Naturkräfte.

Einundzwanzigster Band.

Die

Insekten.

Von

Dr. Vitus Graber,

k. k. o. ö. Professor d. Zoologie a. d. Universität Czernowitz.

I. Theil.

Der Organismus der Insekten.

Mit 200 Original-Holzschnitten.

München.

Druck und Verlag von R. Oldenbourg.

1877.

Vorwort.

Das Insekt, dieses köstlichste, bildsamste und mannigfaltigste Eine, das die Naturmächte, zum sprechenden Zeugniß ihres unausgesetzten Organisirens und Gestaltens, hervorgebracht, das uns gewöhnlich aber nur in unzählige Einzelformen zersplittert vor Augen tritt, soll in diesem Buche zunächst als ein integrirendes Glied der gesammten großartigen Kerbthierwelt und dann als ein der Wesenheit nach immer gleicher, in der Erscheinung aber unendlich wandelbarer, d. h. den wechselnden äußern Daseinsbedingungen sehr verschiedenartig sich anpassender und auf dieselben sehr verschiedenartig wirkender Organismus dargestellt werden, und zwar in einer solchen Weise und Methode, daß sowohl Laien als Kenner daraus gründliche Belehrung schöpfen, zugleich aber auch zu einem immer eindringlicheren und ausgedehnteren Studium dieser wundersamen Naturen sich angeregt fühlen mögen.

Wie wohl oder übel uns dieses aber in der für ein so vielseitiges und vielfach noch dunkles Thema verhältnißmäßig kurzen Zeit gerathen, möchten nur Kundige und Verständige beurtheilen, die auch gern einräumen werden, daß wir unser Buch, sowohl hinsichtlich vieler darin niedergelegten Special=

untersuchungen als auch betreffs der ganzen darin ausgesprochenen Anschauungsweise der insektischen Organisation als etwas völlig Selbsteigenes in Anspruch nehmen müssen.

Der hochsinnige Herr Verleger aber kann bezeugen, daß wir uns zur Verfassung eines so schwierigen Werkes nicht selbst angetragen, sondern es erst über den Rath v. Siebold's übernommen haben, und daß wir es ferner, trotz des günstigen Prognosticons, das ihm, nach seiner Vollendung, der große Biologe gestellt, nur auf Grund einer völligen Neubearbeitung unter die Presse zu lassen wagten, wobei es uns leider nicht mehr vergönnt war, auch viele Holzschnitte durch inzwischen angefertigte Abbildungen instruktiverer Präparate und lehrhafterer schematischer Zeichnungen zu ersetzen, während andererseits, bezüglich des Textes, doch auch die Zeit mangelte, das Ganze in jene gleichmäßig populäre Form zu kleiden, wie sie zumal gewisse englische Naturforscher so meisterhaft handhaben.

Beides aber in einer neuen Auflage thun zu können, getrauen wir uns weniger für uns zu hoffen, als wir es dem Herrn Verleger wünschen, der hiemit der deutschen Nation abermals ein theures — hoffen wir aber — auch ein willkommenes Opfer bringt.

Czernowitz d. 24. April 1877.

Der Verfasser.

Inhalt.

I. Kapitel.

Einleitung.

Das Eine darf die heutige Naturforschung wohl ohne Bedenken aussprechen, daß nämlich die organischen Wesen so wenig Separatschöpfungen wie die sogenannten unorganischen sind, sondern nichts weiter als besondere Erscheinungsformen der allgemeinen Materie darstellen, aus der sie sich, gleich den übrigen individualisirten Massen, nach und nach gebildet haben.

Zwei einander diametral gegenüberstehende Anschauungen herrschen aber noch über die erste Entstehung der belebten Naturdinge, sowie über die beständige Umwandlung, in welcher wir dieselben ja thatsächlich begriffen sehen. Die Einen lassen, wie gebürlich, Alles auf rein natürlichem Wege, d. h. durch die Mechanik der „allgemeinen Naturkräfte" von Statten gehen, unter deren nach Zeit und Umständen variabeln Einwirkungen auch die Umgestaltung der beeinflußten Lebewesen verschieden ausfallen muß. Hier wird also alle Veränderung in letzter Linie auf die Anpassung durch und an die Außenwelt zurückgeführt. Die Anhänger der gegentheiligen Anschauung, deren Zahl aber glücklicherweise immer mehr schwindet, nehmen neben der Mechanik des Naturganzen noch eine besondere Mechanik für die belebten Naturtheile an, und machen den einzelnen Schöpfungsakt, den sie doch zu perhorresciren vorgeben, zu einem fortdauernden, indem sie, völlig in den alten Vorurtheilen befangen, der Ansicht Raum geben, daß jedem organisirten Wesen ein besonderes Gesetz innewohnt, das sowohl seine Lebensthätigkeit überhaupt als auch speciell die Richtung seiner Entwicklung bestimmt und regelt.

Nichts dünkt uns leichter als diese verkappte Schöpfungstheorie ad absurdum zu führen. Wir wählen hiezu ein Beispiel, das uns zugleich zu unserem Thema, dem Insektenorganismus hinüberleitet. — Es steht fest, daß es vor Zeiten nur Wasser- und speciell Meerthiere gegeben hat und die Paläontologie sagt uns ferner, daß in den ältesten Meeren relativ einfache und niedrige Organismen lebten, und daß die complicirteren und höher gebauten Formen erst aus einer spätern Zeit datiren.

Wie ist nun das aus dem Meer emportauchende Land bevölkert worden?

Mit der Annahme einer eigens zu dem Zweck inscenirten Extraschöpfung wäre die Sache allerdings sehr einfach beigelegt, wobei es dann ziemlich einerlei bleibt, ob man gleich die fertigen Thiere oder bloß deren Keime erschaffen sein läßt. Jedenfalls hat man aber dann das Recht zu erwarten, daß eine solche separate Landthierschöpfung ein wirklich orginelles Gepräge an sich habe. Denn wenn das Meer seine ausschließlichen Thier-Specialitäten, seine Quallen, Polypen, seine Stachelhäuter u. s. w. beherbergt, so dürfte der neue Schauplatz, das mit dem Tropfbarflüssigen so sehr contrastirende Medium der Luft dem schaffenden Wesen doch die schönste Gelegenheit geboten haben, mit seinen Künsten sich sehen zu lassen.

Was aber zeigt uns denn die Landfauna in Wirklichkeit?

Lauter Bekanntes, lauter schon Dagewesenes: Würmer, Gliederthiere, Molluscen, Wirbelthiere, Alles genau nach der Schablone der betreffenden Wasserthiere, nur in etwas und häufig in nicht sehr gelungener Accomodirung an den neuen Aufenthaltsort.

Hier erscheint also die Schöpfungswiederholung in einem höchst fatalen Lichte. Denn wenn das Land nur das bekam, was ohnehin im Wasser schon genugsam vorbereitet war, und wenn ursprünglich dem Flüssigen angehörige Thiere unter gewissen und oft sehr unbedeutenden Abänderungen es auch im Trockenen aushalten konnten, so waren ja zur Bevölkerung des Landes jene Thiere ausreichend, die bei der allmäligen Entblößung des Festlandes aus dem Meere dort zurückblieben.

Und merkwürdigerweise pflichten dieser Erklärungsweise auch jene Naturforscher bei, welche die Entwicklung der Thiere durch ein denselben inhärirendes und unverändert fortwirkendes Gesetz bedingt sein lassen. Wir sagen merkwürdigerweise, weil bei der Umwandlung der Wasser- in Landthiere ein solches Entwicklungsprincip eine überaus mißliche Rolle zu spielen scheint.

Es setzt nämlich voraus, daß schon bei der ersten Entstehung der Meerthiere gewisse unter ihnen zu Landcandidaten prädestinirt wurden, d. h. daß sie für den späteren Landaufenthalt schon im Vorhinein angepaßt wurden. Wenn wir aber ein solches auf alle eventuellen Lebensumstände berechnetes und passendes Entwicklungsregulativ als etwas für die Naturforschung ganz und gar Unbegreifliches zurückweisen müssen, sind wir dann nicht logisch gezwungen jene Erklärung zu acceptiren, welche nur eine von Außen kommende Anpassung von Fall zu Fall kennt, und müssen wir also nicht auch in Bezug auf unser Beispiel einräumen, daß gewisse Wasserthiere nicht deßhalb sich in Landthiere metamorphosirten, weil sie zu dieser Würde schon von allem Anfange delegirt waren, sondern aus dem Grunde, weil sie unter den neuen Existenzbedingungen nicht mehr die alten bleiben konnten, weil sie von dem Augenblicke an, wo sie auftauchten und atmosphärische Luft zu athmen begannen, wo ein neues Medium sie umgab, das sie austrocknete und für den äußeren Gasaustausch unzugänglich machte, und das nebstdem auch, in vielen Fällen wenigstens, eine andere Ernährungs- und Bewegungsweise erforderte, entweder einer durchgreifenden und plötzlichen Umgestaltung oder bei einem mehr vermittelten Wechsel der Medien doch einer allmäligen Metamorphose anheimfielen, wie wir eine solche ja noch gegenwärtig bei jenen Geschöpfen stattfinden sehen, die im Lauf ihrer individuellen Entwicklung ihren Aufenthaltsort wechseln.

Wir haben früher des für die Teleologen so verhängnißvollen Umstandes gedacht, daß die Thierwelt des Landes keinerlei demselben ausschließlich eigenthümliche oder originelle Gestaltungen aufweise, wie solche das Meer in großer Fülle darbietet.

Aber sind denn nicht gerade unsere Lieblinge, die Insekten, welche trotz ihrer Kleinheit die eigentlich tonangebenden und dominirenden Wesen der gesammten Landfauna genannt werden müssen, zugleich auch wahre Originalprachtstücke, wir möchten sagen, wahre Ideale von Landbewohnern, eigens und ausschließlich nur für das Luftleben bestimmt und eingerichtet und Kreaturen, die mit den Wassergeschöpfen nicht die mindeste Gemeinschaft haben?

Man darf es keinem Laien und am wenigsten den Entomologen gewöhnlichen Schlages verdenken, wenn sie die Insekten sowohl an sich genommen, als in ihrer Allgemeinheit, in der Großartigkeit und Mannichfaltigkeit ihres Daseins betrachtet, für eine besondere, selbstständige Welt halten. Oder ist denn nicht schon das Leben der Kerfe, die furchtbare Energie, die staunenswerthe Geschicklichkeit und die unendliche Vielseitigkeit ihrer Arbeiten und Leistungen ein Phänomen ganz eigener Art? Ist ferner nicht auch die ganze innere und äußere Ausrüstung der Lebensmaschine, wie wir sie bei einer Libelle, bei einer Fliege, bei einer Biene u. s. w. bewundern, wahrhaft originell zu nennen? Existirt denn in der übrigen Thierwelt noch Etwas, was sich etwa einem Schmetterlinge vergleichen ließe? In dem prunkhaften äußeren Staat und dem mannigfaltigen Rüstzeug von Hebeln und Handwerksgeräthen, das die meisten unserer geflügelten Miniaturdickhäuter an sich tragen, stehen sie allerdings ganz einzig da. Aber wissen wir denn nicht, daß die Vögel, welche hinsichtlich ihrer glänzenden Erscheinung und namentlich auch wegen ihrer Fluggeräthe so viel Analoges mit den Kerfen haben, dennoch nur eine etwas modificirte Ausgabe von Reptilien sind, und legt es uns nicht gerade die außerordentliche Vollkommenheit des Kerforganismus nahe, daß ihm etwas minder Vollkommenes, etwas Einfacheres vorausgegangen sein muß?

Doch der Leser dürfte des Allgemeinen schon satt sein; wir wollen ihm die Sache nun an einem concreten Fall verdeutlichen. Die Gottesanbeterin, die Mantis religiosa, kennt er. Sie trägt, wie jedes vollblütige Insekt, am Rücken zwei Flügel- und am Bauch drei Beinpaare. An ihrem Fötus, am Embryo aber entdecken wir kürzlich hinter dem letzten Beinpaar (Fig. 1 b3) noch ein überzähliges viertes aber etwas kleineres, das jedoch bis zum Ausschlüpfen des Thieres, d. h. also bis es diese überschüssigen Gliedmassen auch gebrauchen könnte, sich allmälig zurückbildet und verschwindet. Wir haben es da also mit völlig functionslosen Gliedern zu thun, die nur als Ueberreste eines früheren Zustandes, als fortdauernde Zeugen der Abstammung dieser Kerfe von anders gearteten Wesen sich verstehen lassen.

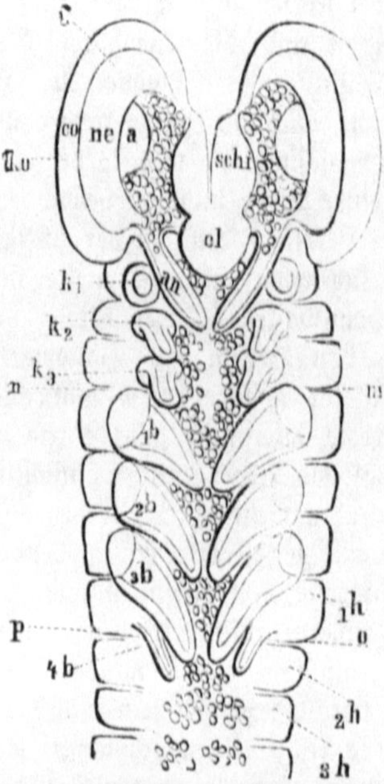

Fig. 1.
Vorderhälfte des bandförmigen Mantis-Fötus. ko Vorderkopfsegment (G Gehirn, ne Netzhaut, co Cornea der großen Facettaugen, schi Schildchen, ol Oberlippe, an Fühleranlagen), k_1 1. k_2 2. k_3 3. Kiefersegment. b_1 Vorder-, b_2 Mittel-, b_3 Hinterbrustring mit den den Kiefern entsprechenden Beinanlagen, b_4 überzähliges 4. Beinpaar am 1. Hinterleibssegment h_1.

Während aber der Mantis-Embryo um ein Beinpaar zuviel hat, besitzt das selbstständig gewordene Thier die Flügel noch gar nicht. Diese erlangt es erst später. Die Gottesanbeterin war also früher ein mehr als sechsbeiniges Thier, bevor es ein geflügeltes, ein echtes Insekt wurde.

So werden wir also von selbst darauf geführt, den Organismus des Insektes zunächst nicht am Insekt als solchem uns vor Augen zu führen, sondern ihn in seiner Allgemeinheit darzustellen, wie er am ganzen Thierstamme, dem das Insekt angehört, in die Erscheinung tritt. Wir werden also zunächst den allgemeinen Typus, gleichsam den Entwurf kennen lernen, der allen hier in Betracht kommenden Thieren zu Grunde liegt und werden dann dem Leser einen Begriff zu geben suchen, wie durch Abänderung, durch Complikation und fortschreitende Vervollkommnung dieses Typus eine unerschöpfliche Mannigfaltigkeit von Gestalten hervorgeht, unter denen aber die Insekten weitaus den obersten Platz behaupten.

II. Kapitel.

Allgemeine Orientirung über den Organismus der chitinhäutigen Gliederthiere.

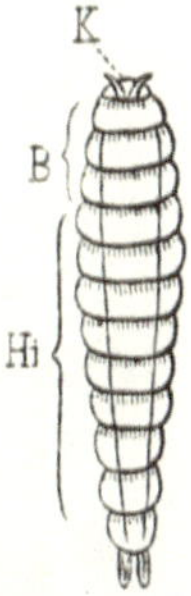

Fig. 1*. Larve einer Pferdemagenfliege.

Die eigentliche Fundamental- oder Grundform der typischen Gliederthiere ist die eines geringelten Wurmes (Fig. 1*) d. h. also eines Thieres, dessen walzlicher Hautschlauch durch eine Reihe äquidistanter Querfalten oder Ringfurchen in eine Kette reifartiger Glieder oder Zonen (Metameren = Folgestücke) zerlegt oder abgetheilt ist.

Diese ganz charakteristische Architektonik des Körperbaues finden wir, wenn auch in sehr verschiedenen Graden der Deutlichkeit, außer bei den Insekten auch bei den Spinnenthieren (Arachnoidea), bei den Viel- oder Tausendfüßlern (Myriopoda) (Fig, 2), sowie bei den Krebsen (Crustacea) und Ringelwürmern (Fig. 3). So sehr aber auch die äußere Gliederung des Körperstammes der Ringelwürmer mit jener der Tausendfüßler z. B. (Fig. 3) übereinstimmt, so entdeckt der Leser doch sofort einen gewaltigen Unterschied, nämlich in der Beschaffenheit der paarigen Bauchanhänge oder Seitenaxen, womit sich diese Thiere theils stützen theils fortbewegen. Bei den Ringelwürmern sind diese Stammanhänge einfache Hautzapfen, bei den anderen ebenso gegliedert wie der Stamm selbst, gleichsam verjüngte Querstämme. So wie bei den Tausendfüßlern verhält es sich aber auch bei den Insekten, Spinnen und Krustenthieren. Diese faßt man deßhalb in einem engeren

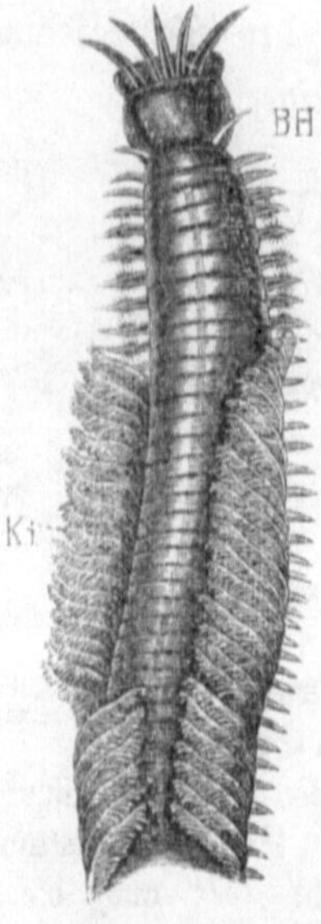

Fig. 2.
Ringelwurm (Eunice gigantea).
Ki Rückenkiemen, BH stummelartige Bauchanhänge.

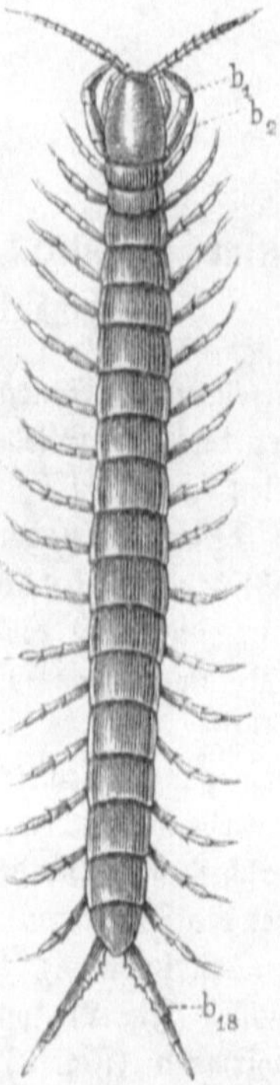

Fig. 3.
Bandassel (Scolopendra morsitans Gerv.)
an Antennen oder Fühler, b1 erstes Beinpaar des Rumpfes, in Beißwerkzeuge (Kieferfüße) umgewandelt.

Reich oder Kreis zusammen: dem der Gliederfüßler (Arthropoda). Da wir nun aber schon an's Classificiren der Gliederthiere gerathen sind, dürfen wir wohl noch etwas weiter gehen. Die Gliederfüßler selbst lassen sich, wie wir z. Th. schon wissen, streng nach ihrem Medium in Land- und Wasserbewohner scheiden. Landgliederfüßler sind, wenn wir sie nach der Höhe ihrer Organisation rangiren, die Tausendfüßler, Spinnenthiere und Insekten. Von Wassergliederfüßlern gibt es dagegen nur eine einzige Klasse, d. h. man hat die Krebse, obwohl die Mannigfaltigkeit ihrer Gestalten jene der Landgliederfüßler bei Weitem übersteigt, nicht wie diese in Klassen, sondern bloß in Ordnungen getheilt, ein gewiß eclatantes Beispiel von der Willkürlichkeit der alten Systematik und von unserer Zähigkeit, an schlechten Traditionen festzuhalten.

Die jetzt angegebene Ordnung der Dinge sieht nun der Leser auch in einer etwas anschaulicheren Form, nämlich unter der einer Stammbaumskizze:

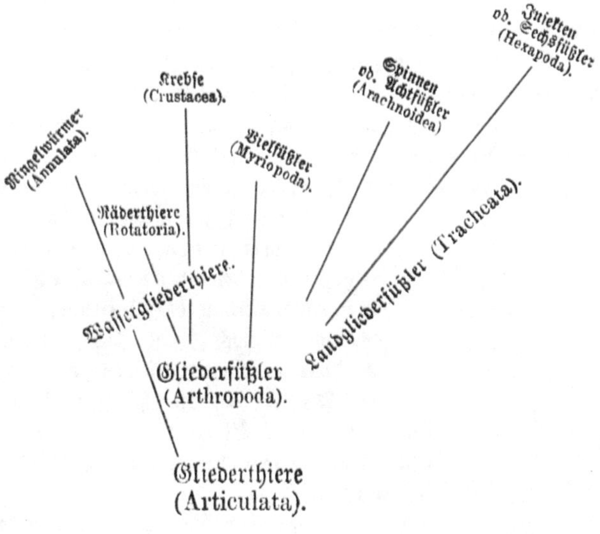

Diese Stammbaumskizze bedarf aber noch einer kurzen Erklärung. Einen vollkommenen Stammbaum der ganzen Thierwelt oder auch nur einer kleineren Gruppe kann Niemand aufstellen. Es fehlen uns hiezu einmal die zahlreichen längst ausgestorbenen Thierformen, die doch gerade die Anfänge der einzelnen genealogischen Linien bilden, und wenn wir diese auch besäßen, so wüßten wir doch häufig nicht genau wie und wo wir sie aneinander fügen und combiniren müßten. Die Reihen der jetzt lebenden Thiere repräsentiren ja im Allgemeinen nur die obersten Triebe des ganzen Lebensbaumes und die Ergänzung der fehlenden durch die Reproduction früherer Lebensstadien auf dem Wege der individuellen Entwicklung ist aus nahe liegenden Gründen doch nur ein sehr ungenügender Ersatz.

Speciell mit der Gliederthier-Genealogie verhält es sich aber so. Unter den Gliederfüßlern sind jedenfalls, wenigstens nach dem paläontologischen Befunde, die Krebse die ältesten und ursprünglichen. Die Landgliederfüßler gehen aber nicht, wie man sich oft vorzustellen pflegt, aus einer einfachen Weiterentwicklung der Krebse hervor, ja es fragt sich noch, ob sie überhaupt direct von ihnen sich abgezweigt haben. Streng genommen dürfen wir bloß sagen, daß *beiderlei Zweige mit ihren Wurzeln sich nähern*. Mit den einzelnen Landgliederthierklassen verhält es sich ebenso, d. h. wir wissen noch lange nicht, erstens wie diese zu einander stehen, *und ob die Insekten*, die höchsten Zweige des ganzen Stammes, *aus ihnen, oder neben ihnen sich entwickelt haben*.

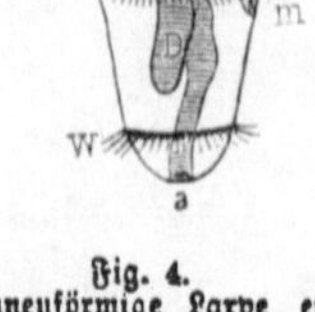

Fig. 4.
Tonnenförmige Larve eines Ringelwurmes. Durch die zwei Wimperreife W ist der Leib in drei Segmente (?), ein Kopf-, Rumpf- und Aftersegment gesondert. D Darm, m Mund, a After. (Vergrößert.)

Was aber die Ringelwürmer betrifft, so sind auch diese etwa nicht die unmittelbaren Vorgänger der Krebse, sondern nur, wie wahrscheinlich auch die Räderthiere, eine weit entfernte Seitenlinie des gesammten Gliederthierstammes, von dessen eigentlichen Urformen wir gar keine sichere Kunde haben. Daß Anneliden und Gliederfüßler selbst in ihren ersten uns jetzt bekannten Anfängen sehr weit auseinandergehen, das kann der Leser aus der Confrontirung beistehender zwei Larven ersehen. Worin, müssen wir fragen, liegt da eigentlich das Gemeinsame, ja was berechtigt uns, sie überhaupt zusammenzustellen?

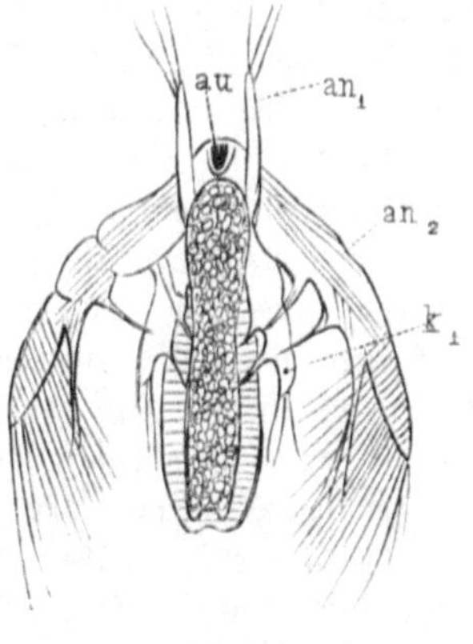

Fig. 5.
Erstes oder sog. Naupliuslarvenstadium eines Kiemenfußes (Branchipus stagnalis). an_1 erstes, an_2 zweites Fühler-, k_1 erstes Kieferpaar. au unpaariges Stirnauge.

Als das vornehmste und allgemeinste äußere Erkennungszeichen der Gliederthiere haben wir, wie billig, die Segmentirung, die Unterabtheilung oder Zerlegung ihres Körperstammes in eine Folge von Gliedern hervorgehoben, denn dies ist es ja bei vielen Articulaten allein, was sie von den nicht gegliederten Würmern, d. h. von Würmern mit einem continuirlich ausgedehnten Hautschlauch unterscheiden läßt.

Müssen wir uns aber nicht auch sofort die Frage stellen, wie denn die organisirende Natur dazu gelangt, ein Ganzes, etwas Einheitliches und Einfaches in eine Vielheit einander ebenbürtiger (hononomer) Theile aufzulösen? Aber sie könnte ja auch den entgegengesetzten Weg eingeschlagen haben, sie könnte mehrere einfachere Lebenseinheiten zu einem größeren Ganzen aneinander geknüpft und vereinigt haben, kurzum sie könnte ja synthetisch verfahren sein. Oder ist nicht der Bandwurm z. B. in der That eine solche Personal-Union, eine solche Zusammenfassung einem gemeinsamen Oberhaupte subordinirter und bis zu einem gewissen Grade selbstständiger, oder autonomer Lebewesen? Aber der Gliederwurm, wir meinen das ebenmäßig segmentirte, anhangslose Gliederthier ist eben kein Bandwurm. Es handelt sich da nicht um eine lose Aneinanderreihung von successive dem Kopf entsprossender autonomer Zeugungspersonen; seine Glieder, mögen sie auch, wie bei den Ringelwürmern, in Bezug auf mancherlei Lebensfunktionen, wie namentlich die der Zeugung und der Absonderung überhaupt, ganz unabhängig gestellt sein, können doch nur in der Gemeinschaft mit den übrigen existiren. So sind wir mit der Verneinung der zweiten Frage zugleich der Beantwortung der ersten näher gekommen, nämlich die einzelnen Articulatensegmente, gleichsam die in einer Linie aneinanderschließenden Kammern des ganzen Lebensgebäudes dieser Thiere, zugleich als die „dienenden Theile“, als die Haupt-Hülfsorgane ihres Organismus aufzufassen.

Mit der Erkenntniß der Zweckmäßigkeit des hier durchgeführten Principes der Decentralisation, der Arbeitstheilung, ist freilich die Gliederung der Articulaten noch lange nicht erklärt. Wir begreifen jetzt erst, warum es dazu kommen konnte, aber nicht, warum es dazu kommen mußte.

Wir sind früher etwas übereilt gewesen. Wir haben nämlich die äußeren Einschnitte, also in letzter Linie bloße Faltungen der Haut als Ausdruck einer Gliederung, einer Zertheilung des ganzen Körpers hingestellt. Aber ist dies nicht auch bis zu einem gewissen Grade wirklich der Fall, d. h. sind nicht die durch die Hauteinschnitte markirten Folgestücke oder Zonen des Articulatenleibes in mancher Hinsicht unabhängig gestellte Theilorganismen und kann diese innere Gliederung, wie wir sie nicht ganz passend nennen wollen, nicht eben durch die äußere, durch die von Strecke zu Strecke sich wiederholende Einkerbung des Hautschlauches bedingt sein? Wir werden später hören, daß diese Anschauung in der That Vieles für sich hat, indem die Unterbrechung der Continuität des eigentlichen Hautschlauches auch von einer Separation der damit in engster Beziehung stehenden inneren Organsysteme begleitet ist.

Aber wie erklärt sich denn die Querfaltung oder Ringelung der Articulatenhaut selbst? Um der Lösung dieser Frage näher zu kommen, müssen wir vorerst deren Beschaffenheit in's Auge fassen, was wiederum ein näheres Eingehen auf die elementare Zusammensetzung der betreffenden Thiere erfordert. — Der ganze complicirte Organismus der höheren Thiere entsteht bekanntlich aus dem Protoplasma der Eizelle, durch dessen *specifische chemisch-physikalische Beschaffenheit der Gang und das Ziel der Entwicklung bestimmt wird*, insoferne nicht gewisse äußere Existenzbedingungen die ererbte Evolutionsrichtung moderiren. Aus dieser Eizelle entsteht dann zunächst, durch Theilung ihres Protoplasmas, ein Conglomerat von anfangs scheinbar ganz gleichartigen Zellen, den sogenannten Embryonalzellen, welche gleichsam die Bausteine sind, aus denen der Organismus aufgeführt wird. Diese Erstlingszellen ordnen sich später in mehrere und zwar meist in zwei oder drei flächenhafte Anhäufungen oder Schichten, die sogenannten Keimblätter, welche im weiteren Verlauf der Entwicklung, indem sie sich röhrenartig zusammenkrümmen, einen Doppelschlauch bilden, dessen äußere Wandung zur Haut-, dessen innere dagegen zur Darmfläche wird, während der Zwischenraum zwischen diesen vorne und hinten in einander verschmelzenden Wandungen die Leibeshöhle darstellt.

Die Zellen des äußern und inneren Keimblattes kann man füglich als äußere und innere Grenzzellen und die des dazwischen liegenden oder mittleren Keimblattes als Binnenzellen bezeichnen, wobei wir nur noch erwähnen, daß gewisse Binnenzellen des fertigen Organismus, wie zumal die Nerven- und Sinneszellen aus der äußeren Grenzzellenschichte des Embryo hervorgehen.

Es läßt sich beim heutigen Stande der Wissenschaft unschwer nachweisen, und hat dies erst neulich wieder in ausgezeichneter Weise Gustav Jäger in seinen zoologischen Briefen gethan, daß die Ursache der Gewebs-Differencirung d. h. der verschiedenartigen Qualificirung und Verwendung der einzelnen Zellaggregate im Haushalt des thierischen Organismus die Differenz der Existenzbedingungen ist, welche sich bei der Bildung eines Zellconglomerates unter den einzelnen ursprünglich gleichartigen Zellen je nach ihrer Lage innerhalb der Zellgesellschaft einstellen müssen.

Was nun zunächst die Formen des Binnengewebes anbetrifft, so gehören dahin die Muskelzellen, Nervenzellen, die Bindegewebszellen, die Wanderzellen (Blut- und Lymphkörperchen), die Geschlechts- oder Arterhaltungszellen, sowie die Zellen des (namentlich bei den Insecten sehr entwickelten) Fettkörpers, über deren Beschaffenheit und Leistung wir bei den betreffenden Organsystemen, denen sie angehören, das Nöthigste sagen werden.

Hier interessiren uns hauptsächlich die Grenzzellen, wovon die äußeren die Oberhaut oder Epidermis zusammensetzen, während die inneren, als sogenannte Epithelzellen die Auskleidungen der verschiedenen mit der Außenwelt communicirenden Hohlräume des Körpers, wie des Darmes, der Geschlechtsgänge, der Respirationsröhren u. s. f. bilden. Im Gegensatz zu den Binnenzellen, welche theils ihre primitive Kugelgestalt beibehalten, theils eine mehr spindelförmige, ja selbst fädige und sternartige Form annehmen, bekommen die bei den niederen Thieren in einer einzigen Schichte eng aneinander gedrängten Grenzzellen, da sie in Folge ihrer Anordnung vornehmlich nur in einer auf diese Fläche senkrechten Richtung wachsen können, eine mehr cylindrische oder prismatische Gestalt, die sich nicht besser als mit jener der Bienenzellen vergleichen läßt. Die schlauchartigen Zellen der einschichtigen Grenzhäute zerfallen aber wieder in zwei wesentlich von einander abweichende Kategorien, deren Beschaffenheit und Vorkommen in völliger Harmonie steht mit der Differenz der Medien, von denen sie bespült werden. Bei kleinen niederen Thieren, welche im Wasser leben und anderweitiger Bewegungs- und Greiforgane entbehren, sowie auch bei gewissen Entwicklungsstadien höherer Thiere, welche ja, wie wir wissen, den letzteren oft zum Verwechseln ähnlich sehen, ist nicht allein die freie, daß heißt die dem äußeren Medium zugewandte Fläche der inneren, sondern auch jene der äußeren Grenzzellen mit feinen contractilen Fortsätzen, den sogenannten Flimmerhaaren (Fig. 6 w) versehen, durch deren ununter-

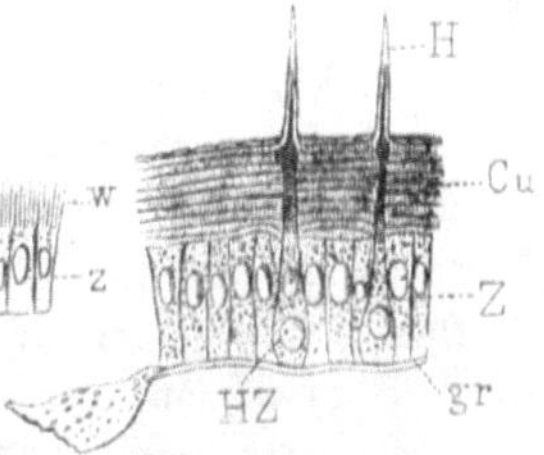

Fig. 6.
Hautepithel eines Wurmes. Die Zellen tragen Wimperbüschel w.

Fig. 7.
Querschnitt durch das Integument eines Chitinhäuters. z Epithel (Panzerdrüse). gr bindegewebige Stützmembran desselben. Cu die schichtweise abgesonderte chitinisirte Cuticula. HZ große haar(H)erzeugende Epithelzellen.

brochene wellenartige Bewegung ein regelmäßiger Zu- und Abfluß der die Zellflächen bespülenden Flüssigkeit unterhalten wird. Ein solches Flimmerepithel charakterisirt unter

Anderen, um bei den Articulaten zu bleiben, die Embryonen der Ringelwürmer, wo es (Fig. 4) in mehreren Zonen den tonnenförmigen Leib umspannt, sowie es auch zur Fortbewegung der im Darme und in den Leitungsröhren der Absonderungs- und Geschlechtsorgane vorhandenen theils ganz-, theils halbflüssigen Materien noch bei den ausgewachsenen Anneliden eine wichtige Rolle spielt, sowie denn überhaupt bei den im Wasser wohnenden Thieren der chemische, gestaltliche und physiologische Unterschied zwischen den äußeren und inneren Grenzzellen aus naheliegenden Gründen viel geringer ist als bei den Luftbewohnern. Bei den letztern, sowie auch bei dem größeren Wasserthieren verliert sich aber später das Flimmerepithel wenigstens an der Außenfläche des Körpers und zwar offenbar aus dem Grunde, weil dasselbe einerseits wegen der hochgradigen, mechanischen und zum Theil auch chemischen Insulte, denen es ausgesetzt ist, nicht bestehen könnte und weil es andererseits bei der Entwicklung anderweitiger ausgiebigerer Locomotionsvorrichtungen seine Bedeutung verliert.

Sowie das Leben jedes Gesammtorganismus beruht auch das seiner constituirenden Elementartheile auf einer beständigen meist als Stoffwechsel bezeichneten Molecularveränderung. Die Zellen nehmen fremde Stoffe, sei es direkt von Außen, wie jene des Darmes z. B., sei es aus dem eigenen Stoffmagazin des Körpers, in sich auf, verarbeiten und assimiliren dieselben nach Maßgabe ihrer chemisch-physikalischen Konstitution und sondern gewisse Bestandtheile wieder ab. Bezieht sich die aufnehmende und ausscheidende oder die percipirende und productive Thätigkeit der Zellen weniger auf ihre eigene Erhaltung und Vergrößerung, als auf den Haushalt des Gesammtorganismus, so pflegt man solche Elementartheile als Drüsenzellen und flächenhafte Anhäufungen von solchen, die wie gewisse Darm- und Integumentzellagen ein schleimiges

Secret absondern, als Schleimhäute zu bezeichnen. Da in gewissem Sinne fast alle Zellen drüsiger Natur sind, so liegt das Charakteristische der Schleimhautsecretion nur in der größeren Menge der Ausschwitzungen, und in der einseitigen durch die Zellagerung vorgezeichneten Richtung, in welcher sie erfolgen. Ungemein verschieden ist aber die Natur der gelieferten Secrete, welche durch den ganzen Chemismus des betreffenden Thieres bedingt ist. Von besonderem Interesse für uns sind aber die schleimsecernirenden äußeren Hautflächen. Am bekanntesten durch ihr schleimiges Integument sind wohl die Weichthiere. Der Schleim, der ihren Körper überzieht, kann gleichsam als eine zweite Schutzdecke angesehen werden, sowie denn ja die festen Gehäuse dieser Thiere eben demselben, aber mit Kalksalzen reichlich imprägnirten Secrete ihren Ursprung verdanken.

Und die Gliederthier-, die Insekten-, die Krusterhaut? Sie ist nichts anderes, als eine einzige kontinuirliche Schleimdrüse, deren Secret aber keine Kalk- oder doch, wie bei den Krustern, keine ausschließliche Kalk- sondern eine Art Horn-, eine Chitinschale bildet.

Bekanntlich wird den im Wachsthum begriffenen Gliederthieren und zumal den Insekten von Zeit zu Zeit ihr oft ganz unnachgiebiger Hautpanzer zu eng, und in Folge dessen gewaltsam gesprengt und abgeworfen. Nimmt man aber diesen Chitinüberzug schon früher ab, so sieht man unter ihm die eigentliche Mutter- oder Zellhaut, welche ersterem den Ursprung gibt.

Sie ist (Fig. 7) ein gewöhnliches Cylinder- seltener ein Pflasterepithel, in dessen Zellen in der Regel lebhaft gefärbte, sogenannte Pigmentkörnchen abgelagert sind, welche, zum Theil wenigstens die Farbe der Haut bestimmen. Am häufigsten ist die Gliederthierepidermis braun oder roth pigmentirt und dies auch bei solchen Thieren, welche, wie z. B. das Heupferd, äußerlich ganz grün, oder, wie die Feldgrille, schwarz erscheinen, ein Umstand, der theils durch die lichtbrechende

Beschaffenheit theils durch die Eigenfarbe der vorgelagerten Chitinhaut erklärt wird.

Nicht selten, so bei kleinen im Wasser oder an dunkeln Orten lebenden Geschöpfen, Krebsen, Insektenlarven z. B., ist die Schleimhaut aber völlig farblos und die Thiere erscheinen dann von glasartiger Durchsichtigkeit.

Eine künstlich entblößte Kerfepidermis bedeckt sich aber bald wieder mit einer dünnen Flüssigkeitsschichte, die aber sehr rasch zu einem homogenen elastischen Häutchen, einer sogenannten Cuticula erstarrt.

Bei manchen Articulaten hat es mit der Ausscheidung eines einzigen solchen Häutleins sein Bewenden, bei andern aber entsteht nach und nach ein ganzes System übereinandergeschichteter Platten, die dann zu einer einzigen zusammenhängenden starren Rinde oder Borke verschmelzen. Aeußerlich, und besonders in der Farbe, erinnert die Substanz dieser Panzer, der Leser denke z. B. an den des Nashornkäfers, an das Horn, das aber keine Cuticularbildung ist, sondern aus vertrockneten, aus verhornten Epithelzellen besteht. Man hat es aber hier, wie schon angedeutet, mit einem besonderen organischen Stoff, dem Chitin, zu thun. Es ist dies eine der unverwüstlichsten Materien, welche in der chemischen Werkstätte der Thiere bereitet wird. Eine Art stickstoffhaltiges Holz, möchten wir sagen, wenigstens ist die Pflanzencellulose bis auf den fehlenden Stickstoff von ganz analoger Zusammensetzung. Mit dem Holz theilen die Chitinhäute auch, nebst ihrer Unlöslichkeit in kochender Kalilauge, die Eigenschaft, daß man selbst nach erfolgter Verkohlung und Einäscherung ihre Textur noch bis auf das feinste Detail erkennen kann, während Horngebilde bekanntlich dabei zu einem unförmlichen Klumpen zusammenschmelzen.

Nun darf sich gewiß kein Insekt mehr beleidigt fühlen, wenn man es hölzern, wenn man seine Ober- oder richtiger seine Ueberhaut, sein Kleid eine Rinde oder Borke nennt. Dieser Unverwüstlichkeit des Gliederthierintegumentes verdanken wir auch die einfache Conservirung der diesbezüglichen Sammlungen. Kerfe, Spinnen, Krebse u. s. w. können ganz trocken und ohne alle künstliche Einbalsamirung Jahrtausende hindurch erhalten bleiben, falls sie nicht vom Zahn der Zeit oder richtiger vom Zahn chitingieriger Fraßmäuler angenagt werden. Die Kerbthiere haben sich selbst konservirt — sie haben sich selbst oder doch wenigstens ihre Garderoben, ihre Harnische und Panzer unsterblich gemacht.

Die chitinogene Disposition kommt aber bei den höheren Gliederthieren nicht der äußeren Grenzzellenlage, der Chitinmutter im engern Sinne, allein zu, sondern alle oder fast alle Epithelien, welche bei den niederen Würmern zu flimmern pflegen, bedecken sich mit einer erhärtenden Ausschwitzung dieses Stoffes, ja wir finden sogar die häutigen Scheiden der Muskeln und Nerven und gewisser Sinneszellen, sowie manche Bindegewebsarten mehr oder weniger chitinisirt, wodurch es sich denn auch erklärt, daß wir an längst vermodert geglaubten Kerfmumien, nach vorhergehender Aufweichung in Kalilauge, schon Studien über die feinsten Nervenendigungen anstellen konnten.

Die Panzerhaut der Articulaten ist aber nicht bloß das solideste Bedeckungs- und Schutzmittel, das man sich denken kann, sie verdient den Namen Kleid auch wegen ihrer oft außerordentlichen Schönheit. Oder wer bewundert nicht den Goldharnisch der Caraben, das mit tausend blitzenden Smaragden gestickte Prachtkostüm des Brillantkäfers, oder den bunten Farbenschimmer der Libellen und Schmetterlingsflügel? Und ist denn nicht der blätterige Artikulatenpanzer gleichsam eine chitinisirte Perlmutter, das herrlichste Objekt zur Demonstration der Interferenzfarben, und darf man sich also wundern, wenn Alt und Jung diesen glänzenden Schnitzwaaren nachläuft?

Von erstaunlicher Mannichfaltigkeit ist die Oberfläche dieser Häute. Man denke nur an den Pelz der Hummel, an das wunderliche Relief der Laufkäferflügel mit ihren Ketten, mit ihren Höckerlinien, an die schuppigen Falterschwingen, und dann an die spiegelblanken, wie abgeschliffenen Panzer vieler Blätterhörner und Bockkäfer. Und wenn man erst die scheinbar glatten Chitindecken unter's Microscop legt! Welche wundervolle Mosaik bilden ihre minutiösen Rauhigkeiten — und was läßt sich alles daraus machen! Selbst Violinen, selbst die zierlichsten Toninstrumente!

Eine Gattung der allerhäufigsten Cuticularfortsätze, nämlich die Haare, bald als sogenannte Borsten unmittelbar von der Fläche aufragend, bald gelenkig darin eingepflanzt, müssen wir noch eigens hervorheben. Fast jeder solchen bedeutenden Erhebung der Chitindecke entspricht auch ein besonderer Fortsatz der Mutter- oder Zellhaut. Bei den Haaren ist es aber meist eine größere, flaschenförmige Zelle (Fig. 7 HZ), deren Hals, die Chitinhaut durchbohrend, in die Höhlung des Haares eintritt, so daß also bei jedem Hautwechsel auch das Haar getreulich wieder erneuert wird, falls es nicht zur Rückbildung bestimmt ist, der selbstverständlich auch jene der Haarerzeugungszellen vorhergeht.

Außer diesen weiten Poren, den Ausführungsgängen von Haar- und anderen Drüsen, beobachtete zuerst Leydig, unübertroffen in solchen Studien, noch ein System unendlich feiner hart nebeneinander stehender Kapillarröhren, die wohl für die nöthige Lüftung des Ganzen sehr nothwendig erscheinen. Doch gleicht bisweilen die Textur der Chitinhaut der eines aus rechtwinkelig einander kreuzenden Fäden gewobenen Tuches, wodurch natürlich das Passende des Namens Chitin- oder Kleidstoff noch erhöht würde.

Tragen aber bloß die Glieder- mit Einschluß der Räderthiere ein Chitinhemd? darauf läßt sich, solange der chemische

Nachweis fehlt, sehr schwer antworten. Kennt man ja nicht einmal das Annelidenchitin. Eine der Chitinhaut äußerlich ganz ähnliche Cuticula schwitzen die meisten Würmer, viele sogenannte Pflanzenthiere und, wie allgemein bekannt, auch die Infusorien und verschiedene einzellige Urthiere aus. Jedenfalls aber dürfen wir behaupten, daß die Chitinisirung, die Verhölzerung des Integumentes nicht urplötzlich bei den Gliederthieren sich einstellte, sondern, daß sie schon früher, bei niederen Wesen, allmählig vorbereitet wurde. Und ist es denn mit der Faltung, mit der Gliederung dieser Chitinhüllen anders? geht sie nicht Hand in Hand mit der Zunahme der Dicke und Starrheit dieset Häute? Muß nicht eine stellenweise Unterbrechung und Verdünnung solcher starrgewordener Körperhüllen, also kurz gesagt eine Gelenkung stattfinden, falls das Thier überhaupt in seiner Zwangsjacke noch bewegungsfähig bleiben soll? Wir behaupten also, nicht die Chitin- sondern die gleichzeitige Dickhäutigkeit ruft bei entsprechend angelegten, langgestreckten Thieren die Gliedleibigkeit hervor. Einen eclatanten Beweis liefern die Infusorien. Die meisten haben einen zarten Hautschlauch mit gleichmäßiger Ausdehnung. Bei einigen aber mit sehr dicker, schalenartiger Cuticula ist diese in zierliche Ringfalten gelegt. Die Kürze des Leibes und die niedrige Organisation läßt aber, in Bezug aufs Innere, keine weiteren Consequenzen zu. Durchs ganze große Würmerreich herauf sind ferner Hautquerrunzeln eine sehr gewöhnliche Erscheinung, aber erst bei den Ringelwürmern werden sie nach und nach, und zwar ziemlich zufällig und willkürlich, in ein regelmäßiges System gebracht. Und sind, müssen wir wohl auch fragen, nicht die Gliederthiere in der That aus ungegliederten Wesen hervorgegangen? Sind die Urlarven der Anneliden und Krebse (Fig. 5 u. 6) nicht ungegliedert? Doch da könnte man uns einen gewichtigen Einwurf machen. Es war oben von einem Insektenfötus die Rede. Er entsteht, und dies ist zugleich ein

Hauptwahrzeichen der meisten Articulaten, nicht aus dem Ganzen des Dotters — sondern es bildet sich zunächst nur ein der späteren Bauchseite entsprechender Streifen, gleichsam nur das Fundament, die Sohle des Thieres. Und was ist eins vom Ersten, was man daran wahrnimmt? Die Anlage der sog. Ursegmentplatten.

Wie können sich aber nach unserer Theorie am Insektenfötus Segmente bilden zu einer Zeit, wo er noch gar keine Haut, d. h. keine Cuticula hat? Aber wäre denn die spätere Gliederung ohne eine solche Vorbereitung möglich? Zudem kann ja der segmentirte Primitivstreifen nicht einer ehemaligen selbstständigen Lebensform entsprechen, und dann gehen bei manchen Insekten, und unter Anderem auch beim Blutegel, diesem sich zum gegliederten Thiere vorbereitenden Embryo völlig ungegliederte Larven voraus, d. h. der segmentirte Fötus des späteren Gliederthiers entsteht an einem bereits fertigen, und lebensfähigen Nicht-Gliederthier. Man braucht also nicht mit Häckel in der embryonalen Kerfsegmentirung eine Anticipation, ein Hereinziehen der späteren anzunehmen, man braucht sich nur vorzustellen, daß die ersten den ungegliederten Ur-Articulaten correspondirenden Embryonalstadien heutzutage, wo der Uebergang längst vollzogen, ganz in Ausfall gekommen sind.

Nichts ist interessanter, als zu sehen, wie die Natur auf ganz verschiedenem Wege und mit ganz verschiedenen Mitteln einen gleichen oder doch einen ähnlichen Zweck erreicht, ohne daß sie einen solchen, wie wir wissen, haben und kennen kann.

Es ist bekannt, daß die Wirbelthiere ein inneres knöchernes oder knorpeliges und kunstvoll gegliedertes Gerüste oder Scelet besitzen, das den übrigen oder Weichkörper hält und trägt, ja z. Th. man denke an die Wirbelsäule, den Schädel, Brustkorb und das Becken, auch schützend umschließt und zugleich die starren

Hebel und Stützflächen bietet, an und zwischen welchen die Muskeln sich zusammenziehen, wenn sie den Gesammtkörper von der Stelle bringen oder einzelne Theile bewegen sollen.

Aber wozu braucht der Hirschkäfer z. B., dieser „hörnerne Siegfried", ein solches inneres Gerüste, ist sein Hautpanzer nicht Scelet genug, könnte der innere Weichkörper einen bessern Schutz und eine bessere Stütze finden, als in der harten Chitinkapsel, die ihn einschließt? Ist doch manchen Krebsen, manchen Bockkäfern ebensowenig beizukommen als einer Muschel, wenn sie ihre steinernen Schalen zuklappt, oder einer Schildkröte, wenn sie in ihre knöcherne Festung retirirt.

Aber wie können die Chitinhäuter in ihrem, ihnen eng an den Leib gemessenen Harnisch sich rühren, wie soll der starrhäutige Stamm sich selbst bewegen? Der Mechanismus ist einfach. Der eigentliche Motor, von dem die Bewegung ausgeht, ist in seiner ursprünglichsten Form ein Muskelschlauch, der unmittelbar mit der Haut zusammenhängt, mit dem es sich also ganz ähnlich verhält, wie mit jenem System von Muskeln, womit wir unsere Stirn- oder die Bauchhaut bewegen. Die Fasern dieses Hautmuskelschlauches verlaufen vorzugsweise nach der Länge des Stammes, und ermöglichen, indem sie an verschiedenen Stellen an der Haut angreifen und an andern sich stützen, durch gruppenweise Zusammenziehung oder Erschlaffung die verschiedenartigen Krümmungen desselben, vorausgesetzt natürlich, daß die Körperhülle sich biegen läßt. So ist's bei den ungegliederten Würmern, die gleichsam einen einzigen aber biegsamen Hebel bilden. Bei den Ringelwürmern ist der Muskelschlauch ein ähnlicher; der von einer schon steiferen Cuticula umschlossene Körper kann aber nicht mehr allseitig bewegt werden, sondern nur stück- oder streckenweise, d. h. nach Maßgabe der dünnen Zonen und Einschnitte, durch welche die Gesammthülle in ein

System an und für sich starrer aber gegen einander beweglicher und verschiebbarer Gürtel zerlegt ist. Deutlicher wird dies später werden. Indem bei den Gliederfüßlern die Hautstarre noch mehr zunimmt, ist auch seine motorische Unterlage, der Hautmuskelschlauch der Würmer, allmählig eine vollkommnere Anpaßung eingegangen, während die Elementartheile selbst, nämlich die Muskelfasern, welche bei den Würmern sogenannte glatte sind, mit der Querstreifung, d. h. mit der vollkommneren Differencirung ihres contractilen Inhaltes auch eine größere Energie und Spannkraft erhalten.

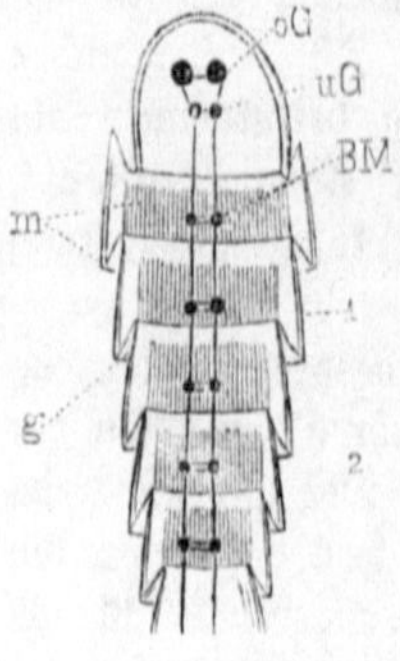

Fig 8.
Vorderpartie eines chitinhäutigen Gliederthieres nach Abtragung der Rückendecke geöffnet. Schematisch.

Die Zerstückelung, welche am chitinösen Hautschlauch doch nur eine halbe, eine unvollständige ist, da die einzelnen oft scheinbar ganz von einander getrennten Hautgürtel, ja doch, unter Vermittlung der Gelenkshäute, ein continuirliches Rohr bilden. Diese Zerstückelung sagen wir, ist am Arthropodenmuskelschlauch factisch und ganz durchgeführt, die Kontinuität ist völlig aufgehoben, wir haben nichts Ganzes, nichts Zusammenhängendes, sondern nur mehr Theile, Einzelnes, gewissermaßen Muskelindividuen vor uns, die nur dadurch, daß sie nicht bloß einzeln, jedes für sich wirksam sein können, sondern, durch das dominirende Nervencentrum angeregt, auch alle im gleichen Sinn und zu demselben Zwecke ihre Kraft anstrengen, zu etwas Einheitlichem gelangen, und in ein bestimmtes System sich fügen und einreihen. Wir können auch sagen: die ganze Bewegungsarbeit ist hier freigegeben, einer Reihe von selbstständigen Organen übertragen, das Princip der Arbeitstheilung, der Decentralisation ist zur vollendeten Thatsache geworden.

Die nöthige Erläuterung zum Gesagten soll zunächst Fig. 8 geben. Man sieht die starr zu denkenden Hautgürtel durch nach innen und vorne gewendete düne Zwischenlagen, die Gelenksfalten, in- und aneinander gefügt. Jedem Hautgürtel entspricht eine besondere Zone des zerschnittenen Muskelschlauches (m) die Fasern, nehmen wir an, seien alle längslaufend. Die Befestigungsweise der zu den Hautgürteln gehörigen Muskel-

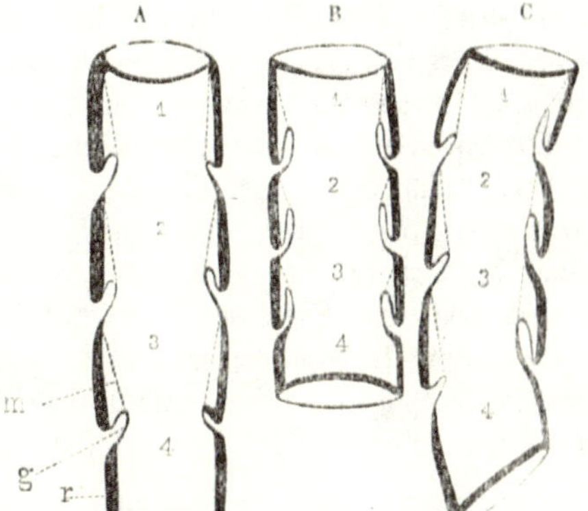

Fig. 8*.

Schema des Gliederthierhautmuskelschlauches. A im schlaffen, B im allseitig, C im einseitig contrahirten Zustand.
r Sceletringe, g Gelenkshaut, m Muskel.

röhren zeigt die Abbildung. Der vordere Rand stützt sich auf die steife Zone jedes Ringes (r), der hintere dagegen befestigt sich an der dünnen nach innen vorspringenden Gelenksfalte (g), die so zur Handhabe oder Sehne wird, auf welche der Muskel seine Kraft wirken läßt. Fig. 8* macht dies noch deutlicher. Die Muskeln (m) spannen sich zwischen je zwei unmittelbar aufeinander folgenden Sceletringen aus. Denken wir uns den vordern (1) fest, was wird dann geschehen, wenn der Muskel sich contrahirt, sich also verkürzt? Es wird die Gelenksfalte und damit der ganze hintere Ring nach vorne bewegt also in den vorderen hineingeschoben (B), um später, wenn der Zug des Muskels nachläßt, durch die federnde Wirkung der stark angespannten Gelenksfalte wieder in die Ruhelage zurückzukehren.

Haben wir den Hautschlauch der Würmer als einen einzigen, aber biegsamen Hebel bezeichnet, so können wir also den der Gliederthiere ein lineares System von starren Hebeln nennen. Wir haben eine Reihe steifer Gürtel oder Reifen (Fig. 8*) durch nach innen vorspringende Ringfalten zu einem Ganzen vereinigt. Indem alle von Ring zu Ring sich ausspannenden Längsmuskeln sich verkürzen, werden die Reifen einander genähert. So erinnert das Ganze an eine röhrenförmige Spiralfeder, welche wir durch zwei Finger zusammendrücken, die sich aber sofort wieder ausdehnt, wenn der fremde Zwang entfernt ist.

Zu Hebeln werden die äußern Sceletringe aber dadurch, daß sich die Muskelgürtel nur einseitig verkürzen. Der dem Angriffspunkt des sich contrahirenden Muskels gegenüberliegende Punkt der Gelenkshaut wird dann zum Drehungspunkt, zum Gelenk. Das gewöhnlichste Resultat dieser Anordnung des locomotorischen Systems ist die einfache Krümmung (C) des Leibes und dann die abwechselnde Rechts- und Linkskrümmung oder die schlängelnde Bewegung, wie wir sie z. B. beim Skolopender, bei vielen Kerflarven und bei den Ringelwürmern antreffen.

Die anschaulichste Vorstellung von der hohen Vollendung dieses Mechanismus geben uns die Turnübungen mancher Insektenlarven. Gewisse Fliegenmaden z. B., wie wir erst jüngst eine aus einem neugebornen Blattlaussprößling hervorkriechen sahen, stellen sich auf ihren Hintern und machen nun von diesem Stützpunkt aus die merkwürdigsten Evolutionen. Jetzt ragt der Leib wie eine starre Stange senkrecht in die Luft, dann neigt er sich nach dieser oder jener Seite oder dreht sich oft gar. im Kreise herum.

So gibt sich denn also der Organismus selbst der einfachst gebauten Gliederthiere, wenigstens in seiner äußeren

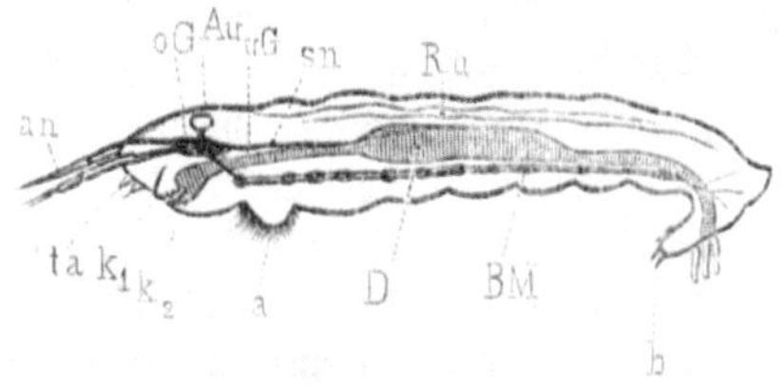

Fig. 9.

Larve der Federbuschmücke (Chironomus plumosus). Am Kopf die Antennen (an), die Augen (Au), die Kiefer (k_1) und die Mundtaster (ta).

(a) Brusthöcker, (b) mit Klammerhacken bewehrter Schwanztheil, D Darm, Rü Rückenherz, BM Bauchmark. Sein vorderstes Kettenglied, aus dem oberen (oG) und unteren Schlundganglien (uG) bestehend bildet einen den Schlund umspannenden Ring, (sn) der vom Gehirnknoten entspringende Schlund-Magennerv.

Erscheinung, vorwiegend als eine Bewegungsmaschine zu erkennen, und der Leser wird bald gewahr werden, daß auch die weiteren Complicationen dieses Typus hauptsächlich durch die Vervollkommnung des locomotorischen Apparates bedingt, also in erster Linie mechanischer Natur sind.

Doch haben wir nun vorerst einen Blick in das Innere zu thun. Wir wählen hiezu die im Wasser lebende Larve einer Federbuschmücke (Chironomus) (Fig. 9), welche, durchsichtig wie Crystall, auch ohne Zergliederung ihre verborgensten Theile uns sehen läßt. Im Gegensatz zur Pferdemagenfliege (Fig. 1) ist hier das Oben und Unten, besonders aber das

Vorne und Hinten wohl ausgesprochen, indem ein deutlicher Kopf vorhanden und auch das Schluß- oder Schwanzsegment der ganzen Gliederkette (b) durch seine Krallen wohl charakterisirt ist.

An jenem liegt der Mund, an diesem der After, zwischen welchen, in der Mittelaxe des Körpers, der Darm mit seinen vielfachen Drüsenanhängen sich ausspannt. Indessen entspricht der Mund nicht genau dem Vorderpole des Körpers, sondern ist etwas nach hinten und unten gerückt. Damit ist das Thier, indem es seinem Fraße nachgeht, zugleich gezwungen, sich ausschließlich oder doch vorwiegend auf der zugehörigen Fläche fortzubewegen, die so zur Bauchseite wird.

Zur Ausrüstung des Mundes gehören die starken zahnigen Kiefer (k), welche Hebel die Nahrung ergreifen und zerkleinern müssen, sowie ein Paar kleiner Fühlfäden oder Taster (ta). Während letztere Beiorgane gleichsam nur über den Geschmack des Thieres wachen, sind die übrigen Hilfsorgane des Kopfes, nämlich die Fühler (an) und die Augen (au), Orientirungswerkzeuge in einem allgemeinern Sinne.

Außer dem Darm gibt es noch zwei Organsysteme, welche bei allen Gliederthieren eine und dieselbe und zwar eine genau bestimmte Lage behaupten, nämlich das Röhrenherz (Rü), welches die Mittellinie des Rückens einnimmt, und das centrale Nervensystem, das in Gestalt einer Kette dem ganzen Bauche entlang sich ausstreckt (BM). Letzteres verdient noch eine genauere Beschreibung. Jeder Stammring, jedes separate Hauptstück des Körpers hat, wie leicht zu erwarten, sein eigenes Nervencentrum, denn wie könnten sonst die einzelnen Hautmuskelschlauch-Segmente von einander ganz unabhängig agiren? Jedes dieser Nervencentren oder Segmentgehirne ist aber selbst wieder ein doppeltes, aus zwei neben einander liegenden Knoten oder Ganglien gebildet. Die Ursache hievon ist leicht zu begreifen. Das Gliederthier ist nämlich bilateral, d. h.

derart gebaut, daß man es durch einen mittleren Längsschnitt, ganz so wie unseren eigenen Körper in zwei einander vollkommen ebenbürtige Hälften theilen kann. Dem entsprechend besitzt also die rechte und linke Seite jedes Gliederthiers ihre eigenen Nervencentra so gut wie z. B. die äußeren Anhänge, die meisten Drüsen und besonders die Geschlechtsorgane und zum Theil sogar deren Mündungen doppelt vorhanden sind. Den Kopf wollen wir uns für die weitere Betrachtung aus zwei Segmenten, aus einem Mund — oder Kiefer — und aus dem eigentlichen Gehirnkopf bestehend denken. Letzterer, als der Träger der wichtigsten Sinnesorgane und als das gemeinsame Haupt aller übrigen Glieder, hat natürlich das größte Ganglienpaar, das man als Gehirn, oder, weil es, wie nicht anders möglich, über dem Schlunde liegt, als oberes Schlundganglion (oG) bezeichnet, und so dem Zwillingsganglion des Kieferkopfes (uG) gegenüberstellt, das, wie alle übrigen unter dem Schlund, beziehungsweise unter dem Darm, also an der Bauchseite gelegen ist. Diese machen in ihrer Vereinigung das sogenannte Bauchmark aus. Letztere aber geschieht durch fadenförmige Stränge und zwar so: Es ist eine doppelte Verbindung da, eine der Länge und eine der Quere nach, wie dies Fig. 8 näher versinnbildlicht.

Demnach läßt sich die Form des Gliederthierbauchmarks am Besten mit einer Strickleiter vergleichen, doch rücken in der Regel die beiderseitigen Längsstränge nahe aneinander, ja verschmelzen nicht selten zu einem einzigen knotigen Nervenbande.

Gibt es einen größeren Abstand als zwischen einem lang- und kahlleibigen im Wasser sich windenden Ringelwurm und einem Taschenkrebs, der vermittelst seiner Stelzbeine den gedrungenen steinharten Rumpfkörper am Ufer spazieren führt? Und doch sind beides Gliederthiere, und doch zeigt uns die Insekten-Metamorphose, daß aus einem weichen wurmartigen

Wesen ein steifes flinkfüßiges Thier werden kann. Nichts aber kann wohl interessanter sein, als zu sehen, wie dieser Uebergang sich vollzogen hat, wie mit der fortschreitenden Erstarrung und Concentrirung des Rumpfes seine bewegende Kraft auf die ihm entsprossenden Hilfsorgane, die Beine übertragen wird. — Ursprünglich sind dies bloße Stütz- und Haftorgane, wenigstens bei Thieren, die auf einer festen Unterlage und vorwiegend geradlinig sich fortbewegen. Eine der einfachsten Hilfsvorrichtungen dieser Art sehen wir bei der Chironomuslarve (Fig. 9). Sie trägt vorne einen rauhen Bauchhöcker, womit sie sich anheftet, während der Hinterleib sich zusammenzieht, desgleichen ist der Schwanz mit einem Klammerapparat versehen, mit dem das Thier Posto faßt, wenn es nach Vorne ausgreift. Manche Fliegenmaden benutzen zum gleichen Zweck die kleinen Stifte, womit häufig die Ränder ihrer Hautgürtel bewehrt sind. Am schönsten ist aber die Bewegung mittelst bloßer Stützorgane bei den Spannerraupen (Fig. 10) zu studiren. Doch haben wir es hier schon mit vollkommnern Organen, mit wirklichen Gliedmaßen zu thun, welche zugleich den Rumpf von der Unterlage abheben und so die sonst stattfindende Reibung verringern. Die hintern Haftscheiben der Raupen erinnern gleichzeitig an die bekannten Saugnäpfe, womit viele Würmer, z. B. die Blut- und Leberegel festen Fuß fassen. Bei den Ringelwürmern trägt jedes Stammglied ein Paar solcher bauchständiger Stützorgane (Fig. 12 Bh). Es sind warzenartige Ausstülpungen der Haut, bewehrt mit einem ganzen Bündel jener scharfen

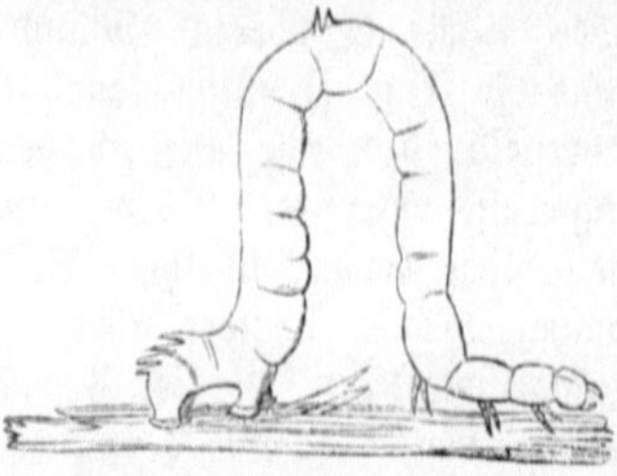

Fig. 10. Raupe eines Spanners.

Chitinnadeln (Fig. 11 n) oder Chitinspitzen, die auch bei den Fixirungsorganen anderer Gliederthiere die Hauptsache ausmachen. Diese Nadelbündel können durch eigene kräftige Muskeln hervorgestoßen und auch in ihrem Hautetui gedreht, also zugleich als Hebel benutzt werden. Die Zweckmäßigkeit dieser Höcker tritt am Anschaulichsten bei jenen Ringelwürmern zu Tage, welche in eigenen Röhren und Gallerien leben. Hier werden sie gleichsam als Steigeisen benutzt, wenn sie in ihren Futteralen auf- und abklettern.

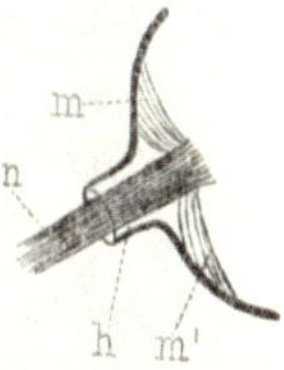

Fig. 11. Borstenbündel (n) mit seinem Hautetui (h) und den dasselbe dirigirenden Muskeln (m, m[1]).

Eine schöne Anpassung dieser Bauchhöcker der See-Anneliden liegt bei einer Gruppe von Landringelwürmern (Peripatus) vor. Die betreffenden Hautausstülpungen verlängern sich und zeigen durch ihre regelmäßige Ringfurchung schon den Anfang einer wirklichen Gliederung an. Auch die Borstenbündel sind in Wegfall gekommen, statt deren geht das Ende in einen mehrspitzigen Stachel aus. Kurzum diese merkwürdigen Geschöpfe machen die allgemein beliebte scharfe Unterscheidung zwischen Glieder- und Nichtgliederfüßlern ganz illusorisch, und wir sehen hier wie die Natur auch einem echten Wurm Beine anzüchtet, wenn er an einen Ort geräth, wo er ohne solche nicht gut bestehen kann.

Bei sehr bedeutender Länge und leichter Biegsamkeit des Stammleibes, wie wir sie bei den Ringelwürmern und ihren Doppelgängern auf dem Lande, nämlich den Tausendfüßern beobachten, ist selbstverständlich nur eine Kriechbewegung statthaft, die erst allmählig, indem sich die Bauchgliedmaßen nach und nach vertical auf die Unterlage stellen, in die gehende sich umwandelt. Diese kann aber erst stattfinden und für einen rascheren und leichteren Ortswechsel von Vortheil werden, wenn der Rumpfkörper, theils durch Verminderung seiner

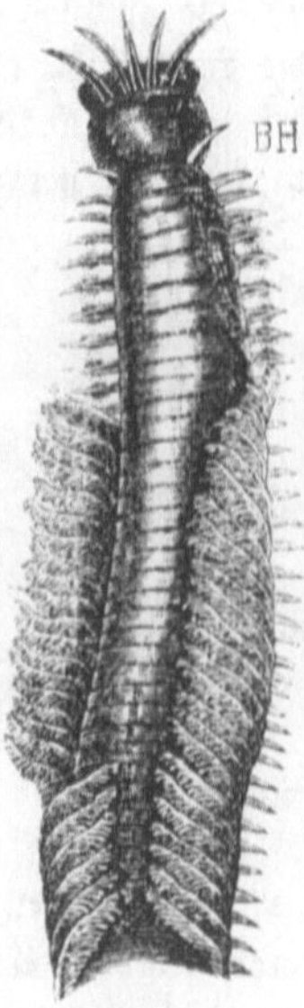

Fig. 12.
Ringelwurm (Eunice). BH Die Bauchhöcker.

Glieder, theils durch größere Zusammenziehung derselben, eine bestimmtere und festere Haltung annimmt. So sehen wir z. B. die vielfüßigen, langgestreckten Steinkriecher noch gleich Würmern durch seitliche Schlängelung sich fortbewegen, während die kürzeren, gedrungener und fester gebauten Schnurasseln von ihren kurzen vertikal gestellten Beinen in gerader Linie dahin getragen werden. Doch können wir ganz wohl bemerken, daß diese schwachen Organe so wenig wie etwa die Brustfüße der Raupen (Fig. 13 b_1 b_3) selbstständige Locomotoren sind, sondern daß die treibende Kraft noch größtentheils von der Musculatur des Stammes ausgeht. Darüber müssen wir uns aber dem Leser noch deutlicher machen. Die einfachsten Bauchanhänge der Gliederthiere wie z. B. jene

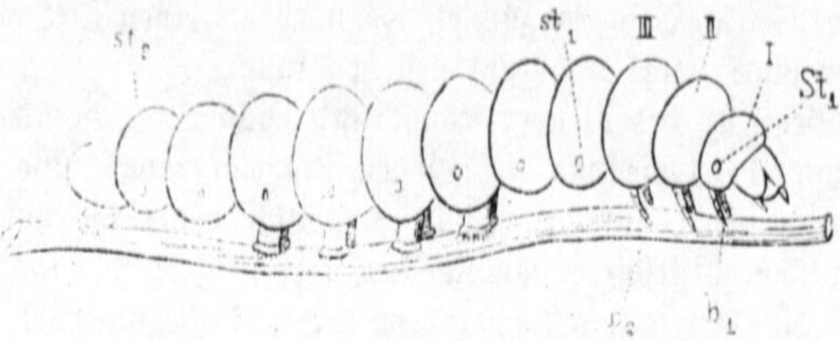

Fig. 13.
Raupe des Nachtpfauenauges (Saturnia pyri Borkh). Die drei ersten Rumpf-Brustringe I, II, III tragen je ein Beinpaar, b_1, b_3, ebenso das 3., 4., 5 und das letzte Hinterleibssegment ein Paar Haftfüße. t_1, t_8 Luftlöcher (Stigmen);

der Ringelwürmer lassen sich mit Rudern vergleichen, die gelenkig in den Rumpfwandungen eingepflanzt sind und durch gewisse Muskeln gedreht werden. Werden diese Hebel nach vorne bewegt und dann wieder, nachdem sie sich mit der Spitze fixirt haben, zurückgezogen, so wird dabei der Rumpf um die betreffende Strecke, d. h. um die Excursionsweite des Hebels vorwärts geschleppt. In unserm Fall verhält sich aber der Rumpf nicht passiv, d. h. er wird nicht bloß bewegt, er bewegt sich zugleich selbst, indem er sich in der betreffenden Richtung zusammenzieht. Er ist also einem Schiffe zu vergleichen, das gleichzeitig durch eine innere Triebkraft, sagen wir durch den Dampf und durch die, vermittelst der Hebel, nach Außen übertragene Kraft seiner Hülfsorgane, also der Ruder, in Gang gebracht wird. Doch bleibt

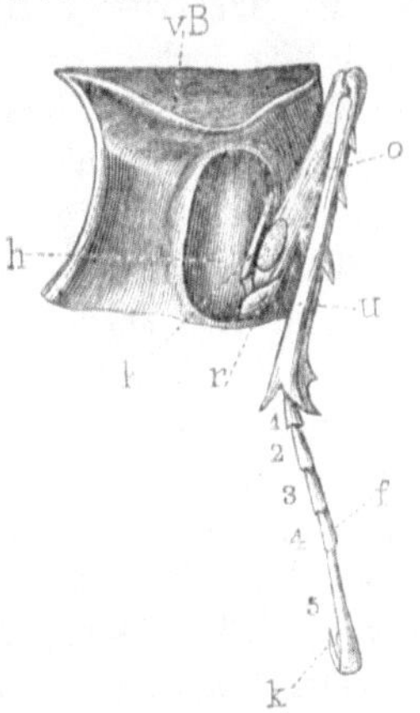

Fig. 14.
Das in einer tabernakelartigen Aushöhlung der Vorderbrust (vB) eingelenkte Bein eines Hirschkäfers. h Hüfte, r Schenkelring, o Ober-, u Unterschenkel, f fünfgliedriger Fuß, am Ende mit einem Krallenpaar k bewaffnet, l Sperrleiste der Hüfte.

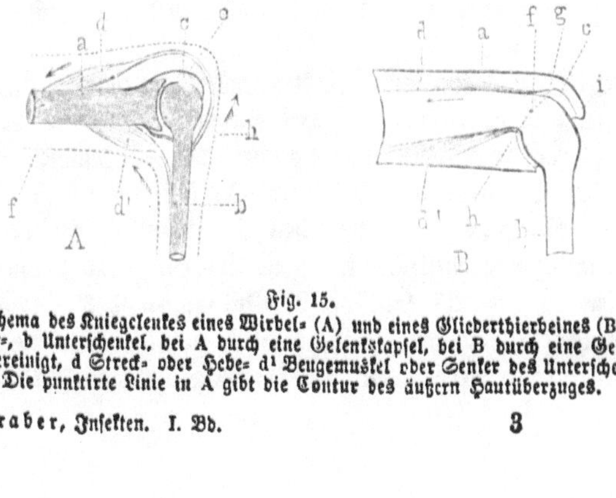

Fig. 15.
Schema des Kniegelenkes eines Wirbel- (A) und eines Gliederthierbeines (B.) a Ober-, b Unterschenkel, bei A durch eine Gelenkskapsel, bei B durch eine Gelenksfalte vereinigt, d Streck- oder Hebe- d' Beugemuskel oder Senker des Unterschenkels. Die punktirte Linie in A gibt die Contur des äußern Hautüberzuges.

der Vergleich immer unvollkommen. Das wurmartige Gliederthier ist nämlich kein einfaches Fahrzeug, es ist ein ganzer Train, eine lange Kette von solchen, die aber nicht alle gleichzeitig, sondern nach einander in die Bewegung eintreten, jedoch so, daß die Bewegung des letzten Fahrzeuges, des Schlußsegmentes nicht sistirt wird, bis diese sich auf das vorderste fortgepflanzt hat, sondern so, daß mehrere Contractionswellen gleichzeitig über den Stamm hinlaufen, indem, wenn die erste Welle, von hinten her, eine Strecke weit gekommen ist, ihr eine zweite, später eine dritte u. s. w., nachgeschickt wird. Wenn der Leser einmal über Land geht und eine Schnurassel über den Weg gleiten sieht, so nehme er sie doch ja auf die Hand und schaue sich das merkwürdige Spiel ihrer Beine an. Er sieht ein Bild, ganz dem ähnlich, welches uns an jenen Walzen vorgeführt wird, womit die Physiker die Verdichtungs- und Verdünnungswellen zu versinnbildlichen suchen. Während die Schnurassel langsam und sachte über unsere Hand ihre geradlinige Bahn zieht, und der drahtförmige Rumpf ziemlich unbeweglich erscheint, sehen wir durch die beiden langen Reihen ihrer kurzen Beine eine Welle nach der andern hinlaufen, wobei diese kleinen Hebel truppweise sich nähern, wieder auseinanderweichen, und dann an einer andern Stelle von Neuem wieder sich zusammenschließen.

Bei Articulaten mit einfachen Hebelorganen geht also, da diese selbst vom Stamm aus gedreht werden, alle Bewegung von letzterem aus. Anders ist's bei den vollkommen abgegliederten Organen des Ortswechsels, bei den echten Gliedmaßen. Sie sind keine einfachen Hebel mehr, sondern zusammengesetzte, Hebelsysteme. Dem Ursprung und Baue nach erweisen sie sich als seitliche Ausstülpungen des Stammes, als wahre Querstämme, die im Kleinen die Gliederung des Hauptstammes wiederholen, und deren einzelne gelenkig miteinander verbundene Abschnitte starre mit Muskeln ausgestattete Hautröhren vorstellen.

Doch unterscheiden sich diese Querstämme (Fig. 14) vom Hauptstamm in doppelter Hinsicht. Einmal verjüngen sich ihre Glieder gegen das Ende zu, ja gehen, und dies ist für sie bekanntlich sehr wesentlich, in eine scharfe Spitze (k) aus, und dann sind sie nicht geradlinig, sondern unter verschiedenen Winkeln aneinander gefügt. Das Grundglied, d. h. der im Rumpfe drehbar eingefügte erste Hebel des ganzen Hebelsatzes wird natürlich von dort aus bewegt. Die Bewegung des nächsten oder zweiten aber geht nicht mehr vom Hauptstamm, sondern von der Musculatur des ersten Querstammgliedes aus, und so wird auch jeder der übrigen Hebel vom vorhergehenden bewegt.

Jeder Hebel, bis auf den letzten, ist also ein actives, ein bewegendes, und zugleich ein passives, ein sich bewegen lassendes Werkzeug. Indem aber die Beine ihre eigene Musculatur bekommen, und sich, von der Drehung des Grundgliedes abgesehen, selbst bewegen können, wird begreiflicherweise dem Hauptstamme die Arbeit sehr erleichtert. Er hat seine locomotorische Function größtentheils an die Querstämme abgetreten, welche sie aber selbst wieder auf die einzelnen Glieder vertheilen.

Aber ist dem Leser nicht schon die Analogie dieser Vorgänge mit jenen der Wirbelthiere aufgefallen? hat er nicht schon Vergleiche zwischen dem Bewegungsmechanismus einer Schlange und dem eines mit Beinen versehenen andern Reptils gezogen, ja hat er bei detaillirterer Vergleichung nicht die Beobachtung gemacht, daß z. B. ein Insekten- und ein Säugethierbein ganz nach dem gleichen mechanischen Principe gegliedert ist, wobei er sich gewiß gestehen mußte, daß hier die Anpassung an gleiche Lebensverhältnisse ein wunderbares Werk vollbracht hat. Man werfe nur einen flüchtigen Blick auf das in Fig. 14 dargestellte Vorderbein eines Hirschkäfers. Hüfte (h), Schenkelring (r), Oberschenkel (o), Unterschenkel (u) und Fuß wiederholen sich, wenn auch in etwas anderer Gestalt genau wie am Wirbelthierbein.

In Bezug auf das Mechanische wollen wir vor der Hand nur eine kurze Vergleichung des Kniegelenkes anstellen.

Fig. 15 A gibt die diesbezügliche Darstellung von einem Wirbel-, B von einem Gliederthierbein, a sei beidemale der Ober- b der Unterschenkel. Bei den Wirbelthieren vereinigen und drehen sich die innerlich liegenden Knochenstäbe mittelst eines Scharniergelenkes, bei den Chitinhäutern ebenso; die als Hebel fungirenden starren Hautröhren sind vermittelst der dünnen Gelenkshaut c trichterartig ineinandergesteckt, eine besondere Gelenkkapsel (B c) daher überflüssig. Die Muskeln sind im Wesentlichen dieselben; sie bilden einen Kreis. Verkürzt sich der obere Theil desselben (d), so wird der Unterschenkel gestreckt, durch Verkürzung des unteren (d^1) gebeugt, eingezogen. Die Gelenkshaut des Gliederthierbeines ist gewissermaßen ein zweiarmiger Hebel, dessen Drehungspunkt (f) in der Mitte liegt. Innere Einstülpungen der Gelenkshaut (B g h) bieten den Muskeln die nöthigen Handhaben oder Sehnen dar.

Ein wesentliches Unterscheidungsmerkmal im Vergleich zu den Gliedmaßen der Wirbelthiere darf aber doch nicht übergegangen werden. Die Hebel der letzteren vervielfachen oder spalten sich gegen das Ende zu. Unser Oberarm besteht aus einem, der Vorderarm aus zwei, die Hand aus fünf nebeneinander liegenden, ganz oder doch fast ganz gleichartigen Parallelstücken oder Radien.

Eine ähnliche Einrichtung widerstrebt nun zwar dem Charakter der Articulaten ganz und gar, indem ja dort alle Glieder in einer einfachen Folge sich aneinanderfügen, um so mehr müssen wir aber die Anpassungsfähigkeit dieses Typus bewundern, welche trotz alledem unter ganz besondern Umständen eine solche Vervielfältigung der einzähligen Segmentkette zuläßt. Wir denken hiebei speciell an die einer ausgedehnten Bewegungsfläche bedürftigen Schwimmbeine von Apus (Fig. 29 Seite 50), von dessen Beingliedern fingerartige Fortsätze entspringen, die in ihrer Gesammtheit ein prächtiges Ruder abgeben und die Arbeit der breiten flossenartigen Endplatte wesentlich unterstützen mögen. Uebrigens sind ja ähnliche Spaltungen auch von manchen Kiefern sowie von den Fühlern der größern Krebse und gewisser Käfer bekannt, und ist ja speciell der bekannte Fächerfühler des Maikäfers eine ganz analoge Anpassung wie der Apus-Fuß.

Die Tausendfüßler und gewisse Krebse, z. B. die Asseln und Kiemenfüßler berechtigen uns zu der Behauptung, daß bei den Kerbthieren jedes Stammsegment ein Paar Bauchanhänge zu produciren vermag, falls das Bedürfniß dazu vorhanden ist. Wenn wir nun, unsere Betrachtungen auf den Kopf ausdehnend, der seiner Aeußerlichkeit nach nichts weiter als das etwas ungestaltete erste Glied des ganzen Stammes sich zu erkennen gibt, bei den meisten Arthropoden gewahr werden, daß derselbe auf seiner Unter- oder Bauchseite drei Paare von hebelartigen Werkzeugen besitzt, die man ihrer Lage am Munde und ihrer übrigen nicht zu mißdeutenden Beschaffenheit halber für die Kiefer dieser Thiere halten muß, so sieht man sich dahin geführt, entweder anzunehmen, daß das für den Rumpf erprobte Gesetz der gleichmäßigen Gliedmassenvertheilung hier keine Giltigkeit habe, oder daß der Kerbthierschädel, obwohl er als etwas völlig Ungegliedertes und Ganzes erscheint, dennoch eine zusammengesetzte, eine aus mehreren Primitiv- oder Ursegmenten zusammengeschweißte Kapsel sei.

Wir werden uns aber bald überzeugen, daß es gar nicht nöthig ist für den Kopf eine Ausnahme zu machen. Was zunächst den einen Punkt, nämlich die Möglichkeit einer Zusammenziehung, einer Concentration und Vereinigung mehrerer Ursegmente in einen einheitlichen größeren Abschnitt anlangt, so finden wir ja eine solche am Brustkasten der Insekten sehr häufig durchgeführt, ohne daß Jemand daran zweifelt, daß man es hier wirklich mit drei ursprünglich getrennten, als sogenannte Vorder-, Mittel- und Hinterbrust bekannten Rumpfgürteln zu thun hat. (Vergl. Fig. 16 u. 17.)

Fig. 16.
Larve eines Zweiflüglers.
k Kopf-, B Brust-, Hi Hinterleibsabschnitt, den gleichbezeichneten aber zusammengezogenen Ringcomplexen in Fig. 17 entsprechend.

Aber auch die ganze Beschaffenheit der drei Kieferpaare selbst spricht dafür, daß sie, wenn wir so sagen dürfen, nur Kaubeine, d. h. nur zur Nahrungsaufnahme besonders angepaßte Bauchgliedmaßen sind. Die zangenartigen Vorderkiefer (Fig. 18, 19 k_1) haben allerdings wenig Beinartiges, desto mehr aber die Mittel- (k_2) und die Hinterkiefer (k_3), deren zum Betasten der Nahrung bestimmte mehrgliedrige Anhänge (ta_2 ta_3), die sogenannten Freßpalpen, unwillkürlich zu einer Homologisirung[1]) mit den Fußabschnitten der Beine (b_1 — b_3) einladen, die ja gleichfalls eine feine Empfindung haben. Und wenn man etwa einwendet, daß die drei ventralen oder bauchständigen Hebelpaare des Kopfes einander sogar nahe, ja oft scheinbar sogar neben- und nicht hintereinander stehen, so liegt dies nur in ihrer Aufgabe, während des Fressens

[1]) Da man vom Gebrauch der Ausdrücke homolog und analog nicht gut Umgang nehmen kann, sei zu ihrer Erklärung folgendes beigefügt. Homolog sind Gebilde, die aus derselben Anlage hervorgehen. Arme des Menschen, Flügel der Vögel. Analog solche, die vermöge ihrer ursprünglichen Natur oder in Folge einer späteren Anpassung dasselbe oder ähnliches leisten (Flügel der Vögel und Insekten).

sich gegenseitig zu unterstützen und beim Erfassen, Zerkleinern und Niederschlucken einander behilflich zu sein.

Manche Leser würden aber doch zu dieser Theorie ungläubig den Kopf schütteln, wenn wir ihnen nicht anschaulich machen könnten, daß das Arthropodenhaupt unter Umständen ebenso scharf abgegliedert und zertheilt sein könne, wie dies nur irgendwo am Rumpfe der Fall ist.

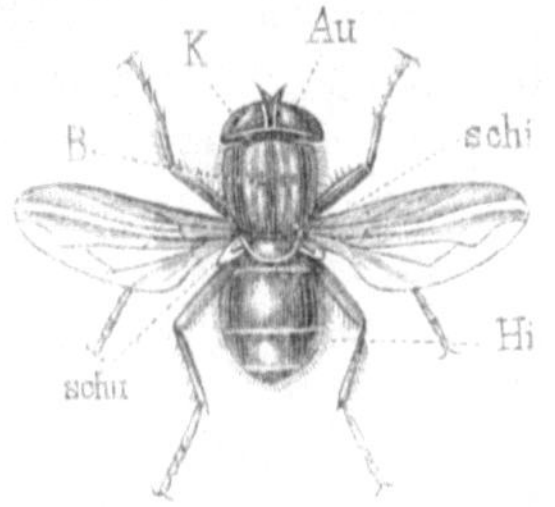

Fig. 17.
Lucilia hominivorax.

Besehen wir uns einmal den in Fig. 20 von der Bauchfläche abgebildeten Embryo eines Schwimmkäfers.

Die Anlagen der drei Beinpaare (b_3, b_2, b_1) sind schon wohl entwickelt. Zwischen ihnen schimmert das Bauchmark

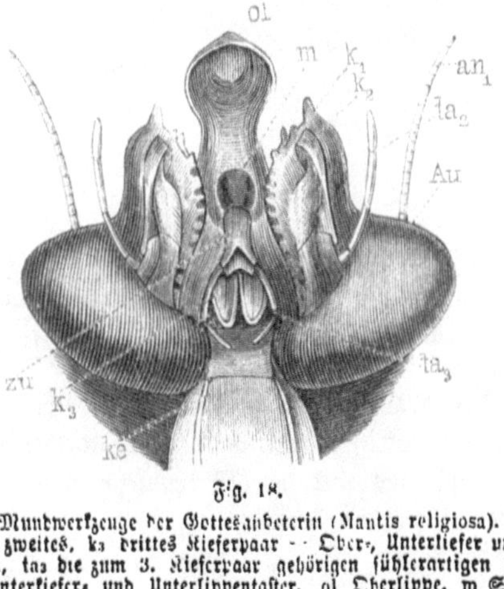

Fig. 18.
Mundwerkzeuge der Gottesanbeterin (Mantis religiosa).
k_1 Erstes, k_2 zweites, k_3 drittes Kieferpaar — Ober-, Unterkiefer und Unterlippe. ta_2 die zum 2., ta_3 die zum 3. Kieferpaar gehörigen fühlerartigen Anhänge: die sogenannten Unterkiefer- und Unterlippentaster. ol Oberlippe, m Schlundöffnung, zu Zunge, ke Kehle, an Fühler, Au Augen. (Vergl. Fig. 1).

durch, in jedem der scharf und bestimmt abgesonderten Segmentplatten sein besonderes Ganglion bildend. Rücken wir nun vom ersten Beinpaar weiter nach vorne, also auf den Kopftheil (K) zu, so bemerken wir nun — und der Neuling thut dies nicht ohne Staunen — daß die drei Kieferpaare (k_3, k_2, k_1), die beim erwachsenen Insect sich enge aneinanderschließen, ja von einer einzigen Stelle zu entspringen scheinen, hier in gemessenen Zwischenräumen aufeinanderfolgen und auch in ihrem Aussehen und Ursprung mit den Beinen oder Rumpfgliedern auf das Vollkommenste harmoniren. Ja noch mehr. Der Kopf, beim ausgeschlüpften Insekt ein streng in sich abgeschlossenes Ganzes bildend, ist hier noch eben so deutlich gegliedert und gesondert, wie die Brust oder der Hinterleib (H),

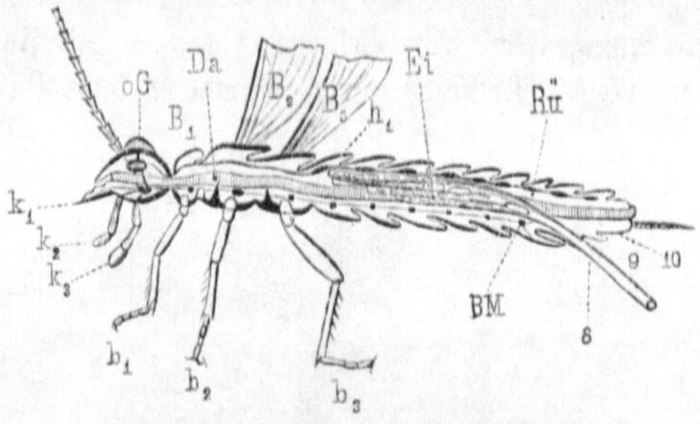

Fig. 19.

Schematische Darstellung des Insektenorganismus.

k_1 — k_3 Kopfbeine oder Kiefer, b_1 — b_3 Brustbeine. B_1 Vorderbrust, (Prothorax), B_2 Mittelbrust (Mesothorax), B_3 Hinterbrust (Metathorax). Letztere zwei mit einem rückenständigen Flügelpaar. Ei Eierstock. 7, 8 Eilegescheide (ovipositor). Rü Herz. D Darm. BM Bauchmark. oG oberes Schlundganglion.

und jedes der drei Kiefersegmente (k_1—k_3) hat auch seinen besondern Markknoten, so daß an der gestaltlichen Ebenbürtigkeit dieser Kopfringe mit den Stammsegmenten nicht weiter mehr gezweifelt werden kann.

Noch deutlicher stellt sich aber die embryonale Kopfsegmentirung an dem schon oben besprochenen Mantis-Fötus

(Fig. 22) dar, wo der Leser die Fühler sowohl als die drei Kieferbeine sofort als Anhänge je eines besonderen Kopfringes erkennen wird.

Ein ähnliches Bild, und das frühere ergänzend, bietet auch die Profilansicht eines Bienenembryo in Fig. 21. Hier ist besonders auf das Bauchmark und seine mit den Kopfsegmenten genau harmonirnde Gliederung zu achten. Der Schlund (sch) bezeichnet die Grenze zwischen ventraler und dorsaler Kopfpartie. Erstere, die drei Kiefersegmente umfassend (k_1 — k_3), wird vom unteren Schlundganglion aus innervirt, das in drei scharf unterschiedene und separirte Knoten zerfällt. Dagegen stellt der Vorder- oder Gehirnkopf mit seinen ventral entspringenden Fühlern und Augen schon von allem Anfang eine einheitliche Bildung dar.

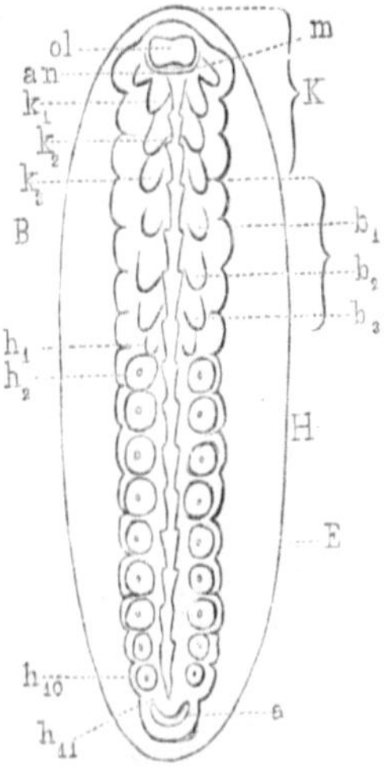

Fig. 20.
Embryo eines Schwimmkäfers.
E Umriß der Eihaut. Die streifenartige Keimanlage schon deutlich segmentirt. K Kopf, ol Oberlippe, m Mund, an Fühler, k_1, k_3 Kiefer, B Brust, b_1, b_3 Beine. Am ersten Hinterleibsring (h_1) Anlage eines weiteren Gliedmaßenpaares. a After.

Wenn wir es als ein Fundamentalgesetz der organischen Welt ansehen, daß alles complicirter Gestaltete aus einfacheren Zuständen sich ableite und in der Entwicklung des Individuums der Reihe nach, wenn auch in gedrängterer und vielfach modificirter Weise, die einzelnen Stadien wiederkehren, die ein bestimmtes Wesen seit seiner Entstehung bis auf den heutigen Tag durchgemacht oder erlebt hat, so kann es wohl einmal Gliederthiere gegeben haben, bei denen, wie am Embryo des Schwimmkäfers, der eigentliche

Kopf, d. h. der den Mund und das Sensorium tragende Körpertheil, weniger Segmente wie bei den heutigen Insekten besaß, oder mit anderen Worten, wo die heute als Kiefer fungirenden Gliedmaßen desselben noch ganz oder doch zum Theil in den Reihen der Beine standen und wirksam waren.

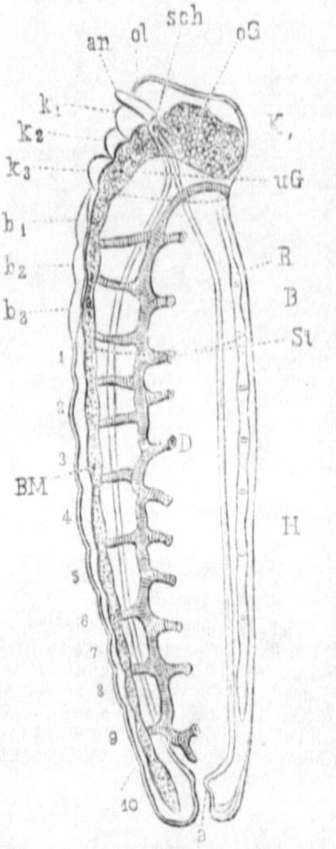

Fig. 21.
Profilansicht eines Bienenembryo. Bezeichnung wie in Fig. 20. BM gegliedertes Bauchmark. D Weiter Mitteldarm. St Luftlöcher mit den davon entspringenden Luftröhren oder Tracheen.

Daß sich aber auch wirklich, Beine als Kiefer, und Kiefer als Beine gebrauchen und verwerthen lassen, und daß überhaupt der Wirkungskreis einer Gliedmaße — solang diese nicht, nach einer bestimmten Richtung sich entwickelnd, einem beschränkteren Zwecke genau angepaßt ist — sehr bedeutend sich ändern, sich vielfach erweitern und wieder verengern kann, für diese Erscheinung, sagen wir, gibt es innerhalb der Gliederthiere, dem Eldorado solcher Extremitätenmetamorphosen, und solcher Gliedmaßenausleihungen, tausende und tausende der lehrreichsten Beispiele, wovon wir dem Leser zur besseren Verdeutlichung der Sache nur eine einzige vorführen. Wir wählen die Organe des Ortswechsels bei den Spinnenthieren. Daß diese, wenigstens die echten oder Webespinnen, nicht drei, wie die Insekten, sondern vier Paar Beine besitzen, das dürfte auch dem Laien bekannt sein, und ist an und für sich auch gar nichts

Merkwürdiges. Uns interessirt aber zu wissen, ob diese zu den Insektenbeinen neuhinzukommenden Locomotionsorgane ein wirkliches Plus bedeuten, oder ob, wie aus anderen Umständen zu vermuthen ist, hier nur eine Anleihe bei den Nachbargliedmaßen vorliege. Was die Entscheidung in diesem Punkte etwas erschwert, ist der Umstand, daß bei diesen Geschöpfen der Kopf (Fig. 24 k) mit dem dem Insektenbrustkorb gleichwerthigen Leibesabschnitt (B), also der Brust, zur sogenannten Kopfbrust (cephalothorax) verschmolzen ist, weßhalb auch von vorne herein keine scharfe Grenze zwischen den Gliedmaßen beider Leibestheile gezogen werden kann. Indessen wird uns eine ganz einfache Betrachtung doch zum gewünschten Ziele führen. Vergleichen wir einmal die Gliedmaßen der in Fig. 23 abgebildeten Käferlarve mit jener unserer Spinne. An der ersteren nehmen wir, von den Fühlern (an) abgesehen, fünf Paare von längeren Anhängen wahr, nämlich am Kopfe die Unterkiefer (k_2) und Unterlippentaster (k_3) und am Brusttheil die bekannten drei Beinpaare (b_1, b_2, b_3).

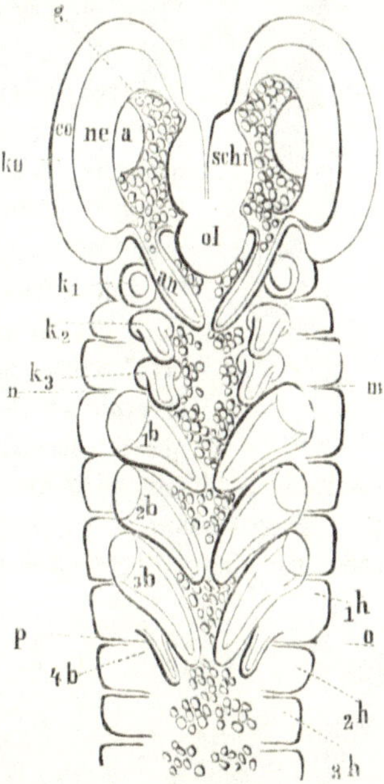

Fig. 22.
Mantis-Embryo.

Nun, und bei der Spinne? Da sehen wir eine gleiche Zahl von Extremitäten, und es fällt uns, den Insekten gegenüber, nur auf, daß hier bloß das vorderste Paar (k_2) an Größe beträchtlich zurücksteht, die folgenden vier aber (k_3 bis b_3) unter sich vollkommen harmoniren. Liegt bei diesem Sachverhalt etwas näher, als die Annahme, daß das erste sogenannte Beinpaar der Spinnen (k_3) nichts weiter sei, als das zum Gehen entlehnte zweite Tasterpaar der Insekten (Fig. 23 k_3)? Und so ist es auch, wie uns die in Fig. 25 abgebildete, der Länge nach durchschnittene Spinne erkennen läßt, in der That. Das erste Beinpaar (ta_3) ist der Anlage nach auf die Hinterkiefer oder die sogenannte Unterlippe der Insekten zurückzuführen, an der der kauende oder Ladentheil (l_2), bei den Scorpionen noch als solcher fungirend, abortiv geworden, verkümmert ist.

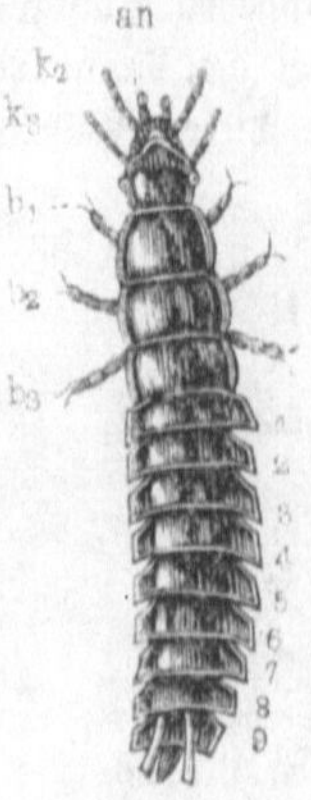

Fig. 23.
Laufkäferlarve.

Noch anschaulicher wird uns dies, wenn wir eine sogenannte Gliederspinne, z. B. eine Solpuga mit in den Kreis unserer Vergleichungen hereinziehen. Bei diesen Geschöpfen, die

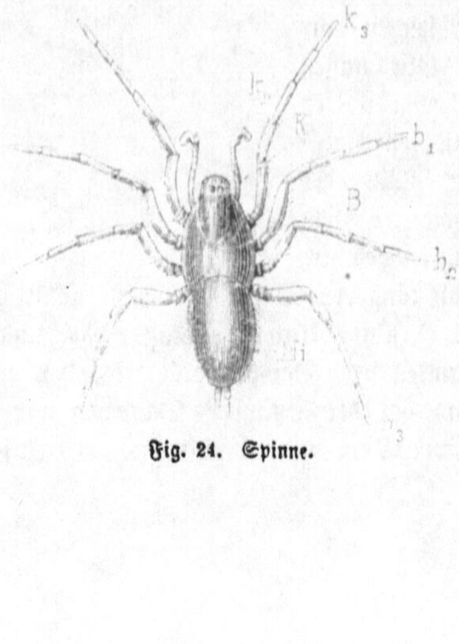

Fig. 24. Spinne.

sozusagen zwischen Kerfen und echten Spinnen mitteninne stehen, ist der Kopf (Fig. 26 k) von dem hier deutlich dreigliedrigen Brusttheil ($B = b_1, b_2, b_3$) scharf abgesondert. Hier kann daher auch kein Zweifel obwalten, daß in der That die beiden bei den Webespinnen als Kiefer gedeuteten Gliedmaßen-

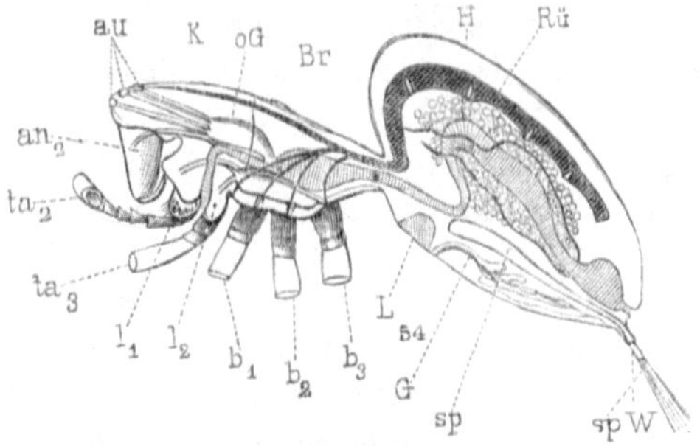

Fig. 25.

Schematisirter Längsschnitt durch eine Webespinne.
Augen au in der Mehrzahl. Antennen an_2 in Beißwerkzeuge, die sog. Kieferfühler umgewandelt, deßgleichen das zweite Tasterpaar ta_3 den übrigen Beinen b_1 bis b_3 beigesellt. L Tracheenlunge, dahinter die Mündung der Geschlechtsorgane G. Die Spinndrüsen (sp) gehen in die Spinnwarzen (sp W) über.

paare (k_2, k_3) dem Kopfe zugehören, und bemerkt man ferner, daß hier nicht bloß das hintere (k_3) dieser Kieferpaare, sondern auch das vordere (k_2) einen beinartigen Taster trägt, wobei die zugehörige Kaulade (h) ihren ursprünglichen Charakter völlig aufgegeben und dafür die Rolle des Hüftstückes übernommen hat.

Ueber die oft ganz willkürliche Gruppirung der Arthropoden-Ursegmente müssen wir noch ein Beispiel bringen. Fast alle Insekten nehmen in die Bildung ihres Brustgebäudes drei Ringe der vorausgehenden Larvensegmentkette auf. Viele Hautflügler aber thun, um ihre Brust zu kräftigen, noch einen Ring des Hinterleibes dazu, während umgekehrt die in kleinen Blockhäuschen lebenden Larven gewisser Netzflügler ihren

Vorderbrustring sammt den kieferartigen Anhängen dem Kopf zur Verfügung stellen.

Unsere Orientirung über die wichtigsten Organisations-verhältnisse der Gliederthiere würde ohne Berücksichtigung ihrer Athmungswerkzeuge höchst mangelhaft erscheinen, um so mehr als diese Organe bei den Articulaten einerseits mit der Mechanik des Ortswechsels in naher Beziehung stehen, und andererseits gerade an ihnen die Anpassung an das Luft- und Wasserleben die mannigfaltigsten Erscheinungen hervorruft. Letzterer Umstand legt es uns auch nahe, unsere Betrachtung auf die verschiedenen Modalitäten der Respiration im gesammten Thierreich auszudehnen.

Gleichwie jedes Elementargebilde, jede Zelle des thierischen Körpers vermittelst ihrer Grenzschichte, ihrer Haut athmet, indem sie nebst den flüssigen Verbrennungsprodukten auch Kohlensäure in das umspülende Blut absondert und aus letzterem außer dem nöthigen plastischen Material auch den Sauerstoff an sich zieht, ebenso wird bei vielen höhern und bei fast allen niedrigen Thieren die Grenzschichte des Gesammtleibes, also die allgemeine Körperhaut als respirirende Membran benutzt. Es ist aber leicht einzusehen, daß mit der inneren Differencirung der Organe und mit der damit Hand in Hand gehenden Flächenvergrößerung der respirirenden Zellhäute schließlich die einfache Körperhülle allein ihrer Aufgabe nicht mehr gewachsen ist, besonders wenn man bedenkt, daß ja mit der Steigerung aller Lebensverrichtungen auch der Stoffumsatz ein größerer wird. Die Hautathmung muß aber offenbar auf ein Mini-

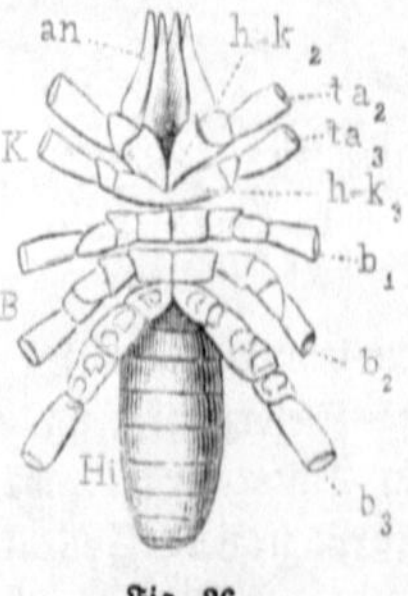

Fig. 26.
Solpuga, Gliederspinne von der Bauchseite.
Beide Tasterpaare ta_2, ta_3 beinartig. Hinterbeine b_3 mit beilartigen Platten besetzt.

mum reducirt oder ganz unmöglich werden, wenn die Leibeshülle, wie das für die Luftbewohner in der Natur ihres Mediums liegt, und auch bei vielen Wassergeschöpfen behufs einer besseren Beschirmung des innern Weichkörpers stattfindet, eine derbere Beschaffenheit annimmt. Oder wie, werden wir fragen, soll der Seeigel durch seine Knochenschale, wie die Krabbe, die Schildkröte durch ihren Panzer athmen? In diesem Falle müssen also besondere Einrichtungen getroffen, müssen separate Organe für die Athmung geschaffen werden.

Diese Athmungsorgane können aber offenbar nichts Anderes als modificirte, als der Respiration angepaßte Theile der Haut selbst sein. Und so ist es auch. So unendlich mannigfaltig sie sich auch hinsichtlich der Form und Lage verhalten mögen, so geben sie sich doch sammt und sonders als zartwandige Aus- oder Einstülpungen der Leibeshülle zu erkennen.

Nun nehme der Leser das Schema in Fig. 27 zur Hand, wo er die wichtigsten Grundformen aller Athmungsorgane beisammen findet. Die durch Ausstülpung oder Aussackung der Haut gebildeten sind als Kiemen (k) bekannt und aus begreiflichen Gründen, weil sie nämlich an der Luft bald eintrocknen würden, nur zur Wasserathmung zu gebrauchen, hiezu aber bei Wirbel- und wirbellosen Thieren am häufigsten angewendet. Ihre Flächenvergrößerung ist fast unbeschränkt, da die falten-, taschen- oder fadenförmigen primären Ausstülpungen durch Bildung secundärer, tertiärer u. s. w. Duplicaturen sich beliebig vervielfältigen können. Der relativ geringe Gehalt des Wassers an freiem Sauerstoff erfordert aber eine beständige Erneuerung resp. Bewegung des Mediums, die, falls es hiezu an separaten Ortswechselorganen mangelt, von den Kiemen selbst besorgt werden muß. So können sie also, mit dem nöthigen Muskelapparat versehen, die vorgenannten Gliedmassen ersetzen und diese Doppelfunction erklärt denn auch ihre weite Verbreitung und zwar selbst bei solchen Thieren, die ihren Luftbedarf auf andere Weise schöpfen könnten. Das wahre Negativ zu den äußeren Wasserathmungsorganen sind die in Gestalt von Röhren in das Leibesinnere eindringenden „Wassergefäße" (w) der Würmer und Stachelhäuter. Bei

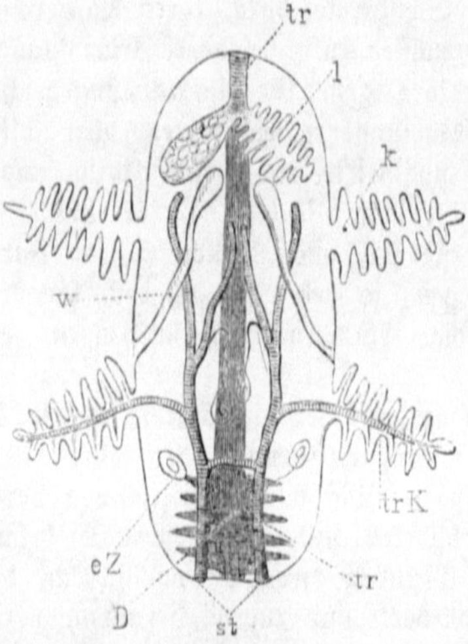

Fig. 27.

Schema der verschiedenartigen Anpassungen der Haut zum Zwecke der Athmung. l Lungensäcke, rechts gefaltet, links von compactem zelligen Bau mit der Trachea tr. W Wassergefäße, tr Luftröhren mit ihren zellartigen Endigungen eZ, k Kiemen, trK Tracheenkiemen, D Darmkiemen.

ersteren geschieht der unerläßliche Wasserwechsel durch die flimmernden Wandungen, bei den letzteren durch die Pumpbewegungen eigener Blasen und Gefäße, wir möchten sagen durch eigene Wasserherzen.

Da auch die beiden Endstücke des Darmes Einstülpungen der Leibeshülle sind, so ergibt sich ihre Respirationsfähigkeit von selbst. Und in der That sehen wir sowohl den Mund-, als auch den Afterdarm (D) mit dieser Function betraut. Ersteres z. B. bei den Tunikaten, deren Munddarm gewissermassen nur ein sackartiges Muschel-**Kiemengitter** ist, Letzteres, um an das Nächste zu denken, bei gewissen Libellenlarven, deren Enddarmwandung gleich einer Flußkrebskieme blätterig gefaltet ist.

Die Organe für die Luftathmung können, wie schon bemerkt, nur durch Einsackungen der Haut gewonnen werden und erscheinen entweder gleichsam als Luft führende „Wassergefäße", als sog. Tracheen (tr), deren an besonderen Hautöffnungen oder Stigmen beginnende elastische Hauptstämme nach innen sich baumartig verästeln, oder als innere Kiemen, als sog. Lungen (l), d. h. als einfache oder gefächerte Säcke, wie wir sie bei den Lungenschnecken neben oder bei den Wirbelthieren in der Mund-, beziehungsweise Nachen- und Nasenhöhle sich öffnend antreffen. Die rhythmische Füllung und Entleerung dieser Lufträume geschieht beidemale durch geeignete Bewegungen der Haut-, resp. der Rippen- und Zwergfellmusculatur.

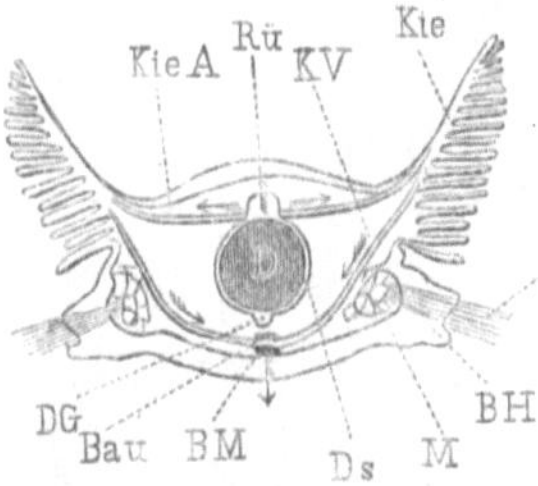

Fig. 28.

Querschnitt eines Kiemenwurmes.
Kie rückenständige Kiemen, BH Bauchhöcker. D Darm. Rü dorsaler, Bau ventraler Blutgefäßstamm. DG Darmgefäß. Kie A Kiemenarterien. Kv Kiemenvene.

Sowie die Athmungsorgane in unzertrennlicher Beziehung zur Beschaffenheit der Haut stehen, so ist selbstverständlich die Blutvertheilung wieder von jenen abhängig. Bei auf einen bestimmten Körpertheil beschränkter, bei sog. localisirter Respiration muß begreiflicherweise das Blut die betreffenden Organe aufsuchen, wozu eine eigene Blutleitung nöthig wird. So an den Lungen und bei gewissen Kiemenbildungen. Wo aber, wie bei der Tracheenathmung, die Luft im ganzen Körper herumgeführt, ja selbst bis zu den letzten Elementartheilen hingeleitet wird, dort entfällt wenigstens der Athmungskreislauf. Kann doch hier von einem Unterschied zwischen venösem oder mit Kohlensäure überladenem und arteriellem oder sauerstoffreichem Blute eigentlich gar nicht gesprochen werden.

Damit es aber ja nicht an einem Bindegliede fehle, das die Athmungsorgane von Luft- und Wasserbewohnern vereinigt,

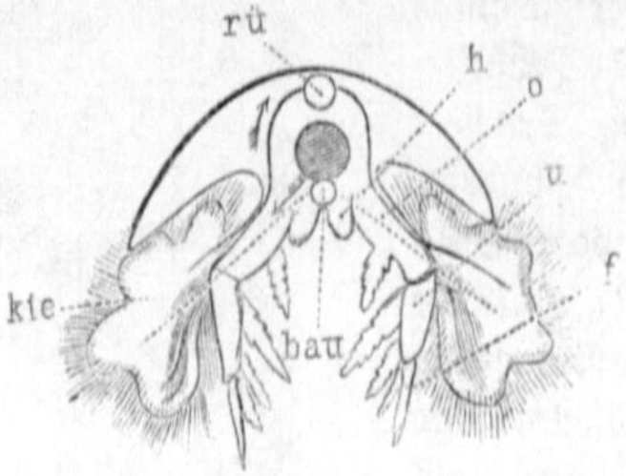

Fig. 29.
Querschnitt eines Blattfüßlers (Apus).
Die Kiemen Kie erscheinen als seitliche Blattanhänge der Bauchgliedmaßen, h Hüfte, o Ober-, u Unterschenkel, f Fuß, rü Rücken, bau Bauchgefäß.

beobachten wir bei manchen der letzteren, nämlich bei gewissen Insectenlarven eine förmliche Verquickung von Kiemen und Tracheen, die sog. Tracheenkiemen (trk). Der Athmungsvorgang ist hier der, daß das Tracheennetz, da eigene Luftlöcher fehlen, nur auf dem Umwege durch die Kiemen seinen Inhalt auswechselt.

Ueber die Athmung der Gliederthiere können wir uns jetzt kurz fassen. Die Ringelwürmer und Krebse respiriren mit Kiemen, die übrigen, die luftlebenden Arthropoden (Spinnen, Tausendfüßler und Insekten) thun dies durch Tracheen. Diese, die sog. Tracheaten, lassen wir aber vorläufig ganz aus dem Spiel und widmen zunächst nur den Kiemen der Articulaten ein Paar Worte, und zwar vornehmlich nur insoweit, als sie ihren ganzen Habitus beeinflussen.

Ringelwürmer und Krebse zeigen da einen auffallenden Gegensatz. Bei ersteren entspringen sie meist vom Rücken (Fig. 2 und 28 kie), bei letzteren von der Bauchseite (Fig. 29 kie).

Geradezu Legion ist die Zahl der verschiedenartigen Modificationen der Krusterkiemen. Bald als selbständige Bauchgliedmaßen über eine große Zahl von Ringen verbreitet, ja z. Th. aus einer Umwandlung der normalen Ventralanhänge hervorgegangen, beschränken sie sich anderemale, z. B. den Asseln (Fig. 30 ki) auf die letzten Leibessegmente, oder lassen sich, um das eigene Rudern zu ersparen, von den Beinen in das Schlepptau nehmen (Kiemenfüße Fig. 29). Bei den höchststehenden Krustern, Fluß-, Taschen-Krebs z. B. associiren sie sich den zehn großen Vorderbeinen, werden aber, ähnlich wie bei den Fischen, von einer deckel- oder kapselartigen Ausstülpung des Rückenschildes derart überwölbt und verschanzt, daß man sie für gewöhnlich gar nicht zu sehen kriegt.

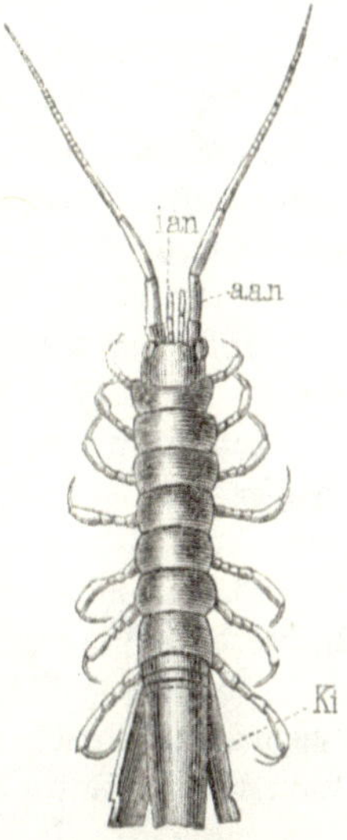

Fig. 30.
Schachtassel. Kiemen an den letzten Ringen, von einem Deckel geschützt.

Wenn aber die ständigen Wasserarthropoden, wir meinen die Krebse, mit Kiemen und die Landgliederfüßler, also die Insekten mit ihrem Anhang, durch Tracheen athmen, wie können letztere aus den erstern hervorgegangen sein?

Bei den Wirbelthieren, wo ein analoger Wechsel der Athmungsorgane vorliegt, ist die Sache einfach. Während z. B. die Kaulquappe, der werdende Frosch, solang er ausschließlich dem Wasser angehört, mit Kiemen respirirt, werden bereits die Athmungsorgane für den späteren Luftaufenthalt, nämlich die Lungen vorbereitet.

Bei jenen merkwürdigen Krebsen dagegen, die zeitweise ihrem flüssigen Elemente ungetreu werdend, oft längere Landausflüge unternehmen, sowie bei unseren Kellerasseln, die schon längst auf dem Lande eingebürgert sind, verhält es sich ganz anders. Sie athmen, wie alle andern Kruster mit Kiemen, und zwar entweder so, daß sie gleich den fliegenden Fischen, in ihrer geräumigen und hermetisch verschließbaren Kiemenhöhle eine Portion Wasser als Reisezehrung mit auf's Trockne nehmen, oder indem, wie solches bei den Kellerasseln geschieht, die gleichfalls durch einen Deckel geschützten Kiemen geradezu wie äußere Lungen benützt werden.

Ebensogut wissen sich jene Insecten zu helfen, die als Larven im Wasser leben und erst später an die Luft gehen. Sie haben Tracheenkiemen, d. h. sie füllen, solange sie unter Wasser sind, ihr Luftröhrennetz vermittelst der Kiemen, werfen dann beim Uebergange in's neue Medium die letzteren ab, und es thun sich nun jene seitlichen Oeffnungen auf, durch welche die Luft direct in's Innere gelangt.

Aber woher sind die Tracheen der Insekten, wenn ihre supponirten Vorgänger, die Krebse, nichts dergleichen besitzen? Sind die Tracheaten bereits mit fertigen Tracheen an's Land gekommen? Es ist sehr unwahrscheinlich; denn wenn solche geschlossene Tracheennetze für Wasserthiere von Vortheil wären, warum finden sie sich nicht auch bei Krebsen und bei Ringelwürmern wieder? Die ersten Landgliederfüßler müssen also wohl, gleich den Kellerasseln, ausschließlich Kiemenathmer gewesen sein und die Tracheen als Ersatz für diese erst später erworben haben. Wenn dem aber so ist, dann sind aber offenbar alle Kerfe, welche gegenwärtig im Wasser leben, nicht von jeher dort gewesen, sondern erst später, nachdem sie früher auf dem Lande die Tracheen bekommen hatten, in dasselbe wieder zurückgewandert.

III. Kapitel.

Kennzeichnung der einzelnen Gliederthierklassen. Uebergang zu den Insekten. Unkenntniß ihrer Abstammung.

Wir wären mit dem Leser gerne einen Pfad gewandelt, der uns, sei es nun in gerader Richtung oder auf mannigfachen Umwegen, von den einfachsten, noch ganz indifferenten Gliederthieren zu den vollkommensten, den Insekten, hinübergeleitet hätte. Einen solchen Weg aber kennt man nicht. Damit er dies einsehe, zugleich aber auch der Organismus der Kerfe in seiner ganzen Eigenart sich klar vor Augen stelle, müssen wir ihn aber ganz flüchtig mit dem Wesen der einzelnen stammverwandten Classen vertraut machen.

Um mit den Ringelwürmern zu beginnen, so lassen nur die Rückenkiemer (Fig. 2) eine nähere Vergleichung mit den Gliederfüßlern zu. Es ist an ihnen ein deutliches Haupt und ein langer gleichmäßig abgegliederter Rumpf vorhanden. Ersteres ist in Gehirn- und Mundkopf abgetheilt. Jener trägt die bald einfachen, bald sehr complicirt gebauten Augen und mehrere z. Th. gegliederte Fühlorgane. Das Mundsegment läßt den mit ungegliederten Kieferhaken bewehrten Schlundkopf hervor treten. Diese Annelidenkiefer haben aber mit den Mundgliedmaßen der Arthropoden nur die Function gemein. Der einförmige Rumpf, oft von außerordentlicher Länge, setzt sich aus einer großen, aber äußerst variabeln Zahl meist völlig gleichartiger Ringe zusammen. Die meist kamm- oder blattartigen Kiemen, welche von deren Rückenseite entspringen, stehen, in zwei Reihen geordnet, meist den ganzen Stamm entlang. Die große Länge des letzteren, sowie die innere Kammerung verlangt nothwendig eine vollkommene Blutleitung und eine mehrfache Wiederholung der Excretions- und Generationsorgane, eine Einrichtung, die im Arthropodenreich nicht Ihresgleichen hat. Eigentliche Verschmelzungen einzelner Ringgruppen gibt es dagegen nirgends. Die Homonomität, der Wurmtypus bleibt aufrecht erhalten.

Um nun auf die Krebse zu kommen, so denkt man unwillkürlich an Göthe's: „Das Einzelne kann nie Muster des Ganzen sein". Man nehme nur eine Assel (Fig. 30) und stelle daneben einen Fluß- oder gar einen Taschenkrebs. Es gibt in der That keine Thiergruppe, die sich in solchen Extremen bewegt, die eine solche unerschöpfliche Fülle von scheinbar grundverschiedenen Gestalten aufweist.

Aber wie weiß man, daß diese dennoch zusammengehören? Hier hat die Wissenschaft der vergleichenden Anatomie, besonders aber die der Entwicklungsgeschichte ihren Triumph gefeiert. Erstere läßt uns in einer fast ununterbrochenen Stufenleiter von den niedersten zu den höchsten Krustern emporsteigen, und letztere lehrt uns den Zusammenhang zwischen jenen ganz absonderlichen Crustaceen, mit denen die bloße Vergleichung Nichts anzufangen weiß, ja die man seinerzeit selbst für Würmer und Schalthiere ausgab. Das müssen wir näher erläutern. Wir haben schon Eingangs einen ungegliederten Krebs, den sog. Nauplius (Fig. 32) kennen gelernt, der außer einem Antennenpaar noch zwei Paare von großen Ruderbeinen trägt.

Manche Kruster behalten diese oder doch eine sehr ähnliche Gestalt zeitlebens. Nun besehe sich der Leser das beistehend (Fig. 31) abgebildete, sackförmige Thier, das an den Kiemen gewisser Taschenkrebse schmarotzt, indem es mit den wurzelartigen Röhren, die kranzförmig von einem

Ende desselben entspringen, seinem geduldigen Wirthe das Blut abzapft. Es ist dies ein wahrhaftiger Krebs, oder sagen wir lieber, vor Zeiten ein Krebs gewesen, und in seiner Jugend, die jene vergangene Epoche wiederspiegelt, auch jetzt noch einer. Hier tritt er nämlich als freilebendes Geschöpf und zwar im Kostüm des erwähnten Nauplius auf.

Dies ist also ein wahrhaft tragisches Exempel einer sog. rückschreitenden Entwicklung, einer *retrograden Metamorphose*, herbeigeführt durch die Verkümmerung der für den selbständigen Nahrungserwerb bestimmten Hilfswerkzeuge in Folge des Schmarotzerthums. Das Thier wird zum bloßen Magen, die Orientirungsorgane, Augen und Fühler, werden überflüssig, und aus den Werkzeugen des Ortswechsels, wenn sie nicht ganz verschwinden, Klammerhaken und Saugorgane.

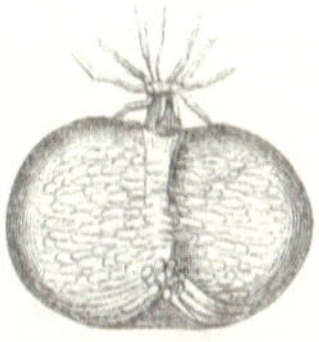

Fig. 31.
Ein auf einem Taschenkrebs schmarotzender Kruster (Sacculina carcini). Statt des Mundes hat er einen Kranz wurzelartiger Röhren, die gleich Pilzfäden in den Leib seines Wirthes eindringen und ihn aussaugen.

Aber nicht diese Krebse allein, fast sämmtliche Kruster fangen ihr selbständiges Leben als Naupliuslarve an, oder wenn nicht d. h. wenn sie sich von diesem Urzustand schon zu weit entfernt haben und ihre freie Existenz für die Ausbildung der später erworbenen Organisation benöthigen, so kommt es, gelegentlich wenigstens, noch im Ei zum Vorschein.

Eine allgemein zutreffende Charakteristik der fertigen Krebse ist nun offenbar, wie das Vorausgehende lehrt, platterdings unmöglich. Denn, wenn ein Thier, wie unser Sackkrebs alle wesentlichen Merkmale eines Krebses, ja sogar die der Gliederthiere überhaupt ablegt, was soll sich weiter von ihm sagen lassen? Unsere Krusterdiagnose kann sich also nur auf die typischen Krebse beziehen. Das Bezeichnendste sind wohl ihre Anhänge, die Gliedmassen. Einige Beständigkeit haben aber bloß die Fühler. Deren sind nämlich fast stets zwei Paare (Fig. 33 an_1, an_2), wovon aber das hintere häufig zum Rudern dient. Eigentliche Mundgliedmassen oder Kiefer sind, wie bei den Tracheaten, gewöhnlich 3 Paare, nämlich die Oberkiefer (k_1) und zwei Maxillenpaare (k_2 k_3). Hier tragen aber auch die ersteren Nebenorgane oder Taster.

Wenn wir uns im Weiteren zunächst an die Kellerassel halten, wo der Stammkörper ähnlich wie bei Insektenlarven gegliedert ist, so folgen dem scharf abgesonderten Kopf nicht weniger als 7 fußtragende Ringe, während die letzten mit Kiemen versehen sind. Diese große Zahl der Rumpfextremitäten, die aber nie, wie bei den Tausendfüßlern, alle Ringe gleichmäßig auszeichnen, liefert ein weiteres Klassenmerkmal. Noch mehr aber die Verschiedenartigkeit und Wandelbarkeit dieser Gliedmassen selbst bei einem und demselben Thier. Hier gibt der Flußkrebs ein gutes Beispiel ab. Die ersten drei den Kiefern folgenden Extremitätenpaare (kf_1 — kf_3), welche man den Brustbeinen der Insekten zu vergleichen pflegt (Fig. 35), sind ein merkwürdiges Mittelding zwischen Fuß und Kiefer, wir könnten sagen Handlanger für die letzteren: Kieferfüße oder besser Kieferhände. Der Uebergang in die echten Beine, d. h. in die Hebelorgane des Ortswechsels ist auch ganz allmälig. Von letzteren sind hier wie überhaupt bei den Zehnfüßern 5 Paare. Sie stehen am Hinterrumpf, dem sich dann noch ein schlankerer Stammtheil, der

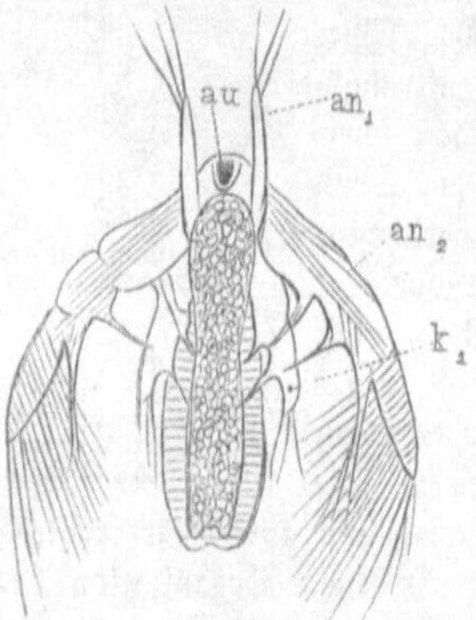

Fig. 32.

sog. Schwanz anschließt, welcher natürlich bei Wasserthieren, als Ruder nämlich, vollkommen an seinem Platze ist. Ein solcher Ruderschwanz, gleichsam ein unverändertes Stück Wurmleib, ist übrigens ein weit verbreitetes Attribut der Kruster und bei den sog. Langschwänzen mit Stummelbeinen und einer breiten Flosse, sonst gewöhnlich mit einer langen Gabel oder Furca versehen.

Während bei den Krebsen die völlig gleichartige Leibesgliederung mehr zur Ausnahme gehört und vollkommen über-

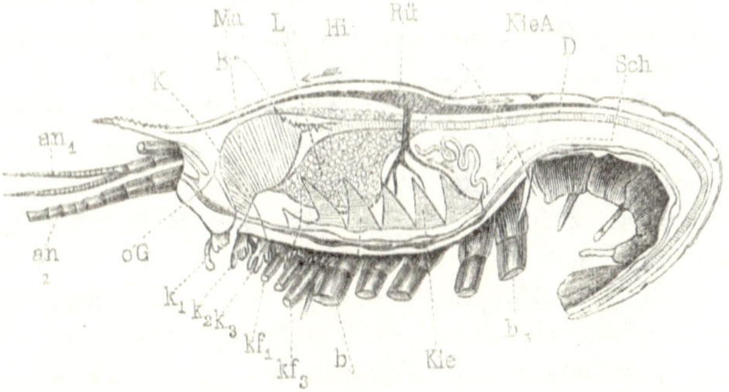

Fig. 33.

Etwas schematisirter Längsschnitt eines langschwänzigen Krebses. an_1 inneres, an_2 äußeres Fühlerpaar. Die Bauchgliedmassen bilden eine Reihe stufenweise von Kiefern (k_1 — k_3) in Kieferfüße (kf_1 — kf_3) und Beine (b_1 — b_5) übergehender Anhänge. K Kopf, B Brust, Hi Hinterleib, Sch Schwanz, oG oberes Schlundganglion, Ma Magen. D Darm, Rü sackförmiges Rückenherz. Kie A die das Blut von den bauchständigen Kiemen (Kie) zum Herzen zurückführenden Arterien.

haupt nie durchgeführt ist, dagegen aber vielfache Zusammenfassungen größerer Ringcomplexe an der Tagesordnung sind, ja bei den Taschenkrebsen bis auf das niedliche Schwänzchen der gesammte Leib zu einer steinernen Kapsel sich zusammenschließt, glauben wir uns mit den Tausendfüßlern oder Myriopoden, die als Landthiere und Tracheenathmer doch einer verhältnißmäßig jüngeren Zeit angehören, plötzlich wieder zu den Ringelwürmern zurückversetzt. Oder verdienen die oft halbschuh langen überaus schmalen und schlangenartig sich windenden Erdasseln (Geophilus) mit ihren oft über Hundert zählenden völlig gleichartigen Leibesringen nicht in der That diesen Namen? Doch haben sie alle ein wahres Arthropoden- oder richtiger Kerfhaupt mit einem einzigen Fühlerpaar und drei Paaren von Kiefern, wovon die oberen zum Unterschied von den Krebsen stets tasterlos bleiben.

Weniger Aufhebens wollen wir von ihren zahlreichen Beinen machen, da wir schon sahen, daß aus den Bauchhöckern von Peripatus mit der Zeit auch etwas dergleichen werden könnte. Trotz der Formenarmuth dieses kleinen Tracheatenzweiges hat sich aber noch eine zweite Aehnlichkeit herausgebildet und zwar bei den sog. Doppelfüßlern. Es sind dies höchst sonderbare Wesen. Der Leib der einen, der Schnurasseln, gleicht einer steinerne Spiralfeder. Die Kette ihrer schuppenartig übereinandergreifenden und durch Verkalkung ganz spröde gewordenen Ringe läßt sich spiralförmig einrollen, was den sonst wehrlosen Geschöpfen nebst ihren berüchtigten, reihenweise über den Stamm vertheilten Stinkdrüsen sehr zum Heile ist. Bei einer zweiten Gruppe, den sog. Rollasseln, ist der Leib ganz kurz, nur 12—13 gliedrig, und besteht jeder Ring aus einer breiten, gewölbten nnd gleichfalls verkalkten Rückenschiene und einer ganz weichen, gelenkhautartigen Bauchmembran. Diesen macht es also nur Spaß, sich nach Art der Igel zu einer Kugel zusammenzurollen. Nun gibt es aber, wie wir bereits wissen, Krebse, unter Andern die Kellerassel, den Armadillo u. s. f., die auf den ersten Blick oft kaum der Fachmann von den Landkugelasseln unterscheiden kann, wenn er nicht an ihrem 2. Fühlerpaar und den endständigen Kiemenplatten ihnen den Krebs anmerkt.

Das Interessante an der Sache ist aber, daß sowohl die den Ringelwurm copirenden scolopenderartigen Vielfüßler, als diese auf die Nachäffung der Krebse ausgehenden Kugelasseln, ihrer ganzen innern Organisation nach fast Punct für Punct mit den Insekten übereinstimmen, daß also die erwähnten äußeren Formanspielungen zu andern Thierklassen nicht auf Blutsverwandtschaft, auf Vererbung, sondern auf der Anpassung an ähnliche Lebensbedingungen beruhen.

Daß es unter den „Tausendfüßlern" auch Wenig-, nämlich bloß 18-Füßler (Tauropus), gibt, fügen wir nicht als Curiosität an sich, sondern als bezeichnend für das Nichtbezeichnende dieses Klassennamens bei.

Während die Myriopoden innerlich wahrhaftige Insekten sind, äußerlich aber, trotz der langweiligen Einerleiheit ihres Körpers in allerlei Extreme sich ergehen, zeigen sich gewisse Spinnenthiere als Insekten von Außen, und weisen uns, in Bezug auf das Innere, so z. B. hinsichtlich der Leber, sowie in Bezug auf das vollkommene Circulations- und das localisirte Respirationssystem auf die Krebse hin. Das äußerlich Insektenhafte, nämlich die scharfe Dreitheilung des Körpers in Kopf, 6 beinige Brust und beinlosen Hinterleib kommt am schönsten bei den schon oben erwähnten Solpugiden zum Ausdrucke. Doch dürfen wir uns nicht täuschen lassen. Zuvörderst ist der (hier freie) Spinnenkopf ganz anders. Fühler mangeln, ihre Function übernehmen die feinfühligen Taster- und Beinenden. Aus den Fühlern selbst aber, vielleicht den hintern der Krebse homolog, sind die berüchtigten Scheerenzangen und Giftklauen (Fig. 25 und 35 ki) geworden. Dafür fehlen die Kinnbacken ganz. Daß die Taster der Unterlippe das 4. Beinpaar liefern, ist schon gesagt worden. Die dadurch bedingte Achtbeinigkeit ist auch der vornehmste Spinnencharakter, er findet sich selbst bei den extremsten Formen, den compactleibigen Milben und den sonst ganz wurmartigen Pentastomen wieder, beides Verirrungen des Spinnentypus durch den Parasitismus. Die Spinnen im engsten Sinne, nämlich die bekannten Seilkünstler, haben sozusagen das Insektenhafte nur mehr an ihrem scharf abgeschnürten sackartigen Hintern; die verschmolzene Kopfbrust aber, in der bei den sog. Siebenfüßen

(Phalangiden*), ähnlich wie bei den Milben, auch der Hinterleib aufgeht, erinnert ganz an die höheren Panzerkrebse. Das meiste Krusterthum tragen aber doch die höheren Gliederspinnen, die Scorpionen (Fig. 34) zur Schau. Die verschmolzene Kopfbrust, die massiven Scheerentaster, vor Allem der berüchtigte Schwanz gemahnen an Krebseinrichtungen, und nicht minder stehen sie durch ihr hoch entwickeltes Circulationssystem unter den Luftarthropoden ganz vereinzelt da. Indeß auch diese Anklänge der Spinnen theils an Insekten theils an Kruster können, da sie gerade an den vollendetsten, an den höchsten Gliedern der Klasse zum Vorschein kommen, nur Analogieen, nur Anpassungen sein. —

Die einzig reelle Frucht aus den bisherigen Erörterungen ist wohl die erlangte Einsicht in den allmäligen aber im Ganzen sehr verschiedenartigen Fortschritt der Gliederthierorganisation, hervorgerufen durch die Anpassung der ursprünglich indifferenten Körpertheile an neue Lebensbedingungen. Am Anschaulichsten stellt sich dies am Stamme selbst dar. Bei den Ringelwürmern, Tausendfüßlern und manchen Krebsen zeigt er sich in lauter gleiche und gleichwirkende (honodyname) Abschnitte zerlegt, und auch ihre Anhänge theilen sich nur in eine und dieselbe Arbeit. Dann treten allerlei Anpassungen bei den letztern auf. Die einen Gliedmassen geben sich mit dem Zerkleinern, mit dem Herbeischaffen, Ergreifen und Halten der Nahrung ab, während andere sich nach und nach zu Geh-, Schwimm- und Flugorganen, ja selbst zu Hilfswerkzeugen der Begattung, der Brutpflege u. s. f. qualificiren. Die ungleiche Größen- und Kraftentfaltung der Gliedmassen wirkt natürlich auch wieder auf die betreffenden

---

*) Die bisher vergeblich gesuchten Speicheldrüsen der Webespinnen münden nach unserer Entdeckung auf einer winzigen Siebplatte der Maxillen aus, und bestehen aus einer größern Anzahl an letzterer zusammenlaufender, einzelliger, flaschenförmiger Schläuche.

Stammtheile zurück. Die einen müssen sich verstärken und enger zusammenrücken, während andere in der ursprünglichen Einfachheit und Gleichgültigkeit verharren können.

Wie begreiflich läßt sich aber aus der primären Stammgliederkette unendlich Vieles machen, es sind unzählige Combinationen von verschiedenen Ringgruppirungen möglich, und viele davon auch in der That schon in's Werk gesetzt. Es muß aber darunter auch eine Kombination geben, die nicht bloß relativ, sondern die absolut die beste, die günstigste ist, d. h. eine solche, bei der *unter Aufwendung der relativ geringsten*

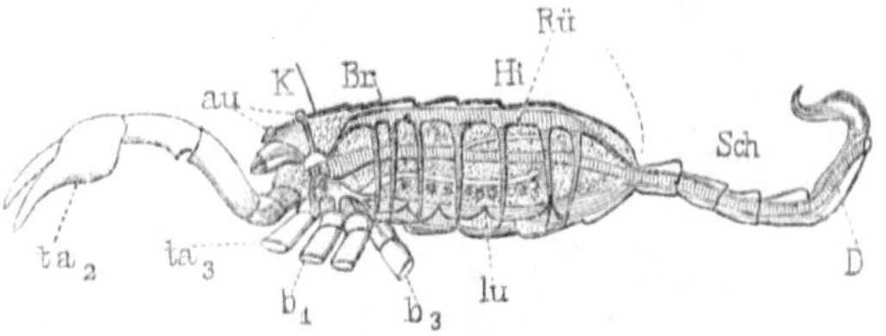

Fig. 34.

Etwas schematisch gehaltener Längsschnitt eines Scorpions.
ta_2 Scheerentaster der Unterkiefer, jene der Unterlippe (ta_3) den Beinen (b_1 — b_3) beigezogen. au die kleinen einfachen Augen. Rü Rückenherz mit reifartigen Seitenästen in den einzelnen Ringen. lu Tracheenlungen. D Darm.

Mittel und Kräfte dennoch das vielseitigste und energischeste Leben möglich ist. Und sollte die Natur bei den Gliederthieren dieses Problem noch nicht gelöst haben, das ihr bekanntlich bei den Wirbelthieren, wie wir uns schmeicheln, an uns selbst gelungen ist, sollte sie nach der Durchprobirung der verschiedensten Systeme, wie wir sie bei den Krebsen und Spinnen sehen, nicht endlich an das Richtige gerathen sein, und wenn dies, welche Arthropoden dürfen sich schmeicheln, die Krone, das Ideal der Gliederthierwelt zu sein? Wenn die Größe, die Festigkeit und Solidität des Aeußern, die große Zahl und Stärke der Hilfsorgane, sowie eine gewisse Exactheit des innern Baues den Ausschlag gäbe, müßte man jedenfalls den

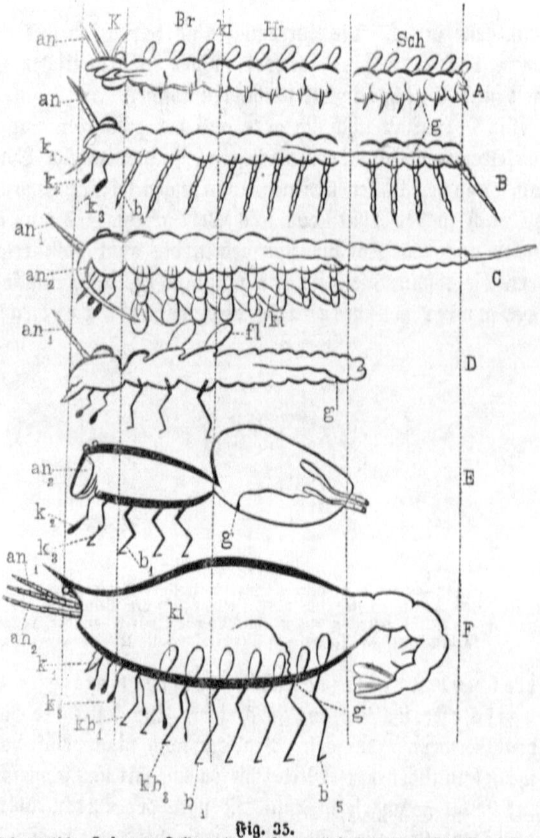

Fig. 35.
Schematische Zusammenstellung der äußeren Gestaltungsverhältnisse einiger Gliederthiertypen. g Geschlechtsöffnung.

A Ringelwurm. B Tausendfuß. C Ein Kiemenfuß. Der ziemlich gleichmäßig abgegliederte Rumpf verjüngt sich zu einem anhangslosen Schwanzabschnitt (Sch). Von den flossenartigen Rumpfbeinen jedes mit einer blattförmigen Kieme (ki). Fühler zwei Paare, das hintere hackenförmig. D Insekt. Rumpfgliederzahl bestimmt und beschränkt. Kopf (K). Brust (B) und Hinterleib (Hi) gesondert, Kiefer und Beine (b_1 — b_3) je zu drei Paaren (k_1 — k_3). Der 2. und 3. Brustring mit einem Paar rückenständiger Flügel (fl). E Webespinne. Kopf und Brust des Insekts hier zur Kopfbrust vereinigt. Hinterfühler (an_2) als Kiefer, Hintertaster (k_3) als Beine verwendet. Hinterleib ungegliedert, weich. F Langschwänziger Krebs. Kopf, Brust und Hinterleib in Eins verschmolzen.

riesigen Langschwänzen, den Hummern und ihren kolossalen Vettern in fremden Meeren den Preis zuerk nnen. Aber sie sind und bleiben ja doch steife, ungelenke Gesellen und der Mangel eines separirten Kopfes ist doch gewiß ein entschiedenes Gebrechen, womit wir natürlich nicht sagen wollen, daß gerade diese Thiere mit einem freien Haupte besser daran wären. Unter den bisher besprochenen Landarthropoden könnte man nun an die Scorpione denken. Aber hier haben wir das Gleiche auszustellen und der Giftstachel ist wahrhaftig kein Ersatz für ihre äußerst unbehilfliche, rutschende Bewegung. Aber die Solpuga? Doch wie könnte das Pseudo-Insekt dem wahren den Vorrang ablaufen? Hier haben wir aber auch alle Tugenden vereinigt, die man vom vollendetsten Gliederthier verlangen kann und am Kerforganismus hat die fortschreitende Gliederthierentwicklung in der That ihren definitiven Abschluß gefunden.

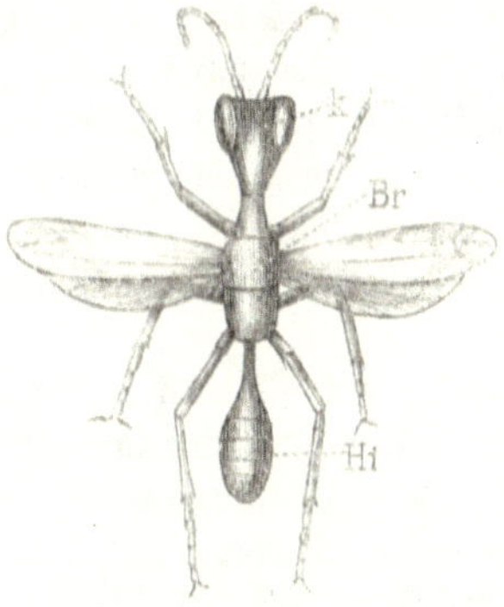

Fig. 36.
Hautflügler (Trigonopsis abdominalis).

Man betrachte den Hautflügler in Fig. 36. Das hier befolgte Organisationsprincip ist die scharfe Dreitheilung des Körpers, begleitet von einer entsprechenden Theilung der Functionen. Voran steht der Kopf (k), der „Versammlungsort der abgesonderten Sinne", das wahre, unabhängige Oberhaupt, gleichsam der Führer des Ganzen, und zugleich ausgerüstet mit den Werkzeugen zur Aneignung des Lebensunterhaltes.

Nun folgt, durch einen deutlichen Hals geschieden, der Mittelleib, die Brust (B). Sie bildet den eigentlichen Glanzpunct des Kerforganismus, gewissermassen eine Concentration, eine gedrungene Zusammenfassung der bei anderen Gliederthieren über den ganzen Leib vertheilten locomotorischen Functionen in einen einzigen Körperabschnitt. Der Mittelleib ist nämlich nichts als Fahrzeug, als Ortswechselmaschine. Und welche im gesammten Thierreich einzig dastehende Vielseitigkeit der Leistung! Drei Beinpaare auf der Bauchseite, außer zum Ortswechsel zu Land und im Wasser zu allen nur erdenklichen mechanischen Verrichtungen geschickt, und dann noch am Rücken zwei Paare von Flügeln, womit sich ihre beneidenswerthen Besitzer stolz über Ringelwürmer und Krebse, über Tausendfüßler und Spinnen in ein neues Medium, in den Ocean der Luft erheben.

Der Hinterleib, gleichfalls wieder durch einen tiefen Einschnitt vom mittleren getrennt, ist mit Einschluß der Athmungsmechanik, die ihm zufällt, der Träger des vegetativen Lebens, der Ernährung und Fortpflanzung. Ist das nicht in der That die einzig vollkommene Gliederung eines Kerbthieres, ja eines Thieres überhaupt? Jeder der drei Theile ist gewissermassen ein Organismus, eine functionelle Individualität für sich. Man denke nur an die Wespe, an die Biene. Ich trenne die ohnehin ganz lose Verbindung ihrer drei Abschnitte, und jeder zeigt sich noch stunden-, ja tagelang lebensfähig. Der Kopf bewegt die Fühler, kaut mit den Kiefern, schlürft mit der Zunge. Die Brust läuft wie toll umher, dreht sich im Kreise, oder fliegt wohl gar davon. Und selbst der Hinterleib fährt fort zu athmen und droht uns mit dem zuckenden Stachel.

Fig. 37.
Weibchen einer Immenbreme (Stylops.)
K-Br. Kopfbrust, Hi Hinterleib, m Mund. g Scheide, D Darm, br Brutraum mit am Rücken sich öffnenden Röhren (rü).

Sind aber alle In- auch Trisekten, d. h. scharf dreigetheilte Kerbthiere und sind alle mit Flügeln versehen? Der

Leser betrachte sich beistehende Bienenlaus (Fig. 37), eine winzige Kreatur, die nach Zeckenart in der Haut unserer Biene schmarotzt. Ist dieses Geschöpf nicht mehr Wurm als Insekt zu nennen? Aber in seiner ersten Lebenszeit ist es ebensogut ein wahres

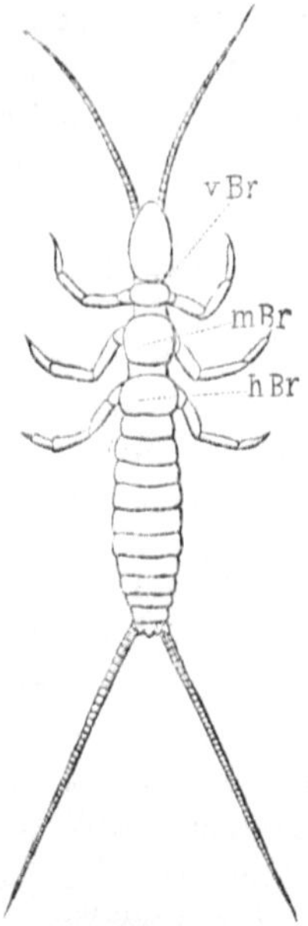

Fig. 38.
Ein Springschwanz (Compodea).

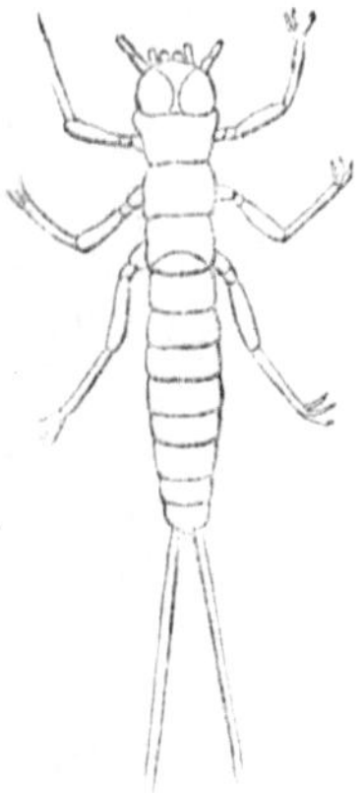

Fig. 39.
Erstes Entwicklungsstadium von Meloë Compodea-förmig.

6beiniges Kerf, wie die Wurzelkrebse Kruster und die Pentastomen Spinnen sind. Doch müssen wir gleich bemerken, daß in der Regel nur das weibliche Geschlecht so tief herabsinkt. —

Indessen gibt es doch auch freilebende Insekten, die dieses Namens gleichfalls nicht ganz würdig sind, kurzgesagt Kerfe, welche sich noch auf einer sehr tiefen Entwicklungsstufe befinden. Die sogenannten Zuckergäste, Silberfischchen oder Springschwänze sind dem Leser gewiß nicht unbekannt. Ueberaus hurtige lustige Dinger, welche sich mit Hilfe einer endständigen gegen den Bauch einschlagbaren Springgabel fortschnellen und so der Flügel wohl entbehren können. Ein solches Kerf, und zwar eine Campodea, zeigt Fig. 38. Der Kopf ist augenlos, die Brust nicht abgeschnürt, doch mit der vollen Zahl der Beine versehen. Es ist mit einem Wort ein wahrer Sechsfuß oder Hexapode, wie alle Insekten.

Aber mit welchem Rechte wird dieses Thier in neuester Zeit für eine Art Primitiv- oder Urkerf betrachtet. Abgesehen davon, daß diese Gruppe von Kerfen, d. h. die Kauenden überhaupt geologisch die ältesten zu sein scheinen, stützt sich diese zuerst von Maclay klar ausgesprochene und dann von dem berühmten Wiener-Entomologen Brauer modernisirte Hypothese vornehmlich auf die nachembryonale Entwicklung der höheren Kerfe, welche bisweilen, so z. B. bei Meloë (Fig. 39) mit einer Campodea-ähnlichen Larve den Anfang macht.

Doch, wenn wir auch die natürliche Entwicklung und Abstammung aller Lebewesen einräumen, müssen wir doch rathen, sich von den Urformen der einzelnen Thiergruppen kein allzu bestimmtes Bild zu schnitzen; denn die künstlichen Götzen ersetzen die Wahrheit nicht und man entzieht uns alles Vertrauen, wenn wir auch das bestimmt zu wissen vorgeben, was man nur ganz beiläufig kennen kann.

Daß aber die bisher aufgestellten Hypothesen über die Kerfabstammung nicht stichhaltig sind, glauben wir dem Leser wohl in Kürze beweisen zu sollen.

Zuerst die Campodea-Hypothese. Sie behauptet nicht bloß, daß ein Campodea-artiges Thier die Stammform aller Insekten sei, sie behauptet auch, daß die Campodea von den Tausendfüßlern abstamme.

Erstere Behauptung widerlegt sich einfach damit, daß nur gewisse Kerfgruppen und nicht einmal alle kauenden eine Campodea-Larve haben. Man hilft sich aber mit der Ausrede, daß bei den anderen diese Urlarvenform durch Anpassung verloren gieng. Aber kann nicht die Campodea-Larve vieler Insekten selbst eine solche Anpassung sein? Ist doch die Campodea weiter Nichts als eine blinde 6beinige Larve mit zwei Ruderborsten. Und wo finden wir die letztere nicht überall? —

Ist aber die Compodea von den Tausendfüßern abzuleiten?

Man begründet dies vornehmlich durch folgende zwei Thatsachen. Einmal durch die, daß manche Springschwänze (z. B. Japyx) außer den 6 ordentlichen Beinen noch eine Anzahl Griffel- oder Stummelfüße tragen. Dies sollen gleichsam die verkümmerten Myriopoden-Anhänge hinter der Brust sein. Aber haben denn die Schmetterlings- und Blattwespenraupen, die hoffentlich Niemand für verkappte Campodeen halten wird, nicht gleichfalls Afterfüße, und sind dies etwa Verkümmerungen?

Mehr gibt man aber noch auf den Umstand, daß gewisse Myriopoden, z. B. Julus (Fig. 39) mit nur 3 Beinpaaren d. h. also als Hexapoden zur Welt kommen und die andern Füße erst später und zwar nach und nach mit der gleichzeitigen Einschaltung neuer Stammringe (a) erwerben. Aber ist dies nicht ein Widerspruch, die Campodeen auf der einen Seite als (in Bezug auf ihre Hinterleibsbeine) verkümmerte Vielfüßler zu erklären, und sie auf der andern Seite von 6beinigen Myriopoden-Urformen oder vielleicht gar Larven abzuleiten, bei denen, aus einer unbekannten Ursache die Completirung des Stammes und seiner Anhänge unterblieb. Aber speciell von welchen Myriopoden soll die Campodea sich abgezweigt haben? Die sogenannten

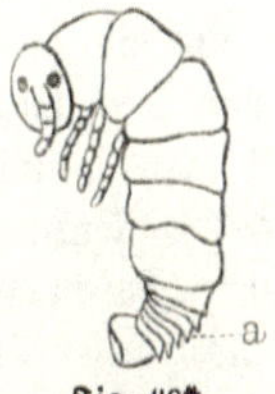

Fig. 39*. Neugeborne Larve einer Schnurassel, an der erst die drei ersten Rumpfringe Extremitäten haben. Bei a Interpolirung neuer Leibessegmente.

Doppelfüßler (Julus ꝛc.) können es nicht sein, denn hier münden die Geschlechtsorgane an der Brust aus, was bei Springschwänzen ganz unerhört ist.

Brauer nennt aber die Lithobius-Larve als den Ausgangspunct. Den Lithobius? Sind denn nicht bei diesen Thieren die Vorder- und Mittelbrustbeine der Mundarmatur beigezogen und kann man dies noch eine ungezwungene Erklärung nennen, wenn man die Beine der Insekten z. Th. aus den Kiefern der Vielfüßler entstehen läßt! Und kommen denn die vielfachen übrigen Organisations-Differenzen zwischen den vermeintlichen Urkerfen und den Myriopoden, z. B. im Bau der Geschlechtsorgane, in der Vertheilung der Stigmen u. s. w., gar nicht in Betracht? Wenn wir schon überhaupt nicht beweisen können, daß die Urkerfe 6füßige Thiere waren, müssen sie dann gerade umgewandelte Myriopoden sein und müssen die Urkerfe gerade in der heutigen Gliederthierwelt aufgesucht werden?

Nach einer andern, wie uns scheint, zuerst von Gegenbaur begründeten Hypothese sollen die Kerfe von Ringelwürmern und zwar von Rückenkiemern abstammen. Es gibt nämlich wasserlebende Netzflüglerlarven (Ephemera, Cloë u. s. w.), welche fast an allen Hinterleibsringen ein Paar seitliche oder wenn man will rückenständige Kiemen tragen, die in der That oft auch hinsichtlich ihrer wellenartigen Bewegungsweise mit den Rückenkiemen der Ringelwürmer eine frappante Aehnlichkeit haben (Fig. 183) und es sollten ferner die rückenständigen Flügel dieser Thiere (fl_1, fl_2) ihrem ersten Ursprunge nach das Nämliche sein. Soweit und wenn man speciell das Letztere zugibt, besteht allerdings eine gewisse Uebereinstimmung. Aber im Uebrigen erweisen sich die genannten Larven durchaus als vollendete Insekten. Sie haben den charakteristischen Insektenkopf, sie haben die typischen 6 Insektenbeine und in Bezug auf den innern Bau sind sie gleichfalls Insekten.

Und wenn nun so viele andere Wasserkerflarven wenigstens äußerlich und bis auf die genau fixirte Gliederzahl sich an das Vorbild der Ringelwürmer halten, warum gerade diese nicht, welche man doch für ihre wahren Abkömmlinge hält? Warum treten, mit andern Worten, gewisse Rückenkiemercharaktere an schon so gut als fertigen Insekten hervor?

Warum anders, als weil eben diese Insecten ihre Kiemen nicht von den Ringelwürmern geerbt, sondern sie zu einer Zeit, wo sie bereits Insekten waren, erst durch die Anpassung an das Wasserleben selbständig erworben haben. Daß diese Insektenkiemen aber in der That keine Hinterlassenschaft der Würmer sind, sehen wir am Besten bei gewissen anderen Wasserkerflarven, bei denen diese Organe theils von der Bauchfläche (Fig. 50), theils von den Beingelenken und zwischen den Flügeln hervorsprossen.

Wenn wir nun einräumen müssen, daß die letztern keine Wurmkiemen sind, sondern selbständige Erwerbungen, so wird man doch auch zugeben, daß die seitlichen Hinterleibskiemen gleichfalls von den Insekten selbst erworben sein können.

Die Ephemerenkiemen stehen aber sicherlich nicht deshalb an derselben Stelle wie bei den Rückenkiemern, weil sie selbst nur Rückenkiemer-Kiemen sind, sondern weil sie sowohl behufs der Athmung, als auch wegen der sie begleitenden locomotorischen Function nirgends besser hinpassen.

Oder hätte die organisirende Natur vielleicht eine andere Lage wählen sollen, um uns nicht in Versuchung zu führen, bloße Analogieen mit Homologieen zu verwechseln, und hätte sie aus demselben Grunde auch von der Bildung der Schwanzborsten und der überzähligen Beine bei der Campodea Umgang nehmen sollen?

Die sonderbarste Hypothese haben wir auf zuletzt gespart. Sie betrifft die sog. Zoëa, d. i. die gemeinsame Larven- und wahrscheinlich auch Stammform aller höheren oder Panzerkrebse. Ihre Gestalt (Fig. 40), zwar nach den einzelnen Formen etwas wechselnd, ist charakteristisch genug, und deutet schon auf den künftigen Panzerkrebs. Kopf, Brust und Hinterleib sind zu einem dicken, plumpen Vorderkörper verwachsen, dessen seitliche schalenartige Hautausstülpungen als Kiemen figurieren, und dem sich hinten ein langer, oft mit Endstacheln bewehrter Ruderschwanz anhängt. An unserem Vorbild ist auch der Vorderleib mit einem langen Stirn- und Rückenstachel bewaffnet, während kleinere Spitzen von den Seiten entspringen. Außer den großen Netzaugen (Au) trägt der Kopftheil noch zwei, aber wenig entwickelte Fühler- (an_1, an_2), sowie die bekannten drei Kieferpaare. Den letztern folgen dann noch zwei oder auch drei zum Schwimmen geeignete Spalt- oder Ruderbeine (b_1, b_2), welche den Kieferfüßen des fertigen Thieres entsprechen, indeß die eigentlichen Krebsbeine erst später successive hervorsprossen.

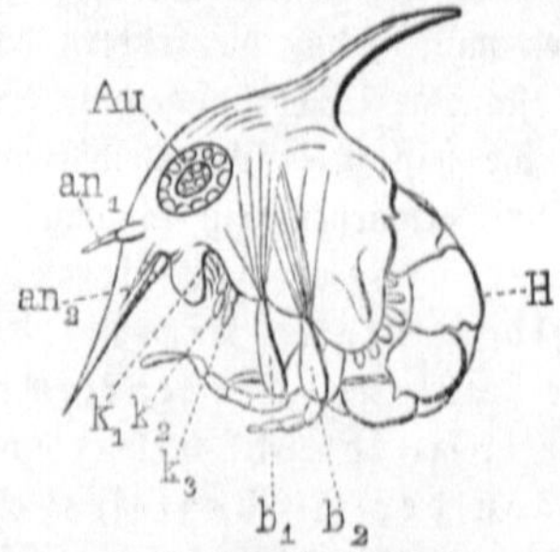

Fig. 40.
Zoëa. (Krebslarve). Bezeichnung die gewöhnliche. Der Schwanz ist eingeschlagen.

Aber was geht denn diese Krebslarve die Insekten an? Man hat sie zum Stammvater der Landkerbthiere avanciren lassen.

Aber gibt es denn irgend einen Tracheaten, der auch nur die entfernteste Aehnlichkeit damit besäße? Brauer erinnert an die Mückenpuppen. Macht aber der aufgeblasene Vorderleib und der bewegliche Schwanz der Letzteren schon die Zoëa aus? Wo bleiben denn die 2 Fühlerpaare, die Spaltfüße u. dgl.? Und wie himmelweit verschieden ist nicht ihre innere Organisation!

Man will die Tracheaten mit Gewalt irgendwo an die

Wasserarticulaten anknüpfen, und weil manche Zoëen drei Beinpaare haben, so müssen es auch schon die Vorläufer der Sechsfüßler mit ihrem Anhang sein. Man hat sich die Sache in der That zu einfach vorgestellt, als daß sie wahr sein könnte. Ein Zoëa-ähnliches Geschöpf, sagt man, habe das „Land betreten“ und durch Anpassung an dasselbe seien dann die ersten Landgliederfüßler und zwar wahrscheinlich zuerst die Insekten entstanden.

Aber wie, fragen wir, kann ein pelagisches, ein ausschließlich nur zum Schwimmen organisirtes Thier, wie es die Zoëa ist, wie kann diese das Land „betreten“, und wie, wenn sie auch unfreiwillig an's Trockne käme, sich dort weiter helfen?

Unserer Meinung nach hätte man einen unschicklicheren Landkerf-Candidaten nimmermehr finden können.

IV. Kapitel.

Organismus der Insekten.

An dem Einen muß man festhalten, daß nämlich das Insekt, in Bezug auf seine wesentlichsten Charaktere, wie solche aus der Zahl, aus der Anordnung und Ausrüstung seiner Haupttheile entspringen, unter allen Chitinhäutern, welche dem gleichen Principe der Auflösung nnd Zerstückelung unterworfen sind, die allergrößte Beständigkeit und Einförmigkeit an den Tag legt. Die Insekten sind nicht bloß gemeinsamen Ursprungs, wie dies für die Krebse z. B. aus der Art ihrer Entwicklung hervorleuchtet, die Kerfe deuten uns ihre Solidarität weit mehr im vollendeten Zustand, durch den übereinstimmenden Habitus ihres Baues an. Darum läßt sich auch die Klasse der Insekten nicht mit den übrigen Abtheilungen der Gliederthiere, welche oft ganz heterogene Naturen in sich vereinigen, in Parallele bringen. Die Insekten machen gewissermaßen nur ein einziges, freilich ganz riesiges Geschlecht unter ihnen aus, sie bieten uns nur einen einzelnen und zwar einen ganz speciellen Fall der allgemeinen Gliederthierorganisation. Oder ist der Kreis ihrer Bildung nicht in der That auf das Engste eingeschränkt? Schon von allem Anbeginn, am Embryo und an der unvollkommenen Larve, wird die Zahl der Ur- oder Grundsegmente genau festgesetzt. Es sind deren 17, nur gelegentlich vielleicht um eins oder zwei weniger. Nicht minder scharf fixirt ist, wie wir bereits wissen, auch die weitere Verwendung dieses Ringsystems. Es entsteht ein vierringeliger Kopf, dessen Segmentkerben aber später verschwinden, ferner ein dreiringeliger Locomotionsapparat, das Brustgebäude, und als der Schlußabschnitt des in drei Theile auseinander gerissenen Ganzen ein 10-, eventuell 9- oder 8gliedriger Hinterleib. Und mit den Anhängen verhält es sich ebenso. Zu wahren Gliedmaßenträgern sind am ausgebildeten Kerf nur die sieben vordersten Stammtheile berufen. Am ersten entspringen die Fühler, an den drei folgenden je ein Paar Mundgliedmassen. Die drei Brustringe tragen dann die Hilfswerkzeuge des Ortswechsels, nämlich alle ein Beinpaar, und die zwei hinteren noch extra ein Paar Flügel, wo nicht die allgemeinsten, so doch, wo sie vorhanden, die charakteristischesten aller Kerforgane.

Und sollte bei dieser merkwürdigen Konstanz in der ganzen äußeren Stylisirung des Kerforganismus nicht auch die Einrichtung des Innern sich als sehr beständig erweisen?

Indem wir aber so viel Gewicht auf die Einheit des Kerftypus legen und den Leser durch wiederholte Betonung desselben gleichsam zwingen wollen, seine Lieblinge einmal auch von der Seite sich anzusehen, drücken wir doch schon genugsam aus, daß die geflügelten Sechsfüßler eine so große Mannigfaltigkeit zur Schau tragen, daß man darüber leicht ihre Einerleiheit aus dem Auge verlieren kann. — Dies ist es, was das Kerfstudium so anziehend und doch wieder so abscheulich weitschweifig macht. Man sammelt und sammelt, man untersucht und prüft, ja man guckt sich, wie es dem großen Swammerdamm ergangen, fast die Augen blind, und glaubt nun etwas zu wissen — aber je weiter man kommt, desto klarer wird es, daß die allseitige Entzifferung des Kerfwesens ein Ideal bleiben muß. Denn obwohl nur ein einzelnes Glied aus der unabsehbaren Reihe verschieden organisirter Thiernaturen und im Ganzen sich immer gleich bleibend, stellt das Insekt dennoch eine ganze ungeheure Welt für sich allein dar. —

Es scheint unglaublich, ist aber doch so: Die Zahl der bekannten Insektenarten ist größer als die aller anderen (bisher beschriebenen!) Thierformen zusammengenommen. Alle die verschiedenen Thiergeschlechter, welche das Land bevölkern, und alle die mannigfaltigen, ihrer Wesenheit nach so weit auseinandergehenden Thiergestalten, welche in unerschöpflicher Fülle das ganze ungeheure Meer zu einem Schauplatz des bewegtesten Lebens machen, sie alle reichen noch nicht, was die Menge unterscheidbarer Einzelformen anlangt, an das Insekt, an den simpeln hölzernen Sechsfuß hinan!

Aber welches ist denn die Ursache dieser grenzenlosen Vermannigfaltigung einer hinsichtlich der ganzen Leibesökonomie so eingeschränkten Thierklasse? Es weiß es Jeder, daß die Insekten Kosmopoliten sind. Wir hätten eigentlich sagen sollen, die Kerfe haben ihrer glücklich angelegten Natur wegen die Fähigkeit besessen, Kosmopoliten zu werden, und die Anpassung an das Leben und der allseitige heftige Kampf ums

Dasein, hervorgerufen durch die oft erdrückende Fruchtbarkeit, hat aus ihnen wirklich solche gemacht.*) Indem die Insekten, wie Masius so schön sagt, „gleich einem fliegenden, kriechenden Feuer, den geheimen Brand über ganze Erdstriche trugen" und noch fort und fort ihre Universalherrschaft auszudehnen suchen, sind sie das gewandteste, tapferste, vielseitigste und mannigfaltigste aller Thiervölker, also Kosmopoliten in des Wortes verwegenster Bedeutung geworden.

Was die Menschen, man verzeihe uns diesen Vergleich, unter den Wirbelthieren und speciell unter den Säugern sind, das sind die Kerfe in der Kleinthierwelt, nur mit dem großen Unterschiede, daß sie ihre despotische Macht über die gesammte Festlandsschöpfung nicht mit künstlichen Hilfsmitteln errungen haben, sondern vermittelst ihrer natürlichen Werkzeuge, vermittelst der angeborenen Waffen ihres Körpers. Aber welche Armatur ist ihnen auch gegeben! „Die Waffen, mit denen die Erfindsamkeit unseres eigenen Geschlechtes die Folterkammern und Rüsthäuser angefüllt, die unheimlich kunstvollen Instrumente des Operateurs reichen noch lange nicht an die Bewehrung dieser Legionen. Mit Zangen, Sägen, Spießen, mit Scheeren, Rüsseln, Schnäbeln, Bohrern, mit Wurfgeschossen und mit Gift beginnen sie ihr Werk, und ihrer Stärke gleicht nichts, als ihre Ausdauer, ihre raubthierartige Gier und ihre unendliche Menge", häufig verbunden mit einer solchen Kleinheit der Individuen, daß ihnen absolut nicht beizukommen ist. — Und haben die Kerfe nicht zugleich auch die freieste, ungehindertste und vielseitigste Beweglichkeit? Man beobachte den rasenden Kreislauf der Ameisen, die blitzschnellen Evolutionen der Taumelkäfer, die erstaunliche Behendigkeit der Werren und

*) Den Einfluß der Außenwelt auf die Umgestaltung des Kerforganismus werden wir im 2. Bande (Vergleichende Lebens- und Entwicklungsgeschichte der Insekten) eingehender zu behandeln haben.

Grabwespen, welche oft im Nu selbst im steinharten Erdreich verschwinden, während andere sogar durch Metallplatten sich Bahn brechen, man denke ferner an die lustigen reckenhaften Kavalkaden der Flöhe, der Heuschrecken und staune über die Kraft und Schnelligkeit des Fluges, mit der die Libelle z. B. gleich einem lebendigen Pfeile dahin schießt.

Nun gehe man mehr an's Einzelne. Der vornehmste Tummelplatz der Insekten ist die Pflanzenwelt. Die Insekten sind die eigentlichen Pflanzenthiere. Nur das weitläufige Reich der Gewächse mit ihren tausenden und abertausenden von Blättern und Blüten, ist groß genug, um den unzählbaren Schaaren der Kerfe Aufenthalt und Nahrung zu geben. Dann bedenke man aber, daß jede der hunderttausende von höheren Pflanzen ihre Besonderheiten besitzt, denen sich natürlich das Kerf, welches auf dieselben angewiesen ist, genau accomodiren und anpassen muß. Aber die Theilung des Besitzes geht wegen der ungeheuren Concurrenz noch weiter, sie erstreckt sich auch auf die verschiedensten Theile einer bestimmten Gewächsart. Die einen fressen das Laub ab, andere schlürfen den Nectar der Blüten, eine dritte Abtheilung bohrt sich in die Samen ein, wieder andere sehen sich, da die besseren Plätze schon besetzt sind, auf die Rinde und auf das Holz des Stammes zurückgedrängt, ja viele sind gezwungen selbst die Wurzeln anzunagen, oder im Mulm des Bodens sich einzuwühlen. Und macht denn die Noth nicht erfinderisch, und werden die Kerfe, welche fortwährend ihre Existenz erkämpfen müssen, aus diesem Kampf ganz unverändert hervorgehen, oder wird bei der immer weiter schreitenden Einschränkung an eine bestimmte Lebensweise nicht auch ihr Organismus sich immer mehr specialisiren müssen? Und wie weit erstreckt sich nicht diese Anpassung gerade an den einzelnen Hilfsorganen. Welche tausendfachen Abänderungen müssen nicht z. B. die Mundwerkzeuge, die Beine, die Flügel u. s. w. erleiden, um ihrer Aufgabe gerecht werden zu können und wie unendlich groß erweist sich diese Differencirung eben an den allerkleinlichsten, an den scheinbar unbedeutendsten und nebensächlichsten Theilen!

Das wäre also das wichtigste, gestaltbildende Moment für die Kerfe: der innige, unzertrennliche Wechselverkehr mit der Pflanzenwelt. Aber diese Welt, so ungeheuer sie ist, schien den Kerfen, diesen Ungeheuern der Vermehrung, diesen winzigen Tyrannen und Titanen der Schöpfung doch zu klein, sie griffen andere Thiere, vor Allem aber ihre eigenen Brüder an, theils in offener Fehde, mit der Wucht ihrer Waffen sie erlegend, theils auf eine heimlichere und heimtückischere Weise als ständige oder spontane Schmarotzer. Aber wie viele Umgestaltungen mußten abermals stattfinden, bis sie es zur heutigen Vielseitigkeit ihrer grausamen Gewohnheiten, ihrer erstaunlichen Liste brachten. Man denke einzig und allein nur an das Heer der Schlupfwespen. Fast jede bringt die Eier in einem besonderen Kerf unter, und es gibt darunter auch solche kleine Pfiffici, die sie wieder in die Eier ihrer größeren Schwestern einschmuggeln. —

Wenn wir nun aber die verschiedenen Anpassungen der Kerfe an die angedeuteten und an die mannigfaltigen anderen Existenzmittel näher prüfen, so werden wir eine doppelte Erscheinung gewahr. Für's erste entfernen sich die Kerfe immer mehr und mehr von ihrem ursprünglichen, gleichgültigen Zustand, und zwar nach Maßgabe ihrer verschiedenen Lebensgewohnheiten auch in sehr verschiedener Weise und in sehr verschiedenem Grade. Dies ist die sogenannte Divergenz der Charactere, wie wir sie bei den einzelnen allen Lesern wohl bekannten Kerfordnungen, den Käfern, Schmetterlingen, Aderflüglern, Wanzen u. s. f., sowie auch wieder bei den Einzelformen dieser Abtheilungen antreffen. Während hiebei aber gewisse Arten, z. B. die weiblichen Schildläuse und die Läuse fast insgesammt, welche unter äußerst einfachen und beschränkten Bedingungen leben, körperlich eher rück- als vorwärts schreiten, indem gewisse Organe gar nicht und andere nur höchst einseitig entfaltet werden, findet bei anderen wieder, welche, wie die Bienen z. B., im Kampf ums Dasein ihre volle Kraft einsetzen, eine allseitige Vervollkommnung der Lebensmaschine statt, wie denn ja gerade die genannten Kerfe außer den kauenden auch saugende Mundtheile besitzen, und mit ihren kräftigen Beinen nicht bloß gehen und klettern, sondern auch mauern und Pollen sammeln können.

Dies ist also die wahre fortschreitende Entwicklung, die immer weiter gehende Verwerthung und in Folge dessen auch Vervollkommnung des ererbten Organapparates.

Die andere Anpassungserscheinung ist die sogenannte Convergenz d. h. die äußere Gestaltverähnlichung zwischen ihrer ganzen Wesenheit nach weit auseinander liegenden Kerfarten. Jedem Kerfsammler ist es wohl schon passirt, daß er gewisse Fliegen, ja selbst Schmetterlinge für Wespen hielt, obwohl bei einer näheren Prüfung die Täuschung sofort aufhören muß.

Am öftesten handelt es sich hiebei nur um eine auffallende Uebereinstimmung im allgemeinen Habitus sowie in der Farbe und Zeichnung, oder in Bezug auf die Bekleidung überhaupt, wie z. B. die in Fig. 41 abgebildete Baumwanze mit ganz ähnlichen Excreszenzen bedeckt ist, wie der nebenstehende Käfer (Fig. 42). Diese äußerliche „Copirung" eines Kerfs durch ein anderes kann in dem Falle, wo ein schwächeres ein stärkeres nachahmt, ersterem von großem Vortheil werden, indem es von den Feinden, die ihm auflauern, für das letztere gehalten und deßhalb möglicherweise gar nicht angegriffen wird.

Eine gewisse Aehnlichkeit zwischen ganz verschiedenen Insekten kann aber auch daher kommen, daß sie, weil unter ähnlichen Bedingungen lebend, auch eine übereinstimmende äußere Ausrüstung erworben haben. So besitzen z. B. manche Wanzen, Fliegen und Neuropteren ganz analoge Raubarme, wie die Fangheuschrecken, bei welchen diese Glieder mustergiltig entfaltet sind, und ähnliche Uebereinstimmungen finden sich auch an andern Theilen, z. B. hinsichtlich der Fühler, der Legebohrer u. s. w.

Aber nicht bloß ein und dasselbe Glied kann bei verschiedenen Kerfformen zu einem ganz speciellen Zwecke genau in derselben Weise angepaßt werden, wir haben sogar Fälle, wo ihrer ursprünglichen Entstehung und wohl auch Function noch völlig heterogene Theile, indem sie Anfangs vielleicht in einem Nothfall, zur gleichen Arbeit benutzt wurden, allmählich auch dieselbe Form erlangt haben. Das merkwürdigste Beispiel der Art bietet ein großer exotischer Käfer, Euchirus, dessen Vorderbeinpaar Stück für Stück der bekannten geweihartigen Kinnbackenzange des Feuerschröters gleicht.

Nach dem Vorausgeschickten begreift es sich aber auch, daß wir den Formenreichthum der Insekten in unseren Museen zwar bewundern und anstaunen, aber nimmermehr verstehen lernen können. Wir müssen in die freie Natur hinaus wandern, wir müssen die verschiedenen Insekten auf der Bühne ihres Lebens aufsuchen, beobachten und ihren Gewohnheiten und Verrichtungen auf das genaueste nachforschen, um zu sehen, wie sie dabei ihre mannigfaltigen Glieder gebrauchen, und wie ihnen ihre ganze Leiblichkeit überhaupt von Vortheil ist. Dabei wird uns dann, wenn wir zugleich durch sorgfältige Zergliederung über ihr Inneres uns unterrichten, über mancherlei Gebilde, die wir in Unwissenheit ihrer Natur für ganz nebensächlich oder gar für unnütz halten, erst das richtige Licht aufgehen.

Kurze Uebersicht der Insekten.

Ohne Verwandlung (Ametabola). Der entwickelte Fötus gleicht dem Mutterthier. Nachträgliches Wachsthum des Körpers und Reifung der Geschlechtsorgane, begleitet von periodischen Häutungen (Aptera).

1. Springschwänze (Thysanura Zuckergast, Gletscherfloh). Flügellos, larvenartig. Ebenso die durch Parasitismus rückgebildete Schnabelkerfe, z. B. gewisse Läuse und manche Geradflügler.

Mit sog. unvollständiger Verwandlung (Hemimetabola). Der entw. Fötus gleicht dem Mutterthier nur theilweise.

a) Mit gleichmäßig fortschreitender Entwicklung. Das Neugeborne (Larve im weitern Sinn) gleicht bis auf die fehlenden Flügel und die äußeren Geschlechtsorgane fast vollständig dem Imago, und wird bei jeder stattfindenden Häutung, indem die Flügel u. s. f. immer mehr hervortreten, demselben ähnlicher.

2. Geradflügler (Orthoptera: Schabe, Ohrwurm, Heuschrecken). Zwei schmale pergamentartige Ober- und häutige fächerartig faltbare Unterflügel. In die Nähe gehören auch die Termiten und vielleicht die Blasenfüße.

3. Schnabelkerfe (Rhynchota: Baumwanze, Cicade, Schild-, Blattlaus). (Meist) Mehrgliedriger Unterlippenrüssel mit 4 Stechborsten. Die 4 Flügel entweder gleich u. häutig (Cicade ꝛc.) oder die oberen am Grunde lederartig (Halbflügler: Baumwanzen).

b) Mit ungleichmäßig fortschreitender Entwicklung. Die im Wasser lebende Larve von dem geschlechtsreifen Luftkerfe äußerlich sehr verschieden, und mit provisorischen Organen, Kiemen ꝛc., versehen, welche erst bei der letzten Häutung (an der Oberfläche des Wassers, also beim Uebergang in die Luft) abgeworfen werden, während die Imagocharaktere (Flügel ꝛc.) schon an der Larve sich wie oben äußerlich vorbilden.

4. Netzflügelige Geradflügler (Pseudo-Neuroptera: Afterfrühlings- und Eintagsfliegen, Libellen). 4 Flügel eng gegittert, meist nicht faltbar.

Mit vollständiger (echter) Verwandlung (Metabola). Die vom Mutterthier grundverschiedene Larve bleibt sich (in der Regel!) trotz mehrmaliger Häutungen, äußerlich fortwährend ganz gleich (Raupe), während sich innerlich nach und nach ein ganz, oder doch partienweise ganz neuer Organismus vorbildet, der zunächst als gestaltlich und funktionell unfertiges Wesen, als Puppe selbstständig wird und an welchem die völlige Umwandlung in das Imago erst vollzogen wird.

5. Netzflügler i. e. S. (Neuroptera: Frühlingsfliegen Florflügler [Florfliegen, Ameisenlöwen, Scorpionfliege].) Larven mit Beinen.

6. Fächerflügler (Strepsiptera: Bienenbreme). Vorderflügel kleine Läppchen, Hinterflügel weit, fächerartig. Larve mit Beinen.

7. Deckflügler (Käfer, Coleoptera) Große, freie Vorderbrust, Oberflügel hart, deckelartig. Larve meist mit Beinen.

8. Aderflügler (Hymenoptera: Bienen. Blatt-, Grab-, Gall-, Schlupfwespe). Alle 4 Hautflügel armadrig. Vorderbrust frei. Larve meist beinlos (Maden).

9. Zweiflügler (Diptera: Stubenfliege, Mücken, Lausfliege, Floh). Nur Vorderflügel. Hinten Schwingkolben. Brust ganz verwachsen. Larven stets beinlos (Maden).

10. Schuppenflügler (Schmetterlinge, Lepidoptera). Körper und Flügel mit dichtem Schuppenkleid. Brustringe frei. Larven mit Beinen (Raupen).

Mit kauenden Mundtheilen. Erste Ueberreste aus der Steinkohle. (1–7)

Stechend. (8)

Mit saugenden Mundtheilen. Erste Ueberreste aus dem Jura. (9–10)

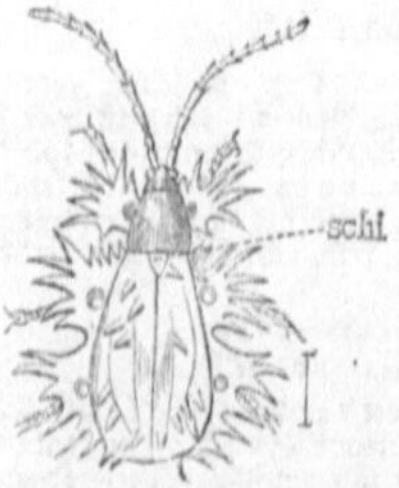

Fig. 41.
Phyllomorpha, Baumwanze aus Madagaskar.

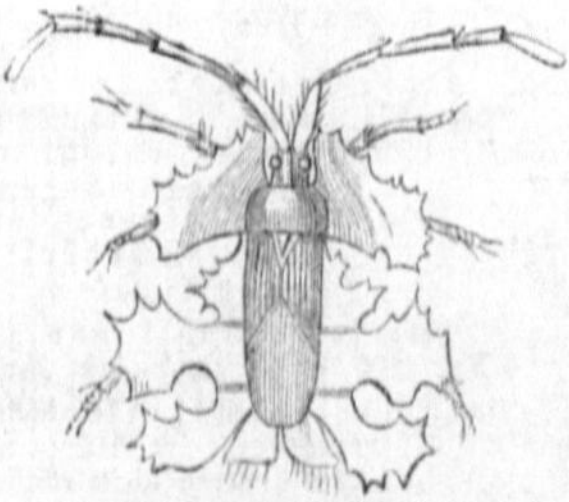

Fig. 42.
Platypria erinacea, Käfer aus Ostindien.

V. Kapitel.

Hautscelet und Hautmuskulatur.

Wenn wir einen Bockkäfer gespreizten Ganges daherstolziren sehen, so macht er uns den Eindruck einer hölzernen, vielgelenkigen Marionette, welche durch unserem Auge versteckte innere Hebel und Schnüre in Bewegung versetzt wird und so einen gewissen Schein von selbständigem Leben erhält. Dieses marionetten- oder maschinenartige Aussehen der Kerfe rührt aber bekanntlich daher, daß uns die zu einem festen Chitinharnisch erstarrte Körperhülle den eigentlichen Heerd des Lebens, gleichsam den lebendigen, weichen Kern verbirgt.

Aber ist nicht gerade diese starre, eckige Umhüllung, dieses System von harten Kapseln und Reifen mit ihren ebenso starren aber meist gleichfalls gelenkig abgetheilten Aus- und Einstülpungen, an welchen die kräftigen Hautmuskeln feste Stütz- und bequeme Angriffspuncte finden, das Allerwichtigste an dem Organismus von Thieren, denen Krieg und Arbeit die oberste Pflicht ist?

Darum wollen wir auch das Kerf zuerst von dieser Seite kennen lernen und beginnen gleich mit der

Mechanik des Stammes.

a. Kopf.

Bei allen selbständigen Insekten ist der Kopf keine Vielheit von Ringen mehr, wie am Embryo, sondern eine einzige feste Kapsel, ein einziges hartes Chitingehäuse, in gewissem Sinne vergleichbar dem knöchernen Schädelkasten der Wirbelthiere (Fig. 43). Wir sagen in gewissem Sinne. Die Kerfkopfkapsel ist nämlich für's Erste nicht bloß ein Behältniß des Gehirns. Letzteres nimmt nur den allerkleinsten Raum ein und wird nicht unmittelbar durch die harte Kapsel selbst geschützt, sondern liegt vielmehr in einem durch mehrere Tracheenblasen gebildeten, elastischen Luftpolster, welcher es in der Schädelhöhle schwebend erhält und vor jeder unsanften Berührung sicher stellt.

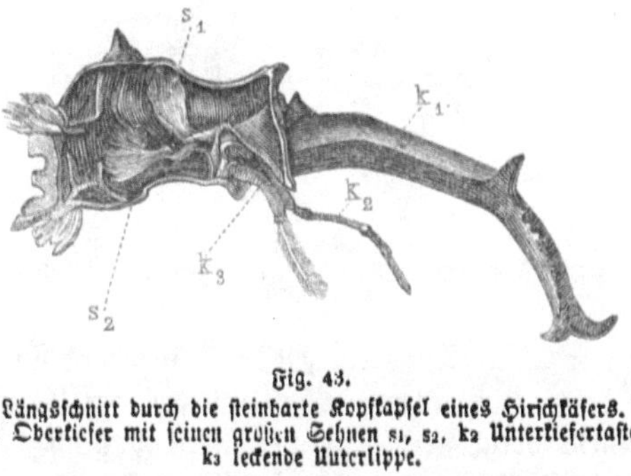

Fig. 43.
Längsschnitt durch die steinharte Kopfkapsel eines Hirschkäfers.
k_1 Oberkiefer mit seinen großen Sehnen s_1, s_2. k_2 Unterkiefertaster.
k_3 leckende Unterlippe.

Um diese und die übrigen Verhältnisse der Kopf-Einrichtung aus eigener Anschauung kennen zu lernen, spaltet der Leser am bequemsten einen in Alcohol gehärteten Insektenschädel mit einem scharfen Rasiermesser der Länge und zur besseren Orientirung einen zweiten auch der Quere nach entzwei. Da sieht er dann gleich, daß der Kerfschädel in erster Linie nur eine Kapsel für die zahlreichen, z. Th. außerordentlich großen Muskeln darstellt, welche die an seinem Vorderende eingelenkten Mundgliedmassen, sowie die Fühler und den Schlund in Bewegung setzen.

Mit dieser Erkenntniß wird einem zugleich noch manches Andere klar. Einmal die Dickwandigkeit und Unnachgiebigkeit des Schädels: die Muskeln brauchen eine feste Unterlage. Dann die vielerlei, oft zu förmlichen Gerüsten, gewissermassen zu einem Binnenscelet sich vereinigenden Balken und Vorsprünge,

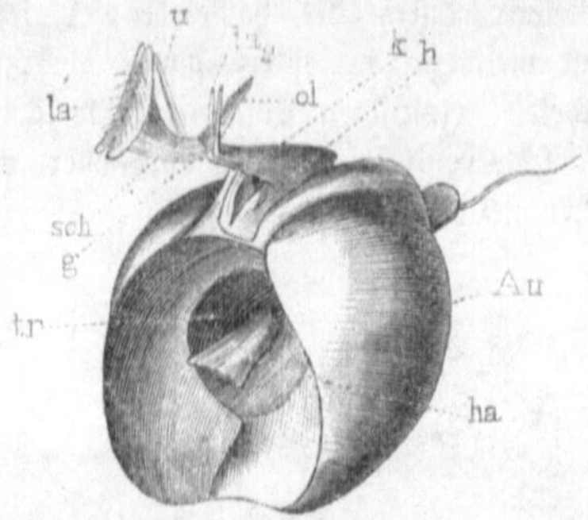

Fig. 41.
Kopf einer Schwebfliege von hinten, um die pfannenartige Aushöhlung zu zeigen.
k Saugrüssel.

die aber nur Chitin-Wucherungen der Seitenwand sind, hervorgebracht durch entsprechende Einstülpungen der Chitinmutterhaut. Diese vergrößern und verstärken zugleich den Stützapparat der Muskeln und ermöglichen eine vielseitigere Bewegung der daran hängenden Hebelorgane. Selbstverständlich hängt damit auch, z. Th. wenigstens, die Form und vor Allem auch die Größe, das Volum des Schädels zusammen, welches letztere also hier nicht einen Maßstab für die Intelligenz, sondern nur für die Gefräßigkeit und Bissigkeit der Kerfe abgeben kann. So haben beispielsweise die Feldgrillen, die Termiten- und Ameisensoldaten einen enorm großen Kopf, einen wahren Dickschädel, einzig zu dem Zweck, um den Platz für ihre kolossalen Kinnbackenmuskeln zu gewinnen. Am Heupferd (Fig. 63) kann der Leser dasselbe sehen.

Außerordentlich verschieden ist die Mechanik der Kopfbewegung, welche im Allgemeinen so beschaffen ist, daß der Schädel mit dem nächsten Leibesabschnitt, dem Brustgehäuse, durch eine zarte Gelenkshaut, gleichsam durch ein elastisches Halsband vereinigt ist (Fig. 88*) und daß sich zwischen Schädel und Brust mehrere Muskeln ausspannen. Bei den schwerfälligeren Insekten, wir möchten sagen, bei den Pachydermen, den Dickhäutern dieser Klasse, also den Käfern, Wanzen und Heuschrecken sitzt der Kopf in der Regel in einer pfannenartigen Aushöhlung des Brustkorbes, ja kann bisweilen fast ganz nach Schildkrötenart, in dieselbe zurückgezogen werden. In dem Fall ist dann auch die obere und untere Hinterfläche des Schädelgehäuses, also das sogenannte Hinterhaupt und die Kehle, behufs einer leichteren Bewegung oft auf das Feinste poliert und, um die Reibung an den Rändern der Gelenkspfanne möglichst herabzusetzen, die letztere zugleich mit elastischen Haaren umsäumt, eine Einrichtung, wie wir sie auch an anderen Kerfgelenken wiederfinden.

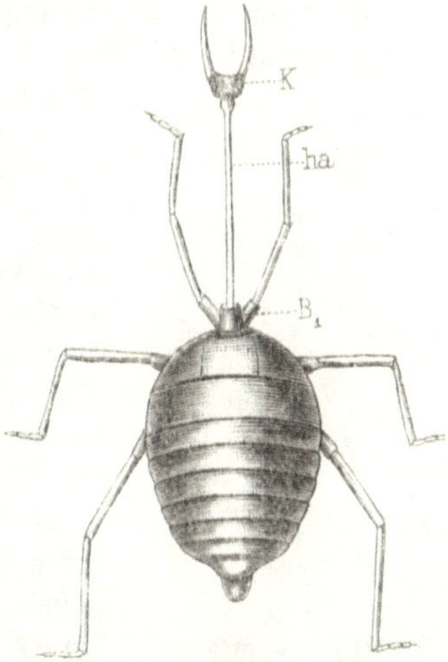

Fig. 45.
Larve von Necrophilus arenarius.

Eine freiere Kopfbewegung haben unter den genannten Kerfen in der Regel nur die räuberischen Formen, wie z. B. die Gottesanbeterin, die Libellen u. s. f. Am meisten bekann durch ihre wahrhaft halsbrecherischen Kopfverdrehungen sind aber fast alle saugenden Insekten, wie die Zwei- und Aderflügler, sowie z. Th. auch die Schmetterlinge. Die Gelenkspfanne bildet hier (Fig. 44) der Kopf, der auf einem dünnen Stiel des Brustkorbes ganz frei balancirt.

Die unendliche Mannigfaltigkeit in der Form des Kerfkopfes mag durch beistehende Figuren illustrirt werden; wir müssen aber hinsichtlich der äußern Configuration des Insektenhauptes und des Insektenkörpers überhaupt noch Folgendes beifügen. Da die älteren Insectenanatomen, wie Swammerdamm, Malpighi, Lyonet, Strauß, Reaumur, de Geer, Kirby u. s. w. bei der Beschreibung der Kerfe stets die damals allein näher bekannten Wirbelthiere als Vergleichungsobjecte vor Augen hatten, wurden die verschiedenen Gebilde und Regionen des Kopfscheletes, soweit überhaupt irgend eine Aehnlichkeit mit den höheren Wirbelthieren vorhanden war, auch mit den entsprechenden Namen belegt, und so allmählig die ganze Terminologie des Wirbelthieres oder eigentlich des Menschen auf das Insekt übertragen. So unterscheiden denn auch die älteren und z. Th. selbst die neueren Entomologen am Insektenkopf genau die nämlichen Theile, wie an unserem eigenen, ja es ist in allerjüngster Zeit vorgekommen, daß einer der ersten Bienenanatomen, Dr. Wolf, am Kerfschädel sogar

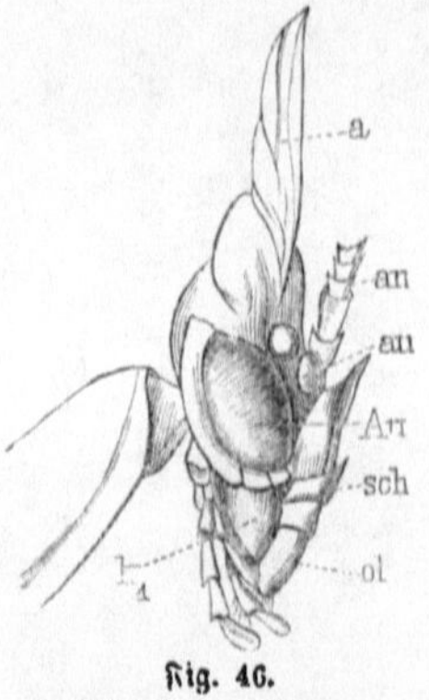

Fig. 46.
Kopf der Empusa pauperata. sch Kopfschildchen, ol Oberlippe, au einfache Au zusammengesetzte Augen. a Kopfturban.

von einem „Nasen-, Schläfen-, Joch-, Keilbein“ u. dgl. spricht, Ausdrücke, welche zwar in Bezug auf die functionelle Bedeutung der einzelnen Kopfabschnitte Manches für sich haben, im Uebrigen aber völlig willkürlich und für die Wissenschaft auch höchst gefährlich sind, da wir bei einer solchen Vergleichung von gestaltlich und genetisch ganz und gar Unvergleichbarem nur allzu leicht zu grundfalschen Analogieschlüssen geführt werden können, wie denn der Leser vielleicht schon wissen dürfte, daß man unter Anderem die Fühlhörner der Insekten für die Stellvertreter der Säugethierohrmuscheln ausgegeben hat, nicht bedenkend, daß die Krebse deren zwei und die Anneliden sogar mehrere Paare besitzen.

Fig. 47.
Phanaeus pegasus Sturm ♂ aus Mexiko.

Mittelleib.

Mag die Vergleichung des Kerf- und Säugethierkopfes in vieler Beziehung noch angehen, so zeigt eine Parallelisirung zwischen unserem Thorax und dem ebenso benannten Mittelleibe der Insecten von einer völligen Verkennung seiner Natur. Unsere Brust ist vorwiegend eine Respirationsmaschine; der Kerfthorax hingegen ein Locomotions-, ein Ortswechselapparat.

Aehnlich nun wie die Gestelle der künstlichen Fahrzeuge bald zum Zwecke einer bequemeren Lenkung aus mehreren untereinander verschiebbaren Theilen bestehen, bald aber, zur Erzielung einer einheitlichern Bewegung, wie an unseren Dampfmaschinen nur ein einziges festes Ganzes bilden, so sehen wir auch die bekannten drei Brustringe der Kerfe (Fig. 48), gleichsam die Axenlager der an ihnen eingelenkten Hebelapparate entweder vollkommen gesondert hintereinander liegen oder in verschiedenem

Grade einander genähert und zusammengedrängt, ja oft völlig in Eins verschmolzen, und so zugleich den Hauptstock des Körpers ausmachen.

Bei den Insekten und Insektenlarven, die keine Flügel, sondern nur Beine tragen, sind die drei Ringe des Mittelleibes meist ebenso scharf gesondert, wie jene des Hinterleibes, sind aber um so stärker als diese, je kräftiger die betreffenden Anhänge werden. So dehnt sich bei den Fangheuschrecken (Fig. 49) die Vorderbrust sogar weiter als die flügeltragenden Abtheilungen aus, weil die gewaltigen Raubarme einen festen Halt brauchen; es bekommt dagegen bei der in Fig. 51 vorgestellten Meerwanze die Mittel- und Hinterbrust die Oberhand, weil von hier aus die langen Ruderbeine gelenkt werden.

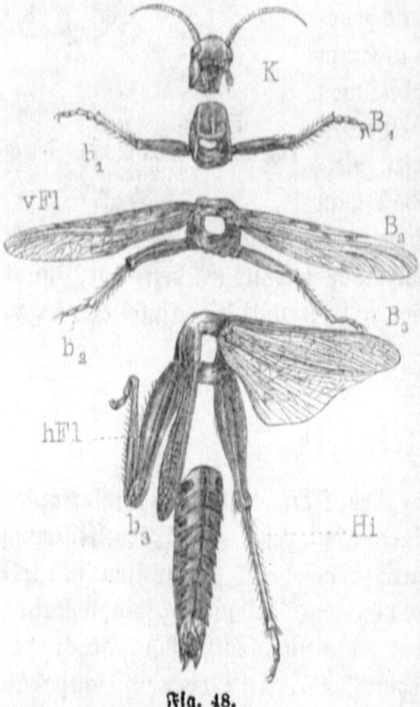

Fig. 48.
Gliedweise zerlegte Schnarrheuschrecke (Caloptenus italicus).
K Kopf, B_1 Vorderbrust, B_2 Mittel- und B_3 Hinterbrust, Hi Hinterleib.

Die augenfälligsten Brustumgestaltungen rufen aber die am Rücken seines 2. und 3. Ringes entspringenden Flugplatten (Fig. 48 v Fl, h Fl) hervor. Im Allgemeinen steht es damit so. Der erste Ring behält seine Selbständigkeit, ja gleich dem Kopfe sogar eine gewisse Drehbarkeit. Einen solchen Halskragen haben fast sämmtliche Insekten mit Ausnahme der meisten

Fliegen, wo auch dieser Abschnitt in den nächsten aufgeht*). Die beiden flügeltragenden Ringe dagegen, die sogenannte Mittel- und Hinterbrust bilden aber in der Regel ein als Flügelleib zu bezeichnendes Ganzes für sich, so daß dann, strenge genommen, der Körper dieser Kerfe, und es sind dies gerade die vollendetsten, die Adlerflügler, die Falter, die Libellen u. s. f. aus vier Hauptabschnitten sich zusammensetzt.

Eine Haupteigenthümlichkeit in der äußeren Erscheinung der Brustringe liegt darin, daß sie aus mehreren durch scheinbare Nähte miteinander verbundenen Platten oder Stücken sich aufzubauen scheinen, so daß man außer einem eigenen Rücken- und Brustschilde noch besondere Seitentheile unterscheidet. Von dieser Zerstückelung des Brustgehäuses gilt aber genau dasselbe, was Göthe vom Knochengebäude sagt: daß die Eintheilung bloß zufällig entstand, und Jeder bald mehr bald weniger Theile annahm und sie nach Belieben und eigener Ordnung beschrieb.

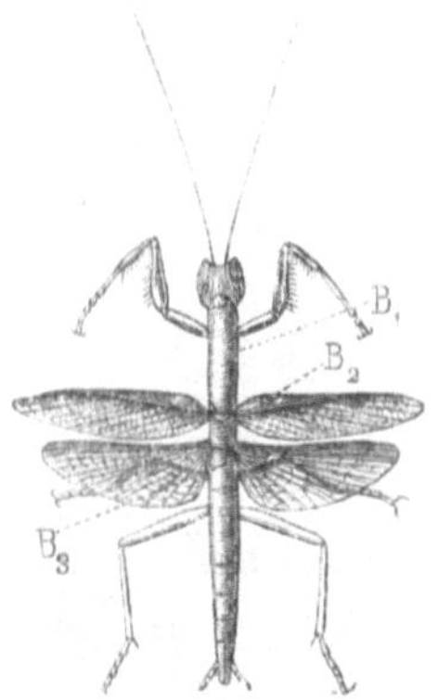

Fig. 49.
Fangheuschrecke (Oxyophthalmus gracilis Sendd.) aus Ceylon.

Uebrigens sind ja die Brustringstücke gar keine separirten Gebilde, sondern meist bloß durch leistenartige Verdickungen oder furchenartige Einschnitte (hier innern Leisten entsprechend) unterscheidbare Abtheilungen, und das Gefasel von Schulterblättern,

*) Wenn man unter andern traditionellen Irrthümern in manchen zoologischen Handbüchern eine concentrirte Falterbrust verzeichnet findet, so rührt dies wohl nur daher, daß man die Schmetterlinge nur selten in ihrer Nacktheit sich vor Augen führt.

Schlüsselbeinen u. dgl. Dingen aus der alten terminologischen Rumpelkammer dürfte schon bald aufhören. —

Neben dem eben angedeuteten äußeren Lattenwerk des Brustgehäuses gibt es aber noch allerlei Fortsätze und Auswüchse, die man nicht übergehen darf. An erster Stelle nennen wir die schalen- oder taschenartigen Seitenanhänge der Vorderbrust, wie man sie am schönsten bei den Heuschrecken sehen kann (Fig. 52 s l). Was mögen diese zu bedeuten haben? Doch da geben uns die noch unausgewachsenen Schricken erwünschte Auskunft. Es finden sich hier nämlich ganz ähnliche Seitenlappen auch an der Mittel- und Hinterbrust (vF, hF) und aus ihnen gehen allmählig die Flügel hervor, so daß wir da gleichsam am jungen Thiere drei Paare von Flügelanlagen haben, wovon aber das vorderste unentwickelt bleibt. Noch deutlicher wird uns aber dieses Verhältniß nach Fritz Müller's schönen Untersuchungen an den jungen, an feuchten Orten lebenden Termiten. Hier sind die gerade abstehenden, beilförmigen Halsschildlappen von einem dichten Tracheennetze durchzogen und erinnern so vollständig an wahre Tracheenkiemen; sie verlieren sich aber später, wenn die Flügel zum Vorschein kommen, die aus ganz analogen Aussackungen entstehen. Gewisse Insekten gestatten einen noch tiefern Einblick. Wir fanden neulich an einem Bachkiesel in der bekannten lustigen Gesellschaft der Libellenlarven eine etwa 3 mm. lange, lanzettliche Käferlarve, deren

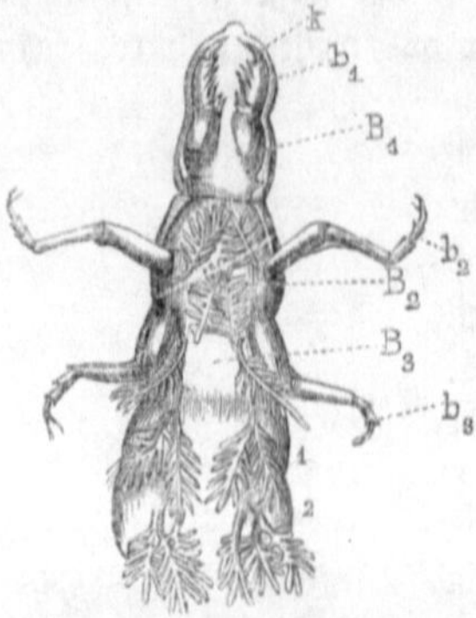

Fig. 50.
Im Wasser lebende Larve eines Netzflüglers (Hydropsyche) von der Bauchseite. B_1 Vorderbrust.

ganze Haut, gleich gewissen Nacktkiemern, über und über mit kleinen Hohlwarzen besetzt war. Die nach hinten allmählich sich verjüngenden, sonst aber ganz gleichartigen Rumpfringe verlängern sich beiderseits in unbewegliche mit relativ sehr langen und zarten Hautwarzen geränderte Taschen, die genau den Brustaussackungen der Termiten gleichen. Jene der drei beintragenden ersten Rumpf- oder Thoraxringe sind aber etwas größer als die folgenden. Die weiteren Folgerungen aus diesen Thatsachen überlassen wir dem Leser. Jedenfalls möchte unsere Wasserkäferlarve dem Stammvater der „Urflügler" näher kommen, als die Campodea, welche uns über die ersten Flügelanlagen keinen deutlichen Begriff geben kann. Die gewisse Schwanzgabel hat sie allerdings nicht, sondern dafür ein ganzes Bündel von Borsten, das sie aus dem Hintern hervorschnellt.

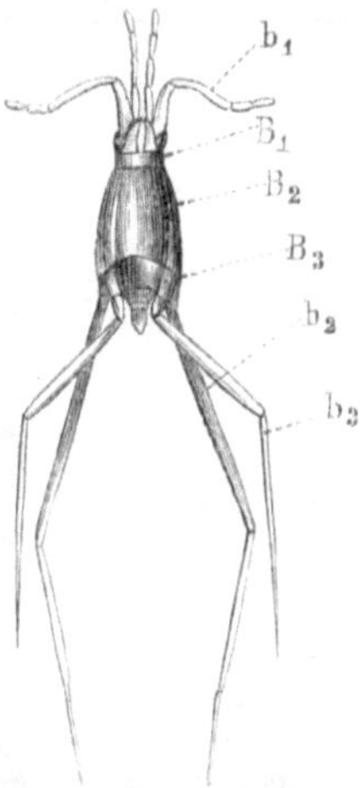

Fig. 51.
(Helobates Wüllerstorfii) von Rio Janeiro.

Eine allgemeinere Verbreitung als diese Seitenanhänge, die bei den geflügelten Kerfen nur auf die Vorderbrust beschränkt bleiben, wenn wir eben nicht die Flügel selbst nur als Homologa derselben auffassen, haben die rückwärtigen Verlängerungen der Rückenschilder. Bei schwächerer Entfaltung wie z. B. bei den Wanzen (Fig. 55) sind diese meist dreieckigen Fortsätze (pr_1, pr_2) gleichsam nur die Gelenksfalten überdachende Hautschuppen. Am größten pflegt der Processus des Halsschildes zu sein, der bei gewissen Zirpen (Fig. 54), Schricken und Käfern oft die Gestalt eines langen, breiten Dolches oder gar einer förmlichen Kapuze annimmt, welche nicht bloß die übrige Brust, sondern selbst den ganzen Hinterleib bedeckt und so, ähnlich wie bei den Wasserflöhen und andern Krebsen, ein förmliches Dach oder ein zweites Gehäuse darstellt, das ihren Besitzern aus nahe liegenden Gründen gewiß nur erwünscht sein kann.

Dient schon in vielen Fällen der besprochene Processus der Vorderbrust auch zum Schutze der Flügelwurzeln und gelegentlich wohl auch als eine Art Druckhebel für dieselben, so erlangt speciell der Mittelbrustprocessus oder das Mittelschildchen eine hohe Bedeutung für eine gute Fixirung der

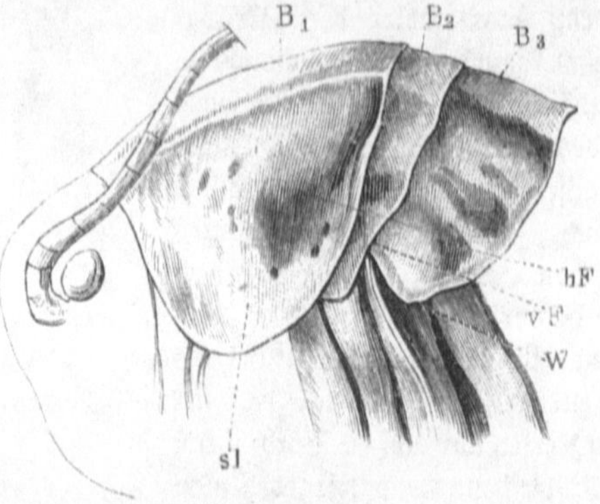

Fig. 52.
Brustkorb einer jungen Laubheuschrecke vergr. vF. hF Anlagen der Flügel, als den Seitenlappen (sl) des Halsschildes homologe Duplicaturen.

Deckflügel während ihres Ruhezustandes. Bei gewissen Wanzen, z. B. den bekannten großen Repräsentanten, die uns das Obst so unangenehm parfümiren, den Baumwanzen, verlängert sich das Mittelschildchen oft fast bis zur Hinterleibsspitze. Das Hinterschildchen dagegen springt besonders bei Insekten mit gestieltem Hinterleibe, z. B. bei gewissen Fliegen, Wespen u. s. w. wie ein Vordach nach hinten vor und scheint uns in dieser Form und Situation zum Schutz der leicht verletzlichen, oft haardünnen Hinterleibswurzel ganz angemessen.

Dies ſind die regelmäßigen Bruſtfortſätze, über deren Werth wir doch einigermaſſen eine Vorſtellung haben. Aber wozu dienen die mannigfachen anderen Anhänge, die Stacheln, Zapfen, Dolche, Dorne, Kämme u. ſ. w., mit denen zumal die Bruſtplatte und der Halsſchild figurirt?

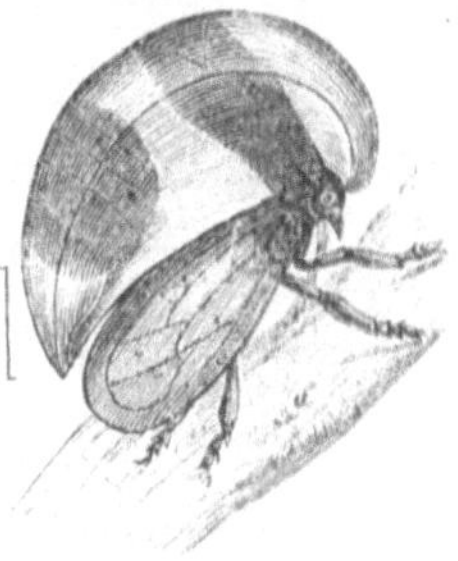

Fig. 53.
Exotiſche Zirpe (Membracea foliata).

Dies iſt eine der ſchwierigſten Fragen, ſo man dem Zoologen ſtellen kann. Manche dieſer theils ſoliden, theils hohlen Chitinwucherungen mögen einfach nur Wachsthumserſcheinungen, gleichſam Zeugen einer gewiſſen Ueberproduction von Chitinſtoff ſein. Andere mögen aber, nachdem ſie einmal hervorgebracht worden, nach dieſer oder jener Richtung, ſei

Fig. 54.
Exotiſche Zirpe (Bocidia globularia).

es als Vertheidigungsmittel oder Angriffswaffen, ſei es als geſchlechtliche Zierrathen, von Vortheil geworden ſein. Verhält

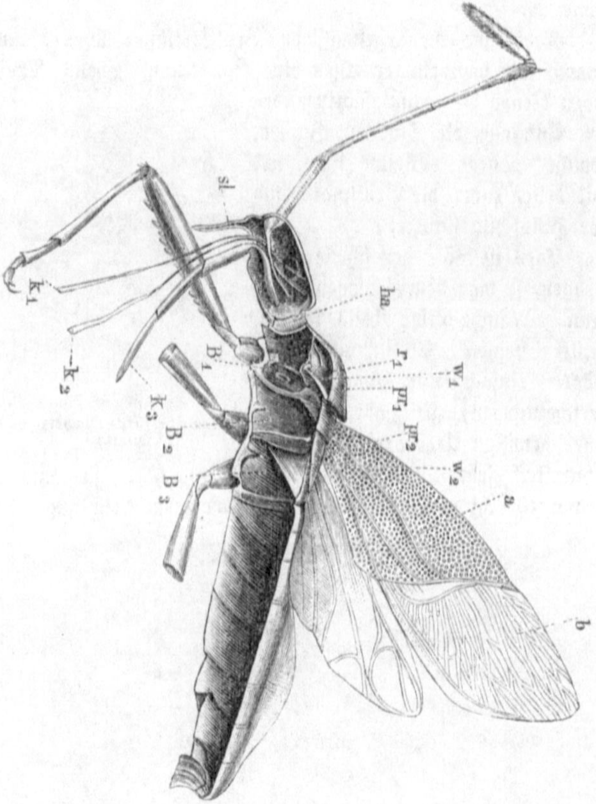

Fig. 55.

Längsschnitt durch das Hautscelet einer Wanze (Syromastes marginatus) vergr.

Zwischen Kopf und Brust eine zarte, dehnbare Gelenkshaut (ha), ebenso zwischen Vorder- (B_1) und Mittelbrust (B_2). Die Rückenplatten beider in einen Fortsatz (pr_1, pr_2) verlängert. Mittel- und Hinterbrustkammer durch eine Scheidewand (W_2) abgetrennt, ein kleineres Diaphragma (W_1) auch vor der Mittelbrust, durch Einstülpung ihrer Wand gebildet.

es sich doch mit den bekannten horn- und geweihartigen Auswüchsen der Schädelkruste ganz ebenso.

Am allerbizarrsten sind aber diese Brustverzierungen bei den Zirpen, und wenn der Leser das in Fig. 53 abgebildete Kerf eines Blickes würdigen will, so mag es ihm wohl nicht unwahrscheinlich dünken, daß eine solche Thiererscheinung,

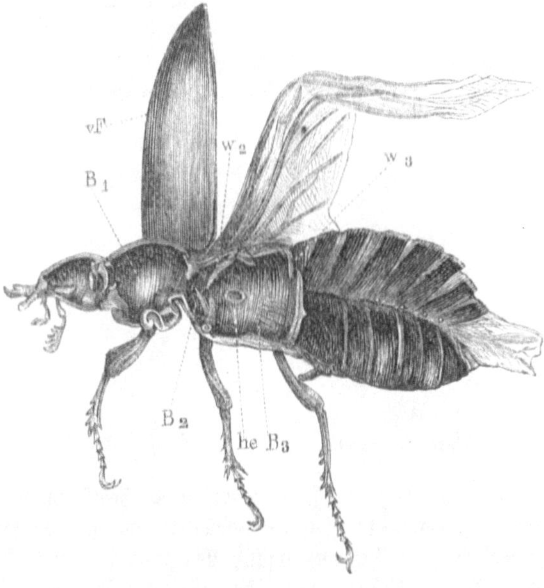

Fig. 56.
Rechte Hälfte eines ausgesottenen Hirschkäferpanzers von Innen.
B_2 Mittelbrust. Zwischen der vorderen und hinteren Einstülpung (W_2, W_3) der Hinterbrust (B_3) spannt sich ein Muskel aus. he Sehne des hintern Flügelhebers.

zwischen rankigen Zweigen festsitzend, von einem auf die Kerfjagd ausgehenden Vogel oder Reptil gar nicht für ein lebendes Wesen gehalten und daher völlig unangetastet gelassen wird. Gerade dieser Fall zeigt uns aber, wo und wie wir die Erkenntniß der Insektenformen erwerben müssen. —

Was nun die Größe und Configuration der beiden Flügelbrustkammern anlangt, so hängt diese, wie begreiflich, von der Natur und Bedeutung der betreffenden Gliedmassen ab. Bei den Wanzen und Schricken z. B., wo Vorder- und Hinterflügel ziemlich gleich kräftig sind, zeigen auch die zugehörigen Brustgemächer (Fig. 55) eine ähnliche Beschaffenheit. Bei den Käfern dagegen (Fig. 56), wo die Vorderflügel oft, wie z. B. bei den Rosenkäfern, ganz passiv sich verhalten, d. h. selbst während des Fluges auf dem Hinterleibe liegen bleiben, bildet

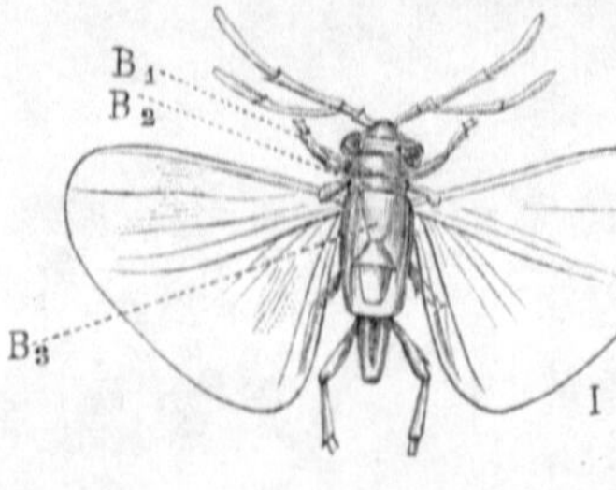

Fig. 57.
Fächerflüglermännchen (Elenchus Walkerii Curt). Vergr.

die Mittelbrust (B_2) ein sehr beschränktes Gelaß, indeß die Hinterbrust, dessen kolossale Fleischmassen die großen Hautschwingen bewegen, sich weit nach hinten ausdehnt. Aehnliches zeigen auch die Fächerflügler (Fig. 57), wo die Mittelbrust mit ihren kurzen Flügelläppchen kaum zu erkennen ist.

Hingegen ist wieder bei den Ader-, Schuppen- und Zweiflüglern die Mittelbrustkammer die allergrößte, indem theils überhaupt nur Vorderflügel vorhanden sind, theils diese beim Fliegen die hinteren gleichsam in's Schlepptau nehmen, so daß zu ihrer selbständigen Bewegung relativ schwache Muskeln genügen, welche dann auch mit einem engeren Raume sich behelfen können.

Wenn schon die einfachen Wandungen der Kopfkapsel nicht zulangen, um die diversen Muskeln der Kiefer, der Fühler und des Schlundes an sich zu befestigen, sondern zu dem Behufe ein mannigfaltiges Balkenwerk nothwendig wird, so mag man leicht ermessen, daß auch die einzelnen Brusthöhlen, deren Muskeln verhältnißmäßig so starke Gliedmassen zu bewegen und so kräftige Widerstände zu überwinden haben, keine einfachen, glatten Wände haben, sondern daß sowohl von der Decke, als vom Boden und den Seiten desselben allerlei Scelet-

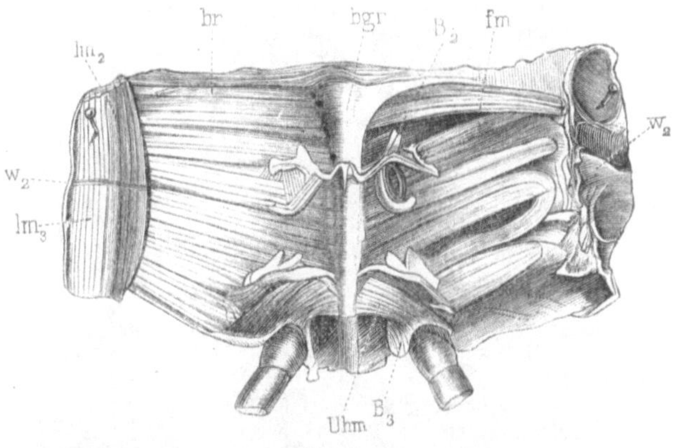

Fig. 5.

Flügelbrust der Wanderheuschrecke (Acridium tartaricum) vom Rücken geöffnet. bgr Bauchgrat. B_2, B_3 Querbalken zur Insertion der Hüftmuskeln (Uhm). b—r Bauch-Rücken- (Dorsoventral-) muskeln, darunter (d. i. weiter nach Außen und rechter Hand) die eigentlichen Flügelmuskeln (fm), lm_2, lm_3 Längsmuskeln des Rückens, W_2 die Scheidewand zwischen Mittel- und Hinterbrust.

fortsätze in das Innere hineinragen, die wir nun in ihrer Beziehung zum Muskelsysteme uns etwas näher ansehen müssen. Mit dieser inneren Mechanik des Brustgebäudes gelangen wir aber, das darf zur Entschuldigung unserer lücken-

Fig. 59.

Schwimmkäfer (Dyticus marginalis ♂) vom Rücken geöffnet.

Längs der Mitte des Bauches die Ganglienkette. B_1, B_2, B_3 die gabelförmigen Gebilde des ventralen Hautsceletes der Vorder-, Mittel- und Hinterbrust. vhm die vorderen Hüftmuskeln (Strecker der Ruderbeine). o Ober-, u Unterschenkel, f Fuß der letzteren. — ho Hoden, dr Anhangsdrüsen, r Ruthe. — a Kropf, b Kaumagen, c mit äußeren Drüsen besetzter Mitteldarm, d langer Blinddarm, e Behälter des Sekretes der Afterdrüsen.

haften Darstellung wohl gesagt werden, zu einem Gegenstand, der, nachdem er von den älteren grundlegenden Insektenanatomen, namentlich von Lyonet, Strauß, Chabrier u. s. w. mit staunenswerthem Geschicke verfolgt worden, in neuerer Zeit, wo man sich immer mehr in das Kleinlichste verliert, fast gänzlich bei Seite gelassen wurde, so daß wir gerade über die Glanzpartie des ganzen Kerforganismus am schlechtesten unterrichtet sind.

Wenn man die Flügelbrust einer Wanderheuschrecke am Rücken aufschneidet und, wie dies Fig. 58 darstellt, die Lappen derselben auseinander schlägt, mit Nadeln auf einer am Besten mit Wachs ausgegossenen Glastasse fixirt und dann, unter reichlicher Bespülung mit Wasser die Weichtheile möglichst wegräumt, so gewahrt man längs der Mittel- und Hinterbrust eine kammartige Einstülpung der Chitinhaut, die wir aus gleich zu erörternden Gründen das Bauchgrat nennen. Aehnlich nämlich, wie das Rückenmark der Wirbelthiere dem knöchernen Rückgrate nach Oben sich anschmiegt, so liegt die Ganglienkette, das Nervencentralorgan der Kerfe auf besagtem Chitingrate (bgr).

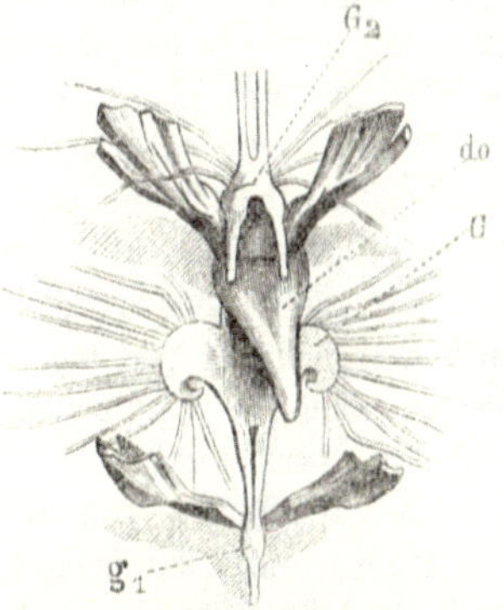

Fig. 60.
Mittel- und Hinterbrustganglion (G_2, G) mit den zugehörigen Skelettheilen von der Werre (Gryllotalpa vulgaris).

Diese Analogie wird noch dadurch erhöht, daß von diesem Hautwulste sich gabelartige Fortsätze erheben, die, das Bauchmark zwischen sich fassend, an die oberen oder Neural-Bogen der Vertebraten-Wirbel erinnern.

Solcher Bauchgabeln hat der Brustkorb nun im Ganzen

drei, nämlich je eine in jedem Ringe. Die erste (Fig. 59 B_1), unmittelbar hinter dem Vorderbrustganglion, ist am Kleinsten — und kann leicht übersehen werden, weshalb es sich, sowie zum Studium der Chitinscelete überhaupt, empfiehlt, die Weichtheile durch Kochen in Kalilauge gänzlich zu entfernen. Beträchtlich größer ist die zweite (Fig. 58, 59 B_2); sie wird aber in der Regel weit überragt von der Gabel der Hinterbrust (B_3), die z. B. beim Schwimmkäfer bis an die Rückendecke sich erhebt und durch mehrere Querbalken verstärkt ist.

Wenn wir die Gabelfortsätze des Bauchgrates den Wirbelbogen verglichen, so ist dies in Bezug auf ihre Verwerthung im Haushalt des Brustkorbes keineswegs ganz richtig. Zur Fixirung und schützenden Umwallung des Nervenstranges sind nämlich meist anderweitige Vorkehrungen getroffen. So erhebt sich bei der Maulwurfsgrille zwischen der Mittel- und Hinterbrustgabel (Fig. 60), ein flacher, dornartiger Fortsatz (do), der an seinem breiten Grunde zwei Löchelchen trägt, durch welche die Verbindungsstränge des Mittel- und Hinterbrustganglions (G_2, G_3) hindurchgehen, während letzteres zugleich durch den überhängenden Fortsatz, von dem seitlich mehrere Muskeln entspringen, geschützt wird.

Die genannten Chitingabeln dienen dagegen in erster Linie als Ansatzstellen für die an der Bauchfläche gelegenen Hüftmuskeln und müßten daher den Schulter- oder Beckenknochen verglichen werden, wenn erstere Bezeichnung nicht schon anderwärts vergeben wäre!

Die erwähnten „Hüftmuskeln" lassen sich auf verschiedene Art zur Ansicht bringen. In Fig. 58 sind sie (uhm) von Innen aus zu sehen, wo man auch gewahr wird, daß sie zum Theile unmittelbar am Bauchgrate sich anheften.

Ein schönes Uebersichtsbild (Fig. 61) erhält man dadurch, daß man die früher künstlich locker gemachte Haut abträgt, das Kerf also gleichsam schindet. Hier sieht man nun, wie die betreffenden im Ganzen flügelartigen Muskeln (uhm$_2$, uhm$_3$) in der Bauchmittellinie sich begegnen. Die Bestimmung dieser Faserstränge wird leicht erkannt, wenn man sie mit einer feinen Pincette in der Richtung ihrer Fasern anzieht.

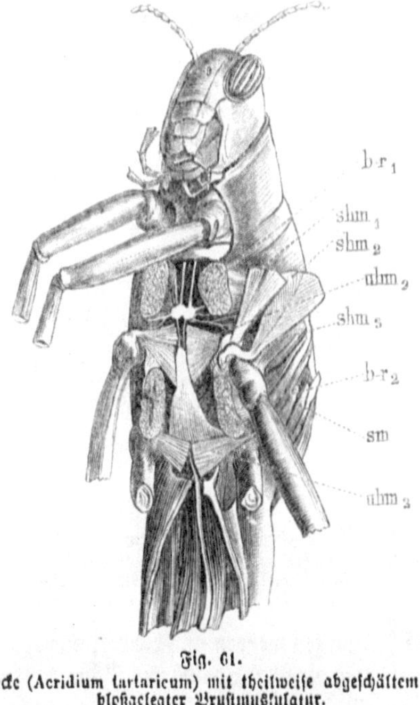

Fig. 61.
Wanderheuschrecke (Acridium tartaricum) mit theilweise abgeschältem Hautscelet und bloßgelegter Brustmuskulatur.
b-r Bauchrückenmuskel, uhm2, uhm3 untere Hüftmuskeln der Mittel- und Hinterbrust, shm1, shm2, shm3 seitliche Hüftmuskeln.

Das Bein wird dadurch nach Unten und Innen und je nach der Faserpartie, welche sich contrahirt, auch rückwärts bewegt.

Die weitaus kräftigste Entwicklung zeigen diese Muskeln an der Hinterbrust der Schwimmkäfer (Fig. 59 vhm) und mancher Wasserwanzen, wo sie die langen Ruder zu regieren haben. Zu diesen für die Bewegung der Beine bestimmten Ventralmuskeln kommen dann, namentlich an der freigliederigen Brust noch mehrere z. Th. sich kreuzende Längsstränge hinzu, welche mit der Lenkung der Stammtheile selbst betraut sind.

Ungleich complicirter als die Musculatur der Bauchseite ist jene der Seitentheile, namentlich an den beiden Flügelbrustringen.

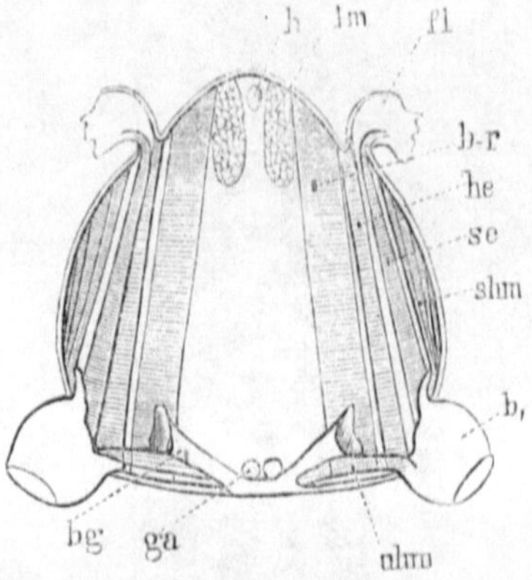

Fig. 62.
Querschnitt durch die Flügelbrust einer Heuschrecke (Stenobothrus).
fl Flügel, b Beine, h Herz, shm Beinheber, uhm Beinsenker, se Herabdrücker, he Heber der Flügel, b-r Bauchrückenmuskel, lm dorsaler Längsmuskel, ga Ganglienkette. (Nicht schematisch).

Am Anschaulichsten werden uns die betreffenden Verhältnisse an einem quer durch die Brust geführten Schnitte einer größeren Heuschrecke (Fig. 62). Bauch-, Rücken- und Seitenplatte sind durch die Einfügung der Beine (b) und der Flügel (fl) gekennzeichnet.

Gehen wir nun von den Seitenwänden nach Innen, so haben wir nicht weniger als vier Muskellagen zu passiren, die, obwohl alle in derselben Richtung verlaufend, dennoch, je nach ihren Angriffsstellen, eine sehr verschiedene Wirkung haben.

Der Seitenwand zunächst liegt ein Muskel (shm), der,

unterhalb der Flügel (fl) sich inserirend, zur Hüfte sich hinbegibt. Solcher seitlicher Hüftmuskeln gehören zu jedem Beine wenigstens drei, von welchen aber, da sie hintereinander folgen, am Querschnitt nur ein einziger getroffen wird. Am Besten sieht man letztere in Fig. 61. Der erste davon (slm_1), sowie die übrigen von flügelartiger Gestalt, zieht das Bein nach Vorne und Oben. Viel stärker und schön doppelt gefiedert ist der zweite (slm_2) oder mittlere. Der dritte oder hintere Seitenmuskel (slm_3), ein mehr cylindrisches Faserbündel, dient hauptsächlich nur zur Hebung des Beins.

Die folgenden oder inneren Muskellagen unseres Querschnittes fehlen an der Vorderbrust und schon daraus können wir schließen, daß sie zur Flugmaschine gehören.

Und so ist es auch. Die zwei äußeren Muskelsysteme (sc und hc) stehen mit den Flügeln in directer Verbindung, und zwar — wie dies später noch zu erörtern — dient der äußere (sc) zum Herabziehen und der innere (hc) zum Aufrichten, zum Heben der Fittiche. Mit ihrer Basis stützen sich diese strenge so zu nennenden Flügelmuskeln an die Seiten der Brustplatte.

Der innerste Muskel (b—r) unseres Querschnittes ist ein äußerst kräftiger Balken, der sich pfeilergleich zwischen der Rücken- und Bauchplatte ausspannt; daher auch der Name Bauch-Rücken- oder Dorsoventralmuskel. Seine Bestimmung liegt auf der Hand. Wenn er sich zusammenzieht, so wird die elastische und oft kuppelartig gewölbte Rückenplatte nach Unten gezogen, wobei — Genaueres später — die seitwärts angehängten Flügel die entgegengesetzte Richtung nehmen.

Gleichsam die Antagonisten der eben beschriebenen Seiten-Pfeilermuskeln sind die längsläufigen des Rückens, wie wir sie prächtig an dem Heuschreckenlängsschnitt in Fig. 63 sehen. Vorerst sind aber die dorsalen Einstülpungen der Sceletwand und zwar an den Grenzmarken der Brustringe zu beachten. Oft

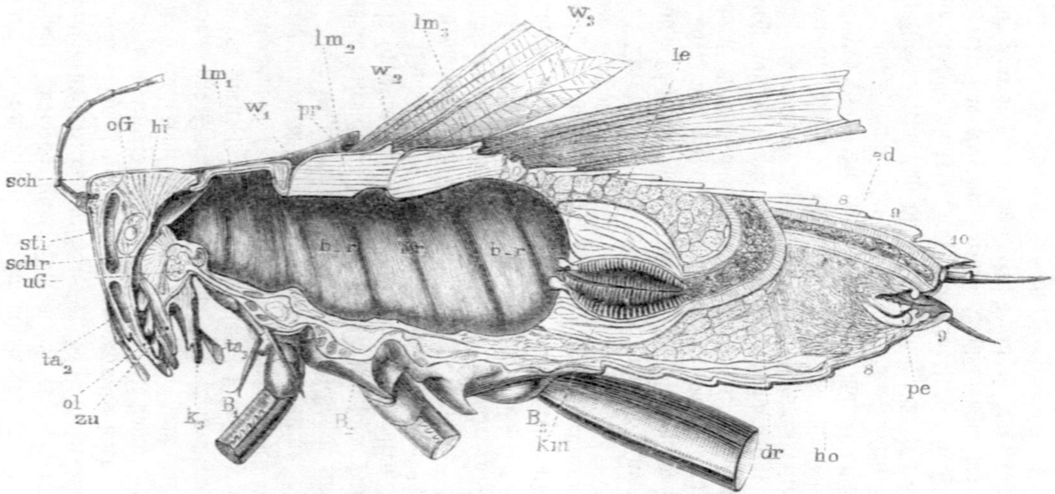

Fig. 63.

Längsschnitt durch eine Laubheuschrecke (Locusta viridissima L).

hi Hinterhaupt, sch Scheitel, sti Stirne, ol Oberlippe, k_3 Unterlippe, zu Zunge, schr Schlundrohr, kr Kropf, km Kaumagen, le Leber, ed Enddarm, oG oberes, uG unteres Schlundganglion, B_1, B_2, B_3 Brustganglien, ho Hoden, dr Drüsenanhänge derselben, Penis sammt Tasche. — lm_1 Längsrückenmuskeln der Vorder-, lm_2 der Mittel-, lm_3 der Hinterbrust. Die Bauchrücken- oder Seitenmuskeln schimmern durch die Wand des Kropfes durch.

sind es förmliche Querscheidewände, sog. Diaphragmen, gebildet durch eine Verlängerung und Erhärtung der Gelenksfalten. Zwischen ihnen spannen sich nun ebenso viele Muskelpfeiler (lm_1, lm_2, lm_3) aus. Der bezügliche Vorderbrustmuskel (lm_1) ist wenig entfaltet, desto mehr aber die zwei Anderen; der handgreiflichste Beweis wieder, daß auch sie zur Flugmaschine gehören. Zum Durchtritt des Röhrenherzes sind alle drei Querwände mit einem Vertikaleinschnitt versehen, d. h. in zwei Hälften gespalten und demgemäß zerlegen sich auch die Muskeln in zwei symmetrische Packete, die Fig. 62 (lm) im Querschnitt zeigt.

Bei den meisten übrigen Kerfgruppen findet eine Reduction oder auch eine Verschmelzung dieser Rückenmuskel und desgleichen der Diaphragmen statt, und zwar so, daß bei den Wanzen und Schmetterlingen nur die Mittel- und bei den Käfern nur die Hinterbrust damit versorgt ist. Die Concentration des ganzen Systems (Fig. 64 l) ist den Zwei- und Hautflüglern eigen, wo es sich zwischen der Vorder- (w_1) und Rückenwand (w_3) des buckeligen Brustgehäuses ausspannt.

An dem früher besprochenen Querdurchschnitt durch einen Heuschreckenthorax sahen wir doch einen ziemlich beträchtlichen Mittelraum, der nicht von Muskeln, sondern vom Darm und dessen Drüsenanhängen eingenommen wird. Durchschneiden wir dagegen den gehärteten Flügel-Brustkorb einer Biene oder Fliege, so haben wir gleichsam nur eine einzige große Fleischmasse vor uns, in der nur oben am Rücken für das dünne Röhrenherz, und unten für die Ganglienkette und das dünne Speiserohr ein kleiner Raum übrig bleibt, umgeben von größeren und kleineren Luftbehältern, welche sich auch in zierlichen Reihen zwischen den einzelnen Muskelbalken hineinzwängen. Die Größe dieser querdurchschnittenen Muskelmassen giebt natürlich den besten Maßstab für die Arbeitsleistung der Flügel ab.

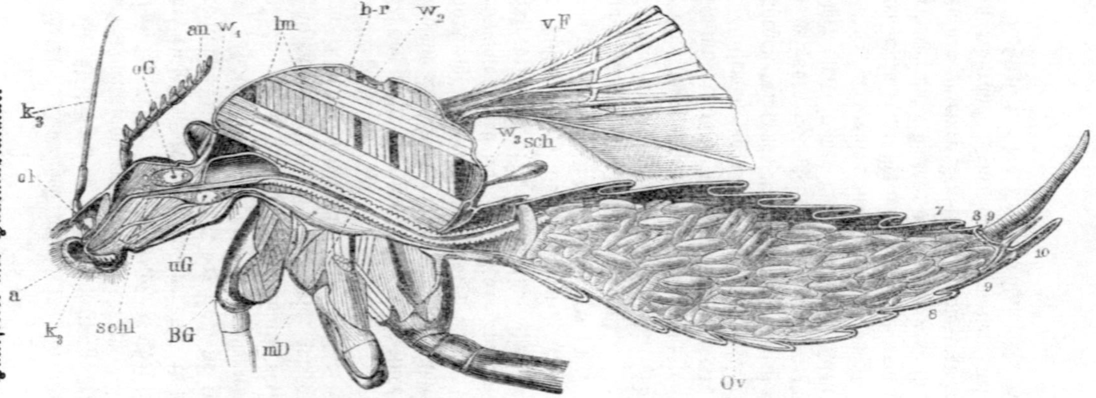

Fig. 64.
Längsschnitt einer Wiesenschnacke. a sog. Saugadersystem der wulstigen Unterlippe scheinbar in das Schlundrohr übergehend. mD Speiserohr. oG oberes, uG unteres Schlundganglion. BG Brustganglion. Hinterleib ganz mit Eiern angeschoppt. vF Vorderflügel, sch Schwingkölbchen. lm Längs-, b-r Seitenmuskellagen.

Hinterleib.

Die scharfe Sonderung oder Individualisirung des Kerforganismus in drei Abschnitte, von welchen jeder im allgemeinen Körperhaushalt seinen bestimmten Wirkungskreis besitzt, bringt es mit sich, daß man es den Insekten in der Regel schon äußerlich anmerkt, worin sie ihre Hauptstärke haben, worauf ihre Thätigkeit, ihre Energie vor Allem gerichtet ist.

Sehen wir uns nur nachstehende zwei Kerfe an. Beim einen, einem Hautflügler (Fig. 65), macht der Brustkorb mit seinen langen Beinen und mächtigen Schwingen die Hauptsache aus; der Hinterleib dagegen ist gleichsam zu einem bloßen Rudiment geworden. Die ganze Organisation deutet also hier auf einen energischen Ortswechsel hin. Das gerade Gegentheil hat beim Maiwurm (Fig. 66) statt. Hier ist fast Alles Bauch, Futtersack und nur ein ganz nothdürftiger Motor zu seinem Transporte vorgespannt.

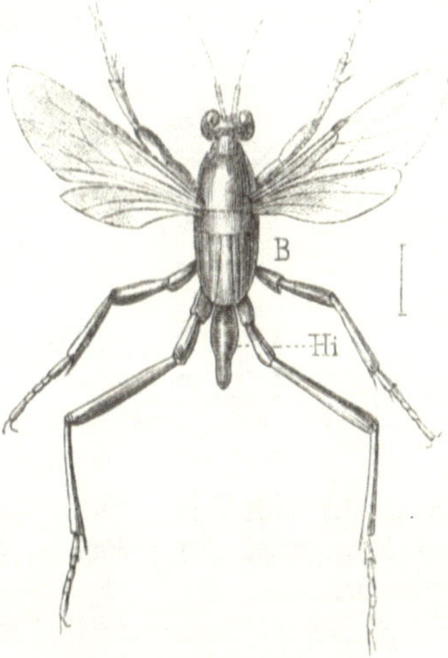

Fig. 65.
Evania appendigaster L. Hi Hinterleib.

Der weitläufige Meloë-Hinterleib eignet sich aber gerade vortrefflich dazu, um das Wesen dieses Abschnittes verstehen zu lernen. Der beim ersten Anblick einförmige Sack setzt sich aus sieben ziemlich harten, rippenartigen Gürteln zusammen, welche durch zartere Hautstreifen aneinander geheftet werden.

Bei Thieren, die längere Zeit fasten mußten, sind aber letztere nicht sichtbar, sondern faltenartig eingeschlagen. Aber nicht bloß der Länge, auch der Quere nach ist der Bauch einer beträchtlichen Ausdehnung fähig. Die Hinterleibssegmente sind nämlich keine allenthalben gleich dicken oder continuirlichen Ringe, sondern bestehen aus einer relativ starren Bauch- (Fig. 66 B a) und Rückenschiene (R), die seitlich durch eine dünne Membran (s) beweglich mitsammen verknüpft sind. Es ist dies im Grunde besehen also dasselbe Princip, wie an unserem Brustkorbe,

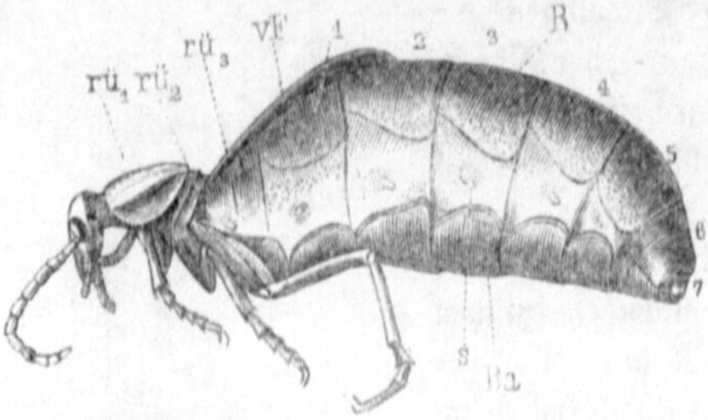

Fig. 66.

Meloë proscarabaeus. Hinterleib ein geräumiger, schwerer Sack. Auf den seitlichen Gelenkshäuten (s) die Luftlöcher. rü1 Vorder-, rü2 Mittel-, rü3 Hinterrücken. vF Vorderflügel. 1—7 Hinterleibsringel.

wo ja gleichfalls starre Theile (Brustplatte, Rückenwirbelsäule) mit beweglichen und dehnbaren Knochen- und Knorpelrippen verbunden sind.

Hinsichtlich dieser seitlichen Gelenkshäute gilt aber genau dasselbe, wie betreffs der die Ringe der Länge nach verkettenden Zwischenbänder; sie dehnen und falten sich ganz nach dem jeweiligen Füllungszustande der Gedärme und Geschlechtsdrüsen, die eben im Hinterleibe ihren Platz haben.

Das Insektenabdomen ist aber nicht bloß ein sehr dehnbares Behältniß für das aufgespeicherte Futter und die Geschlechtserzeugnisse, sondern spielt auch eine und gerade für die äußerst beweglichen Kerfe hochwichtige Rolle als Athmungsmaschine.

Darüber, daß die Insekten hauptsächlich mit dem Bauche respiriren, was wir bekanntlich mehr ausnahmsweise zu thun pflegen, braucht sich aber der Leser nicht zu verwundern. Eine einfache Ueberlegung, daß nämlich der Brustkorb, der zudem ja schon in anderer Weise engagirt ist, hiefür zu wenig Raum und Elasticität bietet, sagt uns sogleich, daß einzig und allein nur der Hinterleib mit seinem ungemein dehnbaren Rippensysteme diesem Zwecke entsprechen kann.

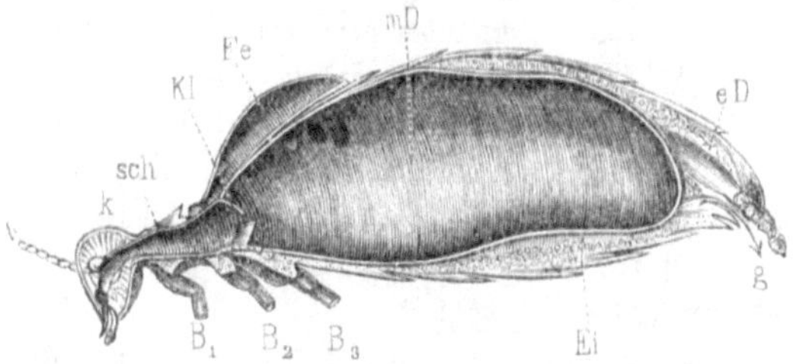

Fig. 66*.
Dasselbe Thier der Länge nach durchschnitten, um den kolossalen Umfang des Mitteldarmes (mD) zu zeigen. sch Schlundrohr. eD Enddarm.

Daran sehen wir aber zugleich, wie unglücklich man bei der Benamsung der Kerf-Hauptheile gewesen ist, indem das Insekt nicht bloß das Herz oben, sondern auch die Brust hinten hat.

Jetzt erkennen wir auch die eigentliche Bestimmung der seitlichen Gelenkshäute. Durch sie wird der ganze Hinterleib gleichsam in zwei starre Platten oder Halbröhren, eine obere und untere zerlegt, die durch zwei seitliche, dünne Hautstreifen zu einem Ganzen vereinigt, wie die beiden Bretter eines Blasebalges gegen einander bewegt werden. Daß dieß aber behufs der Luftauswechslung wirklich geschieht, können wir bei verschiedenen Insekten mühelos beobachten. — Wenn man einem frisch ertappten Maikäfer die Flügel aufhebt, oder, um es bequemer zu haben, abschneidet, so bemerkt man, wie die abdominale Rückenplatte, welche seitlich durch eine zarte Membran mit dem starren, kahnförmigen Bauchtheile zusammenhängt, rythmisch auf- und niedergeht, während z. B. bei den Libellen und Heuschrecken, wo der Bauchtheil der weichere und nachgiebigere ist, das Umgekehrte geschieht und zugleich die Flanken einander genähert oder gar nach Innen gestülpt werden. Diese Bewegung erfolgt aber meist nicht gleichzeitig den ganzen Hinterleib entlang, sondern folgeweise, indem sie sich wellenförmig von einem Gürtel, gewöhnlich dem vordersten oder mittleren, auf die übrigen fortpflanzt und so an den niederen Zustand der Würmer gemahnt.

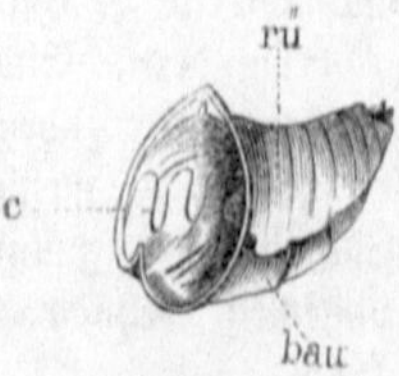

Fig. 67.
Hinterleib der Wanderheuschrecke.
rü Rücken-, bau Bauchschienen durch eine nach innen gezogene dünne Hautfalte verbunden. c rippenartige Scelettheile.

Untersuchen wir nun zunächst den Muskelmechanismus, der die angedeuteten Bewegungen hervorbringt.

Fig. 67 zeigt den abgeschnittenen Hinterleib einer Wanderheuschrecke. Man erkennt namentlich mit Zuhilfenahme eines vergrößerten Querschnittes (Fig. 68) die Rücken- (fak) und die Bauchschiene (lm), sowie die seitlich eingeschlagenen Gelenksfalten.

In Fig. 69 ist das Abdomen im ausgebreiteten Zustand dargestellt und zwar so, daß der mittlere Streifen (a) der Bauchseite entspricht, während die abseits gelegenen die Seitenhälften der mitten durchgeschnittenen Rückenpartie vorstellen. Das ganze System der Hautmuskeln ist leicht zu überblicken: es sind solche, die der Länge (rlm) und andere, die der Quere nach verlaufen (b—r). Erstere haben wir in ihrer Anordnung und Wirkungsweise schon in der Einleitung kennen gelernt. Sie bilden eine den Hautreifen genau angepaßte Reihe separater Muskelgürtel, die, an den eingeschlagenen Gelenksfalten angreifend, die Ringe ineinanderschieben.

Es sind indeß sowenig wie die Chitinsegmente selbst ununterbrochene Reife, sondern zerfallen in eine Rücken- (rlm) und in eine Bauchplatte, oder richtiger in deren zwei, indem längs der dorsalen und ventralen Mittellinie die Muskellage unterbrochen ist, hier zur Aufnahme der Ganglienkette, dort zur Einsenkung des Rückengefäßes.

Die queren Muskel (b—r), wovon hier jedes Segment ein Paar besitzt, steigen (vgl. Fig. 68 ki), die Längsmuskeln durchkreuzend, von der Rücken- zur Bauchplatte herab, wobei sie sich gegen die Angriffslinie hin flügelartig ausbreiten. Ihr Effect ist an der Hand der letztcitirten Figur zu ermitteln. Contrahiren sie sich nämlich, so wird das an den seitlichen, Gelenkshäuten, wie an Tragbändern aufgehängte Bauchplattensystem in die Höhe gehoben. Diese Muskeln im Verein mit den längsläufigen präsentiren also ein vielgliederiges Compressorium, einen wahrhaftigen Schnürleib, der das vielrippige Bauchintegument von allen Seiten packt und mit großer Gewalt zusammenzieht. Die nächste Folge dieser, theils nur nach der Vertikal-, theils auch nach der Längsaxe des Körpers erfolgenden Zusammenschnürung ist aber offenbar die, daß die

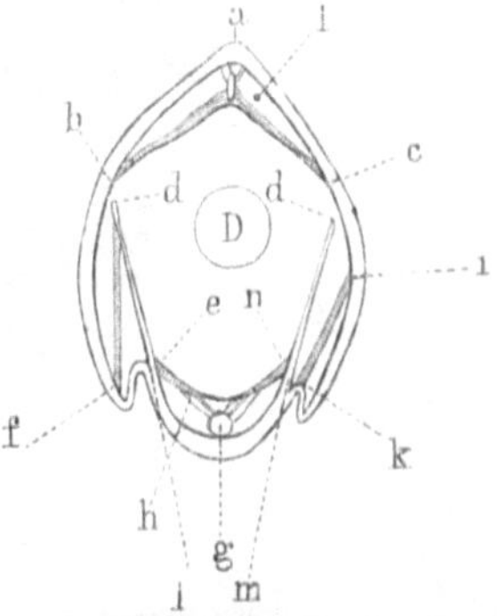

Fig. 68.
Querschnitt durch diesen. fak Rücken-, lm Bauchschiene. a Herz am Rücken aufgehängt, bc muskulöses Rückenzwerchfell. d rippenartige Fortsätze des Hautsceletes. df, ik Ex- und Inspirationsmuskel. g Ganglienkette. en muskulöses Bauchzwerchfell. D Darm.

im Tracheennetze befindliche Luft durch die seitlichen Oeffnungen oder Stigmen (Fig. 72 11) herausgepreßt wird.

Da, wie wir hören werden, die eigentlichen luftführenden Räume, nämlich die Tracheen, selbst nur Einstülpungen der in hohem Grade elastischen Körperhaut sind, so können wir vorläufig das ganze Luftbehältniß als einen einzigen elastischen Schlauch betrachten, der theils durch die Längs-, theils durch die Ring-Muskeln (der äußeren Haut) von Zeit zu Zeit zusammengezogen und entleert wird. Sobald aber der Erregungszustand

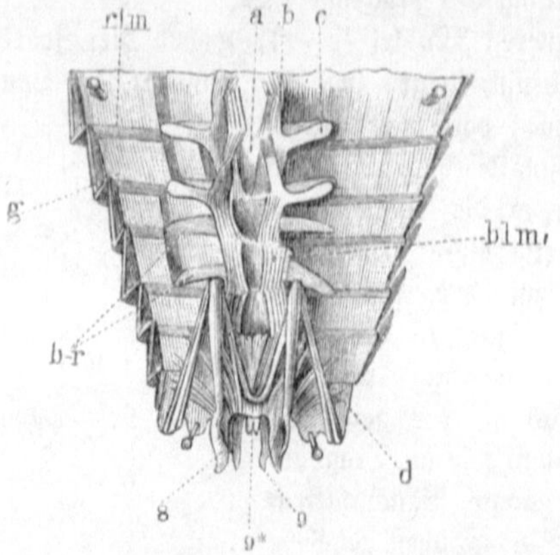

Fig. 69.

Hautmuskelmantel des Hinterleibes einer Wanderheuschrecke. rlm längslaufende Rücken-, b längslaufende Bauchmuskeln. b-r Quere oder laterale Muskeln. Hinten Doppelzange, um Gruben zum Ablegen der Eier aufzuscharren. d Der zugehörige Muskelapparat.

dieser Muskeln nachläßt, dehnt sich der elastische Schlauch von selbst wieder aus und wird so zum Saugrohr, das frische Luft von Außen an sich zieht.

Der Athmungsmechanismus wirkt also im Ganzen gerade umgekehrt, wie an unserm Thorax, wo die Exspiration ein vorwiegend passiver Vorgang ist.

Nachdem wir soweit sind, nehme der Leser neuerdings den Querschnitt in Fig. 68 vor. Da sieht er sowohl an der Rückenseite unter dem Röhrenherz (a) als an der Bauchseite, über der Ganglienkette (g) eine in der Mitte sehnige, an den seitlichen Theilen aber muskulöse oder contractile Haut (b c und e n), gleichsam zwei Zwerchfelle, welche an den Seiten der Rücken-, resp. der Bauchschienen sich mit zipfelartigen Verlängerungen fixiren und so, wie man sieht, gewissermassen einen zweiten, inneren Muskelschlauch, bez. Muskelring bilden. Zieht sich dieser innere Muskelring zusammen (Fig. 70, 71), so wird offenbar der zwischen ihnen liegende Mittelraum des als Athmungshöhle betrachteten Abdomens verengert und sein Inhalt, beziehungsweise also auch die

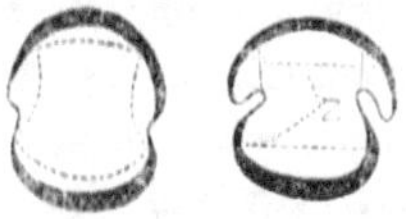

Fig. 70 innere Bauchpresse im schlaffen, Fig. 71 im contrahirten Zustand, wobei die gewölbartigen Zwerchfelle (Z) sich abflachen.

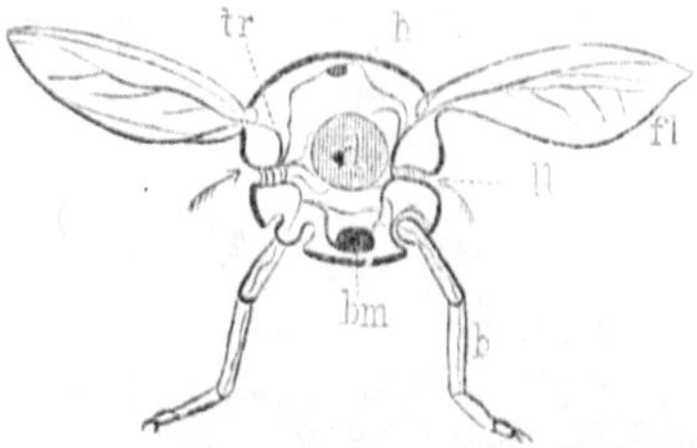

Fig. 72.
Schema eines querdurchschnittenen Flügelleibes. fl Flügel, b Beine, h Herz, bm Bauchmark, d Darm, an den Seiten die Luft- oder Athemlöcher ll, daraus entspringend die nach innen baumartig sich verzweigenden Luftröhren.

Luft der in diesem Theil gelegenen Tracheen durch die seitwärtigen Luftlöcher z. Th. entleert. Wir sagen z. Th., weil ein anderer, von dem abgesehen, welcher im Tracheennetz zurückbleibt, von den sich gleichzeitig ausdehnenden Luftröhren außer-, resp. ober- und unterhalb dieses innern Compressoriums angesaugt wird, indem ja alle größeren Stämme des ganzen Netzes mit einander communiciren. Durch letztere Darstellung, wie sie jüngst von Dr. Wolf gegeben wurde, darf man sich aber nicht irre machen lassen. Es sind, soweit man sich nur an den anatomischen Befund hält, zwei Fälle möglich. Entweder wirkt die innere „Bauchpresse" gleichzeitig und also auch im gleichen Sinne, wie die äußere, oder abwechselnd mit dieser. Im erstern Fall kann sie aber keine größere Verengerung der Gesammt-Lufthöhle herbeiführen, als das äußere Compressorium und ist sonach für die Gesammt-Exspiration überflüssig. Im letzteren Falle aber würde sie offenbar zum Widersacher der äußeren Presse werden.

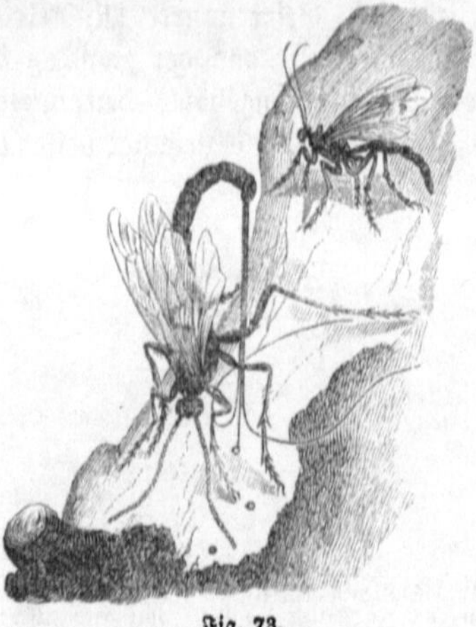

Fig. 73.
Eierlegende Schlupfwespe.

Die innere Presse kann also nur eine Dislocirung, eine gewisse Circulation der Luft innerhalb des Tracheennetzes herbeiführen, niemals aber das regelmäßige Aus- und Einathmen bewirken. Wir werden aber hören, daß die erwähnten Zwerchfelle wahrscheinlich eine andere Bedeutung haben.

Ausnahmsweise werden aber doch auch bei Insekten besondere Kräfte aufgeboten, die dem natürlichen Ausdehnungsbestreben des aus der Muskelumklammerung sich losmachenden Hautschlauches zu Hilfe kommen. Man merkt es aber sogleich, daß die Herstellung der betreffenden Inspirationsvorrichtungen der Natur große Mühe verursachte, weil die ganze Beschaffenheit des abdominalen Hautpanzers einer derartigen Accomodation auf den ersten Blick fast unübersteigliche Hindernisse in den Weg legt. Auch zu dem Zwecke ist unsere

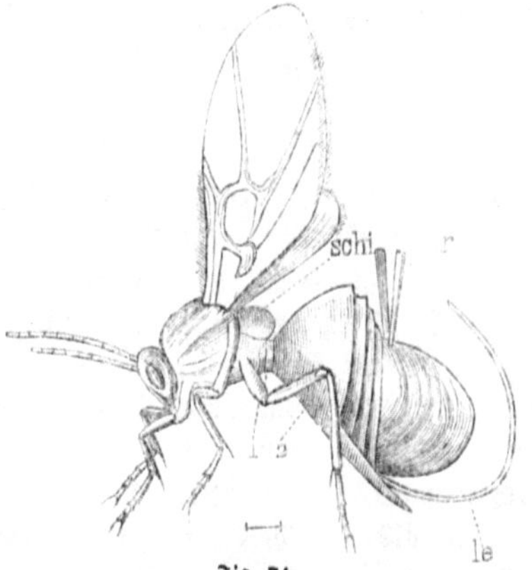

Fig. 71.

Gallwespe ♀ (Manderstjerna). schi Schildchen der Hinterbrust. 1 Erstes, 2 zweites Hinterleibssegment, le Legeröhre gestützt durch eine Rinne, r stäbchenartige Auswüchse des Rückens. Vergrößert.

Schnarrheuschrecke gut zu gebrauchen. Von den Rändern der einzelnen Bauchschienen erheben sich seitwärts je ein Paar gabelartige Fortsätze, bestehend aus einer horizontalen Zinke (Fig. 89 b) und einer in die Höhe strebenden Platte (c). Letztere sind die für uns wichtigeren Stücke. Sie schmiegen sich (vergl. 67 c), gleich den Rippen eines Schiffbauches, an die Seitenwände der Rückenschiene an, wie dies, etwas vereinfacht auch am Querschnitt (Fig. 68 d e) ersichtlich ist. Denkt man sich nun durch die vorbeschriebenen Exspirationsmuskeln den Hinterleib seitlich zusammengepreßt, und daher auch die elastischen Spangen nach innen gedrückt, so suchen diese federnden Platten selbstverständlich wieder in ihre Ruhelage zurückzukehren, wobei sie die ihnen im Wege stehenden Seitenwände auseinander drücken. Sie thun dies aber mit verdoppelter Kraft, weil sie mit einem allerdings mechanisch höchst unvortheilhaft situirten Muskel d f in Verbindung stehen, der, von ihrer Spitze (d) ausgehend am unteren Seitenrand der Rückenschiene (f) sich anheftet. Die Zugkraft dieses Muskels gibt aber eine kleine Komponente, die senkrecht auf die Seitenwände gerichtet ist.

Erinnern wir uns, daß im Brustkorb ganz ähnliche Hautrippen wie die eben besprochenen vorhanden sind und zwar als Stützflächen für die Muskeln der äußeren Hebel, der Beine nämlich, so ist es gewiß interessant wahrzunehmen, daß die homologen Gebilde des Hinterleibes sozusagen als interne Gliedmaßen, nämlich als Druckhebel in Verwendung stehen.

Das vielgliedrige Kerfabdomen mit seinen elastischen Rippen, Bändern und Muskeln ist aber nicht bloß ein ausgezeichneter Athmungsmechanismus, ein respiratorischer Schnürleib, er figurirt als ein hochwichtiger Bewegungsapparat überhaupt. Gegenüber dem starren Kopf und Mittelkörper steckt in ihm gewissermaßen noch die primäre Wurmnatur, und bei vielen Kerfen stellt er gleichsam einen einzigen wunderbaren Hebel dar, mit dem anscheinend die schwierigsten Arbeiten wie spielend abgethan werden, und der, worauf man so selten denkt, auch für die Verdauungsthätigkeit von größtem Belang ist. Wer denkt dabei nicht an die Krümmungen des Hinterleibes bei den Ohrwürmern, Kurzflüglern, sowie an die merkwürdige Manipulation der Lilienkäferlarve, die sich ohne Hände, und ausschließlich nur mit Hilfe des Abdomens, den eigenen weichen Koth auf den Rücken ladet?

Und welche wunderlichen Verdrehungen führen nicht die Libellen, die Wespen u. s. w. aus, ja ist das Schlupfwespenabdomen (Fig. 73) nicht in der That einem vielgliedrigen Finger zu vergleichen?

Eine solche schwanzartige Beweglichkeit des Kerfabdomens ist aber meist nur dort möglich, wo der Hinterleib durch einen tiefen Einschnitt vom mittleren, dem Thorax, abgesondert ist. Aus dem Grunde sind die mehr massiv gebauten Käfer, die Wanzen, Gerad- und die meisten Netzflügler und Springschwänze als relativ niedriger organisirt zu betrachten, weil hier, gleich wie bei den Larven, zwischen Brust und Abdomen keine scharfe Separation besteht, sondern letzteres, wie man zu sagen pflegt, dem Thorax ansitzt.

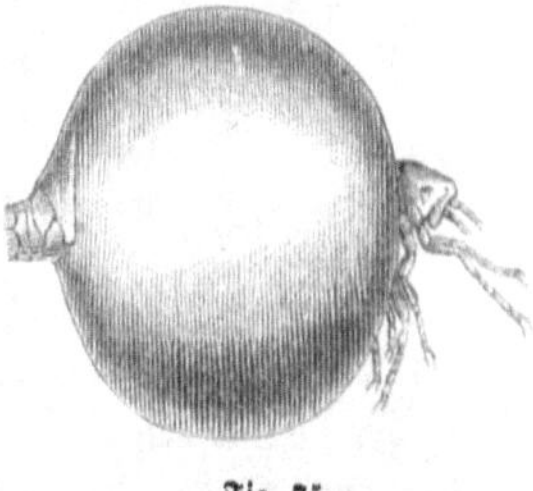

Fig. 75.
Sandfloh ♀ Sarcopsylla penetrans. Berg.

Ausnahmsweise ist aber der Natur nach langen Versuchen auch bei diesen Gruppen die höhere Bildung gelungen, wie denn z. B. ein südamerikanischer Käfer, Sphecomorpha, durch seinen langgestielten Hinterleib an eine Sandwespe erinnert.

Aber welche Mannigfaltigkeit der äußeren Gestaltung bietet uns das Kerfabdomen im Besonderen dar! Man betrachte den oft mehrere Zoll langen gertenförmigen Hinterleib eines Mecistogaster, einer exotischen Art von Libellen, die bekanntlich auch bei uns durch die schlankste Taille sich auszeichnen, oder eine der riesigen neuholländischen Stabheuschrecken, und stelle nun neben diese magern und hagern Gestalten einen vollgesaugten Sandfloh (Fig. 75), oder die Zirpe in Fig. 76, deren einzelne Leibesringe zu einem einfachen dornigen Sacke, zu einem wahren Spinnenabdomen, verschmolzen sind. Man vergleiche ferner, um nur die auffallendsten Extreme sich vorzuführen, des messerartig zusammengedrückte Abdomen gewisser Gallwespen (Fig. 74) mit dem Hinterleib eines „wandelnden Blattes."

Die Normalzahl der Hinterleibsringe, haben wir oben gehört, stellt sich auf 10 oder 9. Bei manchen erwachsenen Kerfen sieht man aber oft weit weniger. Dies kann einen doppelten Grund haben. Fürs Erste sind, z. B. bei den Fliegen, Zirpen und Käfern die letzten zwei oder drei Abdominalringe fernrohrartig nach Innen gezogen und fungiren bei den Weibchen als Legeröhre, bei den Männchen als mehrgliedriges Ruthenfutteral, das man aber leicht sehen kann, wenn man den Hinterleib stark zusammendrückt.

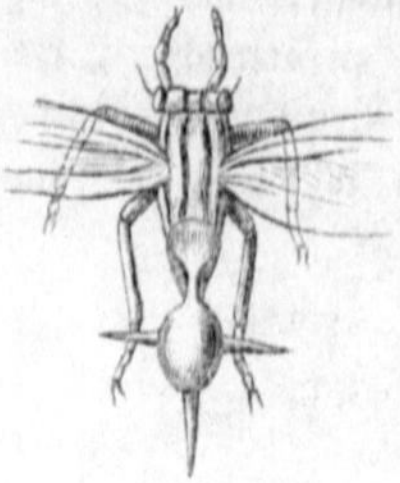

Fig. 76.
Exotische Zirpe.
(Membracia clavata).

Es kommen aber auch Verschmelzungen einzelner Segmente zu größern Reifen vor. Von den Aderflüglern wissen wir schon, daß bei der definitiven Sonderung der Larvenringkette während des Puppenzustandes der vorderste Abdominalring häufig zum Mittelleib gezogen wird, ähnlich wie bei der Meloë (Fig. 66) die Höhle der Hinterbrust dem erweiterungssüchtigen Bauche anheimfällt.

VI. Kapitel.

Mechanik der Gliedmaßen.

Fühler (Gliedmaßen der Empfindung).

Der Anlage am Embryo nach erweisen sich die Fühler (Fig. 1 an) als paarige Ausstülpungen an der Unterseite des ersten der vier Kopfsegmente, welches auch die großen Netzaugen trägt und das Gehirn in sich schließt. Beim selbstständig gewordenen Kerf aber sitzen sie, bald, wie bei den meisten Fliegen und Wespen, stark genähert, bald in größerer Distanz von einander, an der Ober- beziehungsweise an der Vorderseite des Kopfes, unterhalb der Stirn und zwischen den Augen und erscheinen gewöhnlich gegenüber den Mundgliedmaßen nach hinten gerückt, indem letztere, welche ihrer Entstehung nach den Fühlern folgen müßten, aus nahe liegenden Gründen am Kopfe sich hervordrängen und so den vordersten Platz einnehmen. Bei den Larven sind die Fühler im Allgemeinen sehr wenig entwickelt. Oft nur in Gestalt von warzenartigen und ganz unbeweglichen Erhebungen der Kopfkruste, die mit einem Gehirnnerv in Verbindung stehen, welcher an einem haarartigen Aufsatz zu endigen pflegt. Das sind Bildungen, wie wir sie vornehmlich zum Zwecke des Tastens und der Orientirung über die Beschaffenheit des umgebenden Mediums überhaupt auch an andern Leibestheilen weit verbreitet finden. Auch bei völlig entwickelten Insekten kennt man Antennen, welche, als Ganzes betrachtet, weiter nichts als ein einziges Haar zu sein scheinen. Wir denken hiebei an die kurzen zarten Fühlerborsten der Libellen und Cicaden, die der Leser wohl aus eigener Anschauung kennt, sowie an jene der kurzhörnigen Zweiflügler, wo indeß das Antennenhaar auf einem eigenen Träger ruht (Fig. 77 T U). Indessen sind gerade diese Antennen keine Tastwerkzeuge im gewöhnlichen Sinne dieses Wortes.

Während die Endborste der Dipterenantennen in der Regel ungegliedert bleibt, setzt sich die ihr äußerlich gleichende Fühlerborste der Libellen und Cicaden stets aus mehreren Theilen zusammen, und so wird man die Kerfantennen durchgehends gebildet finden. Es sind also dem allgemeinsten Typus nach langgestreckte, gegen die Spitze zu sich verjüngende Hautröhren, zusammengesetzt aus einer unterschiedlichen Anzahl bald kürzerer, bald längerer starrer Cylinder oder Trichter, welche in ganz analoger Weise wie die Segmentstücke des Stammes durch dünne Zwischenhäute und Muskeln gelenkig verknüpft sind.

Die leichte Beweglichkeit dieser langen Gliederketten rührt aber in erster Linie von ihrer freien Einlenkung her. Diese vermittelt ein wohlabgerundeter Kopf (Fig. 88*), der in einer pfannenartigen Aushöhlung der Schädelkruste sitzt. Mehrere Muskeln (m), im Umkreise des Gelenkskopfes entspringend, gewähren dem Fühler einen um so weiteren Spielraum, je seichter die Gelenkspfanne ist.

Die Beweglichkeit der Fühler steht bis zu einem gewissen Punkte in geradem Verhältniß zu ihrer Länge. So erscheinen uns die Fühlerborsten der vorgenannten Kerfe meist wie starre in die Luft hinaus ragende Spitzen, währenddem die langen Antennen der Böcke, der Schaben, der Heuschrecken u. s. w. bald vor= bald rückwärts, bald zur Seite oder vertikal in die Höhe gerichtet werden.

Merkwürdig sind die Fühler der Schlupfwespen, sie befinden sich in einem ununterbrochenen Stadium tremens. Daß die Kerffühler auch für rein mechanische Verrichtungen, zumal für die Gleichgewichtserhaltung beim Ortswechsel gelegentlich von Bedeutung werden, lehren uns die Bockkäfer. Sie hantiren damit, indem sie über einen dünnen Zweig marschiren genau so, wie der Seiltänzer mit seinen Balancirstangen.

Diejenigen aber, welche eine solche Nebenfunktion für die einzige halten und welche den Kerfantennen nicht viel Empfindung zutrauen oder sie gar zu „leicht entbehrlichen Kopfanhängseln" degradiren, mögen denn doch einmal einen Fühler aufschneiden. Sie werden sich dann überzeugen, daß diese zusammengestückelten Chitinröhren nur die Hülsen für den dicken Nervenstamm sind, der aus einem eigenen vielkernigen

Lappen des Gehirns kommend, an gewissen ganz eigenthümlich beschaffenen Stellen des häutigen Futterals, sich endigt.

Wenn wir also die Leistungen dieser Organe auch nicht genauer detailliren können, so beweist doch schon der angedeutete anatomische Befund, daß es Sinnes- oder Perceptivorgane ersten Ranges sind, der Lage nach im Allgemeinen dazu bestimmt, von den mannigfachen Zuständen des Mediums, in welches sie, gleichsam als vorgeschobene Orientirungsposten des Sensoriums, hineinragen, Erkundigungen einzuziehen. — Eine hohe Bedeutung haben die Fühler aber offenbar auch zur gegenseitigen Verständigung der Kerfe untereinander, zur Verdollmetschung ihrer vielfachen Triebe und Wünsche, welche sie den zu verständigenden Arbeits- und Spielgenossen eben durch die „telegraphische Sprache" dieser Organe kundthun.

Sind denn aber die Fühler nicht die allervariabelsten Werkzeuge des Kerforganismus und ist es also wahrscheinlich, daß ein Organ unter so wechselnder Gestalt dennoch immer dasselbe leistet, und was mögen alle diese höchst seltsamen Modificationen zu bedeuten haben? Warum streckt sich der Laubheuschreckenfühler zu einem langen oft mehr als hundertringeligen Faden aus, während jener von Articerus und Paussus (Q) eine kurze, oft nur eingliedrige Keule darstellt? Warum bleiben bei den einen die Theilstücke der Antennen einfache ineinandergesteckte Cylinder und Trichter oder gleich einer Perlenschnur aneinander gefädelte Kügelchen, während sie bei andern, seitlich hervorwachsend, zu den Zähnen eines Kammes oder einer Säge werden? Welchen speciellen Werth mögen ferner die schwert-, die kolben-, die gabel-, die geweih-, die fächer- und die peitschenartigen Antennen haben, und wozu sind die Fühler gewisser Mücken mit den zierlichsten Haarkronen und Federquirln besetzt? —

Eins dürfen wir nicht vergessen. Manche Kerfe (Musciden, Byrrhus, Cryptocerus, Belostoma, Gyrinus u. s. w.)

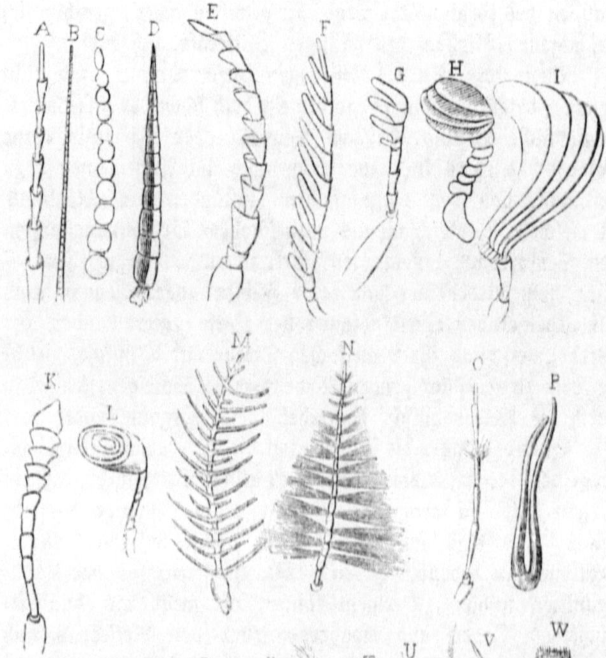

Fig. 77. (Erklärung s. S. 121.)

Fühlerformen von Insekten. A Bockkäfer, B Blatta, C (perlschnurförmig), D (schwertförmig) Tryxalis, E Prionus, F Ctenocerus, G Hirschkäfer, H Hybalus, I Maikäfer (Mel. fullo), K Silpha, L (geknöpft) Lethrus, M Ctenophora, N Corethra, O Saperda plumigera, P Xenos vesparum, Q Articerus (eingliedrig), R Paussus, S Stigia, T und U Borstenfühler von Dipteren, V Eucoryphus Brunneri, W Claviger faveolatus, X Enoplium alcicorne (geweihartig), Y (kolbenförmig), Z Parnus prolifericornis, α gabelig, β Otiocerus, γ Curculio (gekniet und knotig).

schützen und verbergen ihre Fühler im unthätigen Zustand theils in besonderen, bald rinnen- bald büchsenartigen Aushöhlungen der Schädelkruste, theils vermittelst eigener Anhangslappen. Sie ziehen ihren Fingern, wenn wir so sagen

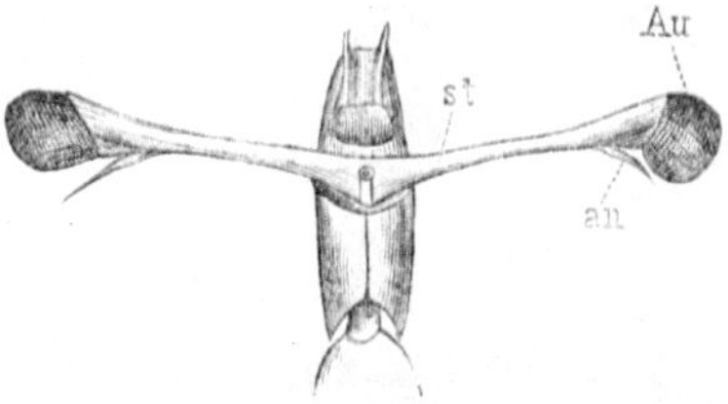

Fig. 78.
Kopf einer Fliege (Diopsis sulfasciata Illig). Au Facettaugen, an Fühlerborste. st gemeinsamer Fühler- und Augenstiel.

dürfen, einen Handschuh an, während die Schnecken bekanntlich ihre Fühlfäden durch Einstülpung einfach in der Haut verschwinden lassen.

Da wir schon der Schneckenfühler erwähnten, von welchen, wie Jeder weiß, das vordere Paar an der Spitze die Augen trägt, so müssen wir den Leser doch daran erinnern, daß auch gewisse Gliederfüßler, nämlich die Krebse, bewegliche, wenn auch nicht einziehbare Stielaugen tragen, und daß bei manchen Fliegen (Fig. 78) eine ähnliche Vergesellschaftung vorkommt, indem Augen und Fühler auf einem gemeinsamen Träger stehen.

Mundwerkzeuge.

Das Studium der Kerfmundtheile ist nicht bloß von außergewöhnlichem Interesse für den Physiologen, der da theils zur Aufnahme des flüssigen, theils zur Zerkleinerung und Zerlegung des festen Nährmateriales eine Reihe der merkwürdigsten und gelungensten Vorrichtungen gewahr wird, es hat eine eingehendere Betrachtung dieser Werkzeuge noch mehr Anziehendes für den vergleichenden Anatomen, der, in Erwartung, daß so verschiedenen Zwecken dienstbare Apparate auch nach ganz verschiedenen Principien aufgebaut sein müßten, dennoch, bei sorgsamer Vergleichung größerer Bildungsreihen, Alles

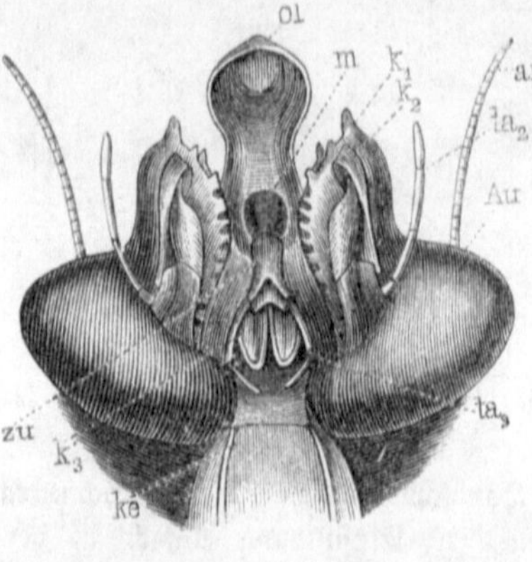

Fig. 79.

Mundtheile von Mantis. ol Oberlippe, k_1 Oberkiefer, k_2 Unterkiefer mit den Tastern ta_2, k_3 Unterlippe mit den Tastern ta_3, ke Kehle, m Schlundöffnung.

aus dem gleichen Materiale, aus denselben Ur- und Grundbestandtheilen hergestellt findet. — Der uhrfederartige Rollrüssel des Falters, der gelenkige Schnabel der Wanze, der Stechrüssel der Bremse, und alle die anderen saugenden und leckenden Mundeinrichtungen sind, wie zuerst Oken erkannt und später Savigni nachgewiesen, keine Neubildungen, keine Separatschöpfungen, sondern Nichts als Modificationen, als mehr oder minder weitgehende Abänderungen und Umgestaltungen des schon aus der Einleitung her bekannten Kiefermaterials der Kauкerfe.

Hier müssen wir uns aber zunächst über einen Punct von fundamentaler Wichtigkeit verständigen. Wenn wir, mit dem Mundapparat der eigentlichen Nager- oder Kauкerfe anhebend, denselben durch alle Reihen der völlig ausgebildeten Insekten hindurch verfolgen, so wird es uns leicht verständlich, wie aus den drei Kauhebelpaaren eines Käfers z. B. die eigenthümliche Armatur der Immen, ja sogar der ganz abweichend erscheinende Rollrüssel des Falters entstehen könne, dieß umsomehr, als wir selbst innerhalb der Käferordnung die allmählige Umwandlung gewisser Kiefer theils in der Leckzunge der Immen, theils in dem aus zwei Halbröhren bestehenden Rüssel der Schmetterlinge ganz ähnliche Bildungen sich vollziehen sehen.

Eine andere Frage ist es aber, ob diese metamorphosirten Mundvorichtungen, diese Rüsselbildungen der Falter, Fliegen und gewisser Aderflügler auch wirklich durch Anpassung aus dem Kauapparat von nagenden Kerfen hervorgegangen sind? Wir stehen da vor einer Frage, der gegenüber die Theorie der natürlichen Zuchtwahl im Kampf um's Dasein vor der Hand wenigstens sich ebenso ohnmächtig erweist wie gegenüber der vollkommenen Metamorphose der Insekten überhaupt.

Der Falter, der aus der Raupe sich entwickelnde, glänzende Phönix, erwirbt seine neuen Organe, die langen Beine, die Flügel und auch den Rollrüssel nicht im Kampf um's Dasein, nicht im Ringen nach neuen Ernährungsquellen, sondern als Puppe, als in der Raupe sich vorbereitendes, nach erlangter Selbständigkeit aber nach Außen völlig passiv sich verhaltendes und streng in sich abgeschlossenes Wesen, das bekanntich auch gar keine Nahrung zu sich nimmt. Oder hat es doch vielleicht vor Zeiten raupenähnliche, aber weiter fortgeschrittene und successive den Schmetterlingen sich nähernde Kerfe gegeben, welche den Rollrüssel und die andern Falterembleme sich angeeignet haben, und werden gegenwärtig die Errungenschaften dieser allerdings ganz problematischen Falterahnen schon im niederen Zustand der Raupe zur Erscheinung gebracht?*) — Thatsache ist es, daß die Larven der verschiedenen, eine Verwandlung bestehenden Insekten im Wesentlichen fast alle einen und denselben Mundapparat wie die geschlechtsreifen Kaukerfe besitzen, und zwar einfach deßwegen, weil sie sich, wie diese, von festen Stoffen ernähren, während sich die Werkzeuge zum Saugen erst in der Puppe vorbereiten, und zwar wie es scheint nur zum Theile aus dem gegebenen Kiefermaterial der Larve, während gewisse Gebilde, wie z. B. der Fliegenrüssel, als wahrhaftige Neubildungen entstehen und also streng genommen eine genetische Vergleichung und Homologisirung mit den aus den embryonalen Kiefersegmenten ableitbaren Mundtheilen ein vergebliches und unsinniges Bestreben ist.

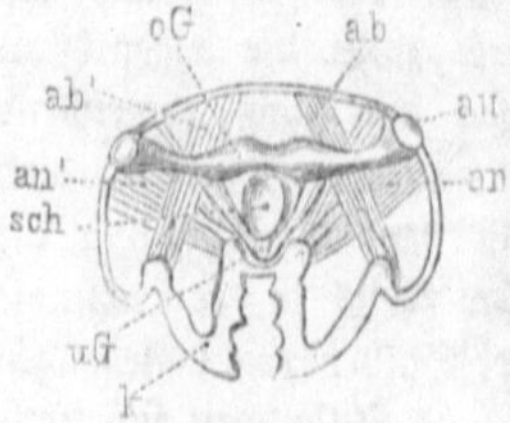

Fig. 80.
Querschnitt durch den Kopf einer Blattwespenraupe (Cimbex variabilis). sch Schlund, oG Oberes, uG unteres Schlundganglion, au einfache Augen, k Oberkiefer, ab Abzieher, an Anziehmuskeln derselben.

Aber gehen wir nun an die Betrachtung des Einzelnen. Naturgemäß machen wir mit den Kaukerfen den Anfang und nehme der Leser zunächst wieder den Embryo der Mantis (Fig. 1) vor. Hinter dem sensoriellen Kopfsegment (Au) folgen drei andere: die Kiefersegmente, deren paarige Ausstülpungen eben zu den Kiefern selbst werden, die wir schon früher nach

*) Die einschlägige Darstellung des Sir J. Lubbock (Ursprung und Metamorphose der Insekten. Jena 1876) ist, so plausibel im Einzelnen, im Ganzen doch nur eine Umschreibung unserer Unwissenheit. Vergl. Bd. II.

Analogie mit den Beinen als Vorder-, Mittel- und Hinterkiefer unterschieden. Zu diesen eigentlichen Mundgliedmaßen gesellt sich aber später noch *der mittlere Vorderlappen des Gehirnsegmentes, die Oberlippe* (ol), die auf ihrer Innenseite ein für die Nahrungsaufnahme höchst wichtiges Sinnesorgan, nämlich die Nase enthält, die also, und das ist wohl zu beachten, ihren Nerv aus demselben Sensorium erhält, dem auch die Augen- und Fühlernerven entspringen.

Ein ganz anderes Bild zeigt die Mundarmatur des das Ei verlassenden Kerfs. Die einzelnen Theile liegen hier nicht mehr hintereinander, sondern das Eßzeug ordnet sich in einem Kreise rings um die Schlundöffnung (m). Die Oberlippe, löffelartig ausgehöhlt und mit dem Kopfschild durch eine dünne Zwischenhaut beweglich verknüpft, bildet gleichsam das Dach der Mundhöhle, während das Hinterkieferpaar, oder die Unterlippe (k_3), zum Boden derselben wird.

Fig. 81. Oberkiefer einer Heuschrecke. Pneumora variolosa.

Zwischen diesen vertikal gegeneinander beweglichen Mundtheilen wirken nun die zwei noch übrigen Kieferpaare, nämlich die vordern (k_1) oder obern (Kinnbacken-Mandibeln) und die mittleren oder unteren (k_2) (Kinnladen-Maxillen) horizontal, wie die Laden einer Scheere. — Mustern wir nun die Einzelheiten dieses vieltheiligen Mechanismus. Die Oberlippe ist im Ganzen der konstanteste Theil: eine bald halbkreisrunde, bald vier- oder dreieckige, seltener ausgeschnittene Platte, die durch eigene Muskeln in die Höhe gezogen werden kann.

Die Hauptstärke der Nager liegt in den Oberkiefern. Hier wird der Chitinstoff geradezu zum Eisen, zum unwiderstehlichen Geräth des Krieges und der Vernichtung, mit dem die Kerfe die gesammte organische Schöpfung sich tributpflichtig machen. Stets bestehen die Mandibeln nur aus einem einzigen, dafür aber äußerst derben, ja scheinbar ganz soliden Stücke; doch zeigt Fig. 80, daß man es auch hier nur mit Ausstülpungen der allgemeinen Panzerhülle zu thun hat. Von besonderer Härte ist namentlich die Spitze sowie die Kaufläche oder Schneide. Sie sind gleichsam gestählt.

Wer aber beschreibt die Mannichfaltigkeit der Form und der Verwendung dieses Krafthebelpaares! Ist es doch ein wahres Universalbesteck. Während der Borkenkäfer mit seinen meißelartigen Mandibeln die mäandrisch gewundenen Holzschachte ausbohrt, werden sie bei den fleischfressenden Kerfen zu gewaltigen, theils glatten, theils mit schneidenden und reißenden Zähnen bewehrten Scheerenmessern (Fig. 82 k1), oder nehmen, wie beim Hirschkäfer, selbst die Gestalt vielverzweigter Geweihe an, die aber an der Basis, gleich den breiten Kauflächen der Heuschrecken (Fig. 81), feilenartig ausgeschnitten sind. Bei einigen exotischen Käfern und Netzflüglern erreichen die sägeartigen Blätter der Kieferscheeren die Länge des Körpers und es wäre gewiß nicht rathsam, sie an unsern Fingern ihre Kraft versuchen zu lassen.

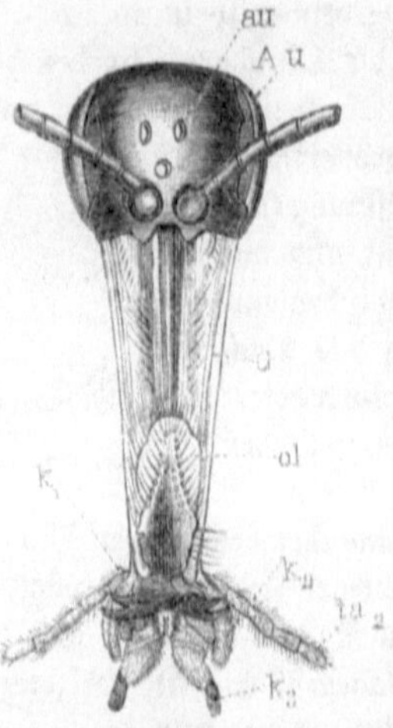

Fig. 82.
Kopf mit den Mundtheilen einer Scorpionsfliege (Panorpa communis). Au Facett-, au einfache Augen, ol Oberlippe (zurückgeschlagen) k1 gekreuzte Ober-, k2 Unter-, k3 Hinterkiefer, beide von weicher Beschaffenheit.

Besonders interessant sind die langen Kieferklingen der berüchtigten Larven der Schwimmkäfer, Florfliegen und Ameisenlöwen. Sie werden von einem an der Spitze sich öffnenden Kanal durchzogen, durch den das Blut der erlegten Thiere mit Umgehung des fehlenden Mundes direct in den Schlund geräth.

Die Kerfmandibeln sind aber nicht bloß Werkzeuge der Zerstörung, sie werden, zumal von den kunstgeübten Aderflüglern auch zu den mannigfaltigsten häuslichen Arbeiten benützt, theils zum Schleppen von Lasten, theils als Spaten und Pickelhacken, theils wieder als Maurerkellen und Modellirinstrumente zum Bauen und Formen in Holz, Lehm und Wachs, sowie als Scheeren zu den elegantesten Laubschnitzereien.

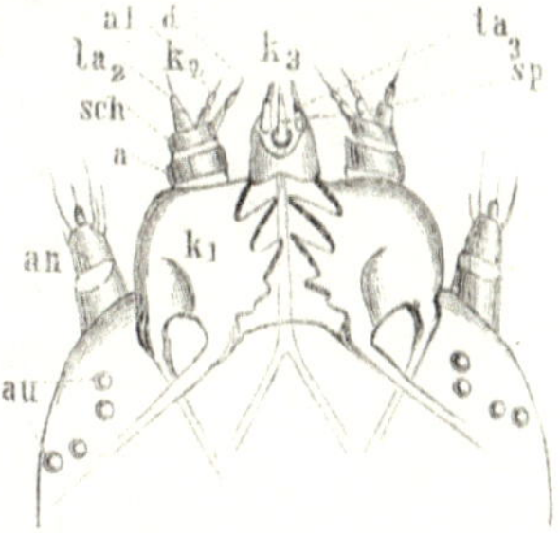

Fig. 82 *
Mundtheile einer jungen Schwammspinnerraupe. Bezeichnung die gewöhnliche, sp Spinnwarze, au einfache Augen, an Fühler.

Trotz dieser vielseitigen Verwendbarkeit haben die Mandibeln aber nur eine beschränkte Beweglichkeit. Der betreffende Mechanismus wird durch Fig. 80 erläutert. Die Kiefer, an den Seiten der Wange fest eingekeilt, artikuliren mit dem Schädel vermittelst zweier, seltener dreier Gelenkköpfe. Nach Innen entspringen die meist flügelartig sich ausbreitenden Chitinsehnen, die Zugseile, an welchen die kräftigen Beißmuskeln wirken. Zwei davon (an) ziehen die Kiefer gegeneinander, während zwei andere die fest geschlossene Zange wieder aufmachen.

Sehr schwierig gestaltet sich die Beschreibung der Unterkiefer. Dieß sind nämlich keine einfachen Hebel mehr, sondern wahrhaftige Gliedmaßen, ein ganzes System unterschiedlicher Theile bildend, wovon jedes für sich wieder außerordentlich unbeständig ist. Gegenüber den harten, derben Oberkiefern erscheinen sie im Allgemeinen von mehr weicher nnd zarthäutiger Natur und von um so geringerer mechanischer Bedeutung, je kräftiger die erstern hervortreten; überhaupt ist die wechselseitige Abhängigkeit, die sog. Correlation der organischen

Gebilde nirgends so anschaulich wie gerade am Mundapparat nachzuweisen, dessen einzelne Bestandtheile in einem beständigen Wettkampf um die Oberherrschaft miteinander liegen, indem jeder Vortheil, den ein Glied erlangt, sofort zum Nachtheil des benachbarten werden muß. Eine solche Ungleichheit, eine solche Größenschwankung bei mehreren zu einer gemeinsamen Existenz berufenen Organen ist aber bekanntlich an den paarigen Gliedmaßen der Kerbthiere überhaupt eine sehr gewöhnliche Erscheinung, und hat erst neuerlich wieder der berühmte amerikanische Entomologe Scudder die merkwürdigsten Assymetrieverhältnisse an den Geschlechtszangen der Falter bekannt gemacht.

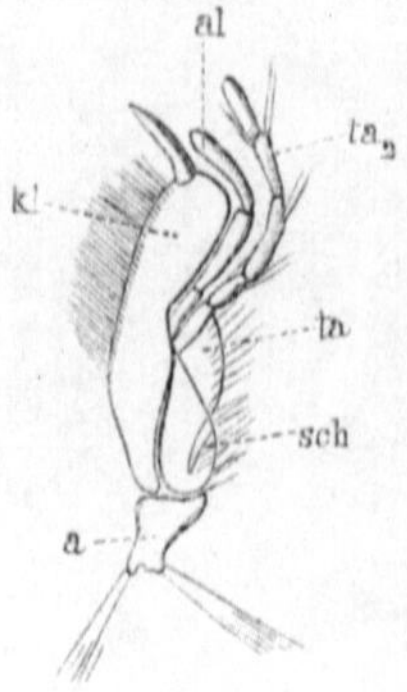

Fig. 83.
Rechter Unterkiefer von Cicindela. a Angel, kl innere oder Kaulade, al äußere, hier tasterartige Lade, sch Schaft (stipes), ta_2 Taster, ta Träger desselben.

Einen verhältnißmäßig sehr einfachen Bau haben zunächst die Unterkiefer der Raupen (Fig. 82* k_2). Neben der handfesten Mandibelscheere (k_1) nehmen sie sich fast nur wie Rudimente aus und gleichen auf den ersten Blick völlig den Fühlern (an), indem sie, wie diese, einen zweigliedrigen Zapfen darstellen, der gleichsam nur das Gestell für die eigentlichen, hier aber nur schwach angedeuteten Mundtheile bildet. Der erste Ring dieses Trägers, welcher sich am Schädel wie die Thür an ihrer Angel dreht, nennt man Angel (a) oder Schloß (cardo), das folgende Stück den Schaft (stipes) oder Stiel (sch). Der Anhänge an dem letztern sind nun, wie man sieht, drei, nämlich, wenn wir die Bezeichnung bei der vollständigen Maxille anticipiren, die sogenannte Innenlade (il), die Außenlade (al) und, seitwärts abstehend, der Taster (ta_2). Doch sind hier alle Glieder ganz gleich geformt, einen zweigliedrigen, mit einem Haar endenden Fortsatz bildend. Die Bewegung dieser Theile erfolgt natürlich so, daß der ganze Kiefer vom Schädel aus gedreht wird, während die Muskeln zur Lenkung der genannten drei Anhänge in ihrem Träger liegen. Von einer Mithilfe beim Kaugeschäft kann selbstverständlich von diesen Mundtheilen nicht viel erwartet werden: streng genommen sind sie ja weiter Nichts als mehrfingerige Mundfühler, gewissermaßen kleine Hände, welche das Futter während des Kauens nicht bloßen halten, sondern zugleich auch auf seine fühlbare Beschaffenheit untersuchen und prüfen.

Diesen Raupenmaxillen gegenüber präsentirt sich nun der Unterkiefer eines ausgewachsenen Kaukerfs, eines Sandläufers z. B. (Fig. 83), als eine weit vollkommenere Bildung und zwar theils hinsichtlich der Größe, theils mit Bezug auf die Entschiedenheit und Bestimmtheit seiner ihn zusammensetzenden Theile. Zur Angel (a) und zum langen, starken Stiel des Trägers kommt auswendig noch eine eigene Basis für den Taster hinzu. Die Zahl der Anhänge ist aber genau dieselbe wie bei der Raupe, woran wir klar genug den durchgreifenden Typus erkennen. Der innerste dieser Anhänge, die Kaulade, ist gleichsam nur eine etwas reducirte und veränderte Ausgabe der Oberkiefer: ein breites, scharfes Messer, welches aber noch ein zweites, kleineres Instrument, die harte, spitze Endklaue trägt. Solcher Eckzähne, wie sie die alten Entomologen nennen, haben gewisse Raubinsekten mehrere, Locusta drei oder vier, manche Libellen sogar sechs.

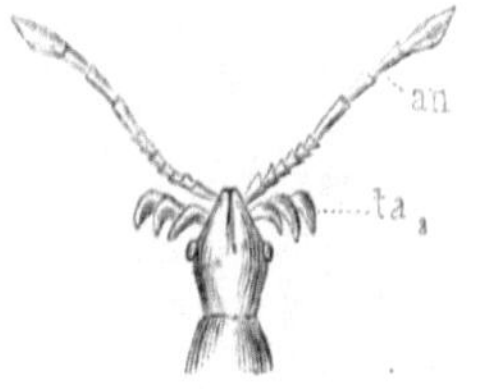

Fig. 84.
Kopf von Dionyx Dejeanii Latr. Palpen mit einseitig hackenartig verbreiterten Gliedern.

Gewöhnlich ist aber die Innenlade nur mit steifen Borsten oder weichen Haarfransen besetzt. Zu einer förmlichen Bürste wird sie aber z. B. bei jenen Bockkäfern, welche der Leser häufig auf Doldenpflanzen damit beschäftigt findet, mit ihren rauhen Maxillen das Blumenmehl abzuscheuern. Sonst bleibt auch an diesen völlig ausgeprägten Unterkiefern das Halten der Nahrung die Hauptsache, die zwischen den Innenladen eingeklemmt wird, während die Mandibeln Stück für Stück davon abbeißen.

Die zweite oder äußere Lade ist oft ganz genau nach dem Vorbild der inneren geformt. Bei den Schricken nnd Libellen legt sie sich wie ein Helm (galea) über die letztere (Fig. 79 al). Beim Sandläufer hingegen gleicht sie bis auf die geringere Glieder-

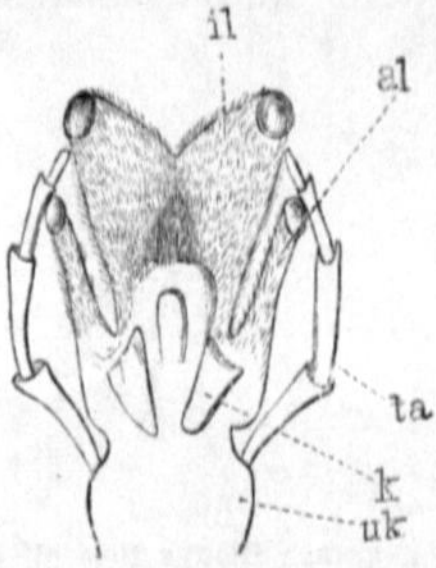

Fig. 85.
Unterlippe von Calopterix splendens.

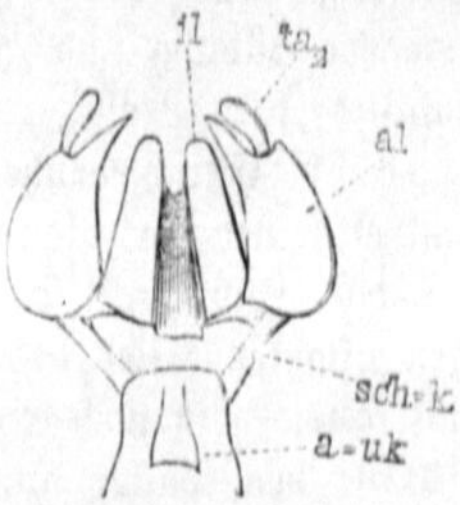

Fig. 86.
Deßgleichen von der Horniß.
il Innen-, al Außenlade, ta Labialtaster, k Kinn, uk Unterkinn.

zahl vollständig den typischen Tastern, die, aus 1 bis 6 Stücken sich zusammensetzend, gleich niedlichen Fingerchen, welche über die Taster eines Klaviers hinlaufen, die Unterlage und die ergriffene Nahrung sorgfältig begreifen und betupfen, zu welchem Behufe ihr Endglied sehr praktisch geformt ist.

Alles in Allem genommen dürfen wir also die Kerfmaxillen eine eigenthümliche aber außerordentlich wechselnde Kombination von Kau-, Greif- und Tastorganen nennen, welche, z. Th. **wenigstens**, je **nach Bedarf** auch **in einander sich verwandeln können**.

Die Betrachtung der Unterlippe beginnen wir an einer Libelle, der Calopterix (Fig. 85). Auf den ersten Blick glaubt man, wie an der Oberlippe, ein unpaares Organ vor sich zu haben.

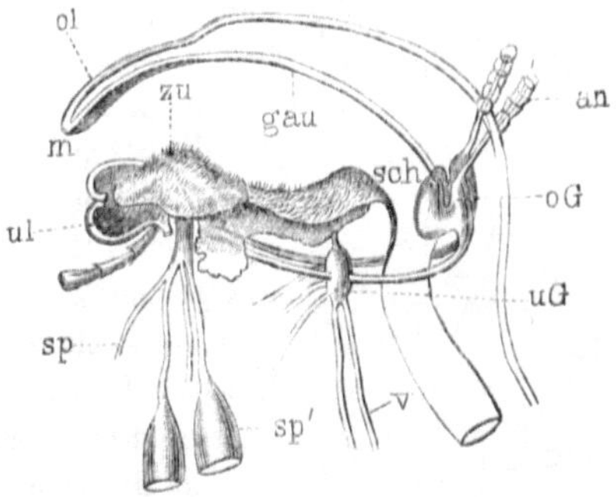

Fig. 87.
Längsschnitt durch den Kopf einer Schnarrheuschrecke. ol Oberlippe nach Oben in die Schädelwand, nach Unten in das Gaumengewölbe (gau) und den Schlund (sch) übergehend. ul Unterlippe, zu Zungenartiges Schlundkissen. oG Oberes, uG unteres Schlundganglion. v Commissuren zum 1. Brustganglion. sp Ausführungsgänge der Speicheldrüsen, sp1 Speichelbehälter.

Doch wird selbst am entwickelten Thier durch einen mittleren Einschnitt an der Spitze ihre Duplicität angedeutet und die Entwicklungsgeschichte sagt uns bekanntlich (Fig. 1 ks), daß die Unterlippe in der That durch partielle Verwachsung zweier ursprünglich getrennter Kiefer entsteht. Denken wir uns aber die Libellenunterlippe völlig halbirt, so sehen wir auch sofort, daß ihre Hälften, Stück für Stück, den Unterkiefern entsprechen. Am Leichtesten sind die Innen- und Außenladen (il und al), sowie die Taster (ta) wieder zu erkennen, welche letztere aber an der Unterlippe nie mehr als vier Glieder haben.

Dagegen sind die beiderseitigen Kieferladenträger oder Kiefergestelle auch in jenen Fällen, wo die Endstücke vollkommen getrennt bleiben, zu einer einheitlichen Platte verwachsen, die in ihrem vorderen Theil, der den verschmolzenen Schäften entspricht, als Kinn (Mentum k) und in seinem hinteren, aus der Vereinigung der „Angeln" entstandenen und mit ersterem gelenkig verbundenen Abschnitt als Unterkinn (submentum uk) bezeichnet wird. Letzteres gränzt nach hinten an die sogenannte Kehle oder „Gurgel", welche sich bis zum Hinterhauptsloche" ausdehnt.

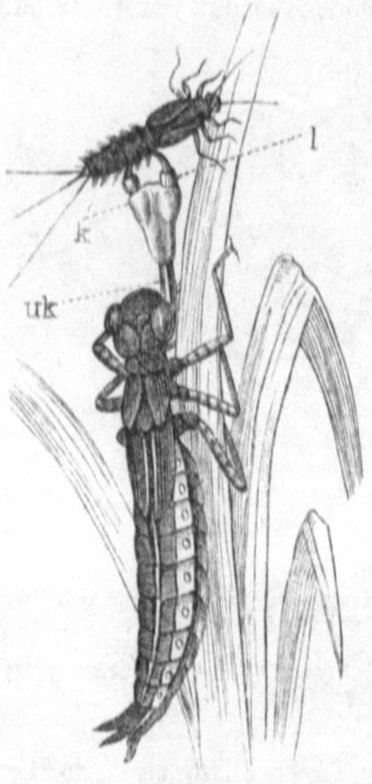

Fig. 68.
Libellenlarve mit ihrer Unterlippe ein Kerf ergreifend. k Kinn, uk Unterkinn, l zangenartige Laden.

Die verwachsenen Hinterkieferträger sammt der Kehle bilden somit die eigentliche Basis, die Sohle des Kerfschädels, wie solches unten, am Bienenhaupt, noch deutlicher werden wird. Bei dieser Lage der Dinge begreift es sich von selbst, daß an diesem söhligen Kieferpaar nur eine Bewegung von hinten nach vorne möglich ist. Die Unterlippe kann also entweder hervorgestreckt oder zurückgezogen werden, und dieß um so stärker, je mehr die Gelenksfalten entwickelt sind, welche sich einerseits zwischen der Schaft- und Angelplatte und andererseits zwischen dieser und der Kehle befinden. Nachdem man schon die beiden Platten des Unterlippenträgers mit so ganz unziemlichen Namen getauft, wird man sich nicht wundern, daß seine vordern Anhänge, wir meinen die beiden Laden, von welchen die innern meist zu einem unpaaren medianen Stück verschmelzen, nicht besser wegkamen. Aus letzterem machte man eine „Zunge“ (ligula Fig. 86 al) und die getrennt bleibenden Außenladen (al) mußten ihr als Nebenzungen (Paraglossae) getreulich an der Seite stehen. Wir beobachten zwar allerdings, daß das mittlere Endstück der Unterlippe nicht bloß bei den Immen factisch zu einem Leckorgan, zu einer wahren Zunge im physiologischen Sinne sich heranbildet, sondern daß es selbst bei manchen echten Kaukerfen, z. B. beim Hirschkäfer (Fig. 43 k₃) und bei einigen Bockkäfern zum Aufpinseln von flüssigen Nährstoffen dient; wir müssen aber auch bedenken, daß hier nur ein ganz specieller Fall jener zahlreichen, oft sehr tiefgreifenden Umwandlungen vorliegt, denen gerade die beim eigentlichen Kaugeschäft ziemlich überflüssigen und gleichsam in der Reserve stehenden Hinterkiefer unterworfen sind.

Um zu zeigen, zu was für grundverschiedenen Leistungen die Kerfunterlippe sich hergibt, nennen wir vorläufig bloß zwei Verwendungsarten. Zunächst bei den Libellenlarven (Fig. 88). Diese verhüllen ihr Gesicht von Unten her mit einer Art von Visir oder Larve. Zieht man diese herunter, so sieht man eine hohlhandförmige Platte, die eine kräftige Greifzange trägt, und welche nach hinten in einen langen, zweigliedrigen Stiel übergeht, der sich wie ein Taschenmesser einklappen läßt. Das ist also die Unterlippe, das hintere Kieferpaar in seiner prononcirtesten Gestalt. Die beiden Laden sind hier wahrhaftige Kiefer; der gemeinsame Träger dieser Kiefer aber ist der weit ausstreckbare, gelenkige Arm, mit dem die Larve, nachdem sie sich „katzenartig und mit der unschuldigsten Miene von der Welt“ an ihr Opfer herangeschlichen, dasselbe packt und, das Gelenk beugend, zu sich heranzieht.

Wer möchte hier von Kinn und Unterkinn, von Zunge

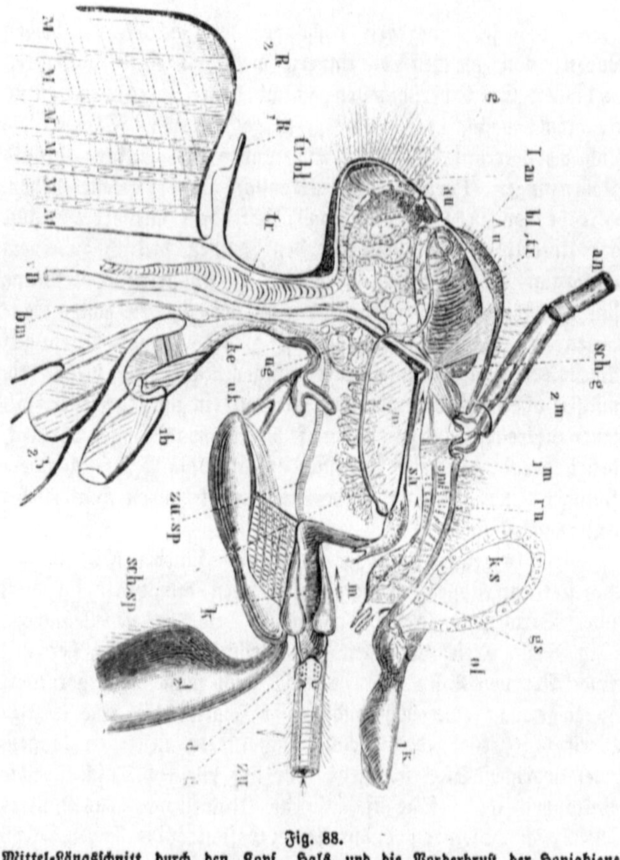

Fig. 88.

Mittel-Längsschnitt durch den Kopf, Hals und die Vorderbrust der Honigbiene. (Gezeichnet mit der Hellkammer).

m Mundhöhle, sch Schlund, k_1 Oberkiefer, ol Oberlippe, ks Oberkiefer- (oder Riechschleim-) Drüse, gs Gaumensegel, rn Riechnerv, m_1, m_2 Fühlermuskeln, schg Schlundgräte, trbl Tracheenblase, Au Facett-, au einfache Augen, g Gehirn, nG unteres Schlundganglion, tr Halstrachea, R_1 Vorderrücken, R_2 Mittelrücken, M Flügelmuskeln, dazwischen querdurchschnitten Tracheen, vD Speiseröhre, bm Bauchmark, b_1, b_2 Vorder-, Mittelbein, ke Kehle, uk Unterkinn, zusp Zungenspeicheldrüse, schsp Schlundspeicheldrüse, k Kinn (Zungenstiel), zu Zunge, g Geschmacksbecher d Mündung der Zungen-Speichel-Drüse (schematisch), k_2 Unterkieferladen.

und Nebenzungen reden? Wie ganz anders nimmt sich dagegen die Unterlippe einer Raupe (Fig. 82* k_s) aus. Wir bemerken zunächst einen breiten, konischen Zapfen. Das ist der Träger der übrigen Theile. Davon sind drei zu sehen, und zwar muß man die beiden seitlichen für die Taster (ta_s) nehmen, während das mittlere den verschmolzenen Außen- und Innenladen gleichkommt. Es ist dies ein konisches, spitz auslaufendes Röhrchen (sp), das, indem es durch eine Reihe von Muskeln nach rechts und links, nach oben und unten gewendet werden kann, dem Spinnfaden, der aus ihm schon in seiner fertigen Gestalt hervorkommt, den von der Spinnerin gewünschten Weg weist.

So sehen wir also die Unterlippe bald den bescheidenen Dienst eines Löffels verrichten, der die gekauten Nährstoffe auffängt und in den Schlund zurückzieht, bald wieder zu einer Art „Stoßzange" oder zur leckenden Zunge sich hervorstrecken und schließlich gar zur Spinnspuhle sich aushöhlen. Und dennoch sind damit die Metamorphosen des Hinterkieferpaares noch lange nicht zu Ende; wir werden sie bald unter noch ganz anderen Gestalten wiederfinden.

Sollte man es für glaublich halten, daß die wenigsten Imker eine auch nur halbwegs klare Vorstellung davon haben, wie die **Bienen** jenes Material, nämlich den Honig, zu sich nehmen, dessentwegen man ihnen so viele Sorgfalt angedeihen läßt? Und doch ist es so. Man kennt den Bau der Biene genauer, wie den irgend eines anderen Insekts; über die Organisation des Rüssels und den Mechanismus der Honiganeignung überhaupt haben aber selbst unsere ersten Bienenanatomen sehr abweichende Ansichten aufgestellt, eine Erscheinung, die sich nur aus der bisher befolgten ganz ungenügenden Untersuchungsmethode erklären läßt.

Der ganze Immenrüssel mit all' seinen Hebeln und Muskeln ist freilich ein überaus complicirtes Ding; wir können daher nur das Wesen seiner Hauptbestandtheile hervorheben, wie wir es theils selbständig, theils im Nachgange zu Dr. Wolf's auf dem Gebiete der Kerfphysiologie wahrhaft epochemachenden Arbeit über das Riechorgan der Biene auf das Sorgfältigste studirt und uns zurecht gelegt haben.

Sieht man einer lebenden Biene oder Hummel vermittelst einer Lupe gerade in das Gesicht, so gewahrt man sofort außer der hornigen Oberlippe und der Kinnbackenzange einen unter der ersteren entspringenden und mitten über das Gesicht gegen den Hals zurücklaufenden, braunen, lederartigen Streifen. Dieß

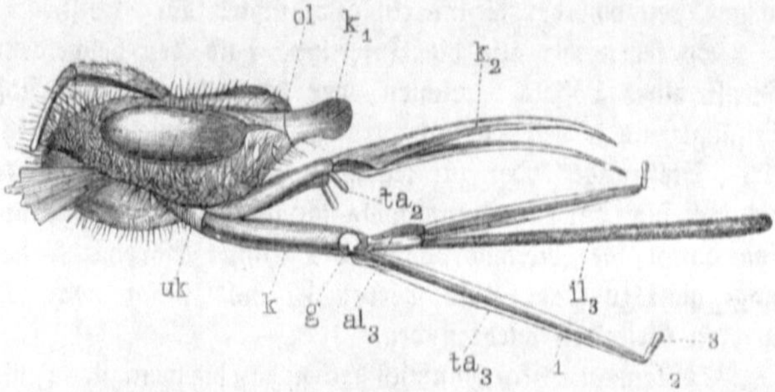

Fig. 89.

Kopf einer Hummel. ol Oberlippe, k_1 Oberkiefer, k_2 rinnenartige Unterkiefer, ta_2 ihre rudimentären Taster, uk Unterkinn, k Kinn, g Gelenk, al_3 Außenladen, il_3 zu einem hohlen Pinsel verwachsene Innenladen, und ta_3 Taster der Unterlippe.

ist der Rüssel, oder richtiger das Endstück desselben. Faßt man dieses mit einer Pincette und zieht es gegen die Brust herab, so thut sich zwischen ihm nnd der Oberlippe der ziemlich weite, von einer weißen Gelenkshaut ausgekleidete Mund (Fig. 88* m) auf, dessen obere Wand in die Oberlippe (ol) und dessen untere in die Unterlippe übergeht, während die Seitenwände mit den Unterkiefern zusammenhängen. Im Grunde des also geöffneten Mundtrichters, d. h. dort, wo er in das enge Schlundrohr (sch) übergeht, sieht man von oben,

d. i. vom Gaumengewölbe, eine längliche Hautfalte, das „Gaumensegel" (gs) herabhängen, und gegenüber, d. h. auf der unteren Schlundwandung, und etwas weiter nach hinten, erhebt sich ein rauhes Kissen, von dem vorne eine in die Mundhöhle frei hineinragende und gabelig ausgeschnittene Chitinplatte, das „Zünglein" entspringt.

Fig. 164 A zeigt den ganzen Schlund frei herauspräparirt, wobei man in gs das Gaumensegel und in zü das eben erwähnte, aber nach hinten zurückgeschlagene Zünglein ohne Weiteres erkennen wird, während e den Eingang in den Schlund selbst

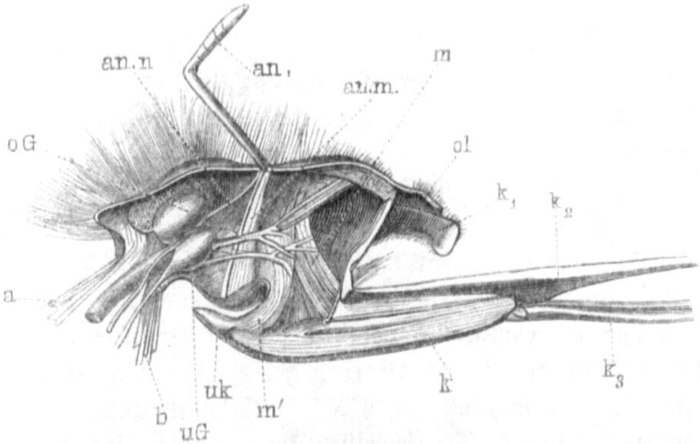

Fig. 90.

Längsschnitt durch den Kopf einer Hummel. an.m Antennenmuskel, oG oberes, uG unteres Schlundganglion. Vom letzteren gehen die Nerven zu den Mundtheilen.

bezeichnet. — Bei der angedeuteten Musterungsweise des Bienenmundes am lebenden Thier sieht man nun ferner, daß der Schlund gleich einem Blasebalg rhythmisch sich erweitert und wieder zusammenzieht. Was zunächst die Erweiterung betrifft, so geschieht diese einerseits durch zahlreiche Muskeln, welche sich zwischen dem harten, oberen Schädeldach und der nachgiebigen oberen Schlundplatte ausspannen (ms), und andererseits durch jene, die sich an der untern, durch zwei Gräten (schg) gestützten Schlundplatte inseriren.

Die nachmalige Zusammenziehung des Schlundes bewirken aber die Ringmuskeln des Schlundrohres selbst (Fig. 164 A), welche die zwei harten, durch eine seitliche Gelenkshaut verbundenen Schlundplatten einander nähern. Im Bienenschlund, und ähnlich verhält es sich bei den meisten Insekten (vgl. auch Fig. 87), haben wir also ein Saugrohr vor uns, das vermittelst des Gaumensegels und des Schlundkissens vorne völlig abgeschlossen werden kann. — Das ist zunächst das Eine, was wir wissen müssen.

Wir kommen nun wieder auf den Rüssel zurück. Er entsteht aus einer innigen Verbindung der Unterlippe mit den Unterkiefern, die aber diesem Zwecke besonders angepaßt sind.

Die Unterlippe besteht, wie bei den Nagern, aus zwei Hauptabschnitten, einem hintern, dem Träger oder Stiel (Fig. 89), und einem vordern, der Zunge. Sie sind durch ein Charniergelenk (g) derart verbunden, daß letztere wie ein Taschenmesser eingeklappt werden kann. Der lange Stiel oder Träger der Zunge ist eine hohle, feste und glänzende Chitinröhre, welche fast nichts als die Muskeln zur Lenkung, beziehungsweise zur Streckung der Zunge enthält (Fig. 90), an der Oberseite aber eine von einer zarten, weißen Haut ausgekleidete Rinne bildet, welche, wie wir schon gehört, direct in den Mundtrichter übergeht (Fig. 88* k).

Dieser häufig auch als Kinn bezeichnete Zungenstiel liegt in einer tiefen, halbcylindrischen Aushöhlung der Kopfbasis. Zieht man die Zunge und damit auch ihren Handgriff an, so tritt sie fast ganz aus ihrer Höhle heraus, und zwar deßhalb, weil sie hinten durch eine im Ruhezustand faltenartig eingeschlagene, und durch eine Chitingabel (uk) gestützte Gelenkshaut mit der kurzen, aber sehr soliden Kehle (ke) beweglich verbunden ist. Wir haben also hier im Wesentlichen denselben Mechanismus wie am gelenkigen Greifarm der Libellenlarve und können die Immen demnach nicht bloß die Zunge, sondern die gesammte Unterlippe weit ausstrecken, wozu sich oft genug Gelegenheit bietet, wenn sie sich Zugang zu einem sehr tiefen Blumenbecher verschaffen wollen. — Am Vorderabschnitt haben wir zunächst die Mittel- oder Hauptzunge zu betrachten. Sie gleicht, namentlich bei sehr langrüsseligen Immen, z. B. einer Anthophora, einem geringelten und reich behaarten Wurme. An ihrer Wurzel, unmittelbar vor dem Gelenk, hat sich oberseits

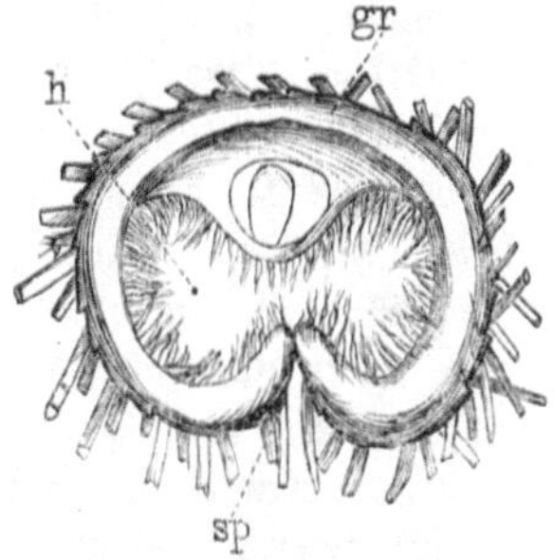

Fig. 91.
Querschnitt durch die Zunge einer Hummel. sp ventrale Spalte, gr dorsale hohle Gräte.

ein herzartiges und blankgeputztes Stück abgeschnürt, beiderseits mit einer Reihe porenartiger Hautstellen (g), den Endigungen von vermuthlich dem Geschmack dienenden Sinnesnerven, während seitwärts in einem durch eine Klappe verschließbaren Trichter die Zungenspeicheldrüsen (zu sp) sich öffnen, welche von der Brust herauf den weiten Weg machen. Der übrige lange Theil dieser Zunge ist aber keineswegs ein solider Körper, sondern, wie man am Querschnitt Fig. 91 sieht, ein Rohr oder richtiger eine cylindrisch gekrümmte Chitinlamelle, die sich unten, d. h. bauchwärts derartig mit den Rändern einrollt, daß außer einem Mittelkanal noch zwei Seitenkanäle entstehen. Gestützt wird dieser Zungenmantel, und es sind dieß Verhältnisse, die wir unabhängig von Wolf entdeckten, durch eine gleichfalls hohle, aber sehr dickwandige Chitingräte, welche mit der Mittellängslinie des Mantels nur lose verknüpft ist.

Am Ursprung dieser Zungenspange greifen die Muskeln an, welche den hohlen Chitinwurm in Bewegung bringen. Die nach vorne gerichteten, quirlartig vertheilten Haare, welche K. Müller, obwohl an der ganzen Zunge kein einziges Muskelfäserchen vorkommt, sich aufrichten und gleichsam zu Wimpern werden läßt, werden gegen die Zungenspitze länger und dichter, so daß letztere einen förmlichen Pinsel oder Wischer bildet. Ein merkwürdiges Ding ist es um die Zungenspitze selbst. Sie stellt ein kleines Löffelchen dar. — Nun kommen wir an die Nebentheile. Da stehen zunächst, von der Wurzel entspringend, zwei kleine Blättchen. Eine Vergleichung mit der Hornißlippe (Fig. 89) lehrt sie als Seitenzungen (al) deuten. Sie bilden die innere Zungenscheide. Am selben Ort, nur etwas hinterwärts treten dann zwei ähnliche nur viel längere und breitere Laden hervor, die bei der Biene fast an die Zungenspitze heranreichen (ta_3). Vom Ende dieser Laden stehen seitwärts fast unter rechtem Winkel zwei winzige Glieder (2,3) ab. Diese sagen uns, daß wir es hier mit den Tastern der Unterlippe zu thun haben, deren Grundglieder eben die erwähnten Laden vorstellen.

Wie an der Unterlippe haben wir auch an den Unterkiefern zwischen dem Gestell und den Anhängen, oder den Laden zu unterscheiden, wovon letztere (Fig. 88 l_2) so gut wie die Zunge, aber nur gemeinsam mit dieser, eingeklappt werden können. Die eigentlichen Hefte dieser auch in der Gestalt einem Messer gleichenden Laden ähneln dem Zungenstiel, nur daß hier die harte Fläche nicht unten, sondern außen liegt. Sehr complicirt ist aber das z. Th. in den Schädelraum selbst eingefügte Hebelzeug, welches mit diesen Ladenstielen zusammenhängt. Man erinnert sich unwillkührlich an den vieltheiligen Tragapparat der Fischmaxillen, wo ja gleichfalls der Kieferstiel eine wichtige Rolle spielt. Der Leser muß sich aber diese Dinge in Wirklichkeit zurecht legen; denn Beschreibung und Abbildung dienen bloß zur Erläuterung und ersetzen niemals die Natur-anschauung. Einen beiläufigen Begriff gibt die Vergleichung mit der veralteten „Stoßzange". — Die Laden selbst gleichen ungefähr einer Sense. Sie sind aber dicker und derber als die ihnen sonst ganz ähnlichen Tasterladen und daher auch dunkler gefärbt.

Sehen wir nun, wie aus den flüchtig beschriebenen Einzel-heiten der Immenrüssel sich zusammenfügt.

Die Mitte nimmt die Zunge ein. Die Taster- und Kiefer-laden formiren hingegen den eigentlichen Rüssel, d. h. die vor-gestreckte Röhre oder das Futteral, in dem die Zunge sich frei auf- und abbewegt, und, ähnlich etwa wie am Rüssel eines Ameisenbären, auch hervorgestreckt werden kann. Zu dem Behufe legen sich die vier Rüsselladen derart aneinander, daß die der Kiefer ein oberes und die der Taster ein unteres Halbrohr bilden, welche beiden Rinnen dann seitlich vermittelst ihrer scharf zugeschliffenen und z. Th. auch behaarten Ränder zu einem Ganzrohr sich vereinigen, eine Einrichtung, die in der schematischen Figur 106 B (aber nicht ganz treffend) veran-schaulicht wird. Die kleinen Nebenzungen sollen dagegen nach Dr. Wolf gleichsam Druckfedern vorstellen, welche die Rüssel-wände in gehörigem Abstand von der Zunge erhalten.

Die Aufgabe des Rüssels und seiner unmittelbaren Fortsetzung, des Schlundes nämlich, ist nun von selbst vor-gezeichnet. Vermöge der saugenden Bewegungen des Schlundes riecht die Biene, wie wir noch später hören werden, den Honig schon von Weitem. Sie streckt verlangend den Rüssel aus. Durch ihre Flügel rasch an Ort und Stelle getragen, taucht sie dann die aus der Scheide hervorgestreckte Zunge in den bereit-liegenden Nectar. Es füllt sich, angezogen durch die Haare, zuerst das Löffelchen, von wo das süße Naß „blitzschnell" durch das Kapillarrohr der Zunge selbst bis zu deren Wurzel aufsteigt, wo es sich, weil die Rinne hier weit auseinander klafft, in die

Höhlung des Rüssels, sowie über die „Schmeckbecher“ ergießt. Mundet der Saft, dann beginnt erst die mechanische Saugkraft des Schlundes ihr Werk. Der dehnbare Rachen sperrt sich auf und sogleich stürzt ein Strom der früher nur gekosteten Flüssigkeit zwischen der Zunge und der Rüsselwand in denselben empor. Darauf schließt sich das Gaumensegel, das Schlundrohr zieht sich von vorne nach hinten zusammen, und so wird der erste Schluck in den Saugmagen befördert, dem also wenig oder nichts mehr bei der Aufnahme des Honigs

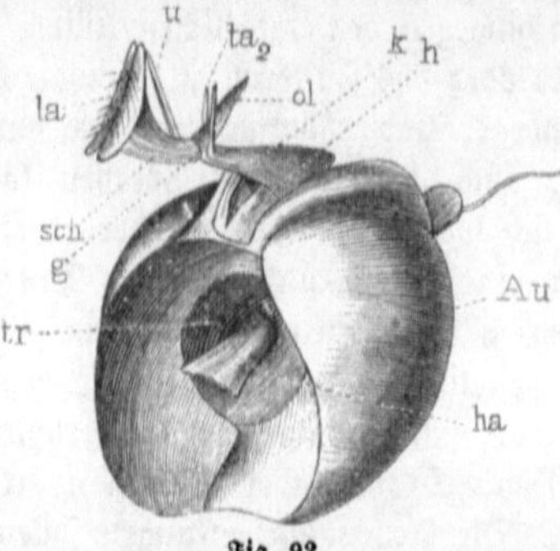

Fig. 92.
Kopf einer Schwebfliege (Eristalis). k Rüsselstiel, la Saugladen, ol Oberlippe, ta 2 Unterlippentaster. g Gelenk, u Stechborste.

zu thun übrig bleibt. — Auf diese Weise macht nun die Biene einen Zug um den andern, bis sie gesättigt oder ihre Quelle versiegt ist.

So prägt sich denn also die hohe Stellung der Aderflügler auch in der Vielseitigkeit der Mundtheile aus. Die Biene kann mit ihrer Kinnbackenzange nicht bloß kauen und nagen, und dies, wie wir an ihren Wachszellen sehen, besser als irgend ein privilegirtes Kaukerf; sie kann zugleich auch saugen, indem aus jenen Bestandtheilen des Kaukerfgebisses, welche sonst beim Kaugeschäft eine in mancher Beziehung sehr untergeordnete Rolle spielen, nämlich aus der Unterlippe und aus den Unterkiefern, ein neues Organ, oder richtiger gar deren zwei, nämlich eine

Leckzunge und ein Saugrüssel hervorgegangen sind. Jedes der drei embryonalen Kieferpaare erscheint also gleichsam bei der entwickelten Imme als ein selbstständiges Werkzeug und in der harmonischen Vereinigung dieser drei gesonderten Mundapparate spiegelt sich sozusagen die Dreitheilung des Stammes wieder. — So viel ist gewiß, daß der Bienenmund weitaus die vollendetste Einrichtung ist, welche irgend einem Thiere zur Aufnahme der Nahrung zu Theil ward.

Diesem unvergleichlichen Mundorganismus der Immen gegenüber erscheinen nun die Oralwerkzeuge der übrigen Insekten, der Fliegen, Schnabelkerfe und Falter als mehr einseitig entwickelte und auf einen ganz bestimmten Nahrungserwerb beschränkte Bildungen. Sie sind nämlich zwar fast insgesammt sehr geschickte und eifrige Sauger; die Organe des Kauens sind aber bei dieser Anpassung entweder gänzlich in Wegfall gekommen, beziehungsweise nur als kümmerliche Reste vom Larvengebisse erhalten, oder sie haben sich in jene Borsten und Stilete verwandelt, welche allerdings ihren Besitzern bei der Eröffnung ihrer Nahrungsquellen sehr noth thun, indem sie aber unsere eigene Haut, oder die unserer Hausthiere zur Zielscheibe ihrer blutigen Operationen erwählen, im Ganzen wenig Sympathie erwecken. —

Wir machen uns nun zunächst an den Mund der **Zweiflügler.** Mit Ausnahme einiger Gruppen, z. B. der Lausfliegen, der Stechmücken und Flöhe, die auch sonst allerlei Besonderes an sich haben, zeigt der Rüssel der meisten Dipteren, trotz vielfacher Detailabänderungen, einen sehr übereinstimmenden Bau. Er ist von ganz eigener Art. Fassen wir eine gewöhnliche Stuben- oder eine Schwebfliege (Fig. 92) und begucken ihren Kopf von vorne mit einer Lupe, so sehen wir vorerst von den Mundtheilen so viel wie gar Nichts. Nur der Kundige entdeckt in einer tiefen Höhle unterhalb der Fühler und zwischen den großen, funkelnden Glotzaugen, zwei blaße, fleischige Läppchen. Ziehen wir diese mit der Pincette an, oder reizen das noch lebende Thier durch ein Stückchen Zucker, so kommt der Rüssel zum Vorschein. Er gleicht (Fig. 92) einem Hämmerchen, dessen zweilappigen Kopf wir bereits zu kennen die Ehre haben und dessen unterseits meist von dunkeln Chitinschienen umspannter, fleischiger Stiel gegen den Kopf zu in einen aus einer zarten Haut

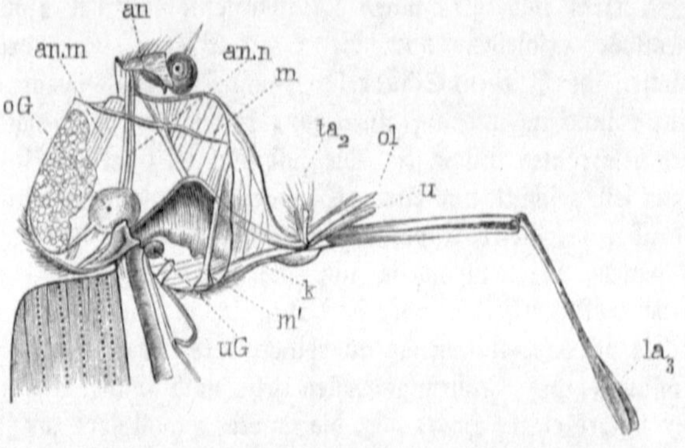

Fig. 93.

Längsschnitt durch den Kopf von Sicus ferrugineus. Rüssel knieförmig geknickt. m, m' Muskeln zur Erweiterurg des als Saugpumpe functionirenden Schlundkopfes. an Fühler, im Endglied eine gehörblasenähnliche Kapsel.

gebildeten Ansatztrichter übergeht, der sich, wenn das Thier den Rüssel einzieht, faltenartig in die erwähnte Kopfhöhle einschlägt.

Aber welche gewaltigen Unterschiede finden zunächst schon in der Länge des Dipterenrüssels statt Wie minutiös erscheint uns das Leckermaul der Hausfliege gegenüber dem riesigen Stechheber, mit dem die Nemestrina Egyptens (Fig. 94) sich selbst zu den langen Röhrenblumen der Gladiolus-Arten Zugang verschafft.

Auch unsere einheimischen Bombyliden, die Schnepffliegen und gewisse Conopiden haben einen ganz respectabeln Schöpfer. Bei

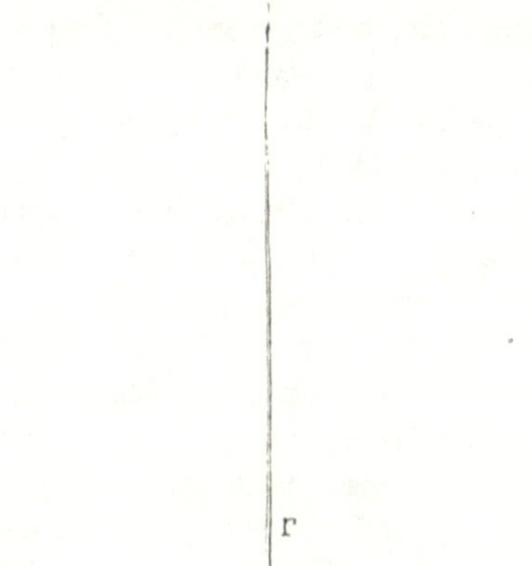

Fig. 94.
Nemestrina aegyptiaca.

den letzteren (Fig. 93) trägt er ein knieförmiges Gelenk. Dieß erinnert uns sofort an die taschenmesserartige Unterlippe der

Blumenwespen, und in der That ist der Fliegenrüssel seinem Hauptbestandtheile nach nichts anderes.

Eine Specialität der Dipteren ist aber das schon flüchtig erwähnte Zungenende, wenn wir den Rüsselkopf so nennen wollen. Es bildet aber kein Schäufelchen, sondern eine Doppellade, die bei der Stubenfliege, bei der Bremse u. s. f. einer geöffneten, zweiklappigen Muschelschale gleicht (Fig. 95). Ihre Form richtet sich aber genau nach der Lebensweise, d. h. zum Erfassen und Zerreiben der Pollenklumpen ist sie scheerenartig, während sie bei den Saugern mehr an einen Schröpfkopf erinnert. Das Interessanteste ist aber, daß sie bei jenen Fliegen, welche Honig und Pollen zugleich genießen, nach beiden Richtungen gleich gute Dienste leistet. Ein prächtiges Bild zeigt ihre Oberfläche unter dem Microscop, nämlich auf beiden Lappen eine Reihe fächerartig in einen Stamm sich vereinigender, engspaltiger Rinnen mit oft eigenthümlich ausgezackten Rändern (Fig. 96). Bei Pollenfressern mögen diese rippenartig vorstehenden Rinnen als Reibleisten am Platze sein, was thun sie aber bei den ausschließlichen Saugern, denen sie der treffliche K. Müller, nur mit den oberflächlichen Verhältnissen bekannt, absprach. Leydig, ihr Entdecker, hielt sie für die Anfänge des Saugrohrs, gleichsam für Saugadern. Eher könnte man sie — die Entomologen mögen sich denn doch einmal auch solcher Dinge annehmen! — für die Ausführungsgänge einer Speicheldrüse halten.

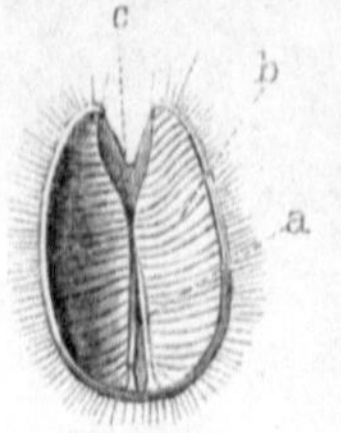

Fig. 95. Saugnapf vom Rüssel einer Onesia.

An feinen Rüssellängsschnitten, wie sie unter unser Anleitung ein vielversprechender Jünger der feineren Kerfanatomie, Dr. Wierzejski aus Krakau, gemacht, sehen wir nämlich außer einer großen, traubigen Drüse im Rüsselkopf selbst, noch den tracheenrohrartigen Ausführungsgang eines in der Brust gelegenen, großen Speichelorgan's, wie es sich auch bei der Biene vorfindet. Thatsache ist, daß die Rüssellappen der Fliegen reichliche Flüssigkeit absondern, mit deren Hülfe die Stubenfliege auch feste Leckerbissen, z. B. Zucker und Backwerk partienweise auflöst und sich zueignet. Noch sei erwähnt, daß diese Lappen in Bezug auf die Feinheit der Tastempfindung selbst hinter den Rüsselspitzen höherer Thiere nicht viel zurückstehen dürften. Sowohl in- als auswendig finden sich zahlreiche, theils in gewöhnliche Haare, theils in kammartige Cuticularfortsätze ausgehende Nervenenden (Fig. 97).

Die mechanischen Werkzeuge der Thiere haben das Eigene, daß sie ihrer oft sehr absonderlichen Beschaffenheit wegen keinen Vergleich mit bekannteren Dingen zulassen. Dieß zeigt uns auch der Dipterenrüssel. Er ist weder Rohr noch Rinne, er ist beides zugleich, d. h. die längs seines Rückens verlaufende Rinne kann durch Einschlagung seiner hochaufstehenden, musculösen Ränder (Fig. 97 a) in einen Kanal verwandelt werden, der direct in das Schlundrohr übergeht. So ist also die Dipterenunterlippe gewissermaßen eine umgekehrte Immenzunge; denn hier haben wir ja den Zungenkanal unterseits. (Vgl. in Fig. 106 b mit c).

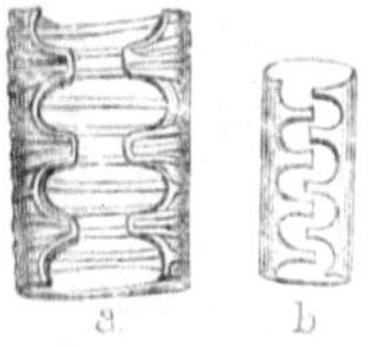

Fig. 96.
Chitinrinnen vom Rüsselkopf einer Mücke und einer Fleischfliege. Stark vergrößert.

Aber wo bleiben denn die anderen Bestandtheile des Kaukerfmundes, die Oberlippe und die beiden Kieferpaare? Erstere finden wir zunächst in Gestalt einer lanzettlichen Platte an der Basis der Rüsselrinne, die Spalte, die hier offen bleibt, hermetisch verschließend (Fig. 98 und 106 e, ol). Oft verlängert sie sich aber bis zur Spitze der Unterlippe und so erhalten wir dann ein complettes Doppelhalbrohr, bei dem aber das untere Stück, der Rüssel im engeren Sinn, in der Regel weitaus prävalirt. Nur bei den Stechmücken und Flöhen ist die obere und untere Rüssellade ziemlich gleich entfaltet, wobei zugleich der Endknopf der letztern wegfällt. Die Kiefer dagegen sind nur bei einigen Familien zu größerer Bedeutung gelangt, z. B. bei den bremsenartigen. Hier bilden sie nämlich zwei Paare theils borsten-, theils dolchartiger Stechwaffen (Fig. 98 k_1, k_2), die, seitwärts an der Rüsselbasis entspringend, in der geräumigen Unterlippenrinne ihren Platz finden. Bisweilen kommt noch ein weiteres Paar von Pfriemen dazu, welche man als metamorphosirte Kiefertaster betrachtet. Sie könnten aber auch den beiden Zinken des gabelförmigen Züngleins entsprechen, das wir bei der Biene fanden. In diesem Fall wird also das von der Unter- und Oberlippe gebildete Rüsselrohr zur Scheide, zum Futteral, in welchem die meist zu einem einzigen Stachel sich vereinigenden Stechwaffen liegen, zugleich aber auch zur „Führung", wenn sie ihn hervorstoßen. Es versteht sich wohl von selbst, daß die Schmerzhaftigkeit und Bösartigkeit der uns von gewissen Stechfliegen beigebrachten Wunden weniger vom Einstich selbst, als von dem gifttigen Secrete herrührt, das sie darin hinterlassen, und dessen Ursprung bereits oben angedeutet wurde.

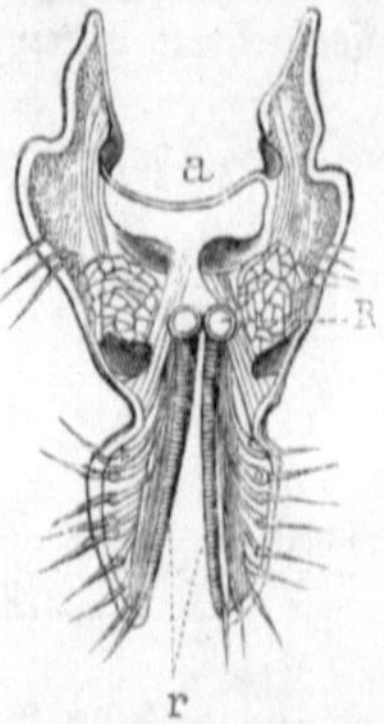

Fig. 97.
Querschnitt durch das Rüsselende einer Schwebfliege. R sog. Saugader. a Rüsselrinne.

Sowie aber diese Vampyre mit ihrer scharfen Klinge zu den thierischen Säften sich Bahn brechen, so werden diese Lanzetten von Anderen, z. B. den Schwebfliegen zum Anstich saftiger Pflanzentheile benutzt.

Wie steht es nun aber mit dem Saug- oder Schöpfwerk der Dipteren? Man scheint bisher gar keine Ahnung davon gehabt zu haben, indem man immer die im Hinterleib liegende, spritzflaschenartige Saugblase für dieses Geschäft verantwortlich machte. Wie aber kann ein so dünnwandiger und nur mit einem zarten Muskelnetz übersponnener Sack so kräftige Pumpbewegungen ausführen, wie sie, der Erfahrung gemäß, doch thatsächlich stattfinden müssen. — Die Fliegen, und namentlich die blutsaugenden, haben aber ein ganz anderes Pumpwerk.

Macht man durch den Kopf eines Asilus dünne Längs-Mittelschnitte, so bieten diese, schon bei schwacher Vergrößerung, einen überraschenden Anblick. *Der ganze Kopf*, mit Ausnahme des vom Gehirn und seinen Luftpolstern occupirten Hintertheiles, *ist gleichsam nur ein einziger, großer Saugkasten*.

Verfolgt man die tracheenartige Speiseröhre von der Brust herauf, so geht sie am Hinterhauptsloche angelangt, plötzlich in ein engeres, starrwandiges Rohr über, das gerade durch den Schlundring aufsteigend, inmitten des Schädels in einen weiten Behälter (Fig. 93) einmündet, von dem dann ein ähnliches Rohr zum Rüsselkanal abbiegt. Dieß Behältniß ist von sehr bemerkenswerthem Bau. Es besteht aus drei dicken, starren Wänden, die an den zwei Hinterkanten dieses dreiseitigen Kastens durch einen dünnen, sehr elastischen Hautstreifen verbunden sind. Die beiden vorderen Schlundplatten, so nennen wir diese Wände, bilden dagegen, allmählig einander sich nähernd, das vorerwähnte Ansatzrohr, das zum Rüssel hintritt. Der ganze Raum zwischen diesen drei Platten und dem Schädelgehäuse wird nun von Muskeln eingenommen, welche sich von diesem zu jenem hinüberspannen. Das Uebrige kann man sich denken. Will die Fliege saugen, so contrahirt

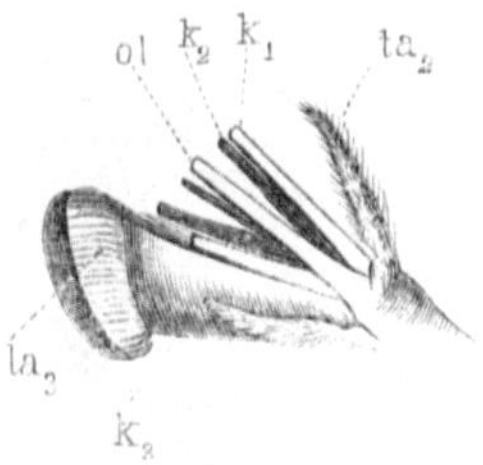

Fig. 93.
Mundtheile einer Rindsbremse (Tabanus). ol Oberlippe, k_1 und k_2 als Ober- und Unterkiefer gedeutete paarige Stechborsten.

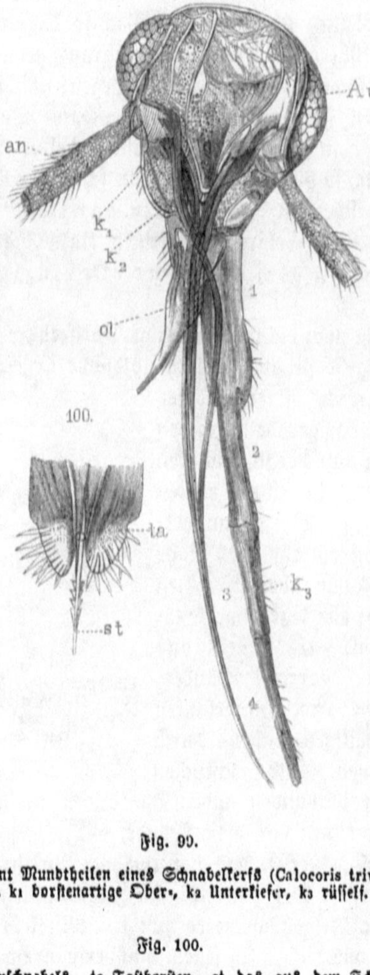

Fig. 99.

Kopf sammt Mundtheilen eines Schnabelkerfs (Calocoris trivialis). Au Facettaugen, k_1 borstenartige Ober-, k_2 Unterkiefer, k_3 rüsself. Unterlippe.

Fig. 100.

Spitze des Wanzenschnabels. ta Tastborsten, st das aus dem Schnabel hervorgestoßene mit Widerhaken besetzte Stilet.

sie diese Muskeln, und die drei Platten des Saugkastens werden vermöge der eingeschalteten Zwischenbänder weit auseinander gezogen, so daß also schon bei einem einzigen Zug ein beträchtliches Blutquantum aufgenommen wird. Dies ganze Verhalten verificirt zugleich am Besten den oben geschilderten Bienensaugschlund, an dem aber, so gut wie bei gewissen anderen Fliegen, die Hinterplatte weniger entfaltet scheint. —

Sehr kurz können wir den „Schnabel" der **Wanzen** abthun. Er verdient eigentlich gar nicht als ein selbstständiges Kerf-Mundbesteck beschrieben zu werden; denn er ist weiter Nichts als eine etwas umgearbeitete zweite Auflage des Fliegenrüssels. Man nehme Fig. 55 und 99 zur Hand und stelle nun den Vergleich mit dem Conopidenschöpfer in Fig. 93 an. Tonangebend ist auch hier die Unterlippe, ein bald kurzes, bald im eingeschlagenen Zustand selbst bis zum Bauch zurückreichendes, von Muskeln erfülltes und oberseits rinnenartig ausgehöhltes Chitinrohr, das aber bei den ächten Wanzen oder Halbflüglern nicht bloß aus zwei, sondern meist aus vier Stücken oder Gliedern sich zusammensetzt. Das Ende dieses Rüssels ist freilich niemals knopfartig aufgetrieben; Fig. 100 lehrt aber, daß es sich gleichfalls in zwei Laden spaltet, welche, so gut wie bei den Dipteren, mit specifischen Tastorganen versehen sind, so daß eigene Lippentaster überflüssig wären. Indeß fehlen hier auch die Kieferpalpen, die bei den Fliegen (98 ta_2) einen wichtigen Dienst versehen.

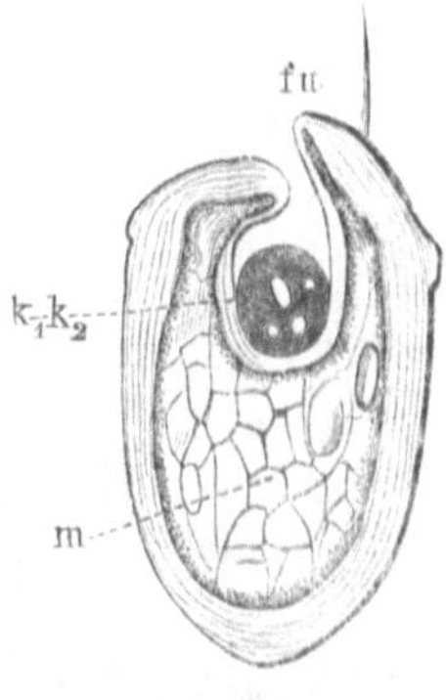

Fig. 101.
Querschnitt durch das Mittelglied des Schnabels von Tropicoris rufipes. Vergr. fu Rüsselfurche. Darin die zu einem soliden Stachel in einander gefalzten Stechborsten (k_1-k_2.) m Muskeln.

Die klaffende Basis der oberständigen Rüsselrinne deckt die zungenförmige Oberlippe (Fig. 55 u. 99 ol) zu. Der Wanzenrüssel tritt aber nie wehrlos auf, wie das bei den Fliegen öfters geschieht, sondern immer als Stechrüssel, d. h. bewaffnet mit vier Kieferborsten (Fig. 55 und 99 k_1, k_2), welche, z. B. bei den Blattläusen, den Rüssel, ja im ausgestreckten Zustand selbst den ganzen Körper weit überragen und deßhalb in eine Schlinge umbiegen.

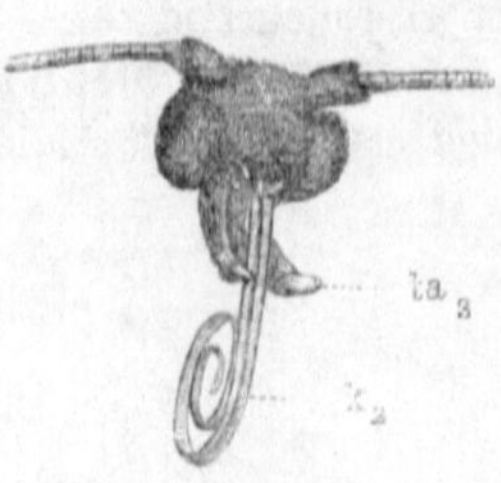

Fig 102.
Kopf sammt Rüssel (k_2) eines Falters. ta_3 Unterlippentaster.

Die völlige Identität mit dem Dipterenrüssel weist aber der Querschnitt in Fig. 101 (schematisirt in 106 d) nach. Die Unterlippe, zur Regierung ihrer Glieder, bis auf die Chitinscheide, ganz aus Muskeln gebildet, höhlt sich oberseits furchenartig aus. Die Ränder dieser Rinne neigen aber zusammen und machen sie so zu einem Rohr. In diesem Kanal sieht man nun eine dunkle Chitinscheibe mit vier Löchern (Fig. 101 k_1-k_2): der Querschnitt durch die vier an der Spitze mit Widerhaken versehenen Stechborsten, welche mittelst Falzen zu einem einzigen Stachel verbunden sind.

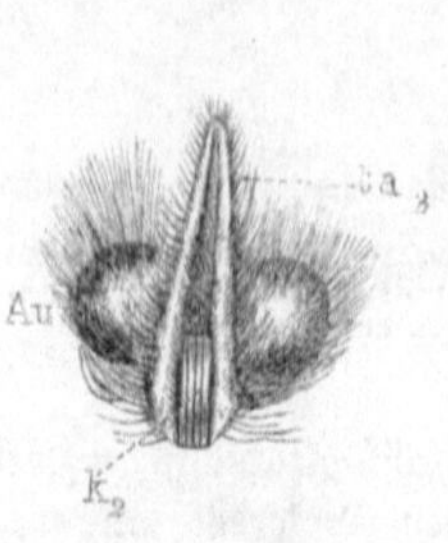

Fig. 103.
Der uhrfederartig zwischen den Tastern (ta_3) aufgerollte Rüssel (k_2) des Tagpfauenauges.

Burmeister glaubte, daß die durch den Anstich freigemachten Säfte durch die feinen Kapillarlumina der Borsten selbst aufsteigen.

Dies ist Unsinn; dazu ist das Lippenrohr. Das Pumpwerk selbst aber dürfte wohl dem der Dipteren gleichen.

Eine Betrachtunng können wir dem Leser nicht schenken Der Fliegenrüssel entsteht aus dem Kaumaul der Larven und zwar, wie es scheint, als partielle Neubildung; der ihm völlig

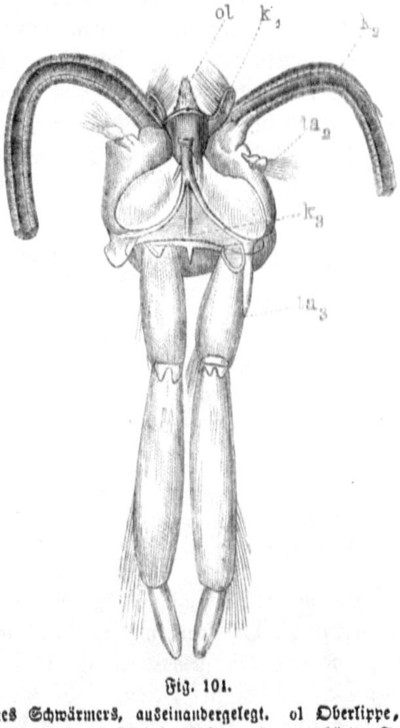

Fig. 101.

Mundtheile eines Schwärmers, auseinandergelegt. ol Oberlippe, k_1 Oberkiefer. k_2 rinnenartige Unterkiefer (z. Th. abgeschnitten), ta_2 zugehörige Taster. k_3 Unterlippenplatte, ta_3 die betreffenden Taster.

gleichende Schnabel der Wanzen aber, die bekanntlich keine Umwandlung erfahren, direct aus den Anhängen der drei fötalen Kiefersegmente.

So sehen wir also in der That aus ziemlich, wo nicht ganz verschiedenen Anlagen Identisches sich entwickeln. —

Noch bälder sind wir mit dem Mund der **Falter** fertig. Er ist zwar der originellste von allen, aber auch der einfachste und einseitigste. Die Schmetterlinge begnügen sich gleichsam mit einem Theil des Immensuctoriums, nämlich mit dem Rüssel, wie er durch die Vereinigung der inwendig ausgefurchten (Unter-) Kieferladen entsteht, bei den Immen aber nicht bloß als Saugrohr, sondern auch als Zungenfutteral herhält. Die (bei der Raupe spinnende) Zunge mit Allem, was drum und

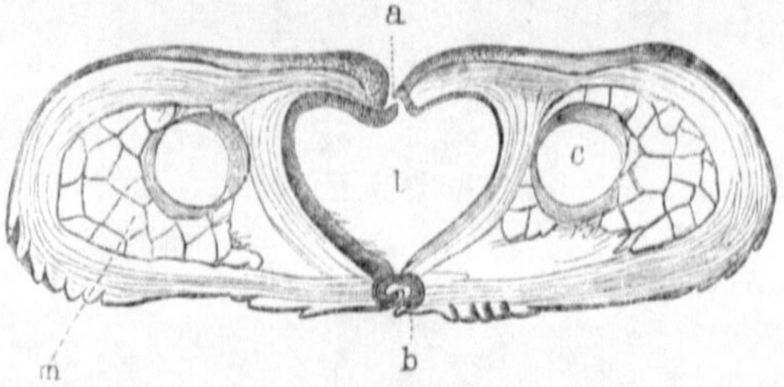

Fig. 105.
Querschnitt durch den Rüssel des Kiefernschwärmers. a Rücken. b Bauchnaht der beiden rinnenartigen Unterkiefer. l Rüsselkanal. c Luftrohr. m Muskeln.

dran hängt, einzig die großen Taster ausgenommen, fehlt aber hier. Desgleichen ist die Oberlippe nur ein dürftiges Läppchen (Fig. 104 ol), und aus den gewaltigen Oberkieferhaken, die bei der Raupe die erste Rolle spielen, sind, bei der totalen Umprägung des ganzen Körpers während der Verwandlung, die winzigen befransten Anhängsel (Fig. 104 k_1) geworden, deren Dasein die meisten Schmetterlingsspießer höchstens vom Hörensagen kennen. Es bleiben also in der That nur die Maxillen, die Mittelkiefer übrig, also jene Gebilde, die wir am Raupengefräß als Greifhände qualificirten (Fig. 82* k_2).

Und eben aus diesen artigen Speisehältern ist jenes lange, elefantenrüsselartig aufrollbare Saugrohr (Fig. 102, 103) hervorgegangen, womit insbesondere die Schwärmer, von Blüthe zu Blüthe schwebend, so viel Effect machen.

Der Bau der beiden Saugrohrladen (Fig. 104 k_2) ist uns schon nichts Neues mehr. Es sind gleichsam Wanzenrüsselscheiden, die aber nicht jedes für sich zum Saugkanal sich schließen, sondern den letzteren auf die Weise bilden, daß sie sich mit den Innenrändern horizontal aneinanderlegen. Man vergleiche dieserhalb nur Fig. 101 mit dem Falterrüsselquerschnitt

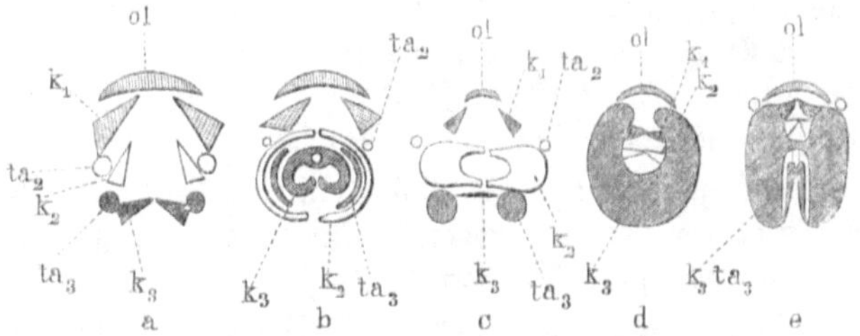

Fig. 106.

Schematische Zusammenstellung der wichtigsten Kerfmundtheile an Querschnitten. a Kaukerfe, b Hautflügler (Hummel), c Schmetterlinge, d Schnabelkerfe, e Zweiflügler. Die homologen Theile sind gleich bezeichnet resp. schraffirt und der Grad ihrer Größenentwicklung durch die Größe der Schnitte angedeutet. ol Oberlippe, k_1 Ober-, k_2 Mittel-, k_3 Hinterkiefer, ta_2, ta_3 die entsprechenden Taster.

in Fig. 105. Die Rüsselladen sind also auch hier Chitinhülsen, ganz mit längsläufigen Muskeln (m) ausgefüllt und von einem weiten Tracheenrohr (c) durchzogen, auf der Innenseite aber rinnenartig eingedrückt. Interessant ist der Zusammenschluß der Laden. Es sind zwei Führungen. Die obere (a) entsteht durch das Uebereinandergreifen der beiderseitigen dünnen Randsäume (a). Dies ist der Mittelstreifen, den man auf dem

Rüsselrücken wahrnimmt. Die untere Führung aber ist ganz originell. Beide Unterränder bestehen aus einer Reihe dicht auf einander folgender, dunkelbrauner Chitinklammern. Als Ganzes genommen, stellen diese zwei frei vorstehende Rinnen vor, wovon ein Rand der einen in der Höhlung der anderen läuft.

Eine solche Rinnenführung, wie wir sie nennen möchten, kennt allerdings auch die menschliche Technik. Warum sind aber am Falterrüssel diese Rinnen keine soliden, keine festen Theile, sondern eine Kette mittelst dünner Zwischenbänder vereinigter Halbringe; mit anderen Worten, warum ist die untere, feste Führung gegliedert? Warum anders, als weil auch der Rüssel geringelt ist, und dies sein muß, wenn er, sobald der gewaltige Streckmuskel erschlafft, gleich einer angespannten Uhrfeder sich wieder spiralig einrollen soll?

Und zeigt uns nicht gerade dieses Beispiel, daß die Mechanik der Kerfe weit mehr Beachtung verdient, als man ihr gegenwärtig zu Theil werden läßt?

Da die Falter ihre flüssigen Lieblingsgerichte nicht in allen Blumen, bei denen sie speisen, schon aufgetischt finden, so ist die Rüsselspitze mit scharfen Dörnchen bewehrt, um die verschlossenen Nectarien aufzuritzen.

Am Raupenmund hat es sich gezeigt, daß die Taster der Unterlippe ganz unansehnlich sind. Beim Falter erlangen sie aber eine wichtige und wir müssen beisetzen, eine etwas seltsame Rolle. Bogenförmig nach Oben gekrümmt, und den eingerollten Rüssel beiderseits stützend und schützend (Fig. 103 ta_3), geben sie das Futteral, die Scheide desselben ab. Warum aber der Falterrüssel mit fremder Bedienung sich umgibt, und ihm nicht die zugehörigen Maxillartaster (Fig. 104 ta_2) selbst assistiren, vermögen wir nicht zu enträthseln, wir begreifen aber, warum diese und auch die übrigen außer Dienst gesetzten und feiernden Glieder des Faltermundes so gar kümmerlich aussehen.

Ob sie jemals ganz verschwinden werden, oder vielleicht doch eine kleine Nebenrolle spielen? —

Hier müssen wir leider dieses so interessante Kapitel abschließen, und laden den Leser ein, eine kurze Recapitulation an der Hand der Fig. 106 für sich allein vorzunehmen.

Organe der Ortsveränderung zu Lande und im Wasser.

Da von all' den mannigfaltigen Verrichtungen der Kerfbeine die Function des Gehens, also der Ortsveränderung auf dem festen Lande, doch die allgemeinste und wichtigste ist, so wollen wir auch ihren Bau, hauptsächlich mit Rücksicht auf diese Leistungen näher prüfen.

Der erste Abschnitt des Kerfbeins, auf dem das Gewicht des Körpers zunächst lastet, ist das Hüftglied, die Coxa. Sehr verschieden ist deren Einlenkung. Den freiesten Spielraum gewährt das Nußgelenk, wie wir es insbesondere bei den verhältnißmäßig luftig gebauten Haut- und Zweiflüglern sehen, und brauchen wir wohl nicht eigens zu bemerken, daß gerade bei den ersteren die Entwicklung ihrer socialen Zustände mit dem möglichst freien Gebrauch ihrer als Hände fungirenden Beingliedmaßen in engem Zusammenhang steht. Bei anderen Kerfen dagegen, zumal bei den sehr derb angelegten Käfern, besteht eine solidere Einlenkung, wobei die ganze Hüfte in einer tabernakelartigen Aushöhlung des Brustgebäudes sitzt und sich demgemäß nur um eine einzige Axe drehen läßt, wie solches aus der schematischen Fig. 108 ersichtlich wird, wo c die ideale Drehungsaxe und d die Hüfte vorstellt. Im angenommenen Falle ist also nur eine Vor- und Rückwärtsbewegung der Hüfte möglich, deren Excursionsweite von der Größe der Hüftpfanne, sowie von gewissen, leistenartigen Sperrvorrichtungen (Fig. 107 l) abhängt, die einer weiteren Rotation ein Ziel setzen. Bei der sehr ungleichen Stellung, welche die Vorder-, Mittel- und Hinterbeine gegen den Stammkörper einnehmen, ist selbstverständlich auch ihre Rotationsweite eine verschiedene. Am ausgiebigsten erscheint sie an den Vorderbeinen, wo die Hüfte, um uns an den Hirschkäfer zu halten, aus der mittleren oder Normalstellung bei 60° vor- und rückwärts gedreht werden kann, im Ganzen also einen Bogen von (120°) beschreibt. Der Drehungswinkel am Mittelbein übersteigt dagegen kaum einen Rechten, doch findet sowohl Vor-, als Rückwärtsdrehung statt. Erstere fehlt dagegen an den Hinterhüften ganz und gar; sie können ausschließlich nur nach rückwärts bewegt werden.

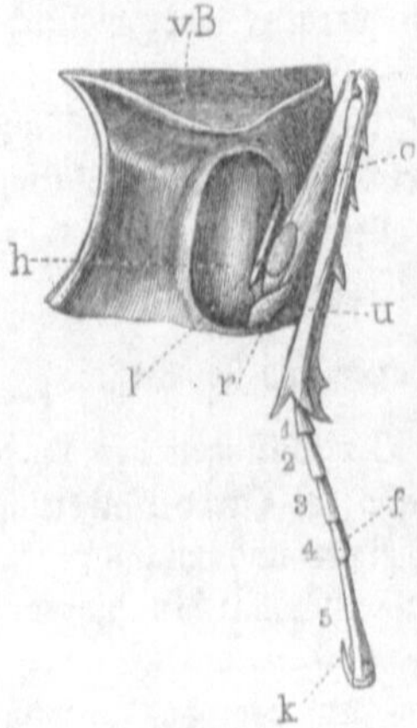

Fig. 107.

Linkes Vorderbein eines Hirschkäfers. h Hüfte (coxa), r Schenkelring (trochanter), o Oberschenkel (femur), u Unterschenkel-Schiene (tibia), f Fuß (tarsus).

Mit dieser verschiedenen Beweglichkeit der einzelnen Beine hängt auch die Zahl und Stärke der Muskeln zusammen, denen die Rotation der Hüfte obliegt. So besitzt nach Strauß Dürkheim die Vorderhüfte des Maikäfers fünf separate Muskeln, und zwar vier Vorwärts- und einen Rückwärtsroller, die Mittelhüfte eine gleiche Zahl, aber nur zwei Vorwärtsroller, während die Hinterhüfte für jede der genannten Bewegungen mit einem einzigen Muskel auslangt.

Wie diese Muskeln angreifen und überhaupt situirt sind, kann man am besten sehen, wenn man die Vorderbrust des Hirschkäfers von Innen bloslegt (Fig. 109).

Hier gewahrt man zunächst den dicken Muskel, der die

walzige coxa in ihrer cylindrischen Pfanne nach vorne dreht, das Bein also ausstrecken hilft, während zwei andere Stränge, welche die entgegen gesetzte Richtung nehmen, sich als Beuger (B) qualificieren.

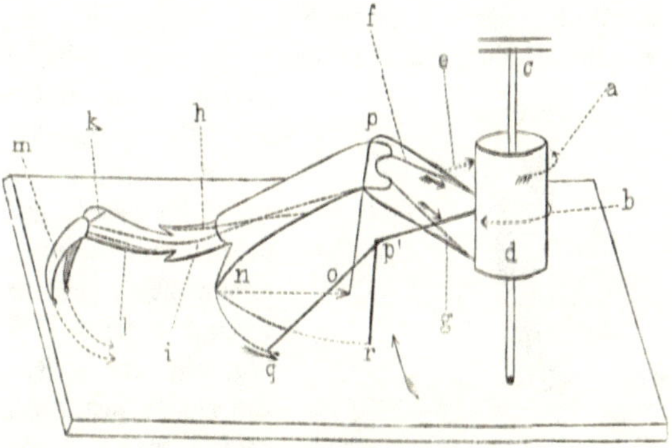

Fig. 108.
Zur Mechanik eines Insektenbeines.

d Hüfte, c die Drehungsaxe, a und b die Hüftmuskeln, e Trochantermuskel, (Heber des Oberschenkels), f Strecker, g Beuger der Schiene (pn), n Endstachel der letzteren, h Beuger, i Strecker des Fußes, k Strecker, l Beuger der Krallen, po Beugestellung der Schiene, p'q Bein nach seiner durch die Hüfte vermittelten Rückwärtsdrehung, p'r bei gleichzeitiger Beugung der Schiene; die durch gleichzeitige Beugung (no) und Drehung (nq) bewirkte resultirende Bewegung der Schienbeinspitze zeigt die Kurve n r an.

In Fig. 108 sind die genannten Muskeln und ihre Wirkungsweise durch die Pfeile a und b gekennzeichnet.

Den zweiten Bestandtheil des normalen Kerfbeins, nämlich den Trochanter oder Schenkelring (Fig. 107 und 109 r) wollen wir uns, um die Sache zu vereinfachen, mit dem dritten Hebel d. i. dem Oberschenkel (femur) verwachsen denken, da auch meistens die Bewegung von beiderlei Theilen im gleichen Sinne geschieht.

Der vermittelst der coxa auf den Trochanter übertragenen Körperlast entgegen wirkt der Zug des kleinen Trochantermuskels, in Fig. 109 durch den Pfeil e versinnlicht. Er kann als Oberschenkelheber bezeichnet werden.

Die Richtungsebene, in welcher der Oberschenkel, von der eben erwähnten Rotation abgesehen, sich bewegt, fällt bei den Kerfen genau mit jener des Unterschenkels und Fußes zusammen, indem alle insgesammt nur gehoben oder gesenkt, beziehungsweise gestreckt oder gebeugt werden. Darin liegt also ein wesentlicher Unterschied gegenüber den vollkommneren Wirbelthierextremitäten, bei welchen auch an den endständigen Hebelarmen eine ausgiebige Drehung möglich ist.

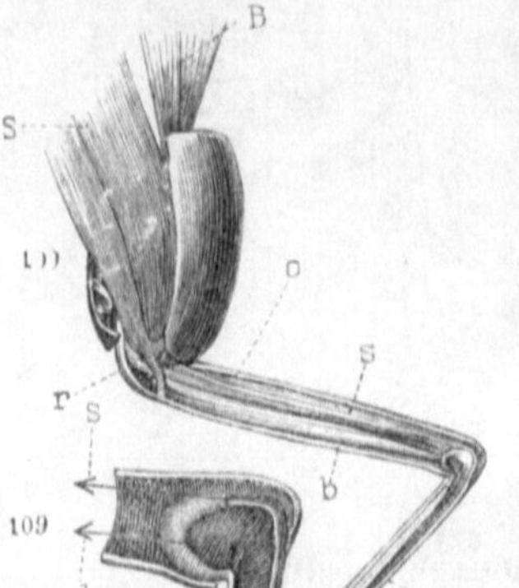

Fig. 109.
Vorderbein eines Hirschkäfers aufgeschnitten, um die Muskeln zu zeigen. Fig. 109* Kniegelenk isolirt. s Streck- b Beugemuskeln.

Die Muskeln, welche die Bewegung des Schienbeins und indirekt auch jene des Oberschenkels veranlassen, kennen wir bereits aus der Einleitung. Sie bestehen aus einem Strecker, der die Oberseite des Femur einnimmt (Fig. 109 s, Fig. 108 f) und aus einem Beuger (Fig. 109 b, Fig. 108 g), der unter dem ersteren liegt.

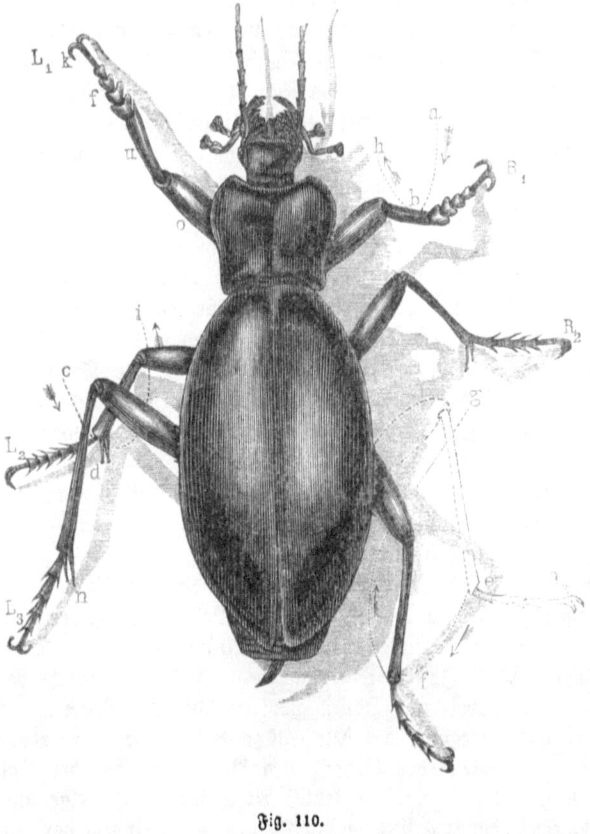

Fig. 110.

Ein Carabus im Lauf begriffen. Drei Beine (L_1, R_2, L_3), nach vorne und vom Rumpfe abgewendet, treten in Aktion, während die übrigen (R_1, L_2, R_3), welche nach hinten gerichtet und dem Rumpfe genähert sind, die active, wirksame Bewegung eben beendet haben. ab, cd und ef sind die bei letzterer von der Schienenspitze verzeichneten und dem Rumpfe zulaufenden Kurven; bh, di und fg die davon sich entfernenden, welche während der passiven, unwirksamen Lageveränderung derselben Beine angeschrieben werden.

Wichtige Theile des Schienbeins sind die stelzenartigen Stacheln seiner Spitze (Fig. 108 u. 110 L-n), mit denen sich dieser Abschnitt unmittelbar auf den Boden stützt.

Der weitaus variabelste Abschnitt des Kerfbeins ist selbstverständlich sein Endstück, der Fuß oder Tarsus (Fig. 107 und 109 f), der, weil er mit dem zu überwindenden Medium in unmittelbare Berührung kommt, auch die mannigfachsten Anpassungen zu erdulden hat.

Die Aehnlichkeit der gesammten Architektonik der Kerfbeine mit jener der höheren Wirbelthiere kommt daher insbesondere hier zum Ausdruck. Gleich dem Wirbelthier- setzt sich nämlich auch der Kerffuß aus mehreren Stücken, den sog. Tarsengliedern zusammen, deren Zahl aber bei den Insekten nie mehr als fünf beträgt, während z. B. der Endabschnitt der Beine des bekannten Siebenfußes über 30 Stücke hat, ein neuer Beweis, daß die Zahl der Gliederthierringe, wenigstens an den Seitenaxen, keinerlei Beständigkeit besitzt.

Ein Unterschied im Vergleich zur Fußgliederung der höheren Wirbelthiere liegt aber zunächst darin, daß die einzelnen Stücke fast niemals gegeneinander geneigt sind, sondern meist sämmtlich in einer Geraden aufeinander folgen. Dagegen finden sich in der Art und Weise wie die Kerfe mit ihren Füßen auftreten, vielfache Anklänge an die Säugethiere. Viele Insekten, so namentlich die Falter, manche Neuropteren, Zwei- und Hautflügler, welche ihre Beine weniger zur Ortsbewegung als zur Stütze des Körpers verwenden, berühren, gleich den Katzen, den Boden nur mit der Spitze des Fußes oder mit den letzten Abschnitten. Die eigentlichen Laufkerfe dagegen sind wahre Sohlengänger, indem der ganze aus eng aneinander genieteten Gliedern bestehende Fuß auf dem Boden zu stehen scheint. Wir sagen scheint, weil dies faktisch nur selten ganz geschieht. Wenn wir nämlich den Langfuß eines Laufkäfers näher beobachten, so überzeugen wir uns, daß er, gleich unserem eigenen, nur an drei Punkten die Unterlage berührt, und zwar an der Ferse, welche durch die vorerwähnten Endstacheln der Schiene gebildet wird, dann mit dem bekrallten Endgliede und drittens, falls der Fuß die entsprechende Länge hat, noch mit einem mittleren Gliede, das so gleichsam zum Ballen des Fußes wird, und in der That häufig mit entsprechenden Anschwellungen versehen ist.

Die wichtigste Partie des Fußes ist das bereits erwähnte End- oder Krallenglied, so genannt, weil an seiner Spitze zwei hakig gebogene spitzige und oft kammartig gezähnte Klauen eingelenkt sind. Letztere sind zumal für die Vorder- und Mittelbeine wichtig, und dies nicht etwa bloß in der Eigenschaft als Kletterorgane, als welche sie geradezu unentbehrlich sind, sondern auch bei der gewöhnlichen Laufbewegung und bei mannigfachen anderen Verrichtungen. Häufig ist das Krallenglied sehr verlängert (Fig. 121 F), namentlich, man sehe sich nur die Hirschkäferbeine an, bei jenen Insekten, welche beim Klettern dickere Zweige umspannen müssen. Mitunter kommen dann zu den Haupt- auch noch kleinere Nebenkrallen dazu.

Die Bewegung des Fußes beschränkt sich gleichfalls auf Streckung und Beugung, also auf eine Vergrößerung oder Verringerung des Fußgelenkwinkels.

Die zugehörigen, außerordentlich schwer zu präparirenden Muskeln entspringen von der Unterseite der Tibia. Der Strecker (Fig. 108 h) greift an der Oberseite des ersten Fußgliedes an, während die lange derbe Chitinsehne des Beugers (k) durch sämmtliche Fußglieder hindurchtritt und sich an den Chitinbogen anheftet, der die beiden Krallen verbindet. Seine Contraction verursacht eine Biegung des ganzen Fußes. Sehr ergiebig fällt diese unter anderm bei manchen Bockkäfern aus, die, wenn sie sich todt stellen, die Füße krampfhaft einziehen.

Die Krallen selbst haben natürlich ihren besonderen Mechanismus, welcher der Hauptsache nach aus einem Beuge- und Streckmuskel (Fig. 108 k, l) besteht.

Betrachten wir nun die Kerfbeine zunächst als Träger und Stützpfeiler des Stammes, so wird man zugeben müssen, daß sie zu diesem Behufe kaum glücklicher organisirt sein könnten. Indem das Körpergewicht von der Hüfte auf den Schenkel, von diesem auf das Schienbein und endlich auf den Fuß übertragen wird, findet jedesmal, da die stabförmigen Beinabschnitte schräg gegeneinander gestellt sind, eine Zerlegung der drückenden Last in zwei Componenten statt, wovon die eine, weil in die Längsaxe des betreffenden Hebels fallend, für das benachbarte Glied verloren geht, so daß schließlich der Fuß einen verhältnißmäßig geringen Druck auszuhalten hat, seine Kraft also für die Vorwärtsbewegung aufsparen kann. Mit Rücksicht auf die gegenseitige Stellung der einzelnen Beinhebel und auf die Natur der Materie, aus welcher sie gemacht sind, lassen sich die Kerfbeine mit elastischen Bögen vergleichen, die, wenn sie von Oben her zusammengedrückt werden, vermöge der ihnen innewohenden Federkraft wieder in die Höhe steigen und so den Rumpf aufrecht erhalten.

Sehr anschaulich zeigt sich dies bei gewissen stelzbeinigen Bockkäfern, an denen sich, wie an Kautschukmännchen die Gehwerkzeuge, wenn man den Körper an die Unterlage andrückt, alsbald wieder gerade strecken und zwar z. Th. ganz ohne Intervention der Muskeln, da dieses Experiment auch an todten aber noch nicht ganz erstarrten Thieren gelingt.

Wir wenden uns nun zur **Analyse der Gehbewegungen der Kerfbeine und der Gangart dieser Thiere im Allgemeinen.** Da dieser Gegenstand bisher noch wenig erforscht ist, wie es denn überhaupt mit der Mechanik des Kerfleibes nicht zum Besten bestellt ist, so haben wir in jüngster Zeit eine Reihe von einschlägigen Beobachtungen und Experimenten angestellt, von denen wir hier nur die allerwesentlichsten Resultate vortragen

Das ganze Locomotionsphänomen der Kerfe ist ein äußerst verwickelter Gegenstand und läßt sich leichter in seinen

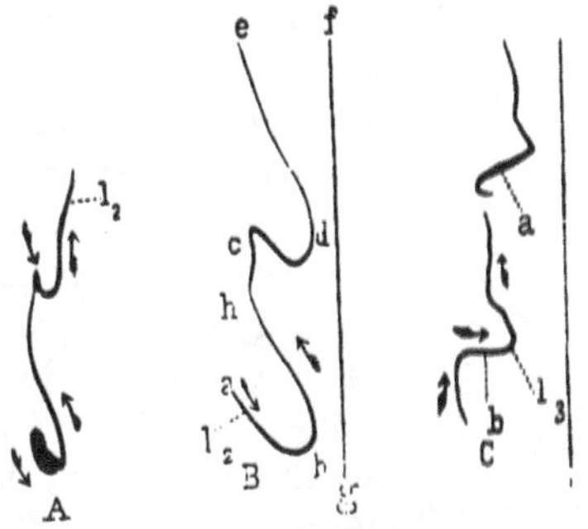

Fig. 111.

A Zwei von der Tibienspitze des linken Mittelbeins eines Hirschkäfers verzeichnete Schrittkurven in nat. Größe.

B Dasselbe vergrößert. f g die Längsaxe des Rumpfes, c d und a b die active nach innen, b c und d e die passive nach außen gehende Kurve.

C Zwei vom linken Hinterbeine beschriebene Kurven. Hier laufen die wirksamen Kurven nicht nach innen und hinten, sondern theils gerade nach innen (b) theils schief nach vorne (a). Nat. Größe.

Detailerscheinungen als in seiner Totalität dem Verständniß nahe bringen.

Denken wir uns vorerst ein Insekt, z. B. einen Laufkäfer (Fig. 110), bloß mit Vorder- und Hinterbeinen gehend. Erstere seien nach vorne, letztere nach hinten gewendet.

Beginnen wir mit dem linken Vorderbein (Fig. 110 L_1). Selbes sei ausgestreckt und habe sich mittelst der scharfen Klauen und des spitzigen hypermodernen Fersenabsatzes auf der Unterlage fixirt. Was geschieht nun, wenn der Schienenbeuger sich zusammenzieht? Da der Fuß und daher auch die Tibia eine feste Lage hat, so muß die Verkürzung des genannten Muskels eine Annäherung des Femur an die Tibia verursachen, wodurch aber auch der gesammte Körper mitgezogen wird. Dieser einzelne Bewegungsakt läßt sich sehr gut bei den Stabheuschrecken studiren, wenn sie sich vermittelst ihrer langen und gerade nach vorne gestreckten Vorderbeine an einem Zweige aufhängen, und dann durch Verkürzung der Schienenbeuger den Körper soweit emporziehen bis auch die Mittelbeine den Ast erreichen.

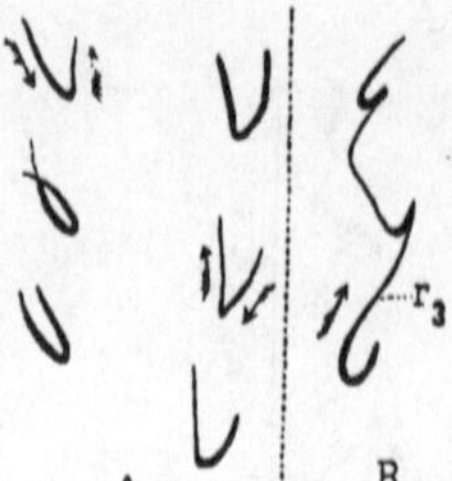

A B

Fig. 112.

A Schleifkurven, beschrieben von den Schienenstacheln des rechten und linken Hinterbeines eines Dyticus marginalis.
B Dasselbe vom rechten Hinterbein (r_3) allein.

Nat. Größe.

Während aber die Vorderbeine durch Annäherung der freien Hebel an den fixirten Beinabschnitt den Körper weiter befördern, thun dies die Hinterbeine auf die gerade entgegengesetzte Art. Das Hinterbein sucht nämlich die Tibia auszustrecken, also den Kniewinkel zu vergrößern (R_3), und übt dadurch einen Stoß auf die Unterlage aus, wodurch der Körper gleichfalls eine Strecke vorwärts geschoben wird.

Wenn angenommen wurde, daß die Füße während der Streckung resp. der Beugung der Gliedmaßen fixirt bleiben, so kommt dies beim wirklichen Gehen niemals vor. Es wird nämlich nicht bloß der Ober- sondern auch der Unterschenkel eingezogen beziehungsweise ausgestreckt. Letzterer beschreibt also bei dieser scharrenden oder kratzenden Bewegung mit einer Spitze eine Gerade (Fig. 108 no), welche offenbar die Sehne ist zu jenem Kreisbogen, der von der Schiene resp. vom Fuß in einem nachgiebigen Medium, z. B. im Wasser beschrieben würde.

Aber auch diese Bewegung erfolgt äußerst selten und beim wirklichen Gehen niemals. Wenn wir nämlich von Neuem wieder das Vorderbein ins Auge fassen und zwar in dem Momente, wo es nach erfolgter Fixirung (Fig. 110 L_1) wieder gebeugt wird, so bemerken wir, daß gleichzeitig auch die Hüfte um einen bestimmten Winkel nach rückwärts gedreht wird. Vermöge letzterer Bewegung allein würde die Schiene den Bogen nq (Fig. 108) verzeichnen. Diese Bahn aber in Verbindung mit der durch die Beugung der Schiene erzielten geradlinigen Verschiebung (no) gibt einen resultirenden Weg (nr) und dieser ist es, der vom bemalten Fuß auf einer geeigneten Unterlage, z. B. einem Bogen Papier, auch wirklich angeschrieben wird, vorausgesetzt aber, daß inzwischen der Körper nicht durch andere Kräfte vorwärts geschoben wird. In dem letzteren Falle, und dieser trifft ja beim Laufen durchwegs zu, wird nämlich der Rumpf mit sammt dem Beine, welches eben seine Curve verzeichnet, mit einer dem erlangten Bewegungsmoment entsprechenden Geschwindigkeit eine Strecke nach vorne verrückt, was zur Folge hat, daß die Fußcurve von ihrem Anfang (n) gegen ihr Ende (r) zu sich stärker nach vorne umbiegt, ähnlich wie ein Mensch, der auf einem in Bewegung befindlichen Schiffe dasselbe in querer Richtung durchschreitet, im Ganzen doch schief nach vorne sich bewegt, indem sich sein Weg mit dem des Schiffes zu einer resultirenden Ortsveränderung im Raume vereinigt.

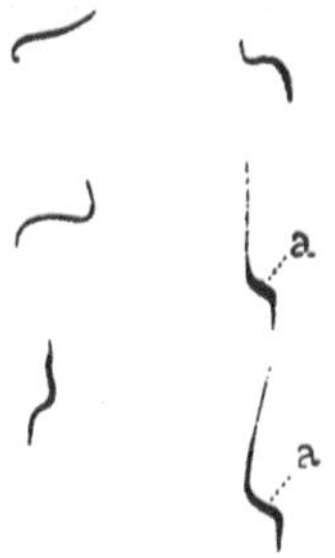

Fig. 113. Dasselbe von den beiden Hinterbeinen des Maikäfers. a der active und verdickte Kurvenabschnitt. Nat. Größe.

So wie mit dem Vorder- steht es mit dem Mittel- und Hinterbein, die gleichfalls eine doppelte Bahn machen müssen, doch so, daß die geradlinige nicht während der Beugung, sondern während der Streckung verzeichnet wird, wobei aber, ganz wie am Vorderbein, die betreffende Gliedmaße (R_3) dem Körper allmählig genährt wird.

Haben die Beine das Maximum ihrer Beugung, beziehungsweise der Streckung, also das Ende der jedesmaligen activen Bahn erreicht, dann beginnt die entgegengesetzte oder die Rückbewegung, d. h. die Vorderbeine strecken sich wieder aus, während die übrigen ihre Hebel wieder aneinanderziehen.

Dabei wird, wie die autographirenden Beine uns sehen lassen, die Gliedmaße entweder ein wenig aufgehoben, um keine unnöthige Reibung zu verursachen, oder sie bleibt auch während des passiven Schrittes mit ihrem Bewegungsmittel in geringem Contacte.

Fig. 114.
Dasselbe vom linken Vorder- (l_1), Mittel- (l_2) und Hinterbein (l_3) eines Carabus cancellatus.
Nat. Größe.

Eine lehrreiche Uebersicht der besprochenen Verhältnisse gewähren zunächst die Curven zweier Schritte, wie sie das linke Vorderbein eines Hirschkäfers vermittelst der Tibienspitze angeschrieben hat (Fig. 111 A, B). Wir sehen zwei Curven. Die dicke gegen die Körperaxe gerichtete (ab) entspricht dem wirksamen Act einer einzelnen Gangfunction, die den Körper eine Strecke vorwärts bringt, die dünnere dagegen, wir möchten sagen der Haarstrich (b c), die aber nur selten ganz deutlich aufgezeichnet wird, kommt von der effectlosen Rückbewegung her, durch welche das Insekt wieder der wirksamen Stellung (c) entgegengeht. Sie entfernt sich zunächst eine Strecke weit vom Körper, um (vergl. auch c) sich dann wieder demselben zu nähern, aber natürlich so, daß sie mit dem Anfangspunkt der nächstfolgenden activen Curve (c d) zusammenfällt. Es ist einleuchtend, daß auch die passive Curve nicht der Ausdruck der ausschließlich vom Bein vollführten Bewegung ist, denn dieses wird ja, während es seiner Ruhelage zustrebt, wider Willen mit dem übrigen Körper vorwärts getragen.

Sehr instructiv sind auch die schnörkelartigen Linien, welche der Schwimmkäfer (Dyticus) mit den immensen Stacheln der Hinterschiene anschreibt (Fig. 112 A).

Die Ablenkung und Modification der activen Schrittbahn durch den von den übrigen Beinen gelieferten Bewegungsfactor wird ganz ausgezeichnet schön durch die Curven illustrirt, welche die Hinterschienenspitzen eines Mai- (Fig. 113) und eines Hirschkäfers (Fig. 111 c) verzeichnen. Der wirksame Schattenstrich läuft hier nicht von vorne nach hinten, wie es der activen Beinbewegung entspräche, sondern entweder gerade nach einwärts (Fig. 111 C b) oder sogar etwas nach vorne. Beim Maikäfer und schöner noch beim Gartenlaufkäfer präsentiren sich die Hinterbeincurven als schraubenartige Linien (Fig. 114 l_3), während das Geschreibsel der übrigen Gliedmaßen (l_1. l_2) weit einfacher ist.

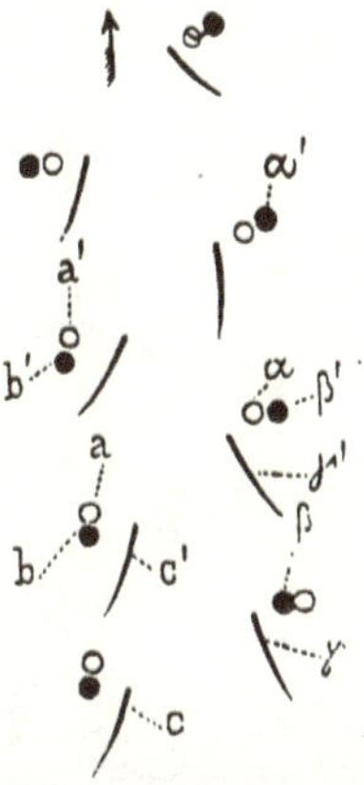

Fig. 115.
Fährten eines Schwarzkäfers (Blaps mortisaga), verzeichnet durch die verschieden bemalten Tibienspitzen. • Vorder-, o Mittel-, ! Hinterbeinspuren. Nat. Größe.

Nachdem wir jetzt eine beiläufige Kunde haben von den Bewegungen, welche die einzelnen Beine für sich allein machen, Bewegungen, welche aber offenbar, je nach dem Bau dieser Anhänge, sehr verschieden ausfallen, handelt es sich nunmehr um das Zusammenspiel, um den Totaleffect sämmtlicher ortsverändernden Gliedmaßen, also um den Gang und Tact des gesammten Fußwerkes.

Im Gegensatz zu den Raupen und vielen anderen Kriech-

Thieren, die ihre Beine, und zwar gezwungen durch die wurmartige Contractionsweise des Hautmuskelschlauches, paarweise von hinten nach vorne in Action setzen, bewegen sich die Beine der ausgewachsenen Kerfe in umgekehrter Richtung und keineswegs paarweise, sondern abwechselnd, oder besser gesagt, in diagonaler Richtung, wie wir Solches auch beim Gange der meisten Säuger beobachten.

Zur Prüfung des Kerfmarsches wählt man aus nahe liegenden Gründen solche Insekten, die sehr lange Beine haben und welche zugleich langsame Geher sind.

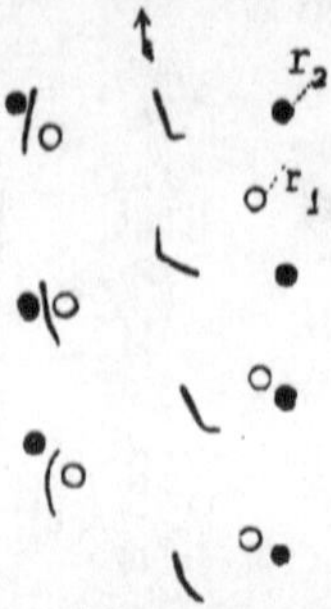

Fig. 116.
Dasselbe von einem Thier, das quer über eine Ebene lief, die 30° gegen den Horizont geneigt war, wodurch die Stellung der Beine verändert wurde. Nat. Größe.

Man kann die Kerfe, nach der Art, wie sie ihre Beine füreinander setzen, doppelte Dreifüße nennen. Es werden nämlich immer je drei Beine gleichzeitig oder doch fast gleichzeitig in Bewegung gesetzt, während die übrigen inzwischen den Körper stützen, worauf sie ihre Rolle vertauschen.

Genauer verhält es sich in der Regel so. Zuerst tritt (Fig. 110) das linke Vorderbein (L_1) aus, dann folgt das rechte Mittel- (R_2) und das linke Hinterbein (L_3). Während dann das linke Vorderbein sich zu beugen, also die Rückwärtsbewegung beginnt, streckt sich das rechte Vorderbein aus, worauf, in gleicher Reihenfolge wie am ersten Dreifuße, das linke Mittel- und das rechte Hinterbein gehoben wird.

Zu sehr interessanten, aber für den Laien allzu trockenen Erörterungen gäbe die Wechselfolge und Stellung der Spuren Veranlassung, welche von den Kerfbeinen während des Laufes hinterlassen werden, wenn man sie früher mit geeigneten abfärbenden Substanzen bemalt, was aber, und namentlich bei kleineren Formen, nicht wenig Geduld verlangt.

Verfolgen wir zum Exempel zunächst die Fährten eines Schwarzkäfers (Fig. 115). Das Insekt beginne seine Bewegung. Das linke Vorderbein stehe in a, das rechte Mittelbein in β, das linke Hinterbein in c. Die entsprechenden Gliedmaßen des anderen Dreifußes in α, b, γ. Nach dem ersten Schritt rückt der anfangs genannte Dreifuß nach a^1, β^1, c^1, der zweite dagegen nach α^1, b^1, γ^1 vor.

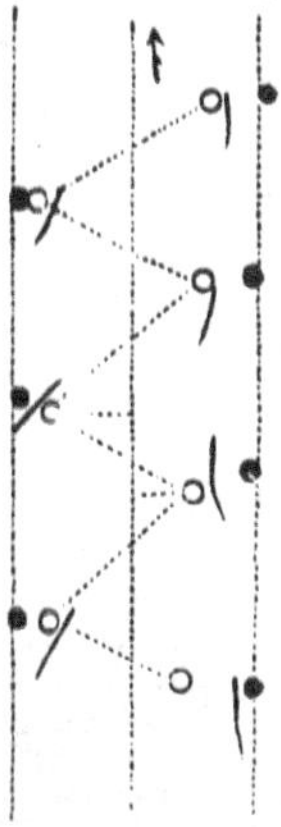

Fig. 117.
Beinfährten vom Necrophorus vespillo. Nat. Größe.

Dabei fallen die Beinspuren der aufeinanderfolgenden Schritte ganz oder doch fast ganz aufeinander, wie solches auch aus den Fährten eines Todtengräbers in Fig. 117 erhellt.

Da die Vorderbeine nach vorne und die hinteren nach rückwärts gerichtet sind, während die mittleren sich quer stellen, so ist auch klar, weßhalb die Abdrücke der letzteren (l_2, r_2) zu äußerst stehen.

Das herrlichste Zeugniß für die geradezu pedantische Exactheit und Accuratesse des Gehwerkes der Kerfe gibt die Thatsache, daß bei den meisten Insekten und gerade bei den schnellfüßigsten, die, sei es, wenn sie sich flüchten, oder wenn sie eine Beute erjagen, auf ihre Bewegungsmittel sich vollständig müssen verlassen können, mögen sie sich nun langsamer oder in einem rascheren Tempo bewegen, die Distanzen der Tritte, sowohl der Länge als der Quere nach gemessen, kaum um Haaresbreite von einander differiren und dies auch dann noch, wenn man den Fuß abschneidet und die Kerfe auf den Fersenspitzen laufen müssen.

Daraus, daß der Rumpf der Kerfe auf seinen beiden Seiten abwechselnd von zwei Beinen und von einem getragen wird, läßt sich schon a priori schließen, daß er während des Ganges bald nach rechts bald nach links sich neigt, und daß auch die Bahn, welche ein bestimmter Punkt desselben zurücklegt, keine geradlinige sein kann. Und dies ist sie auch in der That nicht.

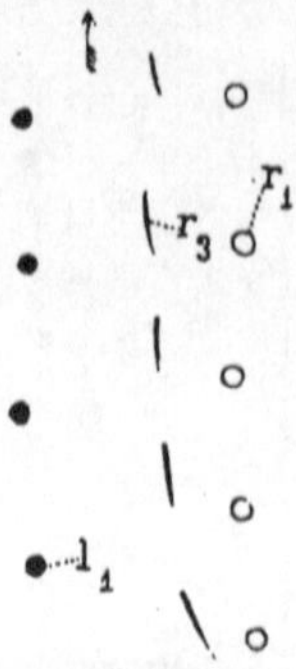

Fig. 118.
Von einem anderen Thier, das sich zum Laufen nur dreier Beine (r_1, l_2, r_3) bedienen konnte, die nun anders als im normalen Zustande gestellt werden. Nat. Größe.

Bei manchen Kerfen, z. B. Trichodes, Meloë u. s. w., die während des Laufes ihre Hinterleibsspitze nahe dem Boden bringen, oder denselben ganz berühren, erhält man durch Bemalung derselben oft eine ausgezeichnet regelmäßige Kurve, die einer sog. Sinuslinie (Fig. 119) nahe kommt.

Die Locomotionsmaschine der Kerfe kann auch insoferne ein doppelter Dreifuß genannt werden, als die meisten Insekten und vorzüglich die mit einem breiten Rumpf versehenen, sich leicht mittelst eines dieser zwei Dreifüße im Gleichgewicht zu erhalten vermögen, ja beim Gehen sowohl als beim Stehen mit einem dieser Dreifüße sogar besser fahren, als mit vier Beinen.

Im letzteren Fall, d. h. wenn man einem Insekt ein Paar Beine abschneidet, vermag sich der Rumpf nur äußerst schwer im Gleichgewicht zu erhalten, und ist also wenig Aussicht vorhanden, daß die Insekten jemals Vierfüßler werden. —

Nöthigt man aber die Insekten, auf drei Beinen zu laufen, so macht man die interessante Erfahrung, daß sie dieselben, um den Abgang der übrigen zu decken, etwas anders stellen und an das Medium heranbringen, als wenn auch der zweite

Dreifuß in Thätigkeit ist. Man vergleiche zu diesem Endzwecke Fig. 117 und 118. Erstere zeigt die Fußfährten eines mit allen sechs Beinen laufenden Todtengräbers, letztere dasselbe vom nämlichen Thiere, dem aber nur das rechte Vorder-, das linke Mittel- und das rechte Hinterbein zur Verfügung stehen. Man sieht hier, daß die Hinterbeinspur der rechten Seite (r_3) den Mittelbeinfährten der linken Seite genähert sind, und dann ferner, *daß das rechte Vorderbein* (r_1), *um den Ausfall des Mittelbeins zu ersetzen, weiter nach rechts ausgreift.*

Eine ähnliche, ganz von der Willkür des Thieres abhängende Anpassung der Beinstellung kann man auch beobachten, wenn man Insekten, die nicht mit entsprechenden Haftlappen versehen sind, dazu zwingt, über schiefe Flächen wegzulaufen. Fig. 115 gibt die Fußfährten eines auf einer Horizontalebene laufenden Schwarzkäfers. Fig. 116 hingegen die Beinspuren des gleichen Thieres, das quer über eine mäßig geneigte Fläche ging. Hier hängt sich gleichsam das Thier mit seinen nach oben gerichteten Vorder- und Mittelbeinen (r_1, r_2) auf, weßhalb auch die beiderseitigen Abdrücke weiter auseinander zu liegen kommen als bei der normalen Gangart.

Fig. 119. Gangspuren von Trichodes. Die mittlere Sinuslinie wurde von der Hinterleibsspitze beschrieben, die mit rythmisch sich ändernder, aber im Holzschnitt nicht gut wiedergegebener Stärke an die Unterlage angedrückt wird. Nat. Größe.

Die Leser, welche mit dem Gange der Krebse vertraut sind, wird es gewiß nicht überraschen, zu hören, daß auch viele Kerfe die löbliche Kunst des Rückwärtsgehens verstehen, wobei einfach die Hinterbeine ihre Rolle mit den Vorderbeinen wechseln. Am Gewandtesten sind hierin, wie vorauszusehen, Kerfe, welche, wie z. B. die Grillen, die Ameisenlöwenlarven u. s. w. in Höhlen leben, welche ihnen zu wenig Spielraum zum bequemen Umkehren bieten. Uebrigens ist es ja für diese Troglodyten unter allen Umständen und besonders, wenn sie in ihren Schlupfwinkeln angegriffen werden, von Vortheil, daß sie, den Kopf gegen den Eingang gekehrt, retiriren, weil sie sich mit dem Hintertheil in der Regel nicht wohl vertheidigen können.

Man kann sich leicht überzeugen, daß bei der Ortsveränderung den als Nachschiebern verwertheten Hinterbeinen die meiste Arbeit zufällt, und so erscheint auch nichts naheliegender, als daß diese Gliedmaßen im unausgesetzten Wettstreit mit den übrigen Beinen sich verstärkt und vervollkommnet haben. Damit ist aber schon einer anderen Bewegungsform, nämlich dem Sprunge vorgearbeitet. Am bequemsten können wir diese Function bei den Grashüpfern studieren. Diese nimmermüden lustigen Wesen, denen der Himmel voller Baßgeigen hängt, bedienen sich merkwürdiger Weise zu ihren Luftsprüngen derselben Instrumente, mit denen sie ihre ergötzlichen Konzerte aufführen. Die betreffenden Gliedmaßen haben hier gegenüber den anderen, die sie vorwiegend zum Klettern brauchen, einen erstaunlichen Umfang und insbesondere die Schenkel (Fig. 120o und 121B), welche eben die kolossalen Sprungmuskeln beherbergen, gehen weit über das gewöhnliche Maß hinaus.

Wenn sich nun die Grashüpfer zum Sprunge bereiten, so strecken sie die Oberschenkel wagrecht aus, klappen dann die Schienen ein und beugen auch den Fußabschnitt. Nach einer kurzen Ruhepause, während der sie sich zum Sprunge rüsten, schnellen sie dann vermittelst der Streckmuskeln plötzlich und mit aller Gewalt die Tibien nach hinten und gegen die Unterlage.

In Folge des Rückstoßes von Seite des festen Mediums wird das Thier dann emporgeschleudert und zwar, je nach der Stellung der Sprunghebel, schief nach oben und vorne oder auch in ganz vertikaler Richtung.

Wenn wir den Heupferden die Ehre anthaten, das Geschlecht der hüpfenden Insekten zu vertreten, so soll damit nicht gesagt sein, daß gerade sie die besten Springer wären. Da die Sprunghöhe einerseits vom Gewicht des emporgeschnellten Körpers und andererseits vom Querschnitt der Muskeln abhängt, welche bei ihrer momentanen Zusammenziehung jenen Rückstoß verursachen, welcher den Zug der Schwere überwindet, so begreift man, daß in dem Stücke das Meiste von kleinen Thieren mit dicken Schenkeln zu erwarten ist. Ein, wie es scheint, unübertroffener Meister in diesem Genre ist der Floh, der das Zweihundertfache seiner eignen Höhe abspringen soll. Sehr Anerkennenswerthes leisten übrigens auch gewisse Käfer und Wanzen, sowie auch etliche Zwei- und Hautflügler (Tachydromia, Chalcis, Jassus u. s. w.), bei denen, wie überhaupt bei guten Flugthieren diese Gewohnheit sonst wenig in Schwung und in der That auch leicht zu entbehren ist.

Manche Insekten hüpfen aber nicht mit Hilfe der Beine, sondern es gibt eine Reihe anderer, und z. Th. sehr wirksamer Sprungeinrichtungen, wie z. B. die Springschwänze der Thysanuren (Fig. 122). Die originellste Springfeder besitzen aber doch die Schnellkäfer.

Eine unter den Kerfen sehr weit, ja fast allgemein verbreitete Art der Ortsveränderung ist das Klettern. In gewisser Hinsicht ersetzt das Vermögen hiezu den Mangel von Flügeln und besteht, man denke nur an die Stubenfliege, oft noch neben diesem, wodurch eine Vielseitigkeit der Bewegung sich ergibt, wie sie bei anderen Thierklassen ganz unerhört ist.

Die besten Kletterer sind selbstverständlich die auf Bäumen und Sträuchern lebenden Insekten, wie z. B. die Bockkäfer und Stabheuschrecken. Diese kann man geradezu die Affen des Kerfgeschlechtes nennen, wenn ihre Bewegungen auch minder graciös, sondern ziemlich steif und hölzern ausfallen. Die eigentlichen Kletterorgane, nämlich die scharfen, leichtbeweglichen Fußkrallen, kennen wir bereits. Mit ihrer Hilfe können sich gewisse Insekten, wie z. B. die Maikäfer, kettenartig an einander hängen, ja die Bienen und Ameisen verbinden sich auf diese Art zu lebendigen Guirlanden und Brücken.

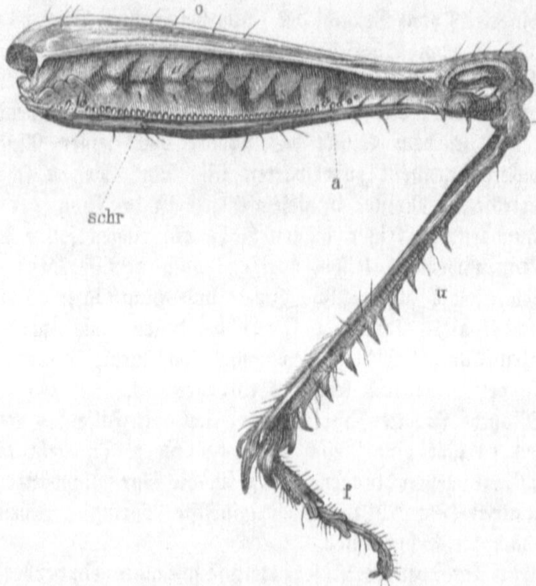

Fig. 120.

Rechtes Sprungbein einer Heuschrecke (Stenobothrns pratorum) ♂. o Oberschenkel, u Schiene, f Fuß. Der Oberschenkel tragt an der Innenseite eine mit federnden Zäpfchen besetzte (Schrill-) Leiste (schr). Bei a geben diese Schrillzäpfchen in gewöhnliche Haare über.

Zu den Chitinhaken gesellen sich dann häufig noch allerlei Lappen und Ballen von klebriger Beschaffenheit, mit deren

Hilfe die Insekten sich gleichsam anleimen. Um auch dickere Zweige leichter zu umspannen, hat der Kerfkletterfuß auch eine größere Beweglichkeit, als dort, wo er nur als Sohle dient. — Förmliche Greiffüsse tragen viele Schmetterlinge (Fig. 123). Zu den langen, beweglichen Krallen kommen

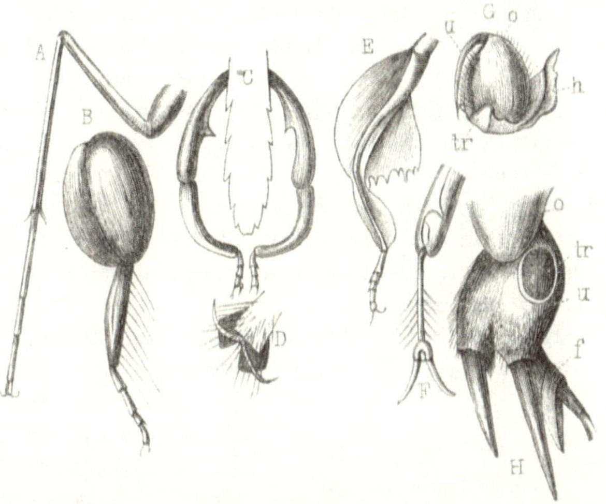

Fig. 121.
Einige der auffallendsten Modificationen von Kerfbeinen. A einer Mücke, B Sprungbein von Myrmecophila acervorum, C von Alydus sinuatus, D Fußende einer Fleischfliege mit Haftlappen, E vom wandelnden Blatt, G taschenmesserartiges Raubbein von Naucoris cimicoides. Hier fehlt der Fußabschnitt ganz. F Tibia von Xya variegata, H Scharrfuß einer mexikanischen Werre (Scapteriscus didactyla) tr Trommelfell.

hier noch weichere, fingerförmige Hautlappen hinzu, die ohne Zweifel auch ein feines Tastgefühl vermitteln.

Einen Gebrauch müssen wir noch anführen, den die Kerfe von ihren Beinen auf dem festen Lande machen: das Scharren und Graben.

Die Larven des Ameisenlöwen und Tigerkäfers mit ihren

Fallgruben, die Todtengräber, vor Allem aber die Grabwespen, die oft in kürzester Zeit im härtesten Erdreich schuhtiefe Löcher auswerfen, sowie die werrenartigen Scheusale bieten bekannte Beispiele. Letztere könnte man in den Kerftypus übersetzte Maulwürfe nennen. Ihr Kopf, im Verein mit der riesigen Vorderbrust formirt einen kräftigen Bohrer, der sich mit erstaunlicher Geschwindigkeit in den Boden hineinzuwühlen versteht. Auch ihre zum Graben verwendeten Vorderbeine (Fig. 121 H) dürfen hinsichtlich der ganzen Einrichtung mit den besten künstlichen Grabinstrumenten concurriren und haben bei einigen Arten den wenig anpassungsfähigen Fußabschnitt gänzlich eingebüßt, während sich die kurze Schiene zu einer rechenartig gezahnten Schaufel verbreitert.

Wir gehen nun auf das zweite Medium, nämlich auf das flüssige über, in dem die Insekten meist gleichfalls mit Hilfe der Beine sich fortbewegen.

Es ist eine für die Erkenntniß der ursprünglichen Zustände der Kerfe gewiß hochbedeutsame Erscheinung, daß viele in ihrer Jugend im Wasser sich aufhalten, so bald sie aber die Geschlechtsreife erlangt, demselben ungetreu werden und sich an das Land zu ihren übrigen Brüdern begeben. Am bekanntesten unter diesen die Abwechslung liebenden Kerfen sind wohl gewisse Mücken, sowie die Libellen und andere Netzflügler, die an stillen, warmen Sommertagen mit ihren wunderlieblichen Fittichen unsere Quellen und Teiche umflattern.

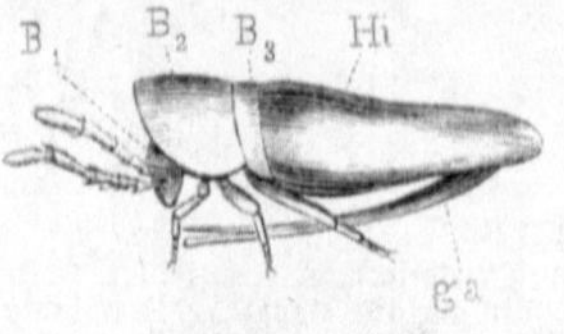

Fig. 122.
Gabelschwanz (Lepidocyrtus curvicollis). Vergr. ga unter den Bauch eingeschlagene Springgabel.

Von Kerfen hingegen, die auch im vollendeten Zustande im Wasser leben, gibt es verhältnißmäßig nur Wenige

Am bekanntesten sind die Wasser- und Schwimmkäfer, sowie die verschiedenen Wasserwanzen, die mit Ausnahme weniger aber alle so organisirt sind, daß sie eine Zeitlang auch in der freien Luft existiren können.

Aus dem Umstande, daß die in Rede stehenden Kerfe nicht bloß dem Wasser-, sondern auch dem Luftleben angepaßt sind, sowie speciell aus der Beschaffenheit ihrer Flugorgane müssen wir schließen, daß sie die letzteren, wenigstens in der Vollkommenheit, wie sie sie gegenwärtig besitzen, in der Luft erworben haben, daß sie also, wie schon mehrfach die Rede war, zuerst aus dem Wasser in die Luft und dann erst aus diesem wieder in das erstere Medium übergesiedelt sind. Eine solche Rückwanderung in ihr ursprüngliches Element läßt sich, von andern Veranlassungen, abgesehen, um so leichter begreifen, als die Mehrzahl der heutigen Wasserkerfe ein räuberisches Leben führen, wozu sie in diesem Medium die beste Gelegenheit finden.

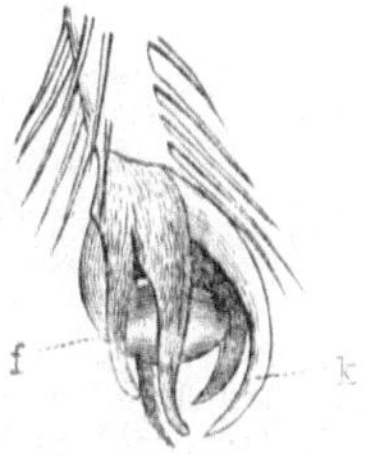

Fig. 123. Kletter- und Greiffuß eines Schmetterlings (Argymnis cynara). k Krallen, f fingerartige Hautlappen.

Eine gewiß höchst merkwürdige, aber leicht erklärliche Erscheinung ist auch die, daß gewisse Kerfe, die im ausgebildeten Zustand sonst niemals das Wasser aufsuchen, wohl aber dort ihre Jugendzeit zubringen, zum Zwecke der Eierablegung nicht bloß hart über dasselbe hinschweben oder den Hinterleib darin eintauchen, sondern sich ganz in dasselbe hineinwagen. So steigt, nach v. Siebolds köstlichen Beobachtungen, das schlanke Wasserfräulein an einem Binsenschafte, den sie als Leiter benützt, oft einige Schuh tief unter den Wasserspiegel hinab und einige kleine Schlupfwespen schwimmen sogar mit Hilfe ihrer ruderartigen Flügelchen.

Der Aufenthalt im Wasser setzt bekanntlich vor Allem

ein verhältnißmäßig geringes Eigengewicht voraus. Mit Rücksicht darauf könnten aber die Kerfe sammt und sonders im Wasser leben; denn ihr von zahlreichen Lungenbäumen durchzogener Körper hat eine beträchtlich geringere Dichte als dieses. Wir brauchen uns deßhalb auch gar nicht darüber zu verwundern, daß die sogenannten Wassertreter, ausgerüstet mit übermäßig langen dünnen Beinen, fast ohne das flüssige Medium zu berühren, über dasselbe dahinschreiten und daß gewisse Springschwänze (Podura aquatica) auf dem Spiegel der Wassertümpel förmliche Ballete aufführen. Viel größere Anstrengung, als sich über Wasser zu erhalten, kostet es aber die meisten Kerfe, sich in demselben unterzutauchen. Dieß zeigt schon die Beobachtung, daß gewisse Insekten, wenn sie vom Grund eines Bassins durch irgend einen Zufall, oder um Athem zu holen, an die Oberfläche kommen, oft eines besonderen Haltes, z. B. eines Pflanzenstengels bedürfen, um wieder in die Tiefe zu gelangen.

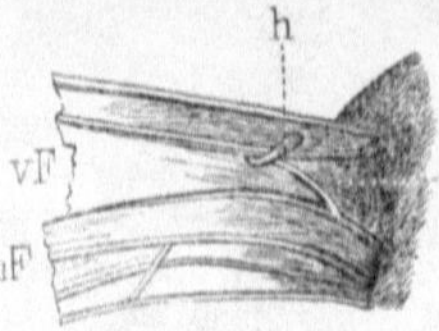

Fig. 124.
Flügelverbindung des Todtenkopfschwärmers. Die Vorderflügelbasis trägt innerlich ein öhrartig umgestülptes Plättchen (h), durch das eine vom Vorderrand des Hinterflügels entspringende Borste (b) geht.

Wenn wir, um uns über die **Schwimmbewegungen** der Kerfe zu orientiren, einen geläufigen Repräsentanten, z. B. einen Dyticus in's Auge fassen, so erscheint derselbe seinem Elemente auf eine wirklich bewunderungswürdige Weise angepaßt. Der Stamm gleicht einem Kahne. Nirgends ein vorspringender Punct, eine scharfe Ecke, die der Bewegung unnöthigen Widerstand leistete; „in der Mitte schwellend, gegen die Enden zugespitzt, spaltet er, einem Keile gleich, den Widerstand des Wassers". Nicht minder zweckmäßig, wie die zu bewegende Last erscheinen die bewegenden Theile, die Ruder eingerichtet. Daß die Hinterbeine dazu herhalten müssen, ergibt sich schon aus ihrer Stellung, genau in der Mitte des Körpers, wo dieser zugleich am breitesten ist. Auch bei andern Kerfen werden diese unwillkürlich zum gleichen Zwecke benutzt, sobald man sie in's Wasser setzt. Die Schwimmbeine der Wasserkäfer sind aber Ruder von ganz eigener Construction, wie sie eben nur durch die Reichhaltigkeit der Mittel eines Organismus hergestellt werden können. Sie werden aber nicht, wie andere Beine im Hüft-, sondern im Fußgelenke gedreht. Die Coxa ist nämlich mit der Brustwand völlig verwachsen. Die betreffenden Muskeln (Fig. 59 v h m pag. 96) an Gewicht alle anderen Weichtheile zusammengenommen übertreffend, greifen also direct an der großen, flügelförmigen Sehne des Oberschenkels an, und strecken und beugen das Bein in einer der Bauchwand hart anliegenden Ebene. Das eigentliche Ruder bildet aber der Fuß (Fig. 59 f). Er ist sehr verlängert und noch mehr verbreitert und kann durch separate Muskeln derart gedreht und gewendet werden, daß er bei der unwirksamen Bewegung, d. i. bei der Beugung, die schmale Kante nach vorne, also dem zu verschiebenden Medium zukehrt, sobald aber der wirksame Stoß ausgeführt werden soll, und das Bein mit großer Gewalt ausgestreckt wird, mit seiner ganzen Breite in das Wasser einschneidet. Diese wirksame Ruderfläche wird noch bedeutend vergrößert durch die am Fußrande entspringenden Borsten, die im entscheidenden Momente sich ausspreizen.

Es weiß Jeder, daß die Ruderstangen der Schwimmkäfer stets gleichzeitig und in regelmäßigem Tacte auf und nieder gehen. Sobald man dagegen einen Dyticus auf das Trockene also auf ein unnachgiebiges Medium bringt, so handhabt er die Hinterbeine ganz nach Art der übrigen Landkerfe, d. h. sie werden abwechselnd eingezogen und wieder ausgestreckt, wie dies aus den betreffenden Fährten (Fig. 112 A) deutlich genug hervorgeht. Wir lernen daraus, daß diese Wasserkerfe die Gangart der Landinsekten noch nicht verlernt haben.

Zu der Repulsion, welche die kräftigen Ruderschläge erzeugen, kommt als bewegende Kraft aber noch der Auftrieb des Wassers hinzu. Stünde der Käfer horizontal im Wasser, so würde er durch dieses emporgehoben. Da der Rumpf aber, wenn das Kerf schwimmen will, eine schräge Stellung einnimmt, so kann man sich den Auftrieb des Wassers in zwei Theilkräfte zerlegt denken, von denen die eine den Körper in horizontaler Richtung vorwärts treibt, während die andere, nämlich die vertikale Komponente, durch die Ruderbewegung kompensirt wird. Das Schwimmkerf ist also gleichsam ein im Wasser fliegender Drache.

Näher unseren künstlichen Rudern kommen schon die langen, bewimperten Hinterbeine mancher Wasserwanzen, z. B. des Rückenschwimmers (Notonecta). Diese werden vom Grunde aus gewendet.

Es ist wohl keine Frage, daß die Beine der Kerse, was die Vielseitigkeit und Exactheit ihrer locomotorischen Leistungen anlangt, die bezüglichen Einrichtungen anderer Thiere weit in den Schatten stellen. Noch mehr Bewunderung müssen wir aber diesen kunstvollen Hebeln zollen, wenn wir ihre Kraft und Stärke in Betracht ziehen. Daß die Gewalt, mit der sich die locomotorischen Muskeln der Kerse zusammenziehen, eine im Vergleich zu den Wirbelthieren ganz ungeheure ist, das erfahren wir schon, wenn wir den Versuch machen, die rhythmischen Brustkorbbewegungen eines größeren Falters durch den Druck der Finger zu überwinden, oder wenn wir gegen den Willen des Thieres die eingeschlagenen Sprungbeine einer Heuschrecke oder die Grabschaufeln einer Werre öffnen.

Ziffermäßige Nachweise über die erstaunliche Leistungsfähigkeit der Kerfmuskeln haben wir aber erst durch die sinnreichen Experimente erhalten, welche Plateau hinsichtlich der Zugkraft verschiedener Insekten austellte.

Diese ergaben, daß selbst die allerschwächsten Kerfe mindestens das Fünffache ihres eigenen Gewichtes ziehen, viele von ihnen aber auch das Vierzig- und Sechzigfache bewältigen, während z. B. ein kräftiger Mann oder ein starkes Zugpferd nicht einmal eine Last zu schleppen vermag, die dem Körpergewichte gleichkommt. Uebrigens steht die Stärke der geprüften Insekten in einem umgekehrten Verhältniß zu ihrer Größe, beziehungsweise zu ihrem Körpergewichte, so daß auch hier der David dem Goliath überlegen ist. —

Flugorgane.

Im weiten Bereiche thierischer Bildung begegnen wir kaum wo einem so merkwürdigen und so augenfälligen Gegensatz wie zwischen dem Organismus der Insekten und dem der Wirbelthiere. Um so auffallender ist es, daß beiderlei Abtheilungen dennoch in Bezug auf gewisse Aeußerlichkeiten einander sehr nahe stehen. Oder ist es nicht eine überraschende Analogie, die in der Gliederungs- und Stellungsweise ihrer Bauchgliedmaßen hervortritt? Scheint denn das Insektenbein nicht Glied für Glied dem Säugethierfuße nachgemacht und finden wir wo anders noch eine größere Form- und Functionsübereinstimmung zwischen ihrer Anlage nach so grundverschiedenen Bildungen?

Das Lehrreiche an dieser Convergenzerscheinung liegt aber eben darin, daß sie an Organen zur Geltung kommt, die, wie keine andern, dem umgestaltenden Einfluß der äußeren Verhältnisse unterliegen. Dies beweist uns, daß sie lediglich nur das Werk der Anpassung an diese sein kann. Oder wie anders könnten in Bezug auf ihr inneres Wesen so heterogene Thiere mit Rücksicht auf die zur Beherrschung der Außenwelt bestimmten Hilfswerkzeuge einander so ähnlich geworden sein, als eben dadurch, daß die gleichen äußeren Lebensbedürfnisse den letzteren auch eine gleiche Form aufzwangen?

Bei der Bildung und Verähnlichung der Kerf- und Wirbelthierbeine hat aber die Anpassung noch keineswegs den höchsten Grad erreicht. Es gibt noch andere, und wir möchten sagen, vornehmere Locomotionsvorrichtungen, worin sich ihre Macht noch größer zeigt, wir meinen die Hebungs- oder Flugorgane.

So außerordentlich vortheilhaft für die meisten Landthiere das Flugvermögen wäre — unser eigenes, an die Scholle gebundenes Geschlecht macht ja seit Dädalus alle Anstrengung, den Mangel natürlicher durch künstliche Fittiche zu ersetzen — so hat doch die Natur den meisten diese Gabe versagt, und unter den zwei Thierstämmen, deren Organisation eine solche Einrichtung oder Verbesserung überhaupt zuläßt, ist sie ihr nur bei je einer Gruppe, nämlich bei den Vögeln und bei den Insekten, vollständig gelungen, während es unter den Säugern, Fischen, Reptilien und Amphibien nur verhältnißmäßig sehr wenige und unter den Chitinhäutern außer den genannten gar keine Flugthiere gibt.

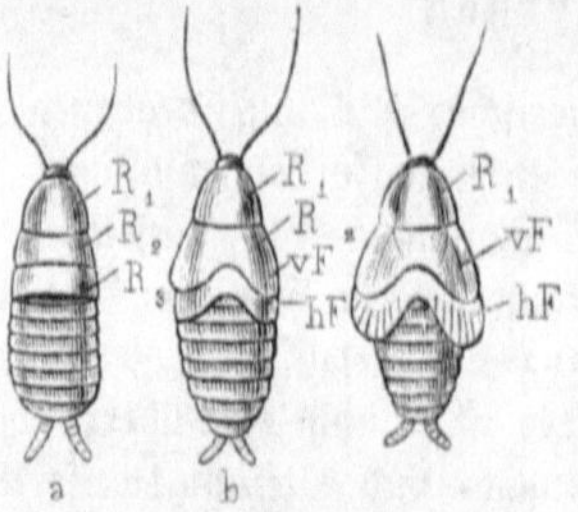

Fig. 125.
Drei Larvenstadien unserer Küchenschabe (Blatta germanica) zur Demonstrirung der successiven Flügelentfaltung.

Die allerinteressanteste Frage in Bezug auf die in Rede stehenden Werkzeuge ist selbstverständlich zunächst die, woraus und wie sie entstanden sind. Ersteres läßt sich hinsichtlich der Vogelfittiche sehr leicht sagen. Sie sind, wovon man sich an einem Scelet leicht überzeugen kann, weiter Nichts als etwas modificirte Vordergliedmaßen, entsprechen also in ihrer Anlage vollständig unseren Armen. Auch die Umbildung der typischen Wirbelthiergliedmaßen in die Vogelfittiche läßt sich, namentlich mit Zuhilfenahme der ausgestorbenen Urvögel, welche unmerklich mit gewissen fossilen Reptilien verschmelzen, schrittweise verfolgen, und wir wollen nur ein Paar Beispiele nennen, welche darthun, daß es auch hier lediglich nur die äußern Lebensumstände sind, welche diese Modification hervorgerufen haben. Am überzeugendsten ist das Exempel mit den „Fischflügeln". Sie sind weiter Nichts als etwas verlängerte Brustflossen, und die Veranlassung, daß ihre Besitzer sie gelegentlich, z. B. wenn sie von Raubthieren verfolgt werden, zum Fliegen, oder wenn wir wollen, zum Schwimmen in der Luft benützen, ist doch gewiß eine sehr äußerliche. Ebenso bezeichnend ist auch der umgekehrte Functionswechsel, wie er uns bei den Pinguinen vorliegt. Diesen Seevögeln kommen ihre „Flügel" besser als Flossen, denn als Flugarme zu Statten und sie gleichen auch in Folge der erlittenen Umänderung äußerlich bereits mehr den Seehund- und Seeschildkrötenflossen als den Fittichen ihrer Nächstverwandten.

Von der Umgestaltung in der Größe, im Zuschnitt und in der Gliederung der Fischflosse zu einer Flugplatte oder zu einem Pterodactylus-Segel scheint es allerdings noch bis zur Entfaltung des kunstvollen Federfächers der heutigen Vögel ein sehr großer Schritt. Aber ist denn nicht die Vogelfeder selbst nur eine modificirte Reptilienschuppe?

Ungleich schwieriger ist die Genesis der Kerfflügel zu erklären, wenn auch nach dem Vorhergehenden Niemand daran zweifeln wird, daß auch sie keine speciell den Kerfen anerschaffene, sondern von ihnen im Kampf um's Dasein selbständig erworbene Hilfsorgane sind. Zum Unterschiede von den Fittichen der Vögel darf der Leser zunächst nicht vergessen, daß die Fluggliedmaßen der Insekten keine metamorphosirten Bauchanhänge oder Beine, sondern zu letztern völlig neu hinzukommende Rückenanhänge des Mittelleibes darstellen.

Angesichts der allen Entomologen wohl bekannten Thatsache, daß die Beine und speciell auch die Vorderbeine der Insekten außerordentlich variabl und bildsam sind, könnte man sich aber darüber verwundern, daß nicht auch sie zu Flügeln sich umgestalten ließen, um so mehr als sie in der That oft flügelartig verbreitert erscheinen. Die Kerfvorderbeine können aber hauptsächlich aus einem doppelten Grunde niemals Flügel werden. Für's erste sind, wie wir im früheren Kapitel erfuhren, die in der Regel ganz nahe beisammenstehenden Mittel- und Hinterbeine allein nicht in der Lage, der Mithilfe der vorderen zu entrathen. Für's zweite aber sind letztere ihrer Einlenkung am Bauche wegen auch gar nicht oder doch nur schlecht dazu geeignet, als Hebungsorgane zu functioniren, wobei die etwaige Entgegnung, daß die Vögel- und Flatterthier-Extremitäten Solches vermögen, sich einfach damit erledigt, daß die sogenannten Bauchgliedmaßen der Wirbelthiere ihrem Ursprunge nach eigentlich Rückenanhänge sind.

Ja, wenn aber die Kerfflügelbildung nicht an schon gegebene und vorhandene Locomotionsorgane anknüpfen konnte, sondern wenn im Gegentheile diese Organe ganz aparte und im Reiche der Chitinhäuter völlig isolirt dastehende Bewegungs-Werkzeuge sind, wie wollen wir dann ihre natürliche Entstehungsart erklären?

Zu dem Zwecke müssen wir uns zunächst mit ihrer Ontogenese etwas vertraut machen. — Bekanntlich kommen alle Insekten ohne alle Flügelspuren aus dem Ei hervor, d. h. die neugebornen Kerfe sind eigentlich noch gar keine wahren Insekten, sondern, freilich auch nicht immer, Sechsfüßler, an welchen die eigentlichen Kerfinsignien, nämlich die Fittiche, erst später hervorsprossen. Doch geschieht dies, scheinbar wenigstens, nach ganz verschiedenen aber mit dem gesammten Entwicklungsgange innig zusammenhängenden Modalitäten.

Sehr übersichtlich erscheint der Vorgang bei jenen Kerflarven, die bei jeder Häutung dem Mutterthiere ähnlicher werden, also bei den Gerad- und Netzflüglern, sowie bei den Schnabelkerfen. Hier gewahrt man, wenn man vorerst nur das Aeußerliche des Processes im Auge hat, bald früher, bald später, an den Seiten des Mittel- und Hinterrückens taschenartige Aussackungen, die mit jeder Häutung an Umfang zunehmen und zugleich immer mehr vom Rumpfe sich abschnüren. Dabei behalten diese „Flügelscheiden" entweder stets dieselbe Lage, wie z. B. bei den flachleibigen Blattinen, unsern bekannten „Russen" (Fig. 125), oder sie werden bei Thieren mit mehr zusammengedrücktem Körper, wo die ersten Anlagen an den Brustseiten herabhängen (Fig. 126 B), sobald sie eine gewisse Länge überschritten haben, auf den Rücken umgelegt (C). Studieren wir aber den Vorgang der Flügelentwicklung mikroskopisch, an einem quer durch die Flügelbrust geführten Schnitte, so stellt sich der Vorgang noch einfacher dar. Das Hauptmoment aller Entwicklung ist und bleibt doch das Wachsthum nach bestimmten Richtungen. Betreffs der Haut ist dieses bei den Insekten nur auf die Art möglich, daß sich die äußere Zellfläche durch, in die oberflächliche Chitinschale eingezwängte Faltungen vergrößert. Diese Falten nehmen natürlich, nach dem Maße der Zellvermehrung, von einer Häutung zur andern beständig zu, und glätten sich erst aus, wenn, nach dem Kleidwechsel, der äußere Widerstand überwunden ist.

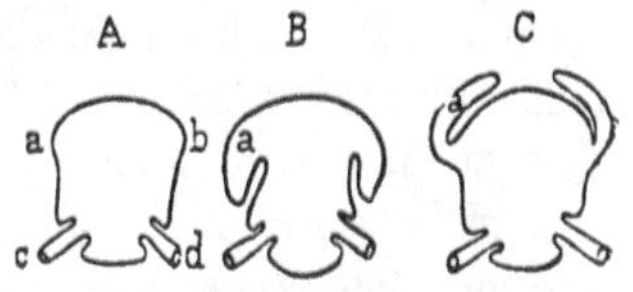

Fig. 126.
Schematische Darstellung der Flügelentfaltung der Heuschrecken an Querschnitten. c, d die bauchständigen Beine, a, b taschenartige Falten der Rückenplatten, aus denen sich die Flügelscheiden (B, C a) entwickeln.

Betrachten wir nun ein Flügelleibdiagramm während des Stadiums, wo die Flügel zuerst angelegt werden, so erkennen wir dieselben unterhalb der Schale, also an der zelligen Chitinmutter, die aber schon ein dünnes Chitinhäutchen ausgeschwitzt hat, als eine geringfügige Falte, welche oft von anderen Falten, welche später ausgeglichen werden, die also bloß das Umfangswachsthum der Haut bedingen, kaum zu unterscheiden sind, und wir können, darauf fußend, die Flügel geradezu als bleibende Hautfalten erklären.

Wie aber die ersten Flügelanlagen auf der durch die Oberflächen-Vergrößerung bedingten Fältelung der allgemeinen Körperhülle beruhen, so beruht die weitere Vergrößerung der Flügel, in den späteren Stadien, auf der Fältelung der Flügelhautepidermis selbst, was wir auch makroskopisch wahrnehmen, indem die neuen aus den alten Scheiden hervorgezogenen Flügel im Anfang ganz zusammengeknittert aussehen.

Wir brauchen dem Leser wohl nicht eigens zu bemerken, daß diese flügelartigen Hautfalten keine leeren Taschen sind, sondern daß die mit der Haut zusammenhängenden Gewebe und Organe, wie der Fettkörper, das Tracheennetz, die Muskeln u. s. f. auch nach ihrer Hervorstülpung noch damit verbunden bleiben.

Nach der letzten Häutung aber, wo der Säftezufluß in die am Grunde sich verengenden Flügeltaschen sehr reducirt wird, fallen dann ihre beiden Blätter zusammen und verwachsen später gänzlich zu einer einzigen soliden Flughaut. Nur längs den die ehemaligen Flügeltaschen durchziehenden und von Nerven begleiteten Luftröhren erhalten sich entsprechende Kanäle, durch welche die Ernährungsflüssigkeit regelmäßig zu- und abfließt. Diese über und unter die Flügelfläche sich erhebenden dickwandigen Blutröhren sind eben die allbekannten Rippen und Adern der Flügel, und ist also letztere Bezeichnung nicht bloß symbolisch zu nehmen.

Wesentlich anders scheint die Flügelentwicklung bei den Kerfen mit vollkommener Verwandlung.

Wenn wir uns hier vorläufig auf die Schmetterlinge beschränken, so sehen wir die Raupen trotz aller Häutungen immer dieselben und namentlich auch immer flügellos bleiben.

Erst bei der letzten Hautabstreifung kommen auf einmal, an der Puppe nämlich, relativ schon sehr große und bereits auch deutlich gerippte Flügel zum Vorschein, so daß es scheint, als ob diese ganz plötzlich von innen heraus gewachsen wären.

Und doch geschieht die Entwicklung der Falterschwingen, wie im zweiten Bande dieses Werkes ausführlicher zu zeigen nach unseren neuesten Untersuchungen genau auf dieselbe Weise wie bei den „Russen" und Wanzen und auch nach denselben Gesetzen des Flächen- oder Umfangwachsthums. Der Unterschied ist einzig nur der, daß die die Flügel liefernden Integumentfalten, bei einem reichlich aufgespeicherten Baumateriale, in verhältnißmäßig kürzerer Zeit, nämlich schon im Zeitraum zwischen zwei Häutungen dieselbe Ausdehnung erlangen, wie sie sonst erst im Laufe mehrerer Wachsthumperioden erzielt wird.

Und sollte sich nun dieselbe Bildungsweise der Flügel, wie wir sie bei der Entwicklung des Individuums flüchtig skizzirt nicht auch historisch nachweisen lassen?

Bei verschiedenen Krebsen (vergl. Fig. 29 pag. 50) sehen wir ungefähr an den Stellen, wo bei den Kerfen die Flügel sitzen, blatt- oder schalenartige Hautfalten, die vornehmlich, wenigstens bei den niederen Formen, als Kiemen fungiren.

In vielen Fällen, z. B. beim Wasserfloh, beim Flußkrebs u. s. w. erscheinen uns diese Rückenausstülpungen allerdings mehr als Schutz- denn als Respirationswerkzeuge. Aber kann dies denn ein ernstliches Hinderniß sein, sie, wie werden wir gleich sehen, mit den Kerfflügeln in Beziehung zu bringen, nachdem doch jeder Schulknabe weiß, daß die Käfer z. B. ihre Flügel zum gleichen Zwecke, nämlich zur Bedeckung des weichen Hinterleibes benützen? — Um nun einen Schritt weiter zu gehen, so erinnern wir vorerst an die ersten Larvenstadien der den Urkerfen sehr nahe stehenden Termiten, die an allen drei Brustrückenplatten große, blattartige Seitenanhänge besitzen, welche, da diese Thiere an feuchten Orten sich aufhalten, als Kiemen sicherlich keine schlechtere Rolle spielen wie die gleichnamigen und als solche allgemein anerkannten Kiemen der Kellerasseln und ähnlicher landlebender Kiemenarthropoden. Diesen Rückenkiemen der Termitenjungen fehlt aber zur Flügelwerdung weiter nichts, als daß sie sich etwas vergrößern, am Grunde stielartig einschnüren und mit den nöthigen Gelenken und Muskeln zu ihrer Bewegung versehen. Daß aber eine solche Umwandlung fixer und einfacher Hautfalten in bewegliche und breite Flugplatten sich allmälig wirklich vollziehen kann, das lehrt uns einerseits die bereits kurz erörterte Ontogenese der Flügel selbst, als auch die Vergleichung der Kiemen und Kiementracheen bei den ausgebildeten Wassergliederthieren, wo wir von der einfachen taschen- oder fingerförmigen und ganz unbeweglichen Hautausstülpung bis zu der weitentfalteten und durch einen complicirten Muskelmechanismus in Bewegung gesetzten Normalkieme alle möglichen Uebergänge wahrnehmen. Andererseits sehen wir aber auch, und dies ist wohl die wichtigste Thatsache für die Genesis der Kerfflügel, daß sie gelegentlich wirklich und direct aus wahrhaftigen Kiemenflossen hervorgehen. In Fig. 183 findet der Leser nämlich eine in Bächen lebende Eintagsfliegenlarve abgebildet, deren vorderste Kiemenblätter (F_2), wenn das Insekt nach der letzten Häutung sich in die Luft erhebt, die Function der Flugorgane übernehmen.

Es können nach dem Gesagten also die Kerfflügel einen doppelten Entwicklungsgang durchgemacht haben. Sie können, wie bei den Termiten, direct an Land-Hexapoden aus Ausstülpungen der Brustrückenplatten entstanden sein, oder sie sind bei den wasserlebenden Urkerfen aus einer Umwandlung der Kiemenflossen hervorgegangen. Allerdings ist es, wie wir schon in einem früheren Kapitel zu zeigen versuchten, sehr wahrscheinlich, daß die Letzteren, nämlich die flossenartig beweglichen Kiementracheen der Wasserinsekten, von den fixen blattartigen Ausstülpungen der Landkerfe abstammen, daß also mit andern Worten der Grund zu den Luft- sowohl, als zu den Wasserflügeln auf dem Lande gelegt wurde.

Wenn aber, muß man fragen, bei den Termitenlarven jeder der drei Brustringe mit flügelartigen Rückenanhängen versehen ist, wie kommt es dann, daß die ausgebildeten Insekten nur Mittel- und Hinterbrustflügel, im Ganzen also nicht drei, sondern bloß zwei Paare solcher Gliedmaßen tragen? Wir haben schon oben angedeutet, daß man bei der Lösung allgemeiner morphogenetischer Fragen den Begriff des betreffenden Organes nicht zu sehr nach functionellen Gesichtspuncten einschränken dürfe. Wenn wir dies im Auge behalten, so werden wir bei den verschiedensten Insekten unzweideutige Spuren wahrhaftiger Vorderbrustflügel antreffen, wie wir denn schon früher die seitlichen Halsschildlappen der Heuschrecken, Käfer u. s. f. in diesem Sinne auslegten. Andererseits kommt aber noch Zweierlei in Betracht. Einmal der Umstand, daß die Ausbildung activer Flugorgane an der Vorderbrust schon mit Rücksicht auf die in unmittelbarer Nähe befindlichen beweglichen Kopfanhänge unterbleiben muß, und dann der noch gewichtigere, daß eine solche Vielheit von Flugplatten vom mechanischen Standpunct aus sich als höchst unpractisch erweist. Letzteres wird aus dem Folgenden klar.

Obwohl die Insekten thatsächlich nur vier Flügel besitzen, so geht das Bestreben der Natur doch unverkennbar dahin, sie zu Zweiflüglern zu machen. Dies wird auf eine zweifache Art erreicht. Bei den Faltern, Immen und Cicaden, also kurz gesagt, bei den gleichflügeligen Insekten, agiren die vier Flügel niemals unabhängig von einander, als zwei selbständige Paare, sondern sie werden durch eigene Haken, Klammerreihen, Falzleisten und dergleichen (Fig. 124 pag. 180) aus den modificirten Flügelsäumen hervorgegangene Vorrichtungen zu je einer einzigen Flugplatte verkettet, ja dieser Verband ist in der Regel schon soweit gediehen,

diehen, daß die Hinterflügel von den vorderen ganz in das Schlepptau genommen werden und in Folge davon auch nur einen verhältnißmäßig schwachen Bewegungsmechanismus besitzen. — Die andere Art der Flügelreduction besteht aber darin, daß ein Paar ganz außer Dienst gesetzt wird. Solches beobachten wir z. B. bei den Wanzen, Käfern, Heuschrecken und Schraubenflüglern, bei welchen die Vorderflügel sehr häufig entweder verkümmern oder zu anderen Leistungen herangezogen werden. Daß aber ein einziges Flügelpaar ebensoviel zu leisten vermag als ihrer zweie, dafür bürgen doch die Zweiflügler, denen Niemand nachsagen wird, daß sie im Flugvermögen den Vierflüglern etwas nachgeben.

So gelangen wir denn auch hier wieder zu einer Erscheinung, wie sie an organischen Wesen und namentlich an den vieltheiligen Gliederthieren so oft uns gegenübertritt. Gewisse Gebilde entstehen anfangs in großer Zahl und Fülle, ohne Zwecke und ohne Bestimmung. Die züchtende Natur weiß sie aber zu ihren Gunsten auszunutzen, und, durch Beschränkung der Zahl, ihre Leistungen im Einklange mit der Oekonomie des Gesammtorganismus zu steigern.

Fig. 127.
Flügeltypen.

A vmr vordere, hmr hintere } Mittellippe. VR Vorder-, IR Innen-Hinter-, AR Außen- } Rand des Flügels.
tr Trennungs-, qu Quer- } Ader. ez eingeschobene Zelle.

B m Flügelmal. a Anhangs-, ra Radial- cu Kubital-, di Discoidal-, sum Submedial-, la lanzettf. Zelle. zu zurücklaufende Adern. co Costal-, wu Wurzel-, mi Mittel- au Außenzellen.

C wuq Wurzelquerader, qu gewöhnliche Querader, hqu hintere Querader, vra Vorderrand-, ra Rand-, ura Unterrand, hra Hinterrand-, vwu vordere Wurzel-, hwu hintere Wurzel-, an Anal-, ax Axillarzelle. af Afterlappen, fl Flügellappen.

D Sch Schulter-Humeral-, R Rücken-Axillar- } Feld

E W lederartiger Warzeltheil
H häutiger Spitzentheil
Na Nagel.

sch Schulter-, m Mittel-, rü Rücken-Anal-, di Discoidal-, tr Trennungs-, ax Axillar- } Ader = v. divisante.

gl glasheller, r Anal- } Flügelstreifen.

G rd Radius, qu Querader der Wurzelzelle (wu), k Knötchen-nodulus, dr dreieckiges Feld.

A.

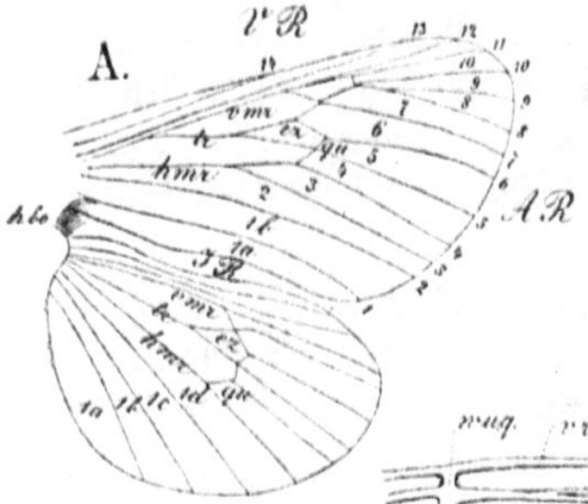

Vorder- u. Hinterflügel eines Schmetterlings.

B.

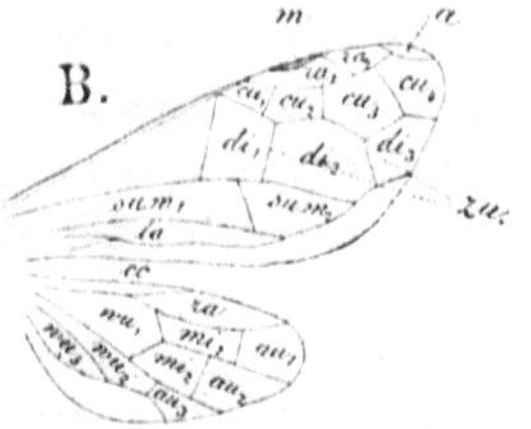

Vorder- u. Hinterflügel e. Blattwespe.

C.

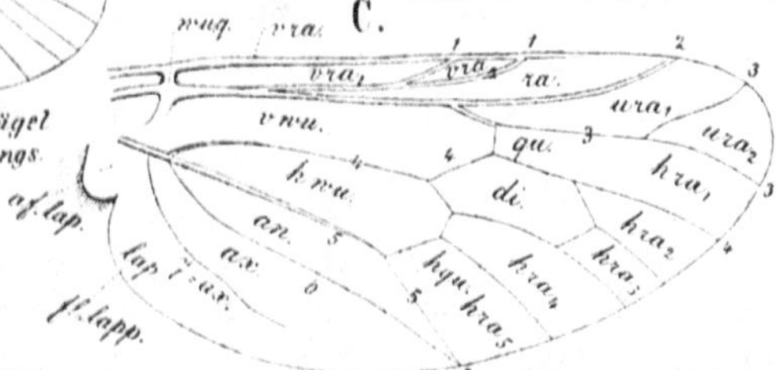

Flügel einer Diptere

D.

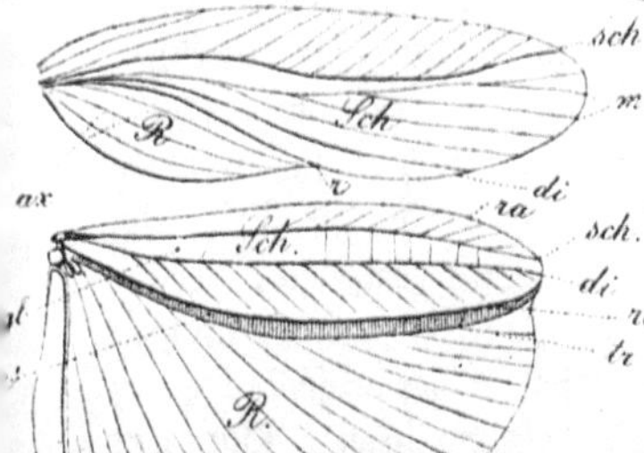

Vorder- u. Hinterflügel einer Blattide.

G.

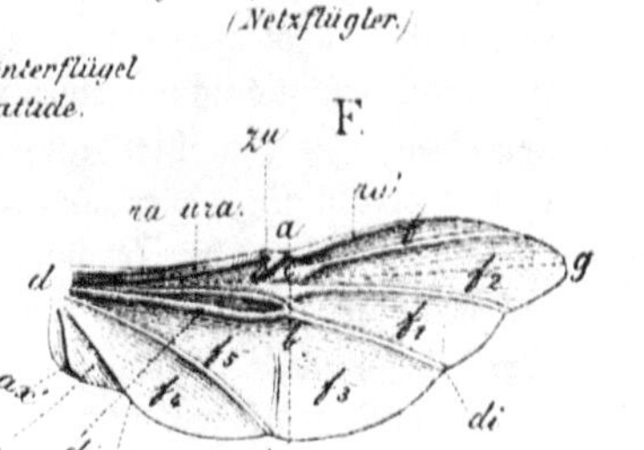

Flügel v. Agrion cyathigerum (Netzflügler.)

E.

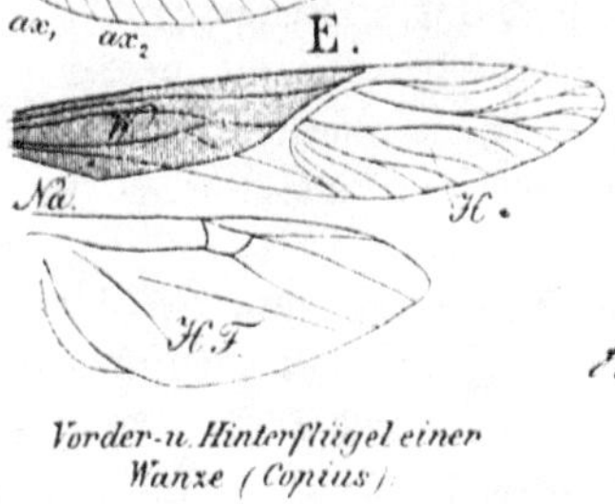

Vorder- u. Hinterflügel einer Wanze (Copius)

F.

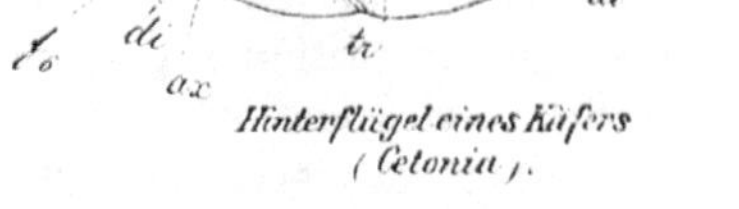

Hinterflügel eines Käfers (Cetonia).

Aber wenden wir uns nun endlich zur Betrachtung der ausgebildeten Kerfflügel. Sie zählen nicht bloß zu den charakteristischesten, sondern auch zu den prächtigsten Erzeugnissen des zu unerschöpflicher Produktivität befähigten Insektenorganismus.

Oder sind sie nicht gleichsam das Feierkleid, womit die Natur ihre Lieblinge geschmückt? Gibt es denn eine glänzendere Erscheinung, als z. B. den Morpho Menelaus, den Linné mit einem Planeten vergleicht, welcher bald, wenn auf seinen ultramarinblauen Flügeln die Sonne sich spiegelt, wie ein zweites Taggestirn leuchtet, wenn uns diese aber die dunkle Unterseite zuwenden, plötzlich verfinstert erscheint.

Niemals haben wir aber noch die fesselnde Schönheit der Insektenschwingen tiefer gefühlt, als zu jener Stunde, wo wir in einem ruthenischen Hüttendorfe ein verwahrlostes, halbnacktes Kind am Wege trafen, das im Anblick eines auf einem Strauch sich wiegenden Tagpfauenauges wie verzaubert schien.

Die Flügel sind für das Kerf aber nicht bloß die herrlichste Zier, die ihm zu Theil werden konnte, sie sind ihm auch die nützlichsten und wichtigsten Hilfswerkzeuge, welche es ja eigentlich erst zu einem wahren Insekte, zu jener luftigen Psyche machen, die frei von den Fesseln der Scholle, gleich einem überirdischen Wesen, in den Aether emporsteigt. Oder wer folgte nicht sehnsüchtig mit seinen Augen der glänzenden Amazone, der Seejungfer „in ihren tausend wechselnden Bewegungen, in ihren Drehungen, Wendungen und Rückwendungen, in den endlosen Kreisen, die sie mit ihren schimmernden Schwingen auf den Wiesen oder über dem schilfumkränzten Spiegel eines See's beschreibt?" —

Damit haben wir auch schon die zwei wichtigsten Verhältnisse bezeichnet, welche wir bei den Kerfflügeln zu untersuchen haben, nämlich ihre äußere Beschaffenheit und den innerlich gelegenen Mechanismus ihrer Bewegung.

Was nun die Erstere anlangt, so läßt sich davon um so weniger eine allgemeine Beschreibung liefern, als die Flügel nicht allein bei den verschiedenen Insektenabtheilungen, sondern auch nach ihrer jeweiligen Function außerordentlich variabel ist. Ist es dem Leser doch hinlänglich bekannt, daß wir die Flügel in Folge ihrer charakteristischen Ausbildung bei den einzelnen Kerfordnungen gleichsam als die Uniform betrachten dürfen, an der wir Stellung und Rang ihrer Inhaber sofort erkennen.

Eine Frage von hohem Interesse wäre natürlich die, wie denn die diversen Kerfgruppen zu einer solchen typischen Flügeladjustirung gelangt und auf welche Weise die verschiedenen Flügelspecialitäten entstanden sind, die wir nun im Einzelnen kurz durchgehen wollen.

Flügel im engeren Sinne, d. h. Organe, die nicht allein die ursprüngliche Form, sondern auch die ursprüngliche locomotorische Function am besten bewahrt haben, sind zunächst die dünn- und nackthäutigen Vorder- und Hinterschwingen der Ader-, der Netz- und Gleich-, beziehungsweise auch der Zweiflügler, sowie die hinteren Schwingen der Käfer, der Wanzen, sowie der Gerad- und Fächerflügler.

Im Allgemeinen sind das zarte, durch mehrere, meist kreuz- und quergelegte aber sehr ungleich dicke Stäbe oder Spangen gestützte Flughäute von unregelmäßig dreieckiger Gestalt, welche ganz den Eindruck machen, „als wenn sie nur fremde, dem Körper schlecht angemessene Lappen wären".

Indessen dürfen wir da nicht dem Scheine trauen. Die Flügel müssen vielmehr, wie uns schon ihre Entwicklung lehrt, so gut wie die anderweitigen Gliedmaßen als wirkliche Ausstülpungen der allgemeinen Leibeshöhle angesehen werden und um speciell die etwaige Meinung zu widerlegen, daß diese Flughäute empfindungslos wären, erinnern wir, daß von Leydig in gewissen Wurzeladern derselben sehr umfangreiche und komplicirte, also auf eine wichtige Verrichtung, vielleicht auf eine Art Gleichgewichtssinn, hindeutende Nervenendapparate entdeckt wurden, sowie man sich denn auch durch das Experiment überzeugen kann, daß gerade diese zarthäutigen Kerffittiche durch verschiedene äußere Agentien, z. B. Wärme, Luftströmungen u. s. w. außerordentlich leicht afficirt werden.

Wer sich auch nur ganz oberflächlich mit Insekten beschäftigt hat, dem konnte es nicht entgehen, daß die Zahl und Beschaffenheit, besonders aber die Vertheilung der Flügeladern, so mannigfaltig sie sich im allgemeinen darstellt, für die kleineren Unterabtheilungen und Gattungen nicht minder bezeichnend ist, wie das zierliche Geäder für die Pflanzenblätter.

Es läßt sich auch denken, daß sich die beschreibenden Entomologen eines so bequemen und deutlichen Unterscheidungsmerkmales, mit Vorliebe bedienen, und daß sie zum Zwecke allgemeiner Verständlichkeit die charakteristischen Adern sowohl als die von ihnen abgegrenzten Flügelfelder oder „Zellen" mit besonderen, leider zum größten Theile sehr unzweckmäßig gewählten Namen belegen, worüber beiliegende Tafel (Fig. 127) die nöthige Orientirung gibt.

Selbstverständlich dürfte eine solche einheitliche Adernomenclatur zunächst nur auf die Flügel solcher Kerfe angewandt werden, von denen man voraussetzen darf, daß sie **den gleichen Typus der Flügeladerung, resp. der Tracheenvertheilung, von ihren Vorfahren ererbt haben.**

Da aber die letztere, wie wir später hören werden, bei den einzelnen Kerfabtheilungen sehr ungleich ist, so kann dem Suchen nach einer gemeinsamen, für sämmtliche Insekten passenden Flügelader-Nomenclatur offenbar keine wissenschaftliche Bedeutung beigelegt werden, und wenn wir auch den Flügel eines Schmetterlings z. B. in mancher Beziehung ähnlich wie den einer Diptere oder eines Käfers geadert finden so ist nicht außer Acht zu lassen, daß eine solche Uebereinstimmung, z. Th. wenigstens, durch die Anpassung bedingt sein kann, welche die Flügel in ihrer Eigenschaft als mechanische Hilfsorgane erfahren haben.

Was aber eine solche Anpassung wirklich zu leisten vermag, das lehrt uns eine Vergleichung der Hinterflügel der Käfer (Fig. 127 F) mit den Flughäuten der Fledermäuse, die im übrigen wahrhaftig wenig Aehnlichkeit miteinander haben. Ist die dicke, doppelte Wurzel der Vorderrandader (ra, ura) physiologisch genommen etwas anderes, als der knöcherne, die Flugplatte stützende Arm der Fledermaus und ist die Uebereinstimmung zwischen den fünf Käferflügelradien und den langen Chiropterenfingern nicht geradezu eine sprechende? Nimmt man dazu noch die Art und Weise der Flügelfaltung, so läßt sich die Aehnlichkeit bei aus einem so verschiedenen Materiale hergestellten Flugwerkzeugen eigentlich schon gar nicht mehr weiter treiben.

Hier heben wir nun gleich noch eine weitere Analogie zwischen Wirbel- und Gliederthierflügeln hervor, die nämlich, welche uns die Vergleichung der befiederten Vogelschwingen mit den beschuppten Falterflügeln an die Hand gibt. Daß erstere von den nackten Flughäuten der Reptilien abzuleiten, ward schon erwähnt und auch daß die Federn der Vogelflügel nicht dieserwegen eigens erschaffen sein können, da ja dieselben Gebilde auch die übrige Haut bekleiden. Bei den Faltern besteht genau derselbe

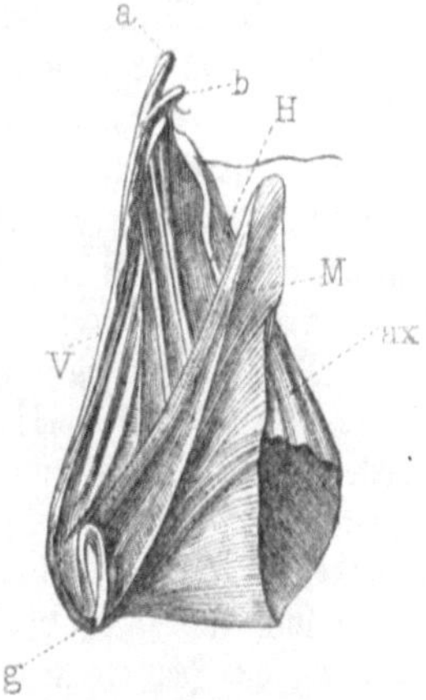

Fig. 128.
Gefalteter Unterflügel des Hirschkäfers. a, b die beiden Krafthebel. V Vorderrand. M Spitzen oder End- ax Axillarflur. G Gelenk.

Fall, indem die zierlichen „den Zungenblümchen der Salatpflanzen“ ähnlichen und reihenweise oder besser dachziegelartig angeordneten Schuppen der Flügel sich nicht auf diese allein beschränken, sondern, wenn auch in etwas anderer Façon, am ganzen Körper vertheilt sind. In Einem Stücke sind wir aber bei den Faltern im Vortheil, daß wir nämlich die Entwicklung ihrer charakteristischen Hautanhänge aus einfacheren und zwar meist haarförmigen Cuticularanhängen genau verfolgen können.

Interessant ist auch der Umstand, daß im Bereiche der Insekten die Schuppen-, oder wenn wir so sagen dürfen, die Federbildung nicht ausschließlich auf die Schmetterlinge allein beschränkt ist, sondern sporadisch auch bei anderen Ordnungen, z. B. den Springschwänzen auftritt, während andererseits die Schwingen mancher Falter, z. B. der sog. Glasflügler, ganz oder doch stellenweise nackt bleiben.

Bei dem Umstande, als die bisher betrachteten, zum Fluge bestimmten Kerffittiche von überaus zarter und zerbrechlicher Natur sind, würde man es a priori gewiß für sehr zweckmäßig halten, wenn sie während des Ruhezustandes durch besondere Vorrichtungen geschützt würden. Dies geschieht nun bekanntlich bei mehreren Kerfabtheilungen, nämlich bei den Wanzen, Käfern und Geradflüglern in der That, indem unter ihren zwei Flügelpaaren eine Theilung der Arbeit in der Weise Platz griff, daß vorwiegend nur die hinteren das Fluggeschäft besorgen, während die vorderen oder oberen sie bedecken und schirmen und zu dem Behufe auch eine derbere Beschaffenheit angenommen haben. Freilich trifft man diese Schutzdecken weniger bei Insekten, welche sehr viel fliegen, als bei solchen, die es verhältnißmäßig selten thun und die, wie z. B. die Heuschrecken und Käfer, ihre voluminösen, zarthäutigen Unterflügel ja ohnedem durch Zusammenfaltung sicherstellen.

Schon dies muß uns darauf führen, daß es bei der Umwandlung der Vorderflügel in Decken nicht auf den Schutz der unteren Flugplatten allein abgesehen war, daß vielmehr ein solches, von einer gleichzeitigen Verschmälerung der Flügel begleitetes Dickenwachsthum eine Schwächung des Flugvermögens im Gefolge hat, die häufig gleichbedeutend ist mit einem Rückfall in den ehemaligen flügellosen Zustand. Bei den Käfern sowohl wie bei den Wanzen und Geradflüglern kommt es wenigstens sehr häufig vor, daß, während die Oberflügel eine sie zum Fluge völlig untauglich machende Beschaffenheit annehmen, ja zuweilen sogar untereinander zu einem festen, den Hinterleib bedeckenden Schilde verwachsen, die unter allen Umständen häutig bleibenden Unterflügel total eingehen.

Sehr lehrreich sind die verschiedenen Modificationen, welche die Decken der Ungleichflügler (Heteroptera) bei den einzelnen Abtheilungen erfahren haben. Die allergrößte Mannigfaltigkeit zeigt sich diesfalls bei den Geradflüglern, bei denen sich diese Flügel im ganzen zwar am wenigsten vom normalen Typus entfernten. Sie sind schmal, im allgemeinen wenig verdickt und meist sehr deutlich ihrer ganzen Länge nach geadert (vgl. Fig. 48 v Fl). Mehr lederartig, undurchsichtig und armaderig oder ganz aderlos werden sie bei den bekannten Ohrwürmern, die auch in anderen Stücken, zumal betreffs ihrer einschlagbaren Unterflügel an die kurzschürzigen Käfer erinnern. Der Umstand, daß die Decken gewisser Orthopteren, nämlich der Grillen und Laubheuschrecken über dem meist flachen Rücken weit übereinandergreifen, hat zu einer Function Anlaß gegeben, die echt heuschreckenmäßig ist. Die ehemaligen Kiemen resp. Flugorgane sind Streich-Instrumente geworden, deren originelle Einrichtung wir dem Leser ein andermal beschreiben wollen. Für jetzt erwähnen wir nur, daß die Zirpflügel eine leicht erklärliche Tendenz zur Verkürzung und Verdickung haben, indem letztere die Stärke der durch das Aneinanderreiben der feilenartigen Rippen erzeugten Laute erhöht, während erstere dem fiedelnden Thiere eine leichtere Manipulation gestattet.

Ganz absonderlicher Schürzen dürfen sich die Wanzen rühmen. Durch diese verrathen sie sich auch dem Laien fast ebenso sicher wie durch das Parfüm, das sie um sich zu verbreiten belieben. Die Wanzendecken sind nämlich durch eine scharfe Querlinie in zwei Felder abgetrennt, wovon das an der Wurzel (Fig. 55 a) pergament- oder lederartig ist und, als ob es ein Chinese bemalt hätte, mit allerlei, meist sehr grellen Farben, prunkt, während das hintere ganz zart und durchsichtig erscheint und ein völlig separates Geäder besitzt. Vorläufig wenigstens sehen wir uns gänzlich außer Stand, auch nur im entferntesten anzugeben, woher sich diese Eigenheit der „Halbflügler" datirt. Von den Käferdecken, mit denen sie sonst viel Analoges haben, unterscheiden sie sich noch durch ihre Lage. Es legen sich nämlich ihre glashellen Endfelder kreuzweise übereinander, so daß man bei jeder geflügelten Wanze hinten, über dem After, einen hellen Fleck sieht.

Schon bei den eben genannten Kerfen sind die Decken bis auf die eine wunde Stelle nach Lage, Färbung und Beschaffenheit dem Körper so genau angemessen, daß sie, um mit Oken zu reden, „mit demselben gleichsam ein Ganzes zu machen scheinen". In noch höherem Grade gilt dies aber von den strenge so zu heißenden Deckflüglern, den Käfern, die der geistreiche Naturforscher, freilich mit Unrecht, für die „höchsten Insekten" hält. Ihre schalenartigen Decken sind mit wenigen Ausnahmen genau von derselben hornigen Substanz wie die Körperhaut und schließen sich, gleich zwei Fensterladen, so scharf aneinander und an den Körper, daß oft nirgends eine Fuge entdeckt werden kann.

Im gewaltigen Contrast mit dieser Verknöcherung der sonst so luftigen Kerfschwingen steht eine Erscheinung, die wir noch kurz andeuten müssen. Oben haben wir behauptet, daß die Insekten eigentlich an zwei Flügeln genug hätten. Nun gibt es aber gewisse Kleinschmetterlinge, die Federmotten oder Geistchen, deren stäubige Flügelchen durch radiäre Einschnitte in eine Menge dicht befranster, federartiger Lappen zerschlissen sind. Wer kann es wissen, was es mit solchen zertheilten Flügelfächern auf sich hat; bei manchen Wespen sind die Vorderschwingen gleichfalls einer Halbirung nahe.

So mannigfaltig und schön auch die Insektenflügel sein mögen, so wird man es schließlich doch satt, Nichts als Farben,

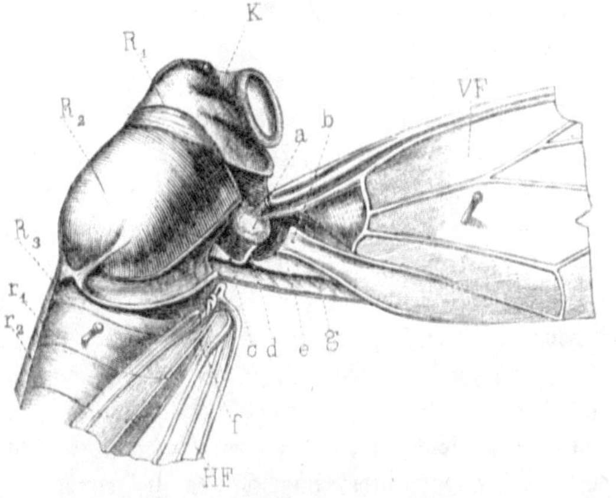

Fig. 129.
Vordertheil einer Cicade zur Demonstrirung des Gelenksmechanismus der Vorderflügel. a Gelenkskopf, b Gelenkspfanne, g elastisches Band, c, d, e System elastischer Stäbe.

Flecken, Streifen u. dgl. zu sehen, und ein Gang in das Freie, wo wir sofort von Tausenden der verschiedenartigsten Kerfe umgaukelt werden, führt uns doch zunächst immer wieder auf die Frage, wie denn der Mechanismus aussieht, durch den die Kerfschwingen so regelmäßig und hurtig bewegt werden.

Eh' wir uns aber mit dieser Sache beschäftigen, müssen wir noch kurz des Verhaltens gedenken, das die Kerfflügel während ihres unthätigen oder passiven Zustandes beobachten.

In der Regel werden die während des Fluges horizontal vom Rumpfe abstehenden Schwingen, sobald sie ihren Dienst gethan haben, auf den Rücken zurückgelegt. Eine Ausnahme machen nur die meisten Schmetterlinge und Netzflügler, bei denen das Flügelgelenk nur eine Drehung um die Quer- und Längsaxe der Schwingen erlaubt. Dafür verlieren die betreffenden Insekten auch keine Zeit mit deren Entfaltung, sondern können sich jeden Augenblick ihrem gewohnten Medium überlassen, was uns, wenn wir sie fangen wollen, oft genug ad oculos demonstrirt wird.

Der Uebergang der Flügel aus dem activen in den Ruhezustand scheint durchwegs ein rein passiver Vorgang zu sein, der dem Insekte also meist gar keine Mühe macht. Der durch die Zugkraft der Muskeln ausgespannte Fittich schnellt nämlich, wenn diese aufhört, gleich einer aus ihrem Gleichgewicht verrückten Spiralfeder vermöge seiner natürlichen Spannkraft in die frühere oder Ruhelage zurück. Sehr verschieden ist aber die Einrichtung dieses federnden Gelenkes. Meist besteht es (Fig. 129) aus zwei Theilen. Vermöge des vorderen Gelenkes kann sich der Flügel in einer vertikalen Ebene auf- und abbewegen und zugleich, weil das betreffende Chitinstück nach Art einer Schraubenspindel abgeschliffen ist, etwas um seine Längsaxe rotiren.

Das hintere Gelenk, vom Stamme weiter entfernt, besteht im Wesentlichen aus einem nach Außen kopfförmig abgerundeten Stück (a) und einer durch die Vereinigung der dicken Hinterflügelrippen formirten, hübsch ausgedrechselten Pfanne (b), die, wenn der Flügel auf den Rücken zurückschnellt, um den Gelenkskopf herumgleitet. Die Einrichtung, welche aber eben diese Wendung veranlaßt, ist etwas komplicirter Natur. Das

Wirksamste daran ist das kräftige, elastische Band (g), das sich vom Hinterrande der Mittelbrust (R_2) gegen den des Flügels hinüberzieht. Bei der Entfaltung der Flügel wird dieses Häutchen ausgespannt und zieht, sobald die Muskelkontraction nachläßt, den Flügel gegen Rumpf heran. Unterstützt wird dieses Flügelschlußband durch ein aus drei Chitinstäbchen

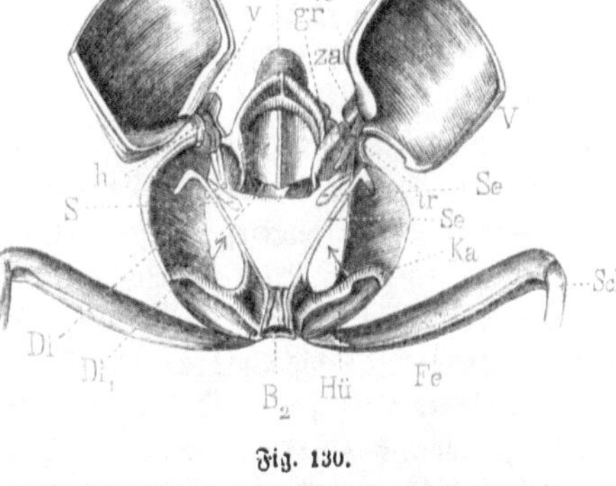

Fig. 130.

Mittelbrustskelet des Hirschkäfers. schi Schildchen, beiderseits davon das Vorderflügelgelenk, bestehend aus zwei kleinen griffelartigen Fortsätzen (v, h) der Flügelbasis. za Zahn, der in eine Grube des Flügelschlosses (gr) eingreift. l Leiste des rechten Flügels, in den Falz (fa) des linken passend. — Di Diaphragma zum Ansatz der Rückenmuskeln der Hinterbrust. Ka Gelenkkapsel der Hüften (Hü), Se Chitinstücke zum Ansatz der Hüft-Muskeln.

bestehendes Hebelwerk (c, d, e), das in seinem Anschluß einerseits an den Stamm, andererseits an den hinteren Flügelsaum und den Gelenkskopf den Flügel nach innen drückt.

Einige Arten von Flügelversorgung sind aber noch besonders hervorzuheben.

Die Decken der Käfer werden, wenn das Thier vom Fluge zurückkommt, gleich den Schalen einer Muschel auf das innigste sowohl untereinander als mit dem zwischen ihre Wurzeln sich keilförmig einschiebenden Schildchen (Fig. 130 schi) vereinigt. Zu dem Zwecke ist sogar eine Art Schloß vorhanden. Die Flügelwurzel trägt nämlich ein Paar zahnartige Vorsprünge (7a), die in correspondirende Vertiefungen des Schildchens passen.

Eigenthümlich verhält sich die durch Vereinigung der Innenränder entstehende Mittelnaht. Meist greifen die beiderseitigen Flügel, wie beim Hirschkäfer, vermittelst eines Falzes ineinander, bisweilen aber auch, wie bei Chlamys, nach Art zweier Zahnräder, so daß wir da gleichsam eine Nachahmung der zwei gangbarsten Methoden haben, deren sich die Schreiner beim Zusammenfügen der Bretter bedienen.

Nicht minder bezeichnend als die Zurechtlegung der Oberist bei den Käfern die Faltung der weiten Hinterflügel. Wenn wir diese bei einem eben getödteten Käfer gewaltsam ausspannen und dann wieder sich selbst überlassen, so beobachten wir Folgendes. Es nähert sich zunächst in Folge ihrer eigenthümlichen Verbindungsweise die Vorderrand- (Fig. 127 F, ra) der Mittel- oder Discoidalrippe (di) des Wurzelfeldes sowohl als der Endflur, wodurch eine nach unten sich einbiegende Längsfalte entsteht. Dann klappt die Endflur (f_2) wie die Klinge eines Taschenmessers nach unten und legt sich (Fig. 128 M) an das Vorderrandfeld des Flügels, indem sie auch die benachbarten Flügelfelder (Fig. 127 F und Fig. 128 f_3) nach sich zieht. Gleichzeitig schlägt sich auch die weiche Hinterrandpartie (Fig. 128 ax) ein, indem dieses Flügelfeld, während der Vordertheil gegen die Mittellinie des Rumpfes sich bewegt, an demselben haften bleibt.

Ungemein zierlich und kompendiös ist die Faltung gewisser Blattinenflügel, worüber H. Saussure eine höchst lesenswerthe Arbeit geliefert. Hier wird zunächst (Fig. 131 A) die fächerartige Strahlenflur (an) zusammengefaltet und unter den übrigen Flügeltheil eingezogen. Dann legt sich dieser der Länge nach in der Richtung (ac) zusammen, wobei die Flügelfluren u und u' nach unten kommen. Der Flügel ist also jetzt auf die in Fig. B dargestellte Fläche reducirt. Schließlich wird die Endflur o' unter den Wurzeltheil o gelegt (C). Eine hübsche Modification dieser Unterflügelverpackung besteht darin, daß (D) die Endflur nach Art einer Düte sich aufrollt.

Die Fähigkeit sich etwas zu falten, haben übrigens die Flugmembranen fast sämmtlicher Insekten, und dieses Vermögen,

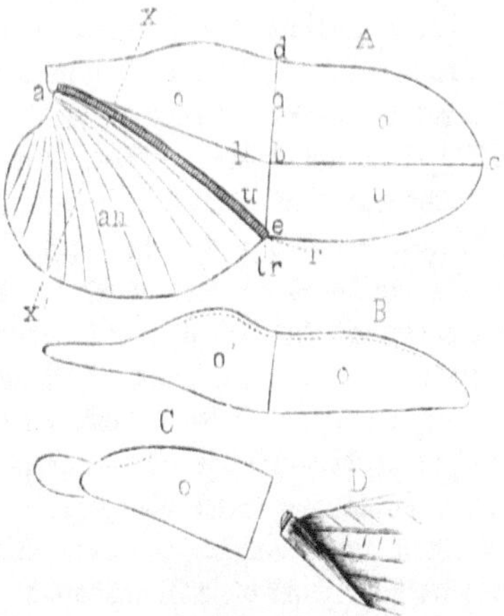

Fig. 131.
Zur Veranschaulichung der Flügelfaltung einer exotischen Blattine. A, B, C die einanderfolgenden Acte. D Einrollung der Endflur einer anderen Art.

die Flughautfläche willkürlich zu erweitern oder zu verkleinern, ist, wie wir hören werden, für die Flugbewegung von großer Wichtigkeit.

Ja, wie werden aber die zusammengefalteten Flügel wieder ausgebreitet? Die Sache stellt sich einfacher und leichter heraus, als man vermuthen möchte und läßt sich am deutlichsten, auch einem größeren Publikum, dadurch demonstriren, daß man genau nach dem Vorbild des natürlichen einen künstlichen Fittich herstellt, wobei man die Rippen durch Fischbeinstäbe und die dazwischen ausgespannte Membran durch eine Kautschukplatte ersetzt. — Der Leser wird sich zufriedengeben, wenn wir ihm nur die Entfaltung der häutigen Käferflügel andeuten. Der eigentliche Impuls hiezu geht von den Streckmuskeln aus, welche die armartige Vorderrandrippe anziehen und zugleich etwas aufheben. Dadurch wird zunächst die unmittelbar hinter ihr liegende Hautfalte ausgespannt. Da aber diese mit der Längsfalte der klingenartig eingeschlagenen Endflur zusammenhängt, so wird, unterstützt durch die springfederartige Querader am Hauptgelenk (Fig. 128 g) auch das letztgenannte Flügelfeld ausgestreckt. Die hintere, dem Leibe anliegende Strahlenflur wird dagegen, indem sich der Fittich vom Rumpfe abhebt, einfach nur mitgezogen.

Um den Mechanismus der Kerfflügel richtig zu erfassen, müssen wir noch einmal ihr Gelenk etwas genauer mustern.*)

Wenn wir die Schwingen einer Gartenmücke (Tipula) zum Ausgangspunkte wählen, so finden wir dieselbe fast genau unseren künstlichen Rudern nachgebildet, indem die längliche Ruderfläche in einen langen Stiel übergeht, der vorwiegend nur aus den dicken Hauptlängsrippen der Flugmembran gebildet wird. Dieser Stiel oder diese Flügelhandhabe (Fig. 64 v F) ist in der Seite der Brustwand dergestalt eingepflanzt, daß der Flügel nahezu den Mantel eines Kegels beschreiben kann. Man mag sich vorstellen, und es ist dies im Grunde genommen

*) Hier erlauben wir uns in aller Bescheidenheit anzumerken, daß nachstehende Darstellung das Ergebniß eigener Studien ist. Pettigrew, der sich um die Erklärung des Flugphänomens viele Verdienste erworben, scheint in den Bau der Insektenflugmaschine nicht tief eingedrungen zu sein. Die beste frühere Arbeit dieser Art ist immer noch die von Chabrier.

auch wirklich so, daß der starre Flügelstiel die Brustwand durchbohrt und mit einem kurzen Stücke (Fig. 132 a c) in die Höhlung desselben hineinraget. Allerdings findet sich in der Brustwand kein wirkliches Loch, da der Zwischenraum zwischen dem Flügelstiel und dem Thoraxausschnitt durch eine dünne, nachgiebige Haut (c) ausgefüttert ist, an welcher der Flügel, gleichsam wie an einer Axe, aufgehängt ist. Nach dem stellt sich also der Kerfflügel so gut wie jede andere Arthropodenextremität als ein zweiarmiger Hebel dar.

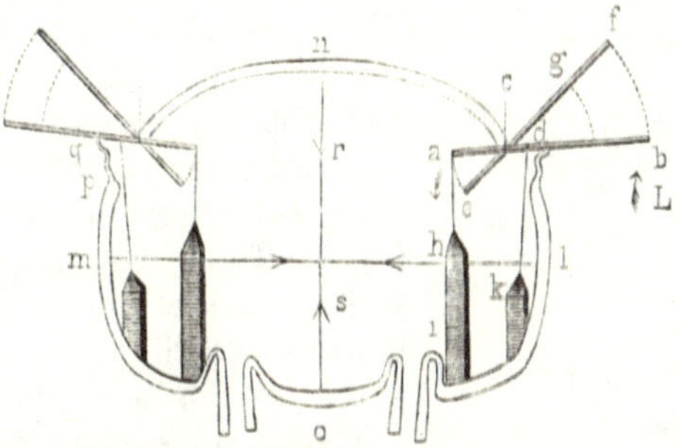

Fig. 132.

Schema der Flugmaschine eines Kerfs. mnl Brustwandung. ab Flügel. o Drehungsaxe. d Angriffspunkt des Flügelsenkers (kd), a jener des Flügelhebers ai. rs Muskel zur Abplattung, ml zur Zusammenschnürung des Brustkorbes.

Die weitere Einrichtung der Flugmaschine glaubt nun der Leser wohl von selbst zu errathen. Wir brauchen nur noch zwei am Kraftarm des Flügels angreifende und einander diametral gegenüberstehende Muskeln, wovon der eine den kurzen Flügelarm herabzieht und dadurch das Ruder hebt, während der andere den Kraftarm nach oben zieht.

Und in der That erfolgt die Hebung des Flügels auf die angegebene Art, indem sich am Ende des frei in die Brusthöhle hineinragenden Flügelstieles (a) ein Muskel (hi) ansetzt, durch dessen Verkürzung der Kraftarm niedergezogen wird.

Dagegen haben wir uns in Bezug auf den Mechanismus zum Flügelsenken ganz und gar verrechnet. Der betreffende Muskel (kd) ist nämlich keineswegs der Antagonist des Flügelhebers, sondern sozusagen sein Adlatus, indem er hart neben diesem nur näher der Brustwand postirt ist. Aber wie kommt er dann dazu, der Widerpart seines Nachbars zu sein? In dem Stücke verhalten sich die Flughebel in der That ganz eigenartig. Der Flügelbeuger greift nicht am Kraft-, sondern jenseits des Drehungspunktes (c) am Lastarm an. Wie aber Solches möglich, zeigt die Abbildung. Die den Flügelstiel am Thorax anheftende Gelenkshaut stülpt sich unterhalb desselben taschenartig nach außen hervor. Durch diese Tasche hindurch begibt sich die Sehne des Flügelbeugers zu ihrem jenseits der Drehungsaxe liegenden Angriffspunkte (d). So erklärt es sich also sehr einfach, wie zwei ganz gleich situirte Muskeln dennoch eine ganz entgegengesetzte Wirkung haben können.

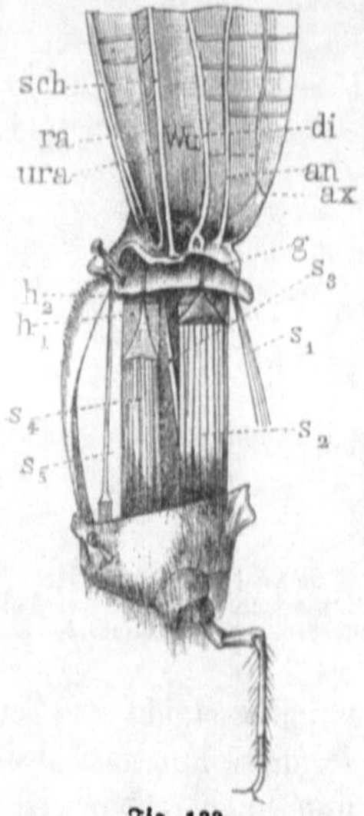

Fig. 133.
System der Vorderflügelmuskeln einer Libelle (Anax) durch Abtragung der seitlichen Brustwand bloßgelegt. h_1, h_2 Heber, s_1—s_5 Senker des Flügels (s_1, s_2 Rotatoren.)

Dies ist gewissermaßen das nackte physikalische Schema der Flugmaschine mit Hilfe dessen wir uns nun leichter in die weiteren Details einarbeiten.

Die geeignetsten Objecte zum Studium der unmittelbar am Flügel selbst angreifenden Muskeln sind unstreitig die Libellen. Trägt man die seitliche Brustwandung ab (Fig. 133) oder öffnet den Thorax der Länge nach (Fig. 141 S. 230), so kommt ein ganzes Magazin von

Muskelsträngen zum Vorschein, die sich in schiefer Richtung zwischen der Flügelwurzel und den Seiten der Brustplatte ausspannen.

Durch den Versuch, indem man die einzelnen Muskeln der Reihe nach mit einer Pincette anzieht, hat man zunächst zu bestimmen, welche davon zum Heben und welche zum Niederschlagen der Fittiche dienen. Bei den Libellen ordnen

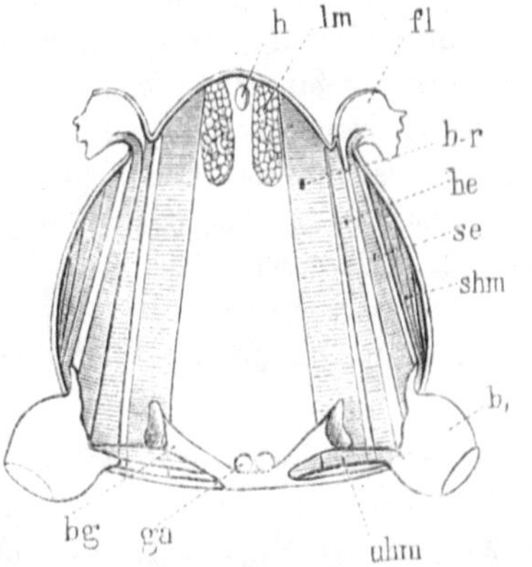

Fig. 134.

Querschnitt durch die Flügelbrust einer Heuschrecke (vgl. Fig. 62), se Senker, he Heber des Flügels (fl), (b-r) Muskeln, die den Brustkorb abplatten, lm_1 die ihn zusammenschnüren.

sie sich in zwei Reihen und zwar so, daß die Beuger oder Senker (s_1 bis s_5) unmittelbar der Brustwand sich anschmiegen (vgl. auch den Muskel dk in Fig. 132 und se in Fig. 134), während die Heber oder Strecker (h_1 bis h_2, Fig. 132 hi und Fig. 134 he) weiter einwärts liegen. Die Gestalt der Flügelmuskeln ist bald cylindrisch, bald prismatisch oder auch bandartig. Die contractilen Faserbündel treten aber nicht unmittelbar an die beschriebenen Gelenkfortsätze heran, sondern gehen, oft schon in sehr beträchtlicher Entfernung davon, in eigenthümliche Chitinsehnen über. Diese haben die Gestalt einer mützenartigen, am Rande oft ausgekerbten Platte, welche sich in einen Faden verlängert, der als directe Fortsetzung der Flügelwurzel zu betrachten ist. Letztere senken also gleichsam eine Reihe von mit Handhaben endenden Seilen in den Brustraum herab, auf welche die Muskeln ihren Zug appliciren.

Wie aus Fig. 133 zu ersehen, ist der kontractile Abschnitt mancher Flügelmuskeln (s_6) außerordentlich reducirt, während die fadenartige Sehne dafür um so länger wird. Diese fast orgelpfeifenartige Abstufung in der Länge der Flügelmuskeln, wie wir sie gerade bei den großen Libellen so leicht beobachten können, deutet offenbar darauf hin, daß der Zug der einzelnen Muskeln eine sehr verschiedene Stärke hat, indem, wie das Flugphänomen dies auch verlangt, die verschiedenen Theile der Flügelwurzel in sehr ungleichem Maße angezogen resp. erschlafft werden.

Bisher war nur von Hebe- und Senkmuskeln die Rede. Es kommen aber noch andere, erstere unter spitzen Winkeln kreuzende Bündel (s_1, s_8) hinzu, die, den Flügel seitwärts ziehend, im Vereine mit den übrigen eine schraubenartige Drehung desselben bewirken.

Während bei den Libellen sämmtliche Muskeln, die überhaupt auf die Bewegung der Flügel Einfluß nehmen, unmittelbar an diese sich anheften und so offenbar ihre Kraft am vortheilhaftesten zur Geltung bringen, steht es bei allen übrigen Kerfen wesentlich anders. Hier zerfällt nämlich, es war bereits oben flüchtig davon die Rede, das gesammte, die Flügel afficirende Muskelmagazin in zwei Theile, wovon in der Regel nur der kleinere mit den Flügeln direct sich verbindet, während die übrigen die Flügelbewegung nur indirect beeinflussen.

Halten wir uns wieder an den der Länge nach durchschnittenen Mückenbrustkorb in Fig. 64 (pag. 104), so gewahren wir da ein dicht geschlossenes System fast rechtwinkelig sich kreuzender und von einem Wald von Tracheen durchflochtener Muskelbalken, von welchen die einen (l) der Länge nach, d. i. von vorne nach hinten die anderen aber (b—r) in vertikaler Richtung, nämlich zwischen der Bauch- und Rückenplatte sich ausspannen.

Zum leichtern Verständniß dieses mächtigen Muskelapparates wollen wir uns den Kerfbrustkorb durch eines elastischen Stahlring (Fig. 132) veranschaulichen, an dem wir künstliche Flügel einpflanzen. Drückt man diesen Ring von oben nach unten, längs der Linie r s, zusammen, ahmt also den Zug der vertikalen oder lateralen Thoraxmuskeln nach, so schnellen die Flügel beiderseits in die Höhe. Dies erklärt sich damit, daß bei dieser Manipulation ein Druck auf den hebenden Kraftarm der Schwingen ausgeübt wird. Komprimirt man hingegen den Ring von der Seite her (m l), was dasselbe ist, als wenn die längslaufenden Muskeln den Thorax von vorne nach hinten zusammenzögen und dadurch stärker wölbten, so senken sich die Flügel herunter.

Daß diesem Experimenten zu trauen, kann man am besten an einem unserer großen Dämmerfalter sehen, nachdem man ihm früher seine Schuppen ausgerupft. Hier ist namentlich die Mittelbrust stark gewölbt. Die Krümmung dieses Buckels ändert sich aber fortwährend, indem er sich abwechselnd etwas abplattet und wieder anschwillt. Schneidet man nun die strenge so zu nennenden Flügelmuskeln durch, so schwingen doch die Flügel und fast mit gleicher Stärke weiter. Dabei erkennt man auf das Unzweideutigste, daß die Abplattung der Brust eine Hebung und die Verkürzung oder Wölbung derselben eine Senkung der Flugplatten bedingt, und dasselbe läßt sich auch durch einen geeigneten Druck mittelst der Finger nachweisen. Die betreffende Musculatur der Falter aber stimmt im wesentlichen genau mit jener der Mücken und der meisten anderen Insekten überein.

Ein klares Uebersichtsbild der angezogenen Verhältnisse gibt das in Fig. 134 dargestellte Brustdiagramm einer Schnarrheuschrecke, wo b—r die Seiten- und lm die querdurchschnittenen Längmuskeln sind.

Im Eingange dieses Kapitels haben wir die Insektenflügel aus blattartigen Falten der Haut hervorgehen lassen. Flügelartige Hautaussackungen sind aber noch lange keine Flugorgane; denn hiezu gehören vor allem auch besondere Muskeln, und so entsteht die Frage, woher wir diese ableiten. Hier gibt der eben erwähnte Flügelbrustquerschnitt, wie uns scheint, einen sehr deutlichen Fingerzeig. Der Brustkorb der flügellosen Larven ist von verschiedenen Muskeln durchzogen, bei denen es zunächst allerdings auf die Bewegung der einzelnen Brustabschnitte abgesehen ist, wie eine solche ja auch am Hinterleibe statt hat, wobei sich bekanntlich gerade die Seiten- oder Bauch-Rückenstränge ganz besonders hervorthun.

Indem aber nun allmälig die Flügel hervorsprossen, treten die entsprechend gelegenen Partieen des Brustmuskelsystems mit diesen in engere Beziehung, während die übrigen durch Veränderung der Brustkorbspannung dies mittelbar thun. Gewisse Abweichungen bleiben vor der Hand freilich ganz unerklärt, umsomehr, als diese Verhältnisse noch gar nicht untersucht sind! Von höchstem Belang ist die Thatsache, daß an Flügeln, die bereits völlig rudimentär geworden, öfters doch noch deutliche Muskeln bemerkt werden.

Da der Brustkorb, sowie alle Hohlräume des Kerfleibes, einerseits mit Blut und andererseits von zahlreichen Luftröhren erfüllt ist, die von da aus in den Flügel eintreten, so ist klar, daß, wenn der Thorax während des Fluges sich rythmisch erweitert und wieder zusammenzieht, die Blut- und Luftfüllung des Flügelröhrennetzes in umgekehrter Weise ab- und zunimmt. Bei der Zusammenschnürung des Thorax werden die genannten Medien „fluthengleich" in die Flügeladern hineingepreßt, um dann, wenn sich die Brust wieder ausdehnt, „wie bei der Ebbe" in sie zurückzuströmen. Ohne Zweifel erleichtert dieser Umstand auch die abwechselnde Streckung und Beugung der Flughäute.

Die nächste Frage geht nun dahin, wie die Insekten mit Hilfe des beschriebenen Mechanismus fliegen können, welcher Art mit andern Worten die Bewegungen der Flügel sind, welche eben den Flug zu Stande bringen.

Ueber diesen schwierigen Gegenstand, dem zwar auch unsere großen älteren Entomologen, wie Strauß, Chabrier, Burmeister u. s. f. nicht fremd blieben, haben aber erst in jüngster Zeit die mühevollen Beobachtungen und Experimente von Marrey und Pettigrew das nöthige Licht verbreitet, und unsere Aufgabe ist es nun, den Leser über das Princip des Insektenfluges zu orientiren.

Dasselbe beruht im wesentlichen auf den gleichen Bedingungen wie das Schwimmen, nur mit dem wichtigen Unterschiede, daß die schwimmenden Thiere meist specifisch leichter, als das betreffende Medium sind, während die fliegenden eine viel größere Dichte als die Luft besitzen. Der Schwimmkäfer gebraucht seine Beinruder, um vorwärts oder in die Tiefe zu kommen, der Falter seine Schwingen zwar ebenfalls, um im Raume vorzurücken, zugleich aber auch, um sich darin zu erheben. Die vorwärts treibende Kraft im Wasser wird dadurch erzeugt, daß die Flossen oder die Schwimmflügel, das umgebende Medium zurückdrängen, wobei dann der Widerstand des Mittels, während die Spitzen der Ruder einen Augenblick fixirt oder unterstützt gedacht werden, auf die Flossenfläche einen Stoß ausübt, durch welchen der ganze Körper vorwärts gestoßen wird. Damit aber die durch den Rückschlag der Ruder hervorgebrachte Repulsivkraft nicht durch den beim Vorschlag erzeugten Widerstand wieder aufgehoben oder doch allzusehr abgeschwächt wird, muß das Ruder bei der letzteren Bewegung sich so stellen, daß es mit einer möglichst geringen Fläche in das Wasser einschneidet, was bekanntlich dadurch erreicht wird, daß die Flossen, indem sie sich nach vorne bewegen, zugleich um ihre Längsaxe rotiren oder sozusagen aus dem widerstehenden Medium sich herausschrauben.

Ganz dasselbe thut der Fittich eines fliegenden Insektes. Da aber der als Trieb- oder Hebekraft verwendete Widerstand der Luft ein vielmal geringerer als der im Wasser ist, so gibt es nur zwei Mittel, um dennoch den gleichen Effect zu erzielen. Es müssen entweder die Luftruder eine entsprechend größere Oberfläche beziehungsweise Länge haben, um bei einer gleichen Anzahl von Rückschlägen dieselbe lebendige Kraft zu erzeugen, oder sie müssen, falls dies nicht der Fall ist, geschwinder hin- und herschwingen und so durch Multiplication der rasch hintereinander geweckten Widerstände die entsprechende Hebe- resp. Triebkraft sich verschaffen. Wie sehr das Flugvermögen von der Geschwindigkeit der Flügelerscheinung abhängt, das läßt sich durch ein einfaches Experiment klarstellen. Verkürzt man die Fittiche eines Kerfes, indem man ihnen die Spitze wegschneidet, so wird der durch den raschen Hin- und Hergang derselben erzeugte Flugton höher, ein Beweis, daß die Schwingen jetzt in der gleichen Zeit sich öfter, also rascher bewegen müssen, um die zum Fliegen nöthige Repulsivkraft aufzubieten.

Etwas Aehnliches beobachtet man auch beim sog. Schweben, wo ein Kerf gleichsam in der Luft steht. Hier weiß das Insekt durch willkürliche Stellung den Flügeln eine solche Lage zu geben, daß die durch den Auf- und Niederschlag geweckten Kräfte sich linear entgegenstehen. Dies kostet aber immer große Anstrengung, die Flügel müssen nämlich, was wir aus der Erhöhung des Flügeltones entnehmen, viel schneller ja oft viele hundertmale in einer einzigen Secunde bewegt werden.

Beim Fluge wirken aber auch eine Reihe von Umständen mit, welche bei der Schwimmbewegung fehlen oder minder bedeutend sind. Zunächst wird durch den bei der Hebung der Flügel erzeugten Widerstand der Körper nach unten, und umgekehrt bei ihrer Senkung etwas nach oben verrückt, wobei man sich, da sich die Flügelenden auf die Luft stützen, vorstellen kann, daß der Rumpf des Flugthieres an seinen Schwingen aufgehängt sei, etwa wie ein Kompaß in seinen Bügeln. Die Folge davon ist, daß der Körper nicht in einer geraden, sondern in einer wellenartigen Linie sich fortbewegt, in Folge dessen er sich auch leichter im Gleichgewicht erhalten kann.

Es wurde gesagt, daß der Flügel sowohl beim Vor- als beim Rückschlag um seine Längsaxe rotire. Veranschaulicht wird dies durch Fig. 135. Wir sehen da zunächst einige Flügelstellungen beim Vorschlag. Die Bewegung gehe von a aus. Die Flügelebene ist gegen den Horizont schief gestellt, der dicke, in die Luft einschneidende Vorderrand nach vorne und oben, die weiche, um sich selbst etwas gedrehte, segelartige Hinterflur nach hinten und unten gerichtet. Gegen das Ende der wirksamen Bahn (b) schlägt der Flügel mit seiner ganzen Fläche gegen die Luft und kehrt sich dann so um, daß jetzt der Vorderrand nach vorne sieht. Dabei hat die Flügelspitze den durch die Pfeile angedeuteten Bogen beschrieben. Nun beginnt der Rückschlag, wobei sich dieselben Flügelstellungen wie vorhin, nur in entgegengesetzter Richtung einander folgen, und das Flügelende abermals einen Kreisbogen macht, der an den Enden der Bahn, wo die Flügelflächen sich umwenden, direct mit dem früheren Bogen sich vereinigt, in der Mitte aber derart sich mit demselben durchkreuzt, daß eine langgezogene 8 zum Vorschein kommt.

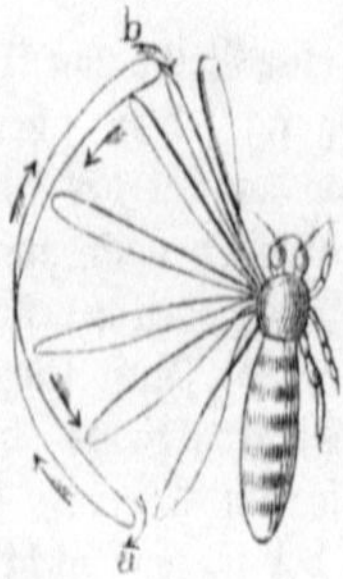

Fig. 135.
Bewegung eines Wespenflügels, wenn das Insekt feststeht. Die Flügelspitze beschreibt eine Achterkurve.

Fig. 136.
Achterkurvenketten oder Schleifenlinien (ab), welche von beiden Flügeln beschrieben werden, wenn der Körp r sich vorwärts bewegt. Bei sehr schleuniger Bewegung gehen sie in Wellenlinien (bc) über.
Beide Figuren nach Pettigrew.

Bewegt sich aber das Thier, während seine Flügel in der angegebenen Weise hin- und herschwingen, vorwärts, so beschreiben die Flügelspitzen eine Kette ineinander übergehender Achterfiguren, eine sogenannte Schleifenlinie (Fig. 136 b), oder, wenn der Flug ein sehr rascher ist und die einzelnen 8 Linien gewissermaßen zu Puncten zusammenschmelzen, eine einfache Wellencurve (c).

Im letzteren Falle ist also die horizontale Geschwindigkeit so groß, daß den Flügeln niemals Zeit gelassen wird, sich nach rückwärts zu bewegen. Sie befinden sich in einer ähnlichen Lage, wie Jemand, der auf einem schnellsegelnden Dampfer vom Vorder- zum Hinterdeck sich bewegt und trotz der größten Eile im Raume nicht rückwärts gelangen kann, sondern vorwärts muß, indem seine geringere Bewegung durch die größere des Schiffes gleichsam verschlungen wird.

Es ist bekannt, daß gewisse Insekten, wie die Falter und Libellen, ihre Schwingen vorwiegend in vertikaler und daß sie andere, wie die Mücken, Wespen u. s. w., mehr in horizontaler Richtung spielen lassen. Man könnte nun meinen, und hat es auch lange gemeint, daß davon auch die Richtung des Fluges abhängig sei, und doch ist kein Irrthum größer als dieser. Worauf man zu wenig Bedacht nahm, ist der Umstand, daß die Flügel bei ihrer geneigten Lage und wenn der Körper bereits in Bewegung ist, ganz für sich allein, also unabhängig von der sie bewegenden Muskelkraft als Motoren wirken, gerade so wie ein von einem Kinde gelenkter Papierdrache oder wie das schief gegen den Wind ausgespannte Segel.

Man kann so sagen: Beim Nieder resp. beim Rückschlag der Flügel erhält der Körper eine gewisse Triebkraft, die gleich dem Zuge auf den Papierdrachen, sobald der Flügel sich hebt, demselben als Luftwiderstand sich entgegenstellt, so daß also der Flügel sowohl während der Hebung als während der Senkung wirksam ist. Während des Aufschlages mehr fortbewegend als hebend, beim Rückschlag mehr hebend als fortbewegend. Noch erhöht wird die Trag- und Triebkraft dadurch, daß der sich hebende Flügel einen Luftstrom nach sich zieht, den er beim Rückschlag wieder trifft. „Der Flügel schafft sich also den Strom selbst, auf dem er sich hebt und fortschreitet".

Wenn die in letzter Instanz durch die Elasticität der Flügelmuskeln gewonnene und gleichsam im Körper aufgespeicherte Triebkraft nicht den schief gestellten Flugplatten, ganz wörtlich genommen, unter die Arme griffe, so wäre auch nicht gut abzusehen, wie manche Insekten, wie die Libellen, Hummeln, Bremsen, Wanderheuschrecken u. s. f. stunden- und tagelang mit solcher Geschwindigkeit und Ausdauer zu fliegen vermöchten.

Ein Umstand, der das Fliegen nicht wenig erleichtert, ist der, daß die Kerfschwingen keine starren, sondern, so gut wie die Flossen der Fische, biegsame Hebel sind, die, wenn sie von ihrer Wurzel aus geschwungen werden, sowohl der Länge als der Quere nach wellenartig sich krümmen und zwar im allgemeinen so, daß die Flügelspitze einen Drachen bildet, der nach oben, vorne und außen, die Flügelbasis dagegen einen, der nach oben, hinten und innen geneigt ist. Ersterer ist während des Nieder-, letzterer während des Aufschlags am wirksamsten, indem er sich von dem Luftstrome erfassen läßt, der unmittelbar vorher durch den Rückschlag der Flügelspitze erzeugt wurde. Ganz Ausgezeichnetes leisten im letzteren Punkte die an der Unterfläche oft schalenartig ausgehöhlten Flügeldecken der Käfer, die schon Chabrier als Windfänger oder Segel bezeichnete.

„Der Flug ist also als das Ergebniß dreier Kräfte aufzufassen: der elastischen und Muskelkraft, welche ihren Sitz in dem Flügel hat, und wodurch dieser als ein Drachen wirkt beim Auf- wie beim Niederschlag; dem Gewicht des Körpers welches in dem Augenblicke als Kraft auftritt, wo der Körper sich vom Boden erhoben hat und nun nach unten und vorne zu fallen strebt; und endlich dem Rückstoße der Luft in Folge der schnellen Thätigkeit der Flügel. Diese drei Kräfte sind abwechselnd activ und passiv und greifen so ineinander, daß die Senkung der Flügel den Körper und die Senkung des Körpers die Flügel hebt.“

Was die Stellung des Körpers während des Fluges betrifft, so ist diese, wie wir bereits andeuteten, nur ausnahmsweise eine wagerechte, sonst aber eine schief gegen den Horizont geneigte, was wohl vom Uebergewicht des Hinterleibes, namentlich während der Geschlechtsreife herkommt; wenigstens strecken die leichter gebauten Libellen z. B. ihr Abdomen ganz gerade aus. Insekten mit schwerem Hinterleib haben aber andere

Stellungen nöthig. So richten z. B. gewisse Schlupfwespen den Hinterleib vertikal in die Höhe, während ihn andere gar oben über die Brust zurückschlagen. Die Beine werden beim Fluge in der Regel, ganz so wie bei den Nesthockern unter den Vögeln, eng an den Leib gezogen, und nur wenige, wie z. B. die Immen, strecken sie gleich den Reihern stramm nach hinten aus. Dagegen werden die Fühler stets nach vorne gerichtet, um doch einigermaßen das Gewicht des als Steuerruder fungirenden Hinterleibes zu compensiren, und möchten also manche auffallende Fühlerverdickungen auf eine solche correlative Anpassung zurückzuführen sein.

Sehr verschiedenartig gestaltet sich bei den Insekten die Art des Abfliegens. Am bequemsten haben es hier die zugleich mit Sprungvermögen begabten Kerfe, nämlich die Heuschrecken und Zirpen. Sie schnellen sich zuerst mit ihren dicken Schenkeln in die Höhe, spannen dann, schon in der Luft schwebend, ihre weitläufigen Fächer aus und setzen die durch den Sprung genommene Richtung fort. Indeß kehren sie schon nach kurzer Zeit wieder auf den Boden zurück, und ihre Flugbahn gleicht der eines schief in die Höhe geworfenen Steines. Gar keine Mühe macht das Abfliegen jenen Kerfen, welche ihre Flügel immer frei ausgestreckt tragen; bei ihnen ist die erste Flügelbewegung auch der erste Flügelschlag. Bedeutende Anstrengungen haben dagegen die größeren Deckflügler zu machen. Allbekannt sind die Zurüstungen des Maikäfers. Zuerst sehen wir ihn, gleichsam im Vorgefühl der steigenden Arbeit, sich langsam erheben und seine Fühler und die anderen Glieder ausspannen und in Ordnung bringen. Dann sucht er einen erhöhten Ort auf, damit er schon beim ersten Flügelschlag durch die Repulsivkraft der Luft emporgehoben werde. Gleichzeitig wird durch lebhafte Hebungen und Senkungen des Hinterleibes das für die Luftfahrt nöthige Quantum

Athemmaterial eingezogen und, vorwiegend im Brustkorbe, aufgespeichert.

Letzteres müssen wir wenigstens aus dem Umstande schließen, daß der Maikäfer im Augenblicke, wo er abfliegt, den Hinterleib mit großer Gewalt zusammenpreßt, so daß die dort befindliche Luft, da gleichzeitig seine Stigmen sich schließen, nothwendig in den Mittelleib abströmen muß, dessen Luftlöcher auch während des Fluges thätig bleiben.

Je nach der Beschaffenheit und Größe der Flughäute und der Einrichtung und Stärke des sie bewegenden Muskelmechanismus ist natürlich auch die Art und Geschwindigkeit des Insektenfluges außerordentlich verschieden, und ein geübter Beobachter wird die verschiedenen Kerfe ebensogut an ihrem Fluge erkennen, wie dies von den Vögeln allgemein bekannt ist. Wie charakteristisch ist nicht z. B. der bummelhafte Flug der Tagfalter, der geräuschvolle der Käfer, der schwebende der Syrphiden, der kreisende der Libellen, der stoßende der Raubfliegen u. s. w.!

Von noch größerem Einfluße auf die Flugweise der Insekten als die in der jeweiligen Organisation derselben gelegenen Verhältnisse sind aber unzweifelhaft gewisse äußere Umstände, z. B. die Art des Nahrungserwerbes, der Aufenthalt u. s. f., unter deren Einflusse allmälig gewisse Gewohnheiten sich herausgebildet haben.

Was speciell die Schnelligkeit des Insektenfluges angeht, so gibt diese in vielen Fällen sogar jener der Vögel wenig oder gar nichts nach, was für relativ so minutiöse Flugmaschinen, die allerdings vor großen auch wieder Manches voraus haben, nicht wenig sagen will. Selbst sehr plumpe Thiere, wie die Roßkäfer, fliegen an warmen Sommertagen zuweilen mit einer Schnelligkeit, die fast jener der Schwalben gleichkommt. Wahrhaft erstaunlich ist, um ein nahe liegendes Beispiel zu nennen, die Flugkraft der Pferdemagenfliege, von der man sich leicht überzeugen kann, wenn man an einem schwülen Tage auf einem Pferde reitet, das von einer solchen Furie begleitet wird. Selbst beim stürmischesten Galopp bleibt sie nicht zurück, sondern schießt im Gegentheil öfter über ihr Ziel hinaus.

Sehr interessant ist auch die Erzählung eines Engländers, betreffs einer Hummel, welche einem mit vollem Dampfe dahinbrausenden Eisenbahnzuge folgte, und um gleichsam ihre Ueberlegenheit hinsichtlich ihrer natürlichen Beförderungsmittel recht augenscheinlich zu machen, dabei keineswegs immer den geraden Weg einschlug, sondern häufig rund um den Train herumflog oder sonst allerlei unnöthige Schleifenlinien in der Luft beschrieb. Der denkwürdigste Fall ist aber doch der, den uns der berühmte Leuwenhoek mittheilt. Er sah einmal einer Schwalbe zu, die nicht weniger als eine Stunde hindurch in einem langen Corridor einer kleinen Wasserjungfer nachjagte, ohne sie zu erwischen; letztere blieb ihrer Verfolgerin immer wenigstens um eine Klafter voraus. —

Aeußere Hilfsorgane des Hinterleibes.

Es ist sicherlich keine geringe Auszeichnung der meisten Sechsfüßler, daß sie nicht allein das Vorder- sondern auch das Hinterende ihres vieltheiligen Leibes mit einer Reihe von Hilfswerkzeugen ausstaffiert haben, wodurch sie befähigt werden, mit ihrer Umgebung von zwei entgegengesetzten Seiten her in einen engeren Wechselverkehr zu treten.

Im allgemeinen können wir nun diese posterioren Gliedmaßen theils als eine Wiederholung, theils als eine nothwendige, oder doch speciell für unsere Thiere höchst wünschenswerthe Ergänzung der Kopfanhänge betrachten. Als eine Art Wiederholung von Kopfgliedmaßen sind jedenfalls die wohlbekannten, bald einfachen bald gegliederten Fäden und

Griffel aufzufassen, wie wir sie z. B. bei den Heuschrecken bei vielen Netzflüglern und Andern (Fig. 138 a b), wahrnehmen, und die man ihrer wenig ästhetischen Nachbarschaft wegen als Afterborsten (appendices anales) zu bezeichnen pflegt. Daß diese Anhänge nichts anders als der vorderen Fühler hinteren Pol bedeuten, sagt uns einmal ihr mit den Kopfantennen oft völlig identischer Bau, und andererseits kann sich doch Niemand darüber verwundern, daß die so vielen Nachstellungen ausgesetzten Kerfe mit ihrer Hilfe sich auch darüber unterrichten wollen, was hinter ihrem Rücken vorgeht.

Jenen Lesern freilich, die an der Lage dieser posterioren Sinneswerkzeuge Anstoß nehmen, müssen wir noch ausdrücklich bemerken, daß gewisse Würmer nicht bloß Afterfühler, sondern auch Afteraugen sich erfreuen, Dinge, welche speciell bei den in dunkeln Erdgängen hausenden Kerfen doch ohne Zweifel passender durch Tastwerkzeuge vertreten sind.

Wir haben es als eine Besonderheit der Krebse hervorgehoben, daß ihre hinteren Kopffühler zu den verschiedensten Verrichtungen, namentlich aber als Ruder- und als Greiforgane sich gebrauchen lassen.

Genau dasselbe läßt sich von den Afterfühlern der Insekten sagen.

Jedermann kennt die oft den Rumpf an Länge weit übertreffenden Schwanzborsten der im Wasser lebenden Netzflügler- und anderer Insektenlarven. Sind diese nun etwas anderes als mit feiner Empfindung begabte Steuer- oder Ruderorgane, und werden sie vom ausgewachsenen Thier, wenn es sich mittelst der Flügel in die Luft erhebt, nicht zum nämlichen Zweck gebraucht?

Daß sie bei den Agrionlarven, wo sie ein zierliches Kleeblatt vorstellen, zugleich als Kiemen thätig sind, kann der bildenden Natur, die sich ja sogerne eines und desselben Organes zu mannigfachen Arbeiten bedient, gewiß nur zum Vorzug angerechnet werden.

Weit allgemeiner ist aber ihre Verwendung als Greifwerkzeuge, wobei sie nicht selten eine den vordern Beißzangen oder Kiefern zum Verwechseln ähnliche Gestalt und Beschaffenheit erhalten. Der Umstand, daß diese hinteren Kneipzangen vorwiegend nur bei den Männchen entwickelt sind, legt uns auch ihre Bestimmung nahe. Sie sind Hilfsorgane der Begattung. Während nämlich die Männchen der höheren Thiere ihre Auserwählte in der Regel mit den Vordergliedmaßen packen und fest halten, sind bei den Insekten zu dem Behufe eigene Copulationsvorrichtungen zu Stande gekommen, deren Situation zwar nicht schön aber praktisch ist.

Hierher gehören unter Anderm die wahrhaft herkulischen Hinterleibszangen der Ohrwürmer, die aber nur beim Männchen so groß werden und mit so scharfen Zähnen und Hacken sich versehen, weiters die langen Reife der Heuschrecken, der Libellen u. s. w.

Auch viele Fliegen (z. B. die Mücken) und Immen haben dergleichen Werkzeuge, deren Applicirung aber den weiblichen Dulderinnen nicht immer sehr angenehm sein mag.

Manche Insekten, wie z. B. gerade die Oehrlinge, pflegen sich übrigens auch mit diesen Zangen zu vertheidigen.

In nächster Nähe dieser meist aus einer Umgestaltung der fühlerartigen Schwanzborsten hervorgegangenen Kopulationsgeräthe finden wir aber bei vielen Insekten noch besondere, ausschließlich auf die geschlechtlichen Functionen bezügliche gliedmaßenartige Einrichtungen, die aus den Bauchplatten der letzten zwei oder drei Hinterleibsringe sich entwickeln: dies sind die äußern Geschlechtsorgane im engeren Sinne. Darunter verstehen wir einerseits die vielgestaltigen mechanischen Apparate zum Ablegen und zur Unterbringung der Eier und andererseits die Stimulations- und Samenübertragungsorgane der Männchen. Von jeder dieser Gattungen wollen wir nur ein paar Beispiele bringen und fangen gleich mit den „Eierlegern" an.

Jedem der Leser ist wohl schon bei den weiblichen Laubheuschrecken der lang vorstehende, bald schwert-, bald dolch-, oder sichelförmige Fortsatz an ihrem Hinterleibsende aufgefallen. Dies ist die sogenannte Legescheide, womit sie im Erdreich oder in einem Pflanzenstengel einen Einstrich machen, um darin ihre Eier zu verwahren. Häufig ist die Spitze

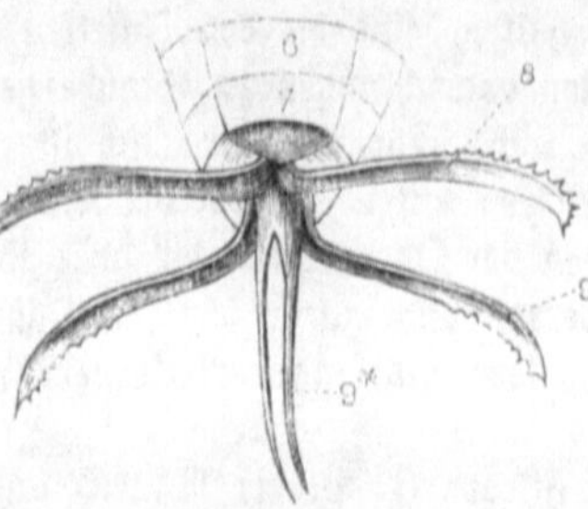

Fig. 137.
Hinterleibsende einer weiblichen Laubheuschrecke (Odontura serricauda) von der Bauchseite.

dieses Grabstichels ausgezähnt, also sägeförmig, was ihm, wenn er in einen harten Gegenstand eindringen will, sehr zu Gute kommt. Eine nähere Untersuchung dieses seltsamen Geräthes zeigt alsbald, daß es keine einfache Röhre ist, sondern aus nicht weniger als aus sechs Stücken oder Blättern sich zusammensetzt, die durch ein complicirtes System von Hebeln und Muskeln in Gang gebracht werden. In Fig. 137 sind die einzelnen Hauptbestandtheile des Ovipositors einer Odontura (auf deutsch Zahnschwanz) folgeweise auseinander gelegt. Davon sind also drei Paare. Das mittlere (9*) ist eine in zwei lange biegsame Gräten auslaufende Rinne, welche die aus dem Geschlechtsgange herausgepreßten Eier in sich aufnimmt. Dies ist der strenge so zu nennende Legestachel. Die vier übrigen oder äußeren Blätter, die am Rande gegen die schneidende Spitze zu bezahnt sind, stellen dann um dieses Mittelstück, eine Art Futteral oder Scheide dar, innerhalb welcher, unterstützt durch die Schiebbewegungen des genannten Werkzeuges, die Eier hinabgleiten. Die ganze Einrichtung hat offenbar, um an bekannte Dinge anzuknüpfen,

Fig. 138.

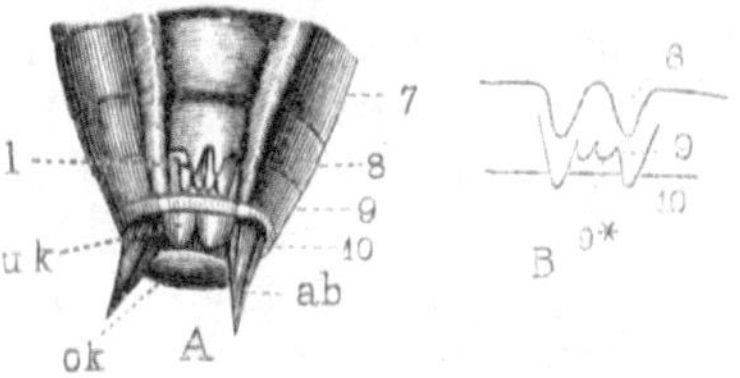

Fig. 139.

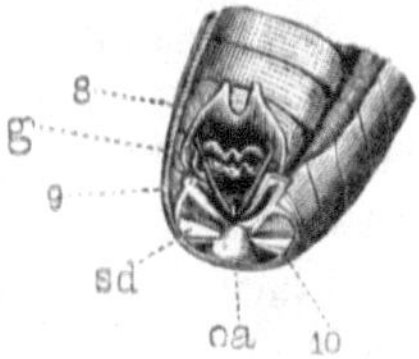

Fig. 138.
Hinterleibsende desselben Thieres im Jugendzustand.

Fig. 139.
Hinterleibsende einer männlichen Laubheuschrecke (Ephippigera vitium) von unten. 8 Die zurückgestülpte Genitalplatte, g Geschlechtsöffnung. Dahinter eine Hauttasche mit einem gabelförmigen Stimulationsorgan, das genau dem Mittelstück der weiblichen Legescheide entspricht. oa obere Afterklappe. sd seitliche Griffel.

viel Analoges mit dem Bau des Bienenrüssels, ja die Vergleichung läßt sich sogar noch weiter, nämlich auf die Entwicklung ausdehnen. Die Immenzunge mit ihren scheideartig anschließenden Nebenlippen einer- und die zwei eigentlichen von den Unterkiefern gebildeten Scheiden andererseits, entsprechen, wie bekannt, je einem Extremitätenpaar. So auch hier. Die zweigrätige Rinne (9*) und die rückenständigen Scheiden (9) gehören zusammen, d. h. sind Anhänge eines und desselben und zwar des neunten Hinterleibssegmentes, während die beiden ventralen Blätter (8) Auswüchse des vorhergehenden oder achten sind. Noch anschaulicher wird dies bei der Durchmusterung der ersten Spuren dieser Theile an einem ganz jungen Thier, wie wir ein solches, von der Bauchseite dargestellt, in Fig. 138 vor uns haben.

Die Ziffern 7, 8, 9 ꝛc. bezeichnen die aufeinanderfolgenden Hinterleibsreife, das 10. beziehungsweise 11. ist der Schluß- oder Afterring.

Vor letzterem, am 8. und 9. bemerkt man an der Bauchplatte je ein Paar, anfangs ganz winziger Zäpfchen oder Wärzchen (8, 9), die, bei jeder Häutung sich verlängernd, endlich die oben beschriebenen Blätter geben.

Das zweigrätige Mittelstück, der Legestachel (9* vergl. auch Fig. 138 B) entsteht aus Hautwucherungen, die zwischen jenen der hinteren Scheideblätter, gleichsam als Nebenanhänge hervorsprossen.

Lehrreich ist auch eine Vergleichung des Ovipositors der Laubheuschrecken mit jenem ihrer schnarrenden Brüder, der Grashüpfer in Fig. 69 (S. 110). Es sind dieselben und von uns auch mit den nämlichen Ziffern bezeichneten Bestandtheile. Die Scheiden sind hier aber kürzer und stärker und bilden eine Doppelzange, mit der ihre Besitzer Gruben aufscharren, in welche die Eier untergebracht werden. Interessant ist das Mittelstück (9*); es ist kaum größer als der fötale Laubheuschreckenlegestachel. Hier sieht man zugleich den kräftigen Muskelapparat, der die vier Arme dieser Zange in Bewegung setzt.

Aehnliche, aber meist viel kürzere und mehr verborgene Schneide-, Säge-, Raspel- und Bohrinstrumente haben die Blattwespen, Zirpen und etliche Käfer. Auch der vielbeschriebene Bienenstachel hat genau dieselben Theile, nur inniger verbunden. Man unterscheidet ein zweiblättriges Futteral (Anhänge der 8. Bauchplatte) und das Stilet. Letzteres besteht aus einer Rinne (8. Bauchplatte), in deren seitlichen Nuten sich zwei mit Widerhaken besetzte Stifte auf- und abschieben.

Dieser Stachel dient aber den weiblichen Arbeitsbienen nicht zum Eierlegen, sondern zur Wehre. Die Eier gleiten unterhalb desselben herab.

Dagegen tritt der Legebohrer der Schlupf- und Gallwespen (Fig. 73 S. 112) wieder in das alte, ursprüngliche Recht. Bei einer Länge, die oft jene des Körpers um das zwei- oder dreifache übertrifft, — und daher im unthätigen Zustande häufig wie eine Spiralfeder aufgerollt — ist der von zwei Scheideblättern geschützte Stachel oft so dünn wie ein Haar, und dennoch dringt er mit Leichtigkeit, gleich einer feinen englischen Nadel, durch die Haut der Raupen und anderer Insektenlarven beziehungsweise in die verschiedenen Pflanzentheile, wohin die Eier abgelegt werden.

Sehr sinnreich sind die Legeröhren vieler Zweiflügler und Käfer. Die letzten in die Leibeshöhle eingezogenen Ringe bilden einen nach Art eines Fernrohres aus- und einziehbaren Tubus, durch den die Eier ihren Weg nehmen.

Manche andere Insekten haben dagegen zur Ablegung der Eier gar keine besonderen Werkzeuge. Sie lassen sie einfach aus der durch die bekannte Schuppe gedeckten Geschlechtsöffnung auf den Boden fallen, wenn sie nicht etwa früher mit der Hinterleibsspitze oder mit den Vorderbeinen ein kleines Nest bereiten.

Unter den äußeren Geschlechtsorganen der Männchen lassen sich im wesentlichen zweierlei Einrichtungen unterscheiden. Die Männchen jener prüden Kerfe, die, wie z. B. die Laubheuschrecken und Grillen, den Befruchtungsstoff in eigenen kleinen Büchschen oder Patronen übertragen, bedürfen keiner besonderen Ruthe. Der Samengang mündet hier in eine weite trichterartige Oeffnung aus (Fig. 139 g), durch welche von Zeit zu Zeit und — und wie einmal nicht zu verschweigen — oft auch in Abwesenheit eines Weibchens, die Samenkapsel hervorgepreßt wird. Hinter und ober dieser, der 8. Bauchplatte angehörigen Geschlechtsmündung liegt aber eine in den Leib sich einsenkende Hauttasche, ausgerüstet mit einem dolch- oder gabelförmigen Marterinstrument (9), das bei der Kopulation hervorgeschnellt wird und offenbar auf das Weibchen eine stimulirende Wirkung ausübt. Interessant ist für den vergleichenden Anatomen der Umstand, daß dieses Reizorgan genau dem Legestachel des Weibchens entspricht, wie dies namentlich bei Zwittern deutlich wird, wo beide, nebeneinander, von derselben Stelle entspringen.

Einen förmlichen Penis, das ist ein Rohr oder eine Rinne, die behufs der Ausspritzung des Samens in die weibliche Scheide

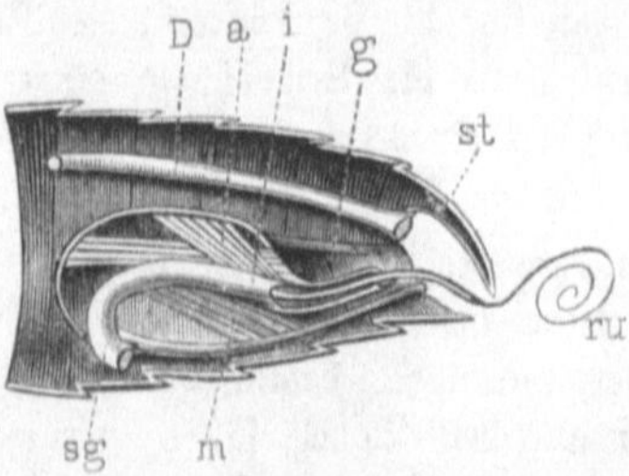

Fig. 140.
Der Länge nach durchschnittener Hinterleib eines männlichen Maikäfers zur Demonstrirung des Begattungsapparates. a äußeres, i inneres Penisetui, ru hervorgeschnellte Ruthe.

eindringt, kann der Leser dagegen bei einem Maikäfer sehen. Es handelt sich da um einen sehr komplicirten Mechanismus. Das Wesentlichste ist die eigentliche Ruthe (Fig. 140 ru, und Fig. 59 r), eine vom Samengang (sg) entspringende und im unthätigen Zustand spiralförmig aufgerollte Injektions-Kanüle von unsäglich feiner Porung. Dieses Röhrchen geht aber durch eine umfangreiche hornartige Chitinkapsel (a), die im Innern eine zweite (i) eingeschachtelt enthält.

Der Hohlraum der weiteren Kapsel ist ganz mit Muskelsträngen ausgefüllt, die das innere Penisetui hervor-, resp. auch wieder zurückziehen und die äußere Gelenksfalte trägt unterseits zwei derbe Chitinspangen zur Anheftung jener Muskeln (m), welche die gleichen Bewegungen hinsichtlich der äußeren Kapsel vollführen.

Bei der Begattung wird zuerst der äußere Pfeil hervorgeschnellt und dringt in die eigens zu seiner Aufnahme bestimmte umfangreiche Kopulationstasche des Weibchens ein, worauf dann der zweite innere Pfeil sammt der Ruthe zur Entladung kommt.

Ist der ganze Apparat hervorgestülpt, so erkennt man auch, daß er, gleich der Legeröhre der Fliegen, aus einer allerdings sehr eigenthümlichen Umformung der letzten zwei Hinterleibsringe entstanden ist, und muß der Leser also zugestehen, daß nicht bloß aus den Extremitäten-, sondern auch aus den Stammringen alles Mögliche sich machen läßt.

VII. Kapitel.

Nervenapparat.

Unter dem Nerven-, oder wie wir ihn in einem allgemeineren Sinne besser nennen, unter dem Reizcirkulationsapparat verstehen wir bekanntlich jenen eminent thierischen Mechanismus, dem die Aufgabe zufällt, die Molekularbewegungen der Außenwelt in solche der Nervensubstanz umzuwandeln und sie dadurch als Motoren und Regulatoren des Organismus nutzbar zu machen. Dies wird (Fig. 147) erreicht durch die eigenartigen Anfangs- (pz), Central- (cz) und Endzellen (e) dieses Systems, welche durch die „Leitungszellen" oder Nervenfasern in einen streng systematischen Verband gebracht sind. In den Anfangszellen resp. den Sinnesorganen und den Anfängen der sensibeln Nerven überhaupt werden zunächst die Molekularvorgänge der Außenwelt in Nervenreize umgesetzt, die dann durch die centripetalen Fasern dem Hauptorgane zugeleitet, dort eine specifische Empfindung zur Auslösung bringen, gleichzeitig aber auch, unter Vermittlung anderer Zellengruppen, einerseits die gewissen psychischen Funktionen der Vorstellung, des Bewußtseins, des Willens u. s. f. hervorrufen und andererseits

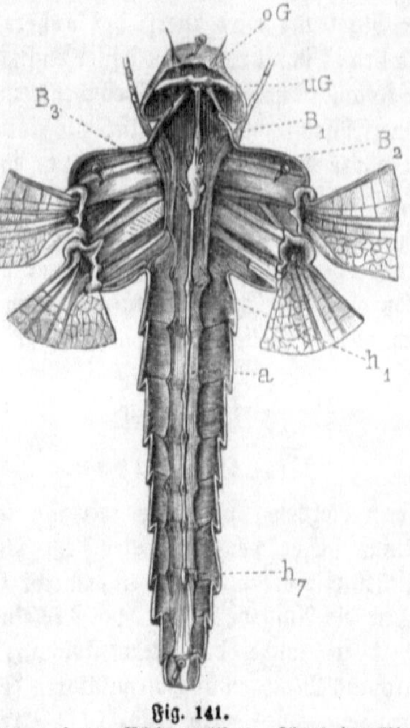

Fig. 141.

Libelle (Libellula depressa) vom Rücken geöffnet. Längs der Mitte des Bauches sieht man die Ganglienkette. oG oberes, uG unteres Kopfganglion, B_1, B_2, B_3 Brust-, h_1—h_7 Hinterleibsganglien. Letztere liegen in einer von den Bauchschienen gebildeten Rinne (a), welche durch eine muskulöse Platte oberseits abgeschlossen ist und als pulsirender Blutkanal fungirt.

den Anstoß zur Erregung jener Nerven geben, welche zu den Endorganen, nämlich den Muskeln, Drüsen, Leuchtzellen u. s. w. hinführen und die man deshalb centrifugale oder auch, weil der gewöhnliche Effekt ihrer Erregung eine Bewegung ist, motorische nennt.

Unwillkürliche Erregungen der Endorgane, wie sie durch von den Anfangszellen verursachte Reize, mit Umgehung der dieselben kontrollirenden Centralzellen, hervorgebracht werden, nennt man Reflexbewegungen, und spielen diese insbesondere bei Thieren mit unvollkommen oder gar nicht entwickelten Sinnesorganen und mit einem beschränkten Centralorgan eine wichtige Rolle, sowie ein solches abgekürztes Verfahren auch bei höheren Lebewesen vorkommt.

Wir müssen nämlich gleich bemerken, daß bei diesen die Verrichtungen des gesammten Nervenapparates eine scharfe Sonderung erfahren. Die rein animalischen Verrichtungen der bewußten Empfindung, der willkürlichen Muskelsteuerung und die komplicirteren psychischen Funktionen fallen nämlich dem strenge so zu nennenden Centralsystem d. i. dem Gehirn, Rückenmark und dessen peripherischen Ausstrahlungen und Anhängen anheim und stehen unter der Gewalt und Kontrole des Willens. Darin bewährt sich aber die hohe Vollendung der thierischen Maschine, daß sie nicht bloß, mit den ihr zu Gebote stehenden Mitteln, ihren Gang und Kurs willkürlich steuert und regulirt, sondern daß auch die Verrichtungen zu ihrer Erhaltung, also die Funktionen der Ernährung und Fortpflanzung, gleichfalls wieder durch einen besonderen Nervenmechanismus in stetigem Gang erhalten werden, aber doch so, daß dem Hauptorgan die nöthige Einflußnahme gesichert bleibt.

Unsere Aufgabe wird es nun sein, unter Zugrundelegung der vorausgeschickten, aber zunächst auf die höheren Wirbelthiere passenden, anatomisch-physiologischen Skizze des Nervensystems dasselbe hinsichtlich seiner Gliederung auch bei den Insekten zu verfolgen und dann mit Hilfe der so gewonnenen anatomischen Verhältnisse und der einschlägigen Experimente auch ein Bild des Nervenlebens dieser Thiere zu entwerfen. Letztere

Aufgabe, das müssen wir sofort bekennen, kann leider nur höchst unvollkommen gelöst werden.

Bei der schon wiederholt hervorgehobenen Verschieden-

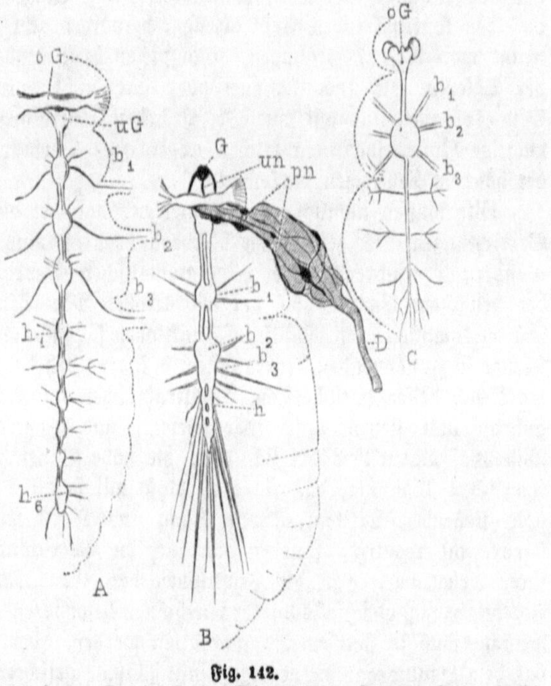

Fig. 142.

Nervensysteme. A einer Termite, B eines Schwimmkäfers (Dyticus), C einer Fleischfliege. oG oberes, uG unteres Schlundganglion b_1, b_2, b_3 Brust-, h_1 ... Bauchganglien. G Stirnganglion. un unparer, pn paariger Schlundmagennerv. (D Darm).

artigkeit, ja Gegensätzlichkeit des Wirbel- und Gliederthierwesens, die durch gewisse neuere Entdeckungen, z. B. jene Semper's über die den Anneliden sozusagen nachgebildeten Segmentalorgane der Haie, durchaus nicht alterirt werden kann, darf es uns gewiß nicht einfallen, eine direkte morphologische Vergleichung ihres Nervensystemes zu versuchen, trotzdem daß mancherlei **durch die gesammte Organisation bedingte** übereinstimmende Verhältnisse dazu einladen.

Eine solche Uebereinstimmung findet sich zunächst in der Lagerung und Erstreckung der Centralmasse längs der ganzen Mittellinie des Körpers und in ihrer Scheidung in eine rechts- und linksseitige Hälfte.

Dagegen weiß der Leser bereits, daß der Haupttheil der Centralmasse, gleichsam dessen Schwerpunkt nicht wie bei den Wirbelthieren über, sondern (vgl. Fig. 9, S. 27) unter dem Darme, also am Bauche gelegen ist, und wenn wir auch, um das Bauchmark- gewaltsam in ein Rückenmarkthier zu verwandeln, selbes auf den Rücken legen, so kommt gerade jener Abschnitt, der mit dem Wirbelthiernervencentrum noch die meiste Analogie verräth, nämlich das obere Schlundganglion (o G) oder das Gehirn unter den Schlund. Mit der Behauptung, daß bei den Gliederthieren der Schlund zu weit unten durchbreche und von rechtswegen über dem vordersten oder Schlußglied der Ganglienkette hinweggehen sollte, ließe sich allerdings auch dieser Stein des Anstoßes beseitigen; der Leser wird aber einsehen, daß man nach dieser Methode das Insekt nach und nach auch in eine Schnecke verwandeln könnte. —

Wie man am deutlichsten bei Amphibien und Fischen sieht, sondert sich der vordere, oder Kopf-Abschnitt der Centralmasse, d. i. also das Gehirn, in eine Reihe hintereinander liegender Anschwellungen (Vorderhirn, Zwischenhirn, Mittelhirn, Kleinhirn, Nachhirn u. s. w.) resp. Blasenpaare und ist mit dieser morphologischen Gliederung auch eine funktionelle verbunden, indem z. B. dem Mittelhirn vorwiegend die Zusammenordnung der Empfindungen, dem Kleinhirn die Regulirung und Kombination der Bewegungen zugeschrieben wird, während im Großhirn die psychischen Funktionen der

Vorstellung, des Verstandes, des Wollens u. s. w. vor sich gehen. — Der hintere Abschnitt des Cerebrospinalsystems hingegen, das Rückenmark, erscheint uns allerdings als ein kontinuirlicher Strang, indessen hat doch das Mikroskop, speciell bei den Amphibien, eine innerliche Sonderung in ganglienartige und bis zu einem gewissen Grade auch selbständig funktionirende Abtheilungen nachgewiesen, wie es denn ja auch bekannt ist, daß es nicht bloß gleichsam die allgemeine Straße vorstellt, auf der die zwischen dem Gehirn und den abseits gelegenen Rumpforganen hin und wider laufenden Nervenerregungen cirkuliren, sondern daß es zugleich als Uebertragungs- und als selbständiges Centralorgan fungirt, während sein vorderster Abschnitt, das sogenannte verlängerte Mark, für das autonome Innervationscentrum des Ernährungsapparates gilt.

Wenn aber der Nervencentralapparat selbst bei Thieren von so gedrungenem Körperbau, wie ihn eben die Wirbelthiere zeigen, eine so weitgehende Segmentirung erfährt, dürfen wir uns dann wundern, daß er bei den aus zahlreichen Theilen zusammengestückelten Gliederthieren in jene strickleiterartige Kette von Doppelknoten sich auflöst, wie wir sie bereits aus der Einleitung kennen? Ohne dadurch etwa eine nähere Beziehung zwischen dem Rücken- und Bauchmark anzudeuten, wollen wir doch dem letzteren nicht bloß wegen seiner äußerlichen, zerschnittenen Form schon im Vorhinein eine gewisse Analogie mit dem Wirbelthierrückenmark absprechen. — So viel im allgemeinen.

Wir haben nun auf die nähere Betrachtung der Ganglienkette bei den Insekten einzugehen. Wir werden sie genau nach dem allgemeinen Typus gebildet finden und Abänderungen nur insoweit wahrnehmen, als sie durch jene der Gesammtorganisation und namentlich durch die Gliederung des Hautskeletes und seiner Muskulatur bedingt sind. Insbesondere kann auch hier als Regel gelten, daß jedes selbständig bewegliche

Rumpfsegment sein separates Nervencentrum besitzt, während auf den Kopfabschnitt deren zwei entfallen, wovon das hintere unter und das vordere über dem Schlund gelegen ist.

Wir haben früher die Form des Gliederthierbauchmarkes mit einer Strickleiter verglichen. Indessen hat sich in diesem Systeme der Dualismus nicht als praktisch erwiesen und hat eine bedeutende Annäherung der ursprünglich, z. B. bei den Flohkrebsen, noch getrennten Hälften in der Weise Platz gegriffen, daß höchstens nur die Zwischenknotenstücke oder die Längscommissuren sich getrennt erhalten (Fig. 181), während die beiderseitigen Knoten stets in einen einzigen verwachsen und ihre Duplicität äußerlich nur zuweilen durch eine mittlere Furche andeuten. Im allgemeinen kann man also sagen, daß die Ganglienkette der Insekten die Gestalt eines einfachen, in gewissen Intervallen knotig verdickten Stranges hat; denn auch in dem Falle, wo die Internodien gesondert bleiben, liegen sie entweder ganz knapp nebeneinander, oder werden sogar durch eine gemeinsame Hülle zu einem einzigen Bande vereinigt.

Ein solches Doppelganglion ist nun auch das vorderste Glied der ganzen Kette, dem man gemeiniglich den Namen Gehirn gibt. Seiner durchschnittlichen Massenentfaltung nach hat es übrigens wenig Anrecht auf eine separate und namentlich auf eine so vielsagende Bezeichnung; denn im allgemeinen scheint es nur bei Kerfen mit großen Augen und starken Fühlern erheblich größer wie die anderen zu sein. Wir sagen scheint, weil gerade die oft lappenartigen Wurzeln der betreffenden Sinnesnerven das Meiste zu seiner Vergrößerung beitragen. Wenn man aber von diesen Zuthaten absieht, so ist in der Regel, äußerlich wenigstens, keine weitere Differencirung zu sehen und der übrig bleibende Rest oft sogar kleiner als die Rumpfganglien. Dessenungeachtet wollen wir seinen besonderen Fähigkeiten vorläufig nicht nahetreten, wenn man sich auch von so unansehnlichen Knötchen, die man oft mit Mühe zwischen den Kopfmuskeln suchen muß, nicht viel Geistescapacität versprechen darf.

In dem gewiß löblichen Bestreben, den oberen Kerfkopfganglien auch eine gewisse anatomische Superiorität zu verschaffen, hat Leydig, der sich um die Erforschung der Gliederthiernerven ein unsterbliches Verdienst erworben, dem oberen Schlundganglion (Fig. 87, S. 131, o G) noch das untere (u G) als einen integrirenden Bestandtheil zulegen wollen, d. h. er faßt den gesammten Schlundring als Gehirn auf, indem er den unteren oder Kehlknoten dem Kleingehirn der Wirbelthiere homologisirt. Aber abgesehen davon, daß die von ihm gegebene physiologische Begründung doch nicht ausreichend sein möchte, dürfen wir nicht vergessen, daß dieses letztere Ganglion mit der Innervirung von nicht weniger als drei Mundgliedmaßenpaaren vollauf beschäftigt ist und der ihm vindicirten Führerrolle bei der Regulirung der verschiedenartigen Körperbewegungen doch nicht gewachsen sein möchte.

Die Anpassung des Bauchmarks an die äußere Körpergliederung tritt am anschaulichsten im Brustkorb zu Tage. Wo, wie bei den fußlosen Larven, die Brustringe sowohl unter sich als mit den Bauchringen an Größe und Beweglichkeit übereinstimmen, bildet das Bauchmark eine einfache Reihe gleichartiger Ganglien. Die Brustknoten nehmen aber sofort an Umfang zu, sobald die Ausbildung der Beine auch eine Vermehrung oder doch Verstärkung der peripherischen Nerven erfordert (Fig. 141, 142 B_1, B_3). Kommen, wie gewöhnlich, noch Flügel hinzu, so wachsen die betreffenden zwei Knoten noch stärker und zwar hält diese Massenvermehrung der anregenden Nervensubstanz genau Schritt mit jener der kontraktilen, so daß also, z. B. bei den Faltern, wo die Vorderflügel die Oberhand haben, das Mittel-, bei den Käfern dagegen, wo die Hinterflügel prävaliren, das Hinterbrustganglion das größte ist.

Um den unerläßlichen gegenseitigen Rapport zwischen den Flügelganglien zu erleichtern, rücken sie ferner meist hart aneinander (Fig. 141) oder verschmelzen, und oft sogar mit Einbeziehung des Halsganglions, zu einer einzigen großen Markkugel, die aber innerlich ihre Zusammensetzung nicht verläugnen kann.

Die strenge so zu nennende Bauch- oder Abdominalganglienkette läßt, wie begreiflich, die meisten Variationen zu, oft aber auch solche, die mit der äußeren Gliederung nicht recht harmoniren wollen. Im schönsten Ebenmaße stehen die Ganglien der Larven und der langleibigen Kerfe überhaupt. Jeder Leibesring besitzt hier seinen selbständigen Lebensherd, sein besonderes Specialgehirn, wobei indeß die Längscommissuren an einer Stelle doppelt, an einer andern wieder einfach sind. Mehr als 8 getrennte Ganglien sind übrigens noch nirgends beobachtet; die letzten zwei oder drei Hinterleibssegmente müssen sich mit einem einzigen, in der Regel aber auffallend großen behelfen. Für die ausgebildeten Kerfe ist 7 schon eine hohe Zahl, meist sind 6 oder 5 zugegen Ein gutes Beispiel für die oft ganz unsymmetrische Vertheilung derselben und der von ihnen innervirten Territorien haben wir an der Werre ausfindig gemacht.

Das erste Hinterleibsknötchen liegt unmittelbar hinter dem letzten Brustganglion, das 2. auf der Mitte des 1. Hinterleibsringes, das 3. auf jener des 3. Segmentes, das 4. auf jener des 5. und das letzte oder 5. Knötchen auf der Mitte des 8. Ringes; der 2., 4., 6. und 7. Hinterleibsgürtel geht also ganz leer aus.

Die Vertheilung der von den ersten der genannten Ganglien ausstrahlenden Nerven verhält sich so: Die Nerven des Hinterbrustknotens versorgen den ganzen ersten und einen Theil des 2. Hinterleibssegmentes, jene des ersten Hinterleibsganglions den 2. und 3. Ring, während die Nerven des im letzteren Segmente liegenden Ganglions zum 4. und 5. Ringe hintreten.

Wir sehen demnach, daß das eigentliche Territorium eines Ganglions nicht immer dort zu suchen ist, wo das letztere liegt, daß also, um figürlich zu reden, auch im thierischen Organismus die Centralregierung eines bestimmten Machtbezirkes auch außerhalb seiner Grenzen, gleichsam in einem fremden Staate amtiren kann. —

Mitunter bewahren zwar sämmtliche Ganglien ihre Selbständigkeit, rücken aber hart aneinander. — Auf diese Art bekommt z. B. das Bauchmark einer Wasserfliegenlarve (Stratiomys) die Gestalt einer Perlenschnur, während Cuvier jenes der Ameisenlöwenlarve mit dem geringelten Schwanz einer Klapperschlange vergleicht. Solche Koncentrirungen können, selbst bei Larven, noch weiter gehen. Der Engerling des Nashornkäfers soll einen einzigen, nur durch schwache Querfurchen abgetheilten Bauchknoten besitzen. Dagegen kommt es bei ausgebildeten Kerfen, deren Hinterleibsschienen enge in einander stecken, z. B. bei Wanzen und Fliegen sehr häufig vor, daß ihre gesammte Abdominalganglienkette in einen einheitlichen Klumpen oder auch in einen mehr strangartigen Körper zusammenschmilzt, so daß sich dann die scharfe Dreitheilung des Hautpanzers auch innerlich am Nervensystem widerspiegelt. Den höchsten Grad erreicht diese Koncentrirung aber bei jenen Kerfen (Fig. 142 C), z. B. einigen Fliegen, wo die gesammte Rumpfganglienreihe sich auf einen massigen Brustknoten reducirt, und es fehlte dann nur noch die Konsolidirung mit dem Kehlganglion, um jene eigenthümliche Bildung der Krabben zu erhalten, bei denen das ganze Centralnervensystem aus einer einzigen weiten Schlinge mit zwei Ganglien besteht, wovon das kleinere oben im Kopfe sitzt, während das andere, einem vielstrahligen Ordenssterne gleich, unten auf der Brust hängt.

Ueber die Verbreitung der Seiten- oder peripherischen Nerven, welche aus den beschriebenen Axialganglien hervorgehen, wissen wir dem Leser wenig Interessantes zu bieten. Sollte er sich aber selbst einmal die Mühe nehmen, dem Verlauf und den Verzweigungen derselben an den verschiedenen Leibesorganen nachzugehen, so würde er finden, daß das ganze Nervennetz weitläufig genug ist, um einerseits alle den Körper beeinflußenden Reize zur Anzeige im Centralorgan zu bringen, und hinwiederum auch Bahnen genug vorhanden sind, welche die Erregungen und Befehle des Centrums nach außen leiten.

Wie viele Hauptstraßen dann zu dem Zwecke bestehen, läßt uns ziemlich gleichgiltig, und der Leser stößt sich wohl auch nicht daran, daß die hin- und rücklaufenden „Leitungsdrähte" auf große Strecken in ein einziges Kabel zusammengefaßt sind, wenn auch die umfangreicheren Organe, wie z. B. die Flügel, die Beine, die Mundtheile, Fühler u. s. f. sowohl ihre gesonderten Empfindungs- als Bewegungsnerven haben können, und bei den gemischten Nervenbahnen wenigstens am Ursprung eine Scheidung in eine obere motorische und in eine untere sensible Wurzel beobachtet ist. — Daß von den zusammengesetzten Ganglien, wie z. B. dem Kehlknoten, dem gemeinsamen Brust- oder Hinterleibsmark der Fliegen u. s. w. relativ mehr Nerven als von den einfachen entspringen, ist selbstverständlich.

Außer diesen Nerven, die so gut wie ihre Centra, die Gehirn- und Bauchmarksganglien, hinsichtlich ihrer Lage einen rein segmentalen Charakter zeigen, haben schon Swammerdamm und Lyonet, und zwar am Nashornkäfer und an der Weidenraupe, und später insbesondere Joh. Müller, Newport und Leydig noch andere entdeckt, deren Verbreitung sich nicht nach dem jeweiligen Leibesabschnitte richtet, in welchem ihr Centrum liegt und wohin sie gleichsam

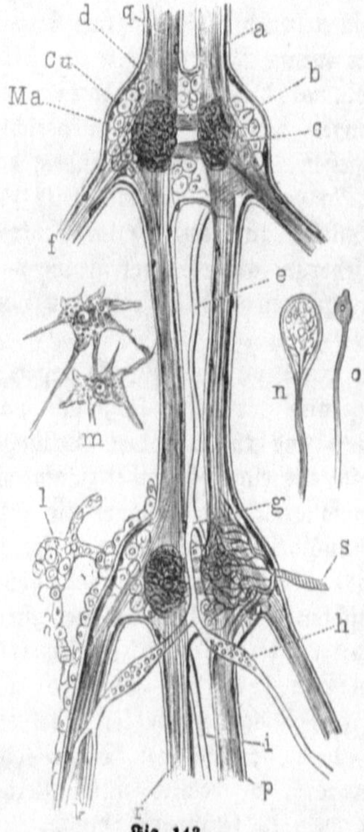

Fig. 143.

Partie der Bauch-Ganglienkette einer Laubheuschrecke (Locusta viridissima) zur Versinnlichung ihres feineren Baues. a, q, r, p Verbindungssträhne (Kommissuren) zwischen den Ganglien. b äußere Zellen-, c innere Faserpartie der letzteren. d Querkommissuren zwischen den Ganglienkernen. f, k peripherische Nerven. l vom Fettkörper gebildete äußere, Cu innere (eigentliche) Nervenscheide. Ma zugehörige Mutterlage. m multi-, n u. o unipolare Ganglienzellen; (letztere aus dem Gehirn.) s Luftröhrennetz, die Ganglienkerne umspinnend. e sog. sympathischer Nerv mit gangliösen Anschwellungen (h). (Nach Leydig).

zuständig sind, sondern welche, indem sie die Verrichtungen gewisser, nicht auf einzelne Körpersegmente beschränkter Organe zu regeln haben, mit diesen weit über ihr eigentliches Heimatsgebiet hinausschweifen. Dahin gehören insbesondere die auf dem Vorder- und Mitteldarm, sowie auf dem Herz sich verbreitenden Nervenpartien, die wir ihres gemeinsamen Ursprungs und ihrer übereinstimmenden und unabhängigen Leistungen halber als ein besonderes Neben- dem Hauptsystem an die Seite stellen. Mit Rücksicht auf den anatomischen Zusammenhang mit dem letzteren kann es in zwei Theile zerlegt werden. Den einen bildet der sogenannte unpaare Nerv. Er entspringt mit zwei Wurzeln vorn am Gehirn, verdickt sich an der Stirn zu einem Ganglion (Fig. 142, B, G) und geht daraus als ein einfacher über dem Rücken des Speiserohrs verlaufender Strang (un) hervor, der bei seiner Endigung am Magen abermals knotig wird. Der zweite Theil dieser Vorderdarm-Nerven wird gebildet aus einem Paar (pn) von aus der Hinterfläche des Gehirns entspringender und seitwärts am Speiserohr verlaufender Stränge, die gleichfalls von Stelle zu Stelle knotig aufgetrieben sind und auch unter sich anastomosiren.

Muß man die eben besprochenen Nervenpartieen als ein peripherisches Nebensystem bezeichnen, so ist das, worauf wir jetzt die Aufmerksamkeit des Lesers lenken wollen, mit Fug und Recht ein centrales zu nennen. Am leichtesten kann man dasselbe bei der grünen Heuschrecke (Fig. 143 e) zur Ansicht bringen. Da sehen wir zunächst, daß, vom ersten Brustknoten an, zwischen den beiden Längscommissuren der Ganglinkette ein medianer und auffallend blasser Faden herabläuft, jedoch nicht der ganzen Kette entlang, was ja schon dem streng segmentirten Gesammtbaue widerspräche, sondern so, daß er immer wieder zwischen je zwei Ganglien wurzelt (i), sich dann aber jedesmal auf der Höhe der Ganglien in zwei quere Aeste (h) theilt, die, nachdem sie früher ein längliches Ganglion gebildet, sich mit den Spinalnerven verbinden und in deren Bahn bis zur Peripherie fortlaufen, wo sie insbesondere die Muskeln der Respirationswerkzeuge, d. i. die durch besondere Lippen verschließbaren Eingänge der Tracheen mit Zweigen versorgen sollen. Da diese Nerven, wie schon angedeutet, durch ihr eigenthümlich blasses und körniges Aussehen, sowie durch ihre Neigung zu Ganglien- und Geflechtbildungen sich scharf von den übrigen abheben, so läßt sich auch leicht constatiren, daß sie, gleich Lianen, welche, bald in lockeren bald in engeren Spiralen, an den Bäumen emporklettern, die eigentlichen und meist dickeren Stammnerven umschlingen.

Während viele Forscher die peripherischen Ausläufer

dieses, wie wir sahen, genau nach dem Muster der Hauptganglienkette gegliederten Binnensystemes ausschließlich für den exakten rhythmischen Gang der Respirationsbewegungen verantwortlich machen, will es uns scheinen, als ob schon die bedeutende Entfaltung dieses Apparates auf eine allgemeinere Bedeutung hinwiese, und machen es nach unserem Bedünken die vielfachen gangliösen Einschaltungen sehr wahrscheinlich, daß wir in ihm den Hauptheerd der reflektorischen Vorgänge zu suchen haben, in welchem Falle dann also die beliebte Vergleichung mit dem, vorwiegend nur die vegetativen Verrichtungen regulirenden Sympathikus der Wirbelthiere keine ganz treffende wäre. —

Aber werfen wir nun mit Hilfe des Mikroskopes auch einen Blick auf die elementare Zusammensetzung der verschiedenen Abschnitte des Nervensystems, das wir bisher erst in seinen gröbsten Umrissen haben kennen lernen. Dasselbe schließt uns auch hier eine neue Welt auf, von dem das unbewaffnete Auge nichts zu ahnen vermag. Um vorerst beim eigentlichen Bauchmark zu verweilen, so zeigt es sich, daß dessen knotige Anschwellungen und die dieselben aneinanderkettenden Stränge wesentlich verschiedene Bildungen sind. Naturgemäß studiren wir zuerst den Bau der Ganglien; denn es wird sich herausstellen, daß die Längskommissuren nichts als bündelartige Vereinigungen der in diesen wurzelnden Nervenfasern sind. Jedes Ganglion zeigt sich (Fig. 143) zunächst von einer doppelten Hülle eingeschlossen, die seinen überaus weichen Inhalt zusammenhält. Die innere Hülle ist eine häutige und deutlich chitinisirte Kapsel, welche von einer unterliegenden oft schön gelb, roth oder blau pigmentirten zellartigen Mutterlage abgesondert wird. Die äußere Hülle dagegen wird von dem zellig-blasigen Fettkörper gebildet, der ja allenthalben den äußersten Ueberzug der Organe liefert.

Betrachten wir nun den Inhalt selbst und zwar am

besten an einem ganz leicht herzustellenden Längsschnitte, so haben wir ein Bild vor uns, das uns unwillkürlich an das des querdurchschnittenen Rückenmarkes erinnert.

Trotzdem ist hier und dort der elementare Aufbau ein ganz anderer, ja geradezu ein entgegengesetzter. Am Rückenmarksdurchschnitt sehen wir einen grauen H förmigen Kern, der von einer weißen Zone oder Rinde umgeben ist. Der graue Kern besteht im wesentlichen aus großen, sternförmigen Ganglienzellen, die mit ihren wurzelartigen und häufig in das feinste spinnenwebenartige Netz sich auflösenden Fortsätzen theils untereinander theils mit den Faserzügen in Verbindung stehen, welche im Kern ein- und austreten. Diese Zellen sind als die eigentlichen Central- oder Knotenpunkte zu betrachten, in welchen alle von außen kommenden Erregungen sich sammeln, und von welchen hinwiederum auch alle die Außentheile beeinflussenden Reize ausgehen. Sie sind gleichsam, um den oft gebrauchten Vergleich des Nervensystemes mit einem Telegraphennetz zu Hilfe zu nehmen, den Tastern der Centralanstalten gleichzusetzen, in denen alle Drähte der Aufgabsstationen zusammenlaufen, und welche, je nach dem Erforderniß des ganzen Mechanismus, theils selbst wieder als Aufgabsstationen fungiren, theils die eingelangten Depeschen an die geeigneten Punkte dirigiren und so die Rolle der bei elektrischen Experimenten so vielfach angewandten Wechsel bekleiden.

Die weiße dicke Rinde des Rückenmarkes hingegen besteht fast ausschließlich nur aus den von einer fettigen Scheide umgebenen und deshalb bei auffallendem Licht talg-weiß erscheinenden Fasern, resp. Faserbündeln, die gleichsam die großen Kabels sind, in welchen die hin- und herlaufenden Depeschen circuliren.

Ganz das umgekehrte Lagerungsverhältniß zeigen die Bauchmarksganglien. Hier nehmen die erregenden Zellen die Peripherie ein (Fig. 143 b), während die leitenden und verknüpfenden Faserelemcte den Kern (c) zusammensetzen.

Indeß weichen beiderlei Elementargebilde sehr erheblich von jenen des Rückenmarks ab. Die Zellen, fürs erste, sind, wie es scheint, niemals oder doch viel seltener sternförmig, sondern haben, wenn sie nicht ganz kugelig sind, eine mehr birn- oder keulenartige Gestalt (Fig. 143 n), d. h. sie verschmälern sich in der Richtung ihres einzigen und stets nach innen gewendeten Ausläufers. Fürs zweite sind die aus ihnen hervorgehenden Fasern, gleich den Fasern der Wirbellosen überhaupt, niemals von einer nennenswerthen Markscheide umhüllt und daher von blassem Aussehen. — Was wird aber aus den gegen das Centrum gerichteten peripherischen Ausläufern der Ganglienzellen? Sie bilden einen unentwirrbaren Knäuel von feinsten Fibrillen, die oft den Eindruck linear angeordneter Punkte hervorrufen, im übrigen aber bald zu einer netzartig gestrickten, bald zu einer blätterig-schaligen Markmasse sich vereinigen. Dieser gordische Knoten wird aber bei den Kerfen noch von einem zweiten durchflochten, nämlich von einem in eine Unzahl feiner und feinster Reiser sich auflösenden Luftröhrenast, dessen Gesammteindruck Leydig mit dem Bild eines entlaubten Weidenbaumes vergleicht. (Fig. 143 s).

Ja, wo liegt denn aber dann die oben erwähnte Aehnlichkeit in der histologischen Architektonik von Bauch- und Rückenmark? Sie ist vornehmlich durch die zwei Querbalken (d) bedingt, welche die, beidemale in zwei Hälften zerschnittenen Markkörper zu einem einheitlichen Ganzen verknüpfen, und die sowohl hier wie dort lediglich aus Fasern bestehen, welche die dies- und jenseitige Hälfte miteinander auswechseln.

Es ist gewiß von vorneherein sehr wahrscheinlich, daß die zu verschiedenen Leistungen adaptirten Elementartheile der Nervensubstanz mit der Zeit auch eine verschiedene Beschaffenheit bekamen. Dem Scharfblicke Leydig's ist es nun auch gelungen, nicht bloß eine kleinere und größere Gattung von Ganglienzellen zu entdecken, sondern auch mindestens dreierlei Fasern nachzuweisen, die sich hauptsächlich durch die Differencirung ihres Inhalts — wir dürfen vielleicht sagen z. Th. durch die Anordnung ihrer Moleküle — unterscheiden.

Von naheliegender Wichtigkeit für die Erforschung des funktionellen Zusammenspiels der einzelnen Abschnitte des Nervensystems ist selbstverständlich die Kenntniß seiner Leitungsbahnen.

Solcher lassen sich nach ihrem Hauptverlaufe wenigstens vier Gruppen unterscheiden. Erstens Fasern, die am selben Ganglion, wo sie aus den Zellen entspringen, auch die Stammleitung verlassen und sich an die Peripherie begeben. Ihre Zahl und Stärke bedingt offenbar den Grad der Autonomie des betreffenden Centralabschnittes.

Zweitens sind die Faserzüge zu nennen, welche nach ihrem Ursprung in einem Ganglion zwar sich nicht mehr mit den Zellen benachbarter Ganglien in Verbindung einlassen, aber doch nicht direkt zur Peripherie hintreten, sondern verschiedene Strecken weit die allgemeine Centralleitung benutzen und dann erst, in einem höher oder tiefer gelegenen Ganglion, einen Seitenweg einschlagen. Für zehn Ganglien würden also mindestens hundert Paare solcher halb centraler, halb peripherischer Faserzüge herauskommen. Diese Nerven sind es, welche die einzelnen Ganglien in direkten Verkehr mit fremden Gangliengebieten setzen. Drittens sind dann Fasern zu erkennen, die ausschließlich central verlaufen, die also nur zur gegenseitigen Verbindung der Ganglien bestimmt sind, jedoch so, daß sie theils nähere, theils weiter entfernte Ganglien in Zusammenhang bringen. Man kann sich übrigens leicht überzeugen, daß viele Fasern der Centralleitung mit den Ganglien, welche sie auf ihrem Wege passiren, keine nähere Verbindung unterhalten, sondern mitten durch sie hindurchtreten, sie gleichsam durchbohren. Von letzteren sind also für 10 Ganglien ebenfalls mindestens 100 Paare nothwendig. Die vierte Gattung bilden dann endlich jene, welche die beiden Hälften der Ganglien untereinander verknüpfen.

Nach diesem Sachverhalt, der aber in Wirklichkeit gewiß noch viel komplicirter ist, können also die einzelnen Ganglien jedes für sich und zwar sowohl in ihrer eigenen als auch in einer fremden Machtsphäre, und zwar auch ohne Miterregung der übrigen, sich als wirksam erweisen, oder sie können alle insgesammt oder nach beliebigen Kombinationen zu einem einheitlichen Reizsysteme sich vereinigen.

Ja, sind denn aber die einzelnen Bauchganglien auch wirklich selbstständige Lebensheerde, d. h. können sie im isolirten Zustande oder außerhalb der Gemeinschaft mit den übrigen Theilen des Systemes eine erfolgreiche Thätigkeit entfalten?

Hierüber existiren der Beweise zu viele, als daß man es bezweifeln könnte. Daß Insekten, nachdem man ihnen den Kopf abgeschnitten, oft noch tagelang nicht bloß überhaupt Lebenszeichen von sich geben, sondern selbst noch sehr schwierige Operationen ausführen, ist eine häufig beobachtete Thatsache. Aber selbst einzelne, mehr untergeordnete Körpersegmente, die ein separates Ganglion besitzen, zeigen sich eine Zeit lang noch lebensfähig, und dauern insbesondere die rythmischen Athembewegungen noch lange Zeit fort. Am auffallendsten erscheint diese Automatie, nach Faivre's schönen Experimenten, am letzten Hinterleibsknoten, der vornehmlich die Geschlechtsorgane mit Nerven versorgt. Reizt man diesen Knoten, so wird der Eileiter, resp. das männliche Glied mit Gewalt hervorgestoßen, und findet aus letzterem gelegentlich auch eine Samenausspritzung statt. Dagegen bleibt eine Reizung der vorhergehenden Ganglien ohne sichtbaren Eindruck auf dasselbe, sowie die obige Wirkung auch dann nicht ausbleibt, wenn das Ganglion durch Zerstörung der Längskommissuren vom übrigen System ganz abgeschnitten ist. Wichtig ist ferner die durch Yersin's und Baudelot's Versuche konstatirte Thatsache, daß der Sitz der Sensibilität und der motorischen Kraft an den Ganglien getrennt ist, so daß durch theilweise Abtragung ihrer Zellen eine Paralyse beider isolirt hervorgerufen werden kann, und zwar verhält es sich so, daß bei Abtragung der oberen Hälfte die Bewegungs- und bei jener der unteren die Empfindungsfähigkeit aufgehoben wird. Desgleichen sind die beiden seitlichen Hälften in vieler Beziehung von einander unabhängig. Verletzt man z. B. die rechte Seite des Mundganglions, so wird bloß die Bewegung der betreffenden Kiefer gelähmt, während die anderen nur in ein konvulsivisches Zittern gerathen, was Niemand Wunder nehmen wird, der überlegt, wie innig alle Theile verkettet sind. Demnach können wir sagen, daß jedes Ganglion eigentlich aus vier selbständigen Reizkörpern zusammengesetzt ist, nämlich aus einem rechts- und linksseitigen Sensorium und aus einem gleichfalls doppelten Motorium.

Wir haben oben die beiden Schlundnerven sammt ihren Gangliengeflechten für ein selbständiges Nebensystem erklärt. Durch die einschlägigen Experimente wird dies noch mehr bekräftigt. Es zeigt sich nämlich, daß eine Zerstörung des Gehirns, aus dem sie hervorgehen, die Schlingbewegungen nicht im geringsten alterirt, und andererseits auch eine Reizung der Schlundnerven keinerlei Schmerzensäußerungen hervorruft, so daß also vom Gehirn weder motorische noch sensible Fasern in die Schlundnerven überzugehen scheinen.

Diese haben vielmehr ihr autonomes Centrum im Stirnganglion, bei dessen Verletzung die Schluckbewegungen sofort sistirt werden. Anders verhält es sich dagegen mit den aus den hinteren Ganglien entspringenden Darmnerven, die, wenigstens bei stärkerer Reizung, heftige Zusammenziehungen der Eingeweide verursachen.

Wenn nun auch, wie wir eben vernommen, die einzelnen Leibesabschnitte der Kerfe vermöge der in ihnen liegenden Ganglien bis zu einem gewissen Grade sich selbst zu regieren im Stande sind, so muß doch ohne Zweifel nebstbei noch ein mit ganz specifischen Energieen ausgerüstetes allgemeines Centralorgan vorhanden sein, in welchem einerseits die für die Erhaltung des Ganzen wichtigen äußeren und inneren Zustände zur Mittheilung kommen, und von welchem andererseits auch jene Impulse ausgehen, welche die für das allgemeine Wohl erforderlichen Handlungen veranlassen.

Es entsteht nun aber zunächst die Frage, inwieweit die Kerfe für das letztere zu sorgen im Stande sind. Da muß vorerst konstatirt werden, daß an den Handlungen der meisten Kerfe ein fester, ja unbeugsamer und auf ein ganz bestimmtes Ziel gerichteter Wille sich kundgibt. Ein Käfer z. B., welcher auffliegen will, sagt Reclam, und zu diesem Zwecke ebenso wie der Vogel eines erhöhten Standpunktes bedarf, sucht denselben mit einer Hartnäckigkeit zu gewinnen, an welcher man eine bewußte Absicht nicht mißkennen kann. Fast eine Stunde lang kann man ein solches Thier immer wieder am Emporkriechen stören und zurückwerfen; immer wiederholt es seine Bestrebungen, unermüdlich, starrköpfig, bis es endlich, matt geworden, eine Zeit lang ruhig sitzt, um sich zu erholen und dann denselben Weg von neuem beginnt, um schließlich, wenn man ihm seinen Willen läßt, auf dem erhöhten Punkt angelangt, — fortzufliegen.

An diese Thatsache knüpft sich aber wieder die zweite Frage, ob der feste Wille, der sich da äußert, der eigene und freie Wille des Thieres ist, oder ob, um mit Hartmann auch einmal philosophisch zu reden, das unverkennbar zweckmäßige Wollen desselben nur das Mittel zu einem unbewußt gewollten Zwecke ist, der ihm also von einer fremden Autorität vorgesetzt sein müßte.

Indeß dürfte schon das folgende Beispiel ausreichen, um zu beweisen, daß die Insekten ihre eigenen Herrn sind und in der Sorge für ihr leibliches Wohl nicht eines mystischen Suffleurs bedürfen.

Es ist bekannt, daß die Ameisen häufig die Blattläuse auf den Gesträuchen besuchen, um ihre Lieblingsspeise, die süßen Absonderungen derselben, die aus besonderen Röhrchen ihres Hinterleibes hervortröpfeln, zu erlangen.

Leukart, der berühmte Biologe, beschmierte nun einmal, um die Ameisen von den Blattläusen zurückzuhalten, den Stamm einer Staude ringförmig mit Tabakjauche, deren Geruch nicht bloß uns sondern auch den Kerfen sehr zuwider ist. Was geschah? Die Ameisen, welche nach vollendeter Mahlzeit die Pflanze verlassen wollten, kehrten, als sie den Weg versperrt fanden, zurück auf die Blätter und ließen sich von dort herunterfallen. Jene aber, welche in der Hoffnung des leckern Schmauses noch am Stamme aufwärts eilten, blieben vor dem fatalen Rubikon keineswegs, wie die Ochsen am Berge stehen, sondern machten sofort Kehrt, trugen kleine Erdkrumen herbei und bauten damit eine Brücke, über welche sie dann gemächlich hinaufspazirten.

Wie aber, fragen wir nun, konnten die Ameisen ohne bewußte Erkenntniß der ganzen Sachlage und ohne eigene Ueberlegung solche Handlungen verrichten, die selbst manchem ungeschickten Menschen nicht einfielen?

Solchen und ähnlichen Thatsachen gegenüber, von denen wir im zweiten, die vergleichende Biologie behandelnden Bande mehrere mittheilen werden, kann also wohl kein vernünftiger Mensch länger daran zweifeln, daß die Kerfe auch gewisse und z. Th. sehr hohe geistige Fähigkeiten besitzen. Das Organ aber für diese rein psychischen Funktionen sowohl, als auch für die wichtigsten Sinneswahrnehmungen und für die Willensäußerungen kann aber offenbar kein anderes sein als das obere Kopfganglion. Dies beweist nämlich einerseits die Gegenwart der wichtigsten Orientirungswerkzeuge, dies lehrt uns aber auch ein einfaches Experiment. Heben wir nämlich, am bequemsten ist dies bei einem größeren Insekt zu machen, dessen Kopfschale und die oberflächlichen Muskeln ab und nehmen dann das auf diese Weise blos gelegte Gehirn heraus, so ist damit zwar keineswegs der Lebensfaden des Thieres zerschnitten, sondern es fährt fort zu kauen, zu laufen, zu fliegen, zu athmen, ja viele enthirnte Kerfe legen sogar Eier und begatten sich — der Gesammteindruck von allen diesen durch die intakt gebliebenen Rumpfganglien ermöglichten Verrichtungen ist aber doch kein anderer, als der, den uns etwa ein Mensch macht, welcher toll geworden ist und der nun, unbekümmert um seine Umgebung, neben manchen anscheinend normalen Verrichtungen auch eine Reihe von völlig zwecklosen, ja oft dem Organismus sogar sehr schädlichen Handlungen vollführt.

Wenn aber bei dieser Sachlage das obere Kopfganglienpaar der Insekten wirklich den Rang eines Gehirnes verdient, so dürfen wir wohl auch voraussetzen, daß eine solche Komplicirtheit seiner Funktionen nur bei einer entsprechenden Komplikation seines Baues möglich sei, die auf alle Fälle bedeutender sein muß, wie an den übrigen untergeordneten Centraltheilen. Indeß dürfen wir zunächst nicht darauf vergessen, daß sowohl die seelischen Funktionen als auch die lediglich auf die Erhaltung des Lebens abzielenden Verrichtungen des Gehirns gerade im millionenköpfigen Reich der Insekten außerordentlich viele Grade der Entwicklung haben, und daß vielleicht in keiner andern Thierabtheilung in dieser Hinsicht so gewaltige Extreme bestehen.

Oder gibt es etwa bei den Säugethieren z. B. einen so großen Abstand in den Gehirnleistungen wie zwischen jenen einer blinden Fliegenmade, die in der Jauche eines faulenden Organismus sich wälzt, und jenen der mit allen Werkzeugen der Arbeit wohl ausgerüsteten Biene, die in selbstgebauten und auf das zweckmäßigste angelegten Städten wohnt und, gleich dem civilisirten Menschen, wohlgeordnete, auf dem Principe weitgehender Arbeitstheilung basirte Gesellschaften bildet?

Nach den bei den höheren Thieren obwaltenden Verhältnissen zu schließen, wo eine höhere Geistesbegabung auch an die Gegenwart eines höher entfalteten Gehirns gebunden ist, müssen wir also auch bei den Insekten schon a priori d. h. auf Grund ihrer Lebenserscheinungen annehmen, daß ihre Gehirne, wenn auch alle nach dem allgemeinen den Gliederthieren eigenthümlichem Typus gebaut sind, doch im einzelnen sehr bedeutende Differenzen aufweisen.

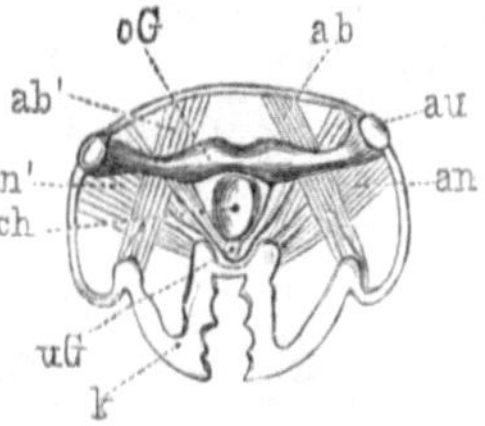

Fig. 144.
Querdurchschnittener Kopf einer Blattwespenraupe. Sch Schlundrohr. oG oberes, uG unteres Schlundganglion.

Und so ist es auch. Indeß müssen wir uns darauf beschränken, den Leser mit zweierlei Hirnen bekannt zu machen, und zwar mit einem sogenannten Durchschnittshirn, wie es der Mehrzahl dieser Thiere zukommt und dann mit einem hoch differencirten, wie es z. B. die Biene zu eigen hat.

Im Gegensatz zu den Larvengehirnen, die bisweilen fast genau dieselbe Struktur wie die Rumpfganglien zeigen, ergibt sich für die Hirne der meisten vollkommenen Insekten schon darin ein sehr augenfälliger Unterschied, daß die theils molekuläre theils grob- oder feinfasrige Centralmasse, welche an den Rumpfganglien bei durchfallendem Lichte dunkel erscheint, hier sogar heller als die zellige Rinde sich darstellt, was wohl damit im Zusammenhange steht, daß die reichlich abgelagerten Körnchen der ersteren hier deutlichen, wenn auch verhältnißmäßig sehr winzigen Ganglienzellen Platz gemacht haben, die nach unseren eigenen Untersuchungen z. Th. ver-

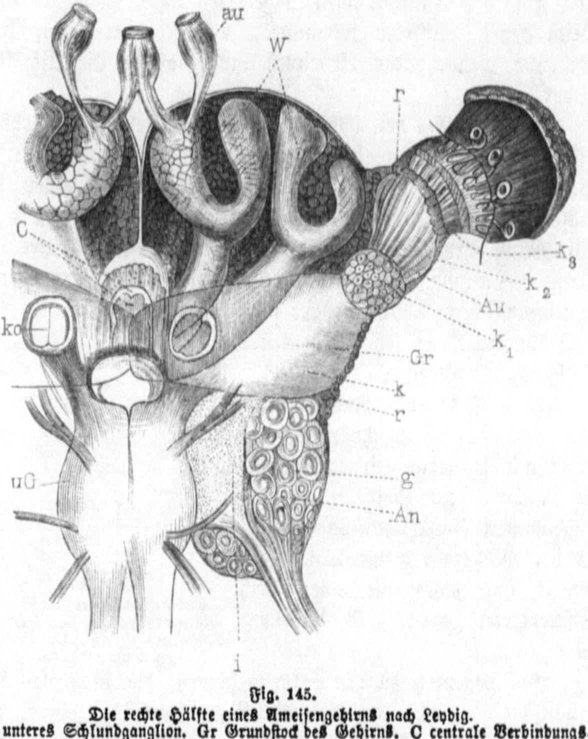

Fig. 145.

Die rechte Hälfte eines Ameisengehirns nach Leydig.
uG unteres Schlundganglion. Gr Grundstock des Gehirns. C centrale Verbindungstheile W halbringf. Körper der dem Grundstock anlagernden kleinzelligen Gehirnportion, aus denen die Nerven für die einfachen Augen (au) entspringen. Au Seblappen. An Fühlerlappen (die scheinbaren Zellen sind kugelig geballte Massen fibrillärnetzförmiger Marksubstanz). r zellige Gehirnrinde.

mittelst unsäglich feiner Fortsätze mit einander und mit den zwischengelagerten Faserparthien verflochten sind.

Im Centrum der beiden stets scharf geschiedenen Hirnhemisphären erkannte Leydig zunächst einen großen, zweitheiligen Körper (Fig. 145 ko), der sich als die Einmündungsstelle der Längskommissuren zu erkennen gibt, durch welche das Hirn mit dem Mundganglion (uG) zusammenhängt.

Rings um den hellen Hof dieses isolirbaren Körpers oder Zapfens ordnen sich dann gewisse Faserzüge der beiderseitigen vieltheiligen Hirnkerne in schalig-koncentrischer Weise, während andere in die oft sehr umfangreichen Wurzeln der Seh- und Fühlernerven eintreten, sowie auch die gegenseitige Verbindung der beiden Hirnhemisphären vermitteln. Auch an der zelligen Rinde bemerken wir, so z. B. nach Leydig ausgezeichnet schön beim Schwimmkäfer, größere theils auf die Form theils auf die Gruppirung der Ganglienzellen bezügliche Differencirungen, wie wir sie an den Bauchganglien zu sehen gewohnt sind. So haben gewisse dieser von dichten Tracheenbüscheln umstrickten oder auch durch mehr weniger tiefgehende Falten der Hirnwand fachartig von einander abgegränzte Ganglienpackete große gelbliche Zellen, andere wieder kleine und hellere Elementartheile, und nehmen diese verschiedenen Gruppen immer auch bestimmte Hirngegenden ein.

Und welche speciellen Besonderheiten zeigen sich nun am Bienenhirn? Der Leser werfe zunächst, um einen Maßstab zur Vergleichung zu gewinnen, einen Blick auf Fig. 146 C und Fig. 144 OG, das ein sogenanntes Durchschnittsgehirn einer Blattwespe darstellt. Daneben links (B) findet er dann das Bienenhirn. Der Unterschied ist so auffallend, daß er auch den älteren Entomotomen, wie z. B. Swammerdamm und Treviranus, nicht entgehen konnte.

Es ist nämlich zu jedem primären Hirnlappen (vergl. Fig. 145 Gr) ein wo nicht ganz, so doch in dieser ausgeprägten Form sozusagen neuer Abschnitt hinzugekommen und zwar an der hinteren Seite, dort, wo die Stiele der Nebenaugen (au) entspringen. Genauer wurde indeß dieser Gehirnzubau erst

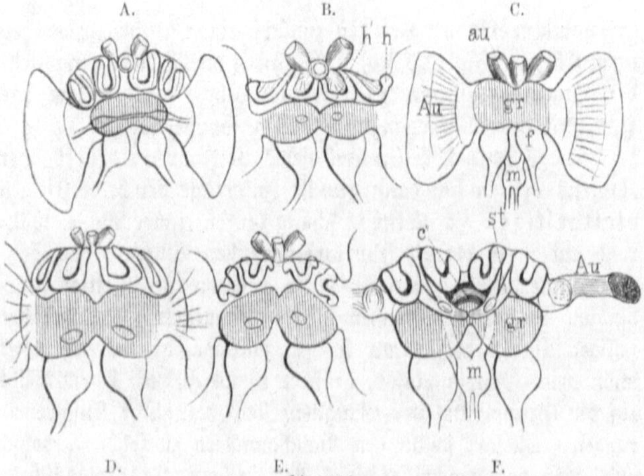

Fig. 146.

Verschiedene Kerfhirne, gez. mit d. Hellkammer. Gr Gehirngrundstock (primäre Hirnlappen nach Leydig). h hufeisen- oder „pilzhut"-förmiger Körper des Zubaues, und zwar äußerer, h_1 innerer. Au Augenlappen. f Fühlerlappen. au Stirnaugen. c centrale Kommissuren (schematisch!), m Mundganglion. A franz. Wespen $^{10}/_1$, B Honigbiene $^{10}/_1$, C von der Blattwespe (Cimbex) $^{10}/_1$, D Schlupfwespe $^{20}/_1$, E Wegwespe (Pompilius) $^{20}/_1$, F Ameise $^{20}/_1$,

von Dujardin und in Bezug auf den feineren Bau insbesondere von Leydig erforscht. Die ganze Bildung muß mit Rücksicht auf die von uns entdeckten homologen Bildungen bei den Laubheuschrecken als eine aus dem Innern des Hirngrundstockes hervorgegangene Wucherung angesehen werden, die dann mit der allmäligen Entwicklung der höheren geistigen Thätigkeiten dieser Geschöpfe den Windungen des Großhirns der Wirbelthiere analoge Faltungen bekam. Bei mehr oberflächlicher Ansicht erscheinen sie (Fig. 146 F) als zwei in der Mittellinie des Hirns sich zu einem U förmigen Bogen bisweilen selbst zu einer Art Chiasma sich vereinigende gabelartige Körper, deren zwei Zinken ein halbmond- oder hufeisenförmiges Gebilde, gleichsam eine zweite Gabel, tragen.

Diese Hirnzuthaten sind aber keineswegs auf die geselligen Hymenopteren allein beschränkt, sondern finden sich und oft in noch größerer Komplikation auch bei andern Aderflüglern, die bei der Unterbringung und Versorgung ihrer Nachkommen auffallend klug zu Werke gehen, so also namentlich bei den Schlupfwespen (Fig. 146 E), bei den Wegwespen und bei den gleichfalls einsiedlerisch lebenden Erdbienen.

Wie an den von uns präparirten und in Fig. 146 ganz naturgetreu abgebildeten Gehirnen zu sehen, haben diese Scheitelfalten bei jedem Insekte eine etwas andere Form; wir befinden uns aber selbstverständlich ganz im ungewissen darüber, inwieweit die specifische Gestalt der „gestielten Körper“ mit den besonderen psychischen Verrichtungen ihrer Besitzer zusammenhängen; genug, daß durch unsere Studien hiefür auch ein greifbarer Halt gegeben.

Daß übrigens der Grad der Geisteskapacität z. Th. weniger von der Form als von der Masse gewisser Hirnelemente abhängt, wissen wir ja schon von den Wirbelthieren, und hat dies nach Dujardin's Messungen auch auf die Insekten Anwendung.

Wie nämlich aus nachstehender Tabelle hervorgeht, hat die Ameise, welche ohne Zweifel unter allen Insekten die höchste Stufe geistiger Entwicklung erklommen, auch das relativ massigste Beihirn.

Name des Thieres	Körpervolum in Kubikmillim. = K	Gehirnvolum = G	Volum d. gestielten Körper = st	$\frac{G}{K}$ (ungefähr!)	$\frac{st}{K}$ (ungefähr!)
Dytiscus	1767	0.42	—	$\frac{1}{4000}$	—
Maikäfer	1376	0.39	—	$\frac{1}{3000}$	—
Ichneumon	48	0.12	0.06	$\frac{1}{400}$	$\frac{1}{800}$
Biene	108	0.62	0.11	$\frac{1}{200}$	$\frac{1}{1000}$
Ameise	17	0.06	0.03	$\frac{1}{280}$	$\frac{1}{600}$

Eine Frage, an welche bisher Niemand gedacht, ist die, ob denn auch die Männchen der betreffenden Kerfe, die sich bekanntlich um das Loos ihrer Nachkommen ganz und gar nicht kümmern und die auch sonst keinerlei Zeichen einer besonderen Intelligenz verrathen, dieselben hochentwickelten Denkinstrumente wie ihre Gemalinen besitzen. Sie haben sie in der That, wie denn gerade unsere Zeichnung des Ameisenhirns von einem Manne herrührt, und es ist dies ein eklatanter Beweis, daß von einem Geschlechte erworbene Auszeichnungen durch Vererbung auch auf das andere übertragen werden. — Sollte aber der Leser mit dem über das Kerfgehirn Vorgetragenen nicht zufrieden sein, so ist das nur die Schuld der Entomologen, welche unstreitig das allerinteressanteste Gebiet der Insektenanatomie bisher fast unbeachtet ließen.*)

*) Eben kommt uns der 27. Bd. d. Zeitschrift f. wiss. Zoologie zu mit einer sehr dankenswerthen Arbeit von M. J. Dietl über die „Organisation des Arthropodengehirns“, gegründet auf die Untersuchung des Centralorgans der Biene, Werre, Feldgrille und des Flußkrebses. Die darin ausgesprochene Behauptung, daß vor ihm Niemand die Gehirne an systematischen Schnitten studirt hätte, wird freilich einerseits durch unsere vorliegende Bearbeitung und andererseits durch die dem Verf. unbekannt gebliebene, schon ältere Schrift von Owsjanikow (ann. d. sc. nat. IV, 15) widerlegt, welche uns über das, worauf es hier zumeist ankommt, nämlich über den histologischen Verband der einzelnen Gehirntheile und deren Elementarorgane sogar weit bessere Auskunft gibt. Mein nächstens erscheinendes Werk über die feinere Anatomie der Spinnen und Scorpione wird auch beweisen, daß das Gehirn dieser Thiere mehr mit dem der Krebse als der Insecten übereinstimmt.

VIII. Kapitel.

Orientirungsapparat.

Je genauer wir dem Leben der Insekten nachforschen, desto mehr überzeugen wir uns, daß diese, von der großen Menge mit äußerster Geringschätzung betrachteten Wesen über die Natur ihrer jeweiligen Umgebung meist viel besser aufgeklärt sind und in Folge dessen auch vielseitigere und intimere Beziehungen damit unterhalten, als man dies selbst bei vielen höheren Thieren beobachtet. Oder wo fänden wir eine detaillirtere und minutiösere Kenntniß aller für ihr Dasein belangreichen Umstände und Verhältnisse als z. B. bei den Bienen und Ameisen? Wie bewunderungswürdig genau sind diese Kerfe über den Bauzustand ihrer Wohnung, über das Bedürfniß an Nahrungsmaterial für die große Gesammtheit sowohl, wie für jedes einzelne Mitglied, ferner über die Anforderungen der Brutpflege und des Hofdienstes, weiters über die verschiedenartigen meteorologischen Verhältnisse, über die herrschende Temperatur, die Feuchtigkeit, die Luftströmungen sowie über zahlreiche andere Umstände unterrichtet, die für ihre Existenz Bedeutung haben. — Und läßt sich aus dieser Thatsache ein anderer Schluß ziehen, als der, daß die Kerfe mit einem sehr ausgebreiteten und z. Th. auch mit einem überaus feinen und intensiven Wahrnehmungsvermögen ausgestattet sind?

Schwieriger gestaltet sich die Sache, wenn wir diesen Orientirungsapparat der Kerfe im Einzelnen verfolgen und zergliedern und in Bezug auf seine Leistungsfähigkeit prüfen wollen. Allerdings fehlt es bei sorgfältiger Nachforschung nicht an Organen, die wir ihrer ganzen Natur wegen für Sinneswerkzeuge halten müssen; es entsteht aber die Frage, einmal, welchem der bekannten fünf Sinne sie dienstbar sind,

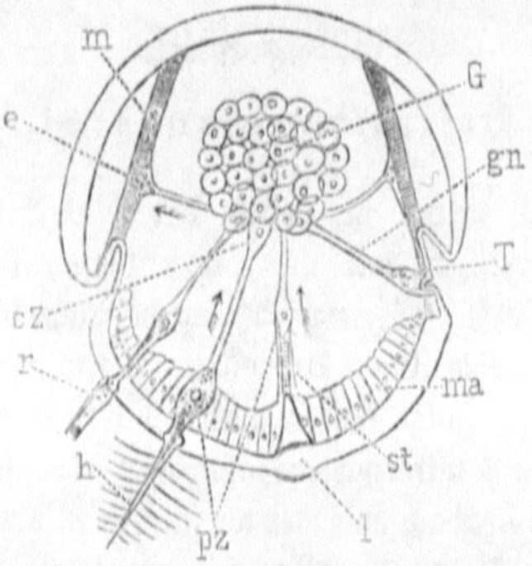

Fig. 147.
Schematische Zusammenstellung der wichtigsten Formen von Nervenendigungen der Chitinhäuter. G Centralorgan. m Muskel. e Ende eines motorischen Nervs. T Trommelfell, gn Gehörnerv. l Augenlinse (st Sehstab). h Tasthaar, r Riechbecher (?). pz peripherische oder terminale Ganglienzellen.

und dann, in welcher Weise sie das sind, d. h. welcher specielleren Art und **Qualität** die Wahrnehmungen sind, welche sie hervorbringen. Da aber in der Regel mit dem unmittelbaren Experiment nichts auszurichten und zudem auch ihre Form und Beschaffenheit von jener der physiologisch genauer ergründeten analogen Werkzeuge der höheren Thiere sehr wesentlich abweicht, ja in vielen Fällen als eine ganz aparte sich herausstellt, so ist begreiflicherweise gerade auf diesem Gebiete der Vermuthung der weiteste Spielraum gegönnt. —

Sehorgane.

Mit Recht gilt das Sehen, d. i. die innere Abspiegelung und die Wahrnehmung der äußeren Gestaltenwelt, als eine der merkwürdigsten und komplicirtesten Leistungen des thierischen Organismus. Um so interessanter muß es aber sein, nachzuforschen, wie denn ein so ganz besonderer Mechanismus, wie der Sehapparat, aus dem jeweilig vorhandenen Gewebs- und Organmateriale des thierischen Körpers zusammengestellt wird, und wie und bis zu welchem Grade durch die Verschiedenartigkeit desselben sein Bau und damit auch seine Funktion alterirt wird.

Speciell aber die Augen der Insekten, namentlich, wenn wir sie in ihrem genetischen Zusammenhang mit jenen der andern Gliederthiere in Betracht ziehen, gewähren ein ganz besonderes Interesse. Ganz abgesehen davon, daß das ganze Princip, nach welchem sie aufgebaut sind, dem allen Lesern wohlbekannten Schema des Wirbelthierauges schnurstracks zuwiderläuft und nebenbei doch wieder viel Analoges hat, ist uns hier auch die schönste Gelegenheit geboten, ein so unendlich komplicirtes, zusammengesetztes und verwickeltes Organ in seinem allmäligen Werden, in seiner Entwicklung aus ganz primitiven Anlagen heraus zu verfolgen.

Bevor wir auf die Schilderung der einzelnen Modifikationen und Correctionen der Gliederthieraugen übergehen, müssen wir noch einen anderen auf ihre erste Entstehung bezüglichen Umstand zur Sprache bringen.

Es gibt bekanntlich viel niedere und zwar auch gegliederte Thiere, die, obgleich sie keine besonderen Sehorgane haben, doch eine große Empfindlichkeit gegen den Wechsel von

Hell und Dunkel an den Tag legen, ja die sogar, wie uns vor kurzem M. O. Pouchet an den blinden Maden gewisser Fliegen (Lucilia caesar, Eristalis u. s. w.) gezeigt, die Stärke und die Richtung der einfallenden Lichtstrahlen unterscheiden. Und da diese Art von Lichtempfindnug an der gesammten Körperoberfläche stattfinden kann, ohne daß hiezu besonders qualificirte Nervenendigungen oder Sinne nachweisbar wären, so müssen wir annehmen, daß es hier die gewöhnlichen und allgemein verbreiteten sensibeln Hautnerven sind, welche neben den Tast-, Wärme- und andern Empfindungen auch jene der optischen vermitteln. Und was hindert uns dann, einen Schritt weiter zu gehen und zu behaupten, daß die verschieden qualificirten Sinneswerkzeuge der höher organisirten Thiere eben aus diesen indifferenten, aus diesen noch unbestimmten und unausgesprochenen Nervenendigungen hervorgingen? So gut wie wir aus den noch unausgeprägten Artikulatengliedmaßen unter dem Einfluß der verschiedenartigen Lebensverhältnisse anscheinend die heterogensten Sachen wie Füße, Flossen, Kiemen, Flügel, Kiefer, ja selbst Penisse sich entwickeln sahen, ebensogut können, ja müssen wohl auch die den so verschiedenartigen äußern Reizen exponirten Nervenendigungen nach und nach aus ihrer Indifferenz, aus ihrer Unentschiedenheit heraustreten und einer bestimmten Art von Empfindungsvermittlung besonders angepaßt werden, ohne daß übrigens die ursprünglich vorhandene Fähigkeit zur Perception anderweitiger Reize dabei gänzlich verloren zu gehen braucht.

Für die Gliederthieraugen scheint indeß eine derartige Ableitung von indifferenten Hautnervenendigungen nur theilweise zulässig, und zwar sind es gerade die primitivsten Zustände, welche keinerlei direkte Beziehung zum Integument erkennen lassen, und die wir deshalb den äußeren oder integumentalen Sehorganen gegenüber als interne Augen bezeichnen möchten.

Unter letzteren verstehen wir zunächst die sogenannten Augenpunkte oder Pigmentflecken.

Unmittelbar am Kopfganglion, bisweilen aber auch an anderen Bauchmarksknoten, oder an einem daraus entspringenden Nerv zeigt sich eine meist scharf umschriebene Anhäufung dunkeln Pigmentes. Was ein solcher Klecks eigentlich leistet, ist schwer zu sagen. Von einem wirklichen Sehen, d. h. von einer Gestaltenwahrnehmung kann beim Mangel lichtbrechender oder bilderzeugender Körper selbstverständlich nicht gesprochen werden.

Wenn wir aber annehmen, daß manche der betreffenden Nervenenden — oder, wenn der dunkle Fleck direkt auf dem Centralorgane sitzt, manche seiner Nervenzellen von der Pigmentüberlagerung verschont und also dem einfallenden Lichte zugänglich bleiben, so mag auf Grund der sogenannten Kontrasterscheinungen denselben ein höherer Grad von Lichtempfindlichkeit zukommen, als wenn sie ganz frei dalägen.

Derartige nur für die Vergleichung verschiedener Lichtintensitäten eingerichtete Primitivaugen sind unter den Gliederthieren zunächst gewissen niederen Krebsformen, sowie einigen Jugendstadien anderer Kruster und mancher Insekten eigen. Nebstdem findet man sie aber auch bei verschiedenen Würmern, und der Umstand, daß sie hier nicht auf den Kopf allein beschränkt bleiben, sondern bisweilen von Ring zu Ring sich wiederholen, deutet wohl am besten auf die Zufälligkeit ihrer Entstehung hin. —

Dem einfachsten wirklichen Sehorgan begegnen wir bei manchen spaltfüßigen Krebsen und den famosen meist den Spinnen zugetheilten Bärthierchen. Hier ist nämlich (Fig. 148) in der Pigmentanhäufung des Sehnervenendes ein glasheller, sphärischer Körper eingelagert, der offenbar keine andere Funktion haben kann als die, die auf ihn fallenden Strahlen zu sammeln und dadurch ein umgekehrtes verkleinertes Bild der äußeren Objekte zu entwerfen, von dem wir dann annehmen, daß es durch den Nervenendigungsapparat oder die Retina zur Wahrnehmung gebracht wird. Da aber diese Linse einen überaus kleinen Durchmesser hat, und zudem die lichtauffangende Fläche noch durch das umgebende Pigment sehr eingeengt wird, so kann sie offenbar nur ein sehr kleines Gesichtsfeld umfassen. Diesem Uebelstande wird aber, theilweise wenigstens, dadurch abgeholfen, daß dieses innerliche Auge beweglich ist, d. h. daß es durch besondere feine Muskeln hin- und hergedreht werden kann.

Viel ausgiebiger und für die betreffenden Thiere auch weit bequemer ist die Einrichtung, wie man sie am schönsten bei den allerliebsten kleinen Wasserflöhen, den Daphniden, sich anschauen kann. Hier ist zunächst der lichtpercipirende Apparat, den man aber hinsichtlich seiner feineren Struktur nur ganz beiläufig kennt, beträchtlich vergrößert, und die faser-, oder wie man sie gewöhnlich nennt, die stabförmigen Ausstrahlungen des Sehnervs breiten sich fächerartig zu einer halb- oder fast ganz kugelförmigen Retina aus, die vom reichlich abgelagerten Pigment meist ganz schwarz und undurchsichtig erscheint.

An der Peripherie dieses Netzhautpolsters ist nun eine größere Anzahl, oft ein ganzer Kranz von glashellen Kügelchen oder Linsen zu schauen. Nach dem früher Gesagten ist der Werth eines solchen Linsenapparates leicht zu bemessen. Seine einzelnen neben einander liegenden Bestandtheile theilen sich in die bildliche Darstellung des vorliegenden Sehfeldes, indem jedes von ihnen einen bestimmten Bezirk desselben auf sich nimmt.

Die ganze Einrichtung läuft also auf eine Multiplikation des den einzelnen Linsen zukommenden Sehwinkels, d. i. auf eine räumliche Erweiterung oder Ausdehnung des Sehvermögens hinaus, ein Verhältniß, das wir später noch genauer zu erörtern haben.

Gegenbaur und andere vergleichende Anatomen bezeichnen diese multiocularen Sehorgane der Daphniden als zusammengesetzte Augen. Handelt es sich aber da wirklich um ein morphologisches Kompositum, um eine Aggregirung und Verschmelzung mehrerer einfacher aber gleichwerthiger Aeuglein zu einem vollkommeneren Organ, kurzgesagt sind die Sehwerkzeuge der Wasserflöhe Augensysteme zu nennen? Wir behaupten das gerade Gegentheil. Nicht der Vereinigung und Zusammensetzung aus mehreren beschränkten oder monocularen Sehvorrichtungen verdanken diese Augen ihre höhere Leistungsfähigkeit, sondern jenem Processe, auf dem fast aller Fortschritt der Organismen beruht: der Arbeitstheilung. Diese ist aber hier sozusagen auf halbem Wege stehen geblieben, indem die Vervielfältigung des lichtbrechenden Systems von keiner Separirung des lichtpercipirenden begleitet wird.

Ganz ähnliche zertheilte Augen hat Leydig, der allerwärts grundlegende Histologe, auch bei gewissen Wasserkäfern, z. B. beim Dyticus (Fig. 149) entdeckt. Hier treten sie aber nicht als paarige Hauptaugen, wie bei den Daphniden auf, sondern als je vier blasenartige Anhänge der Facettaugennerven, und sind in analoger Weise als bloße Rudimente der Larvenaugen zu betrachten, wie der unpaare Augenfleck der Wasserflöhe sich als ein Ueberrest des primitiven Sehorgans ihrer ersten Jugend- und Stammformen erweist (Fig. 5 au.)

Alle diese internen oder unter der Haut verborgenen Sehorgane sind aber offenbar nur dort zu brauchen, wo die letztere hinreichend durchsichtig ist. Ist dies nicht der Fall, dann muß zum Einlaß des Lichtes ein eigenes Organ, gleichsam ein Fenster, d. i. also eine Hornhaut oder Cornea geschaffen werden. Und welches Materiale wäre hiezu geeigneter als eben das Artikulatenintegument, und speciell sein chitinöser Ueberzug? Es bedarf nur an der geeigneten Stelle der Unterdrückung der Pigmentablagerung, und wir haben einen hellen Fleck: ein **Chitinglas**.

Bei dieser ausgezeichneten Qualificirung der Chitinhaut zu optischen Zwecken und bei der Leichtigkeit, mit welcher an ihr durch Ansetzen neuer Schichten lokale Verdickungen erzeugt

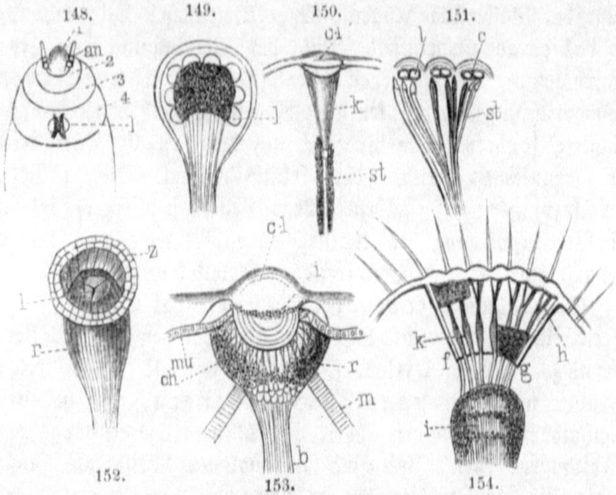

Fig. 148 — 154.

Wichtigste Augenformen der Gliederfüßler.

148. zweilinsiges Punktauge einer Fliegenlarve (Miastor) auf dem 4. Leibesring. 149. viellinsiges Larvenauge des Schwimmkäfers (Dyticus marginalis). 150. einfaches Auge von Corycaeus (Krebs). 151. gehäufte einfache Augen der Mauerässel. 152. zusammengesetztes Raupenauge mit einer einzigen Linse (Dasychira pudibunda L). 153. zusammengesetztes Auge mit einer gemeinsamen Hornhautlinse (c—l) einer Blattwespenraupe. 154. Schema eines zusammengesetzten und facettirten oder multiocularen Auges eines Insektes.

c Cornea, c—l Cornealinse, k und h Krystallkörper, ch Netzhautpigment.

werden, müßte man sich fast wundern, wenn dieselbe nicht zugleich als lichtbrechendes Medium also zu linsenartigen Gebilden, verwendet würde, dies umsomehr, als die für die

Erzeugung scharfer und achromatischer Bilder so bedeutungsvolle Schichtung der Wirbelthierlinse hier schon von Natur aus gegeben ist, wobei wir gewiß auch annehmen dürfen, daß die innerlich gelegenen oder genetisch jüngeren und weicheren Chitinlagen einen anderen Brechungsindex besitzen, als die äußeren schon

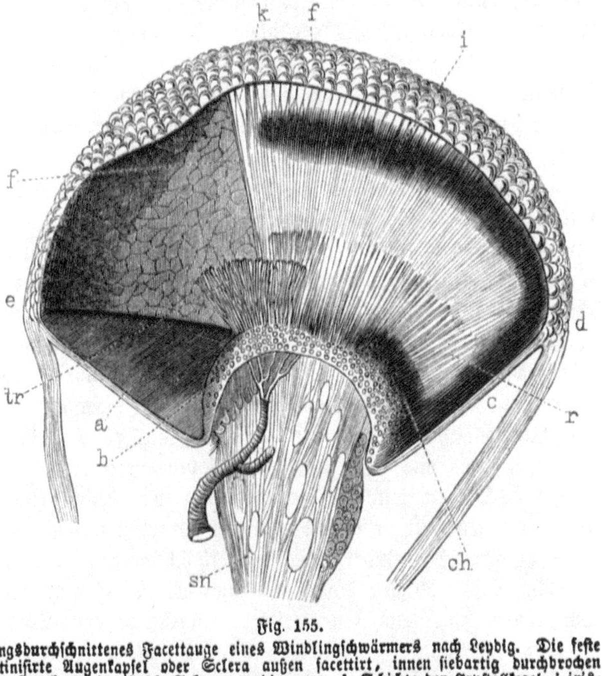

Fig. 155.

Längsdurchschnittenes Facettauge eines Windlingschwärmers nach Leydig. Die feste chitinisirte Augenkapsel oder Sclera außen facettirt, innen siebartig durchbrochen zum Durchtritt der stabf. Sehnervenendigungen. k Schichte der Krystallkegel, i irisartige Pigmentzone, ch Netzhautpigment (Chorioidea), sn Sehnerv, tr in feine Faserbündel aufgelöste Luftröhren.

mehr erhärteten Schichten. Schließlich erübrigt dann zu einer vollkommenen Anpassung der Haut im Dienste der Sehverrichtung nur noch das Eine, daß nämlich auch ihre zelligen Elemente, welche unmittelbar den inneren Augentheilen, d. i. den percipirenden Sehfasern aufliegen, sowie deren Pigment eine angemessene Verwendung finden. —

Wir werden sogleich sehen, daß die Wirklichkeit diesen Erwartungen vollkommen entspricht.

Aber welche außerordentliche Mannigfaltigkeit tritt uns nun hinsichtlich der näheren Modalitäten entgegen, wie diese Anpassung erfolgt ist, und wie schön läßt sich gerade bei den integumentalen Kerbthieraugen der ganze Cursus ihrer Entwicklung nachweisen. Als das erste Stadium derselben ist das in Fig. 150 abgebildete Auge anzusehen. Merkwürdigerweise kommt es aber heutzutage nur mehr einer einzigen Form und zwar einer auch sonst sehr originellen Krebsgattung, nämlich dem Corycaeus zu. Aeußerlich bemerken wir daran eine bikonvexe, d. i. nach außen und innen uhrglasförmig vorspringende und vollkommen helle Anschwellung der Chitinhaut. Dies ist also die Hornhaut, welche aber zugleich als Linse fungirt und daher auch mit Fug und Recht als Cornealinse (c—l) bezeichnet wird. Wie unsere bessern künstlichen Objektive ist sie aber gleichfalls aus zwei Theilen zusammengelöthet, und zwar aus einer äußeren bikonvexen und aus einer inneren konkavkonvexen Linse. Da nach dem Obigen auch die optische Dichtigkeit beider Linsen etwas verschieden ist, so mag durch eine derartige Kombination die Deutlichkeit der Bilder wesentlich erhöht werden.

An dieses äußere dioptrische System schließt sich aber, nach innen zu, noch ein weiterer lichtbrechender Körper an, der sogenannte Krystallkegel (k). Nach seiner Lage und seiner im frischen Zustand gallertartigen Beschaffenheit zu urtheilen, unterliegt es keinem Zweifel, daß wir darin das Analogon des Glaskörpers im Wirbelthierauge vor uns haben, und ist es in der That interessant wahrzunehmen, wie weit hier die Annäherung schon gediehen ist.

Sehr primitiver Art ist die „Retina" des Corycäusauges: ein stabförmiges Gebilde, das in einem Futterale dunkeln Pigmentes steckt.

Nach diesem ganzen Verhalten kann man dieses Sehorgan als das Elementar- oder Specialauge betrachten, durch dessen Vervielfältigung die verschiedenen zusammengesetzten Sehapparate oder die Augensysteme entstehen.

Solche bieten uns zunächst die Asseln und die meisten Vielfüßler überhaupt. Außen, an den Seiten des Kopfes gewahrt man hier einen größeren dunkeln Fleck, der sich aber unter der Lupe in eine Flur kleiner, uhrglasförmiger Hügelchen (Fig. 151) auflöst. Macht man einen in die Tiefe gehenden Schnitt, so erkennt man, daß jede dieser perlähnlichen und vollkommen durchsichtigen Cuticularwucherungen die Hornhaut eines selbständigen Auges ist. Diese Hornhäute erscheinen aber, im Durchschnitte besehen, nicht wie am Corycäusauge bikonvex, sondern sind inwendig napfförmig ausgehöhlt, also konkav. Dies erklärt sich aber damit, daß sich die innere Partie der betreffenden Chitinanschwellung als ein selbständiges Gebilde loslöste. Man findet indeß unter jeder Cornea nicht bloß, wie man erwarten sollte, eine einzige abgesonderte Chitinlinse, sondern zwei neben einander liegende Körper dieser Art, die wir ihrer Verkalkung wegen als Steinlinsen bezeichnen wollen.

Daß hier zwei selbständige lichtbrechende Körper eine gemeinsame Cornea, d. h. ein einheitliches Organ haben, durch welches die Lichtstrahlen zu ihnen gelangen, ist allerdings ein ganz unerhörter Fall; aber gerade der Umstand, daß eine solche Ausnahme vorkommt, gibt uns den überzeugendsten Beweis, daß die Natur bei ihrem Schaffen an keine vorbedachte Regel und an kein Schema, sondern lediglich an die gegebenen Verhältnisse gebunden ist, welche hier eben diese und keine andere Konstellation erlaubten. —

Die übrigen Bestandtheile der Asselaugen sind der Wesenheit nach jenen von Corycaeus ähnlich. Der gemeinsame Sehnerv spaltet sich radienförmig in eine den einzelnen Hornhäuten, oder richtiger gesagt, den einzelnen Steinlinsen entsprechende Anzahl von zarten Stäbchen, denen ein sehr in die Länge gezogener Krystallkegel vorgelagert ist, an dem man aber, ähnlich wie wir dies bei gewissen höheren Augenformen wahrnehmen werden, ein besonderes kleines Außenglied unterscheiden kann, wodurch diese Gebilde zugleich eine entfernte Aehnlichkeit mit den merkwürdigen „Ohrstiften" der Heuschrecken erhalten. Flüchtig bemerkt sei noch, daß sowohl die Chitinlinsen als auch die Sehstäbe in besondern Pigmentscheiden stecken.

Meist pflegt man die beschriebenen Augen als gehäufte oder aggregirte Sehorgane den eigentlichen Facett- oder zusammengesetzten Augen der höheren Krebse und Insekten gegenüberzustellen. Und doch ist der Unterschied im wesentlichen kein anderer, als daß die einzelnen einfachen Sehorgane oder die Elementaraugen, aus welchen beide bestehen, bei den letzteren, abgesehen von ihrer meist größeren Anzahl, sowohl hinsichtlich ihrer äußerlichen als ihrer innerlichen Theile näher aneinandergerückt sind und in dieser engen Verbrüderung morphologisch den Eindruck eines einheitlichen Organes hervorrufen. Wir dürfen aber nicht außer Acht lassen, daß bei den verschiedenen Kerbthieren diese Annäherung der als radiäre Ausstrahlungen eines gemeinsamen Sehnervs sich ergebenden Elementaraugen ungemein verschiedene Grade hat, ja daß bei Berücksichtigung sämmtlicher einschlägiger Augenmodifikationen eine scharfe Grenze unmöglich gezogen werden kann.

Daß es bei den Gliederthieraugen genug der Merkwürdigkeiten, d. h. auffallender Abweichungen von dem uns gewöhnlich vorschwebenden Schema eines Sehorganes gibt, haben wir gesehen. Als die größte Curiosität wurde aber seit Swammerdamm doch immer das Facettauge angestaunt, und es gibt wohl kein zweites Organ der reichbegabten Kerfe, das von so vielen und von so ausgezeichneten Forschern untersucht worden und das trotzdem so widersprechenden und, sagen wir es nur offen, z. Th. so unsinnigen Deutungen ausgesetzt gewesen.

Und doch ist das Netzauge sowohl seinem Baue als seiner Leistung nach ein so leicht verständliches Organ, vorausgesetzt natürlich, daß man die Sachen so nimmt und erklärt, wie sie sind, und nicht Alles durch die Brille oberflächlicher Analogien sich anschaut. Indessen darf der Leser auch hier keine eingehende Schilderung oder gar eine historische Darstellung und Kritik unserer Kenntniß des Facettauges, sondern nur eine flüchtige Skizze erwarten.

Wir beginnen wieder mit dem, was daran äußerlich zu sehen, also mit der Hornhaut. Im Gegensatz zu unserer eigenen Cornea, die ein verhältnißmäßig kleines Segment einer großen Hohlkugel darstellt, erscheinen die beiderseitigen Hornhäute der in Rede stehenden Gliederthiere (Insekten und zehnfüßige Krebse) als sehr große Abschnitte von relativ kleinen Kugelschalen. In der Regel bilden sie eine frei an den Kopfseiten vorragende Halbkugel, oder es ist sogar noch etwas von der andern Hemisphäre vorhanden, wie denn ja z. B. die Cornea der stieläugigen Krebse den Umriß des gefärbten Theiles eines Maiskornes nachahmt. Schon letzterer Vergleich besagt, daß die Kerfcornea nicht immer genau sphärisch gekrümmt ist, und in der That kopirt sie häufig (nur die, wie allbekannt keineswegs nach mathematischen Normen hergestellte, obere und seitliche Kopffläche. Nicht selten, so z. B. bei vielen Fliegen, Libellen u. s. f., fließen auch die beiderseitigen Augenfenster oben auf dem Scheitel oder auch rückwärts völlig ineinander, so daß wir dann streng genommen nicht mehr zwei, sondern nur ein einziges oder cyklopisches Auge haben. Andererseits erscheint bisweilen jedes der beiden Augen durch einen Querbalken der Kopfhaut fast oder ganz halbirt.

Schon aus dem eben Gesagten folgt eine für die richtige Werthschätzung der Netzaugen gewichtige Thatsache, nämlich die, daß die Cornea derselben, als morphologisch Ganzes genommen, dies doch physiologisch nicht sein kann und zwar aus dem simpeln Grunde, weil die in den weiteren Distanzen von ihrem Mittelpunkt einfallenden Lichtstrahlen nicht an Einer Stelle mit den Centralstrahlen sich sammeln und zu Einem Bilde sich vereinigen können. So wie die Sache bis jetzt steht, könnte sie nur partienweise oder lokal und zwar nach der jeweiligen Stellung des Thiers zu seinen Sehobjekten, natürlich auch von verschiedenen Seiten her, zur Verwendung kommen, was bei der Starrheit und Unbeweglichkeit der zus. Insektenaugen allerdings auch schon eine Errungenschaft gegenüber einer beschränkteren Cornea wäre.

Indessen ist die Netzaugencornea gar kein morphologisch Ganzes, und wenn sie es auch äußerlich erscheint, d. h. wenn sie, wie bei manchen Krebsen, wie schon der unsterbliche Joh. Müller wußte, ganz glatt und also ohne alle Spur einer Abgrenzung in einzelne Felder ist, dann ist eine solche doch innerlich vorhanden, und wenn, was wohl auch der Fall sein kann, auch diese interne Parcellirung fehlen sollte, so würde sie doch, virtuell wenigstens, durch die radiäre Kammerung im Innern des Auges in eine entsprechende Zahl von Abschnitten zerlegt.

Gerade auf das, was diesen Sehorganen den Namen Facettaugen verliehen hat, braucht man also am wenigsten zu sehen; Einiges müssen wir aber doch sagen. Fängt man eine Fliege und mustert nun mit einer guten Lupe die Augen bei auffallendem Licht, so erkennt man schon, wenn auch nicht deutlich, die unsäglich feine Felderung oder Facettirung, die wir eben signalisirt haben.

Ein Prachtbild zeigt aber die früher in Kalilauge vom anhaftenden inneren Pigment gereinigte Insektencornea unter dem Mikroskop. Hier sehen wir die einzelnen der in die Tausende zählenden Feldchen, *die kaum Haaresbreite haben*, als scharf umrahmte 6eckige und vollkommen durchsichtige Flächen und das Ganze am besten vergleichbar den aus ähnlich geformten Stücken zusammengesetzten altmodischen Fensterscheiben. Nichts wäre aber verfehlter, als zu glauben, daß die Feldchen aller facettirten Hornhäute gerade hexagonal oder gar vollkommen regulär sein müßten.

Man findet, und zwar theils ausschließlich theils untermischt mit anderen, auch fünf- und namentlich bei Krebsen auch viereckige oder quadratische. Schon dieser Umstand beweist uns, daß die facettirte Hornhaut der Kerbthiere von keinem höheren Mechaniker geschliffen oder gemodelt ist, *sondern daß die Natur bei ihrer Erzeugung mit gewissen gegebenen Hindernissen zu kämpfen hatte.* Und was ist denn eigentlich dieses vieltheilige mosaikartige Augenglas? Ein etwas und, wie wir schon gehört, oft außerordentlich wenig modificirter Abschnitt des chitinernen Kopfpanzers. Bei manchen Kerfen starrt die Cornea von einem Wald von Haaren. Gläubige Seelen haben diese sofort zu Beschützern der ohnedem solid genug gebauten Hornhaut gemacht. Aber stehen die nämlichen „Augenwimpern" nicht auch an anderen Körperstellen (vgl. Fig. 88* Au), und finden wir ebenso schön gefelderte Hautbezirke, wie die Cornea, nicht gleichfalls *sehr allgemein* verbreitet? —

Für ein einziges Lichteinlaßorgan schien uns die Insektencornea viel zu groß; sind denn aber, fragen wir nun, ihre minutiösen, ihre sozusagen nur punktgroßen Feldchen hiezu nicht zu klein? Einen so großen Oeffnungswinkel wie die Wirbelthiercornea geben sie allerdings nicht, aber was geht denn die Kerfe der Sehwinkel der Wirbelthiere an, und sind denn groß und klein nicht eben Raumbegriffe, die sich zugleich mit den Augen und mit den Lebensbedingungen ihrer Inhaber ändern?

Die das Licht einlassende Fläche der Corneafacetten ist aber in Wirklichkeit sogar noch kleiner als sie ohnedem erscheint, indem sie, wenigstens bei Faltern und Käfern, „vom Rande her dunkelgelb oder gelbbraun gefärbt ist, so daß nur ein rundes Centrum hell bleibt". Die Existenz einer solchen Corneablendung, beweist auch, daß der zierliche Umriß der Facetten mit dem Sehakte selbst weiter gar nichts zu thun hat.

Die Hornhautfacetten, als Abschnitte einer konvexen Fläche, sind selbstverständlich nicht bloß lichteinlassende, sondern auch lichtbrechende und sammelnde Organe. In den meisten Fällen würde aber dieses ihnen von Natur aus zukommende Brechungsvermögen nicht genügen, um auch im Verein mit den übrigen dioptrischen Medien, die Lichtstrahlen in der gehörigen Nähe', d. h. auf den Endigungen des Sehnervs zu einem Bilde zu vereinigen.

Wie lehrreich ist es nun aber, die Umwandlung der ursprünglich konvex-konkaven Hornhautfelder in stärker brechende plankonvexe und bikonvexe Linsen zu verfolgen, und wie mannigfaltig sind die Anpassungen, denen wir hier begegnen! Kann man doch behaupten, daß fast bei jedem netzäugigen Kerbthiere die Cornealinsen ihren besonderen Schliff haben. Aeußerlich völlig glatt sind die Facetten mancher Krebse und unter den Insekten bei einigen Käfern z. B. Timarcha tenebricosa. Dafür ist hier die innere Fläche stärker gewölbt. Das Umgekehrte bei manchen Fliegen. Hier springen die äußeren Flächen stark hügelig hervor, so daß die Hornhaut, wenn wir einen so rohen Vergleich machen dürfen, einem aus runden Kieseln gebildeten, holperigen Straßenpflaster gleicht (Fig. 155), während die inneren linsenartigen Vorsprünge nur schwach und bei manchen Faltern fast gar nicht entwickelt sind.

Es ist bekannt, daß ein Lichtstrahl durch eine Linse schwächer von seiner Richtung abgelenkt wird, wenn er aus einem verhältnißmäßig dichten Medium, z. B. dem Wasser, als aus einem dünneren, z. B. aus der Luft kommt. Aus dem Grunde müssen also die Augenlinsen der Wasserthiere, falls sie nicht ursprünglich schon aus einer dichteren Substanz bestehen, eine stärkere Krümmung als bei den Luftbewohnern haben, um dennoch das gleiche Resultat zu erzielen. Und wirklich finden wir auch die verschiedensten Wassergeschöpfe, Quallen, Würmer, Kopffüßler, Fische u. s. w. mit theils kugeligen, theils sogar zapfenförmigen Linsen ausgestattet. Daß aber hierin auch die Kerbthiere keine Ausnahme machen, läßt sich denken, wenn der anatomische Nachweis auch nur in wenigen Fällen vorliegt.

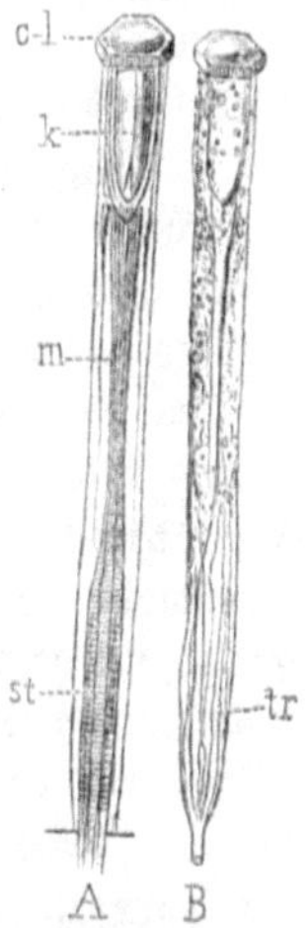

Fig. 156.
Isolirte Specialaugen aus d. zusammenges. Sehorgan eines Insektes. A nach Entfernung d. Pigmentes, c—l Cornealinse, k viertheiliger Krystallkegel, st angeschwollener Theil des mehrfaserigen lamellösen Sehstabes. B im frischen Zustand sammt dem den Sehstab einhüllenden Tracheenbüschel (tr).

Die Kugellinsen der Daphniden wurden bereits erwähnt; noch stärker zumal nach Innen vorspringende Cornealinsen hat Leydig, der auch in diesem Punkte das Meiste geleistet, bei einigen Wasserwanzen entdeckt, und erneute Nachforschungen möchten noch manches Interessante zu Tage fördern.

Nach dem, was wir dem Leser schon mittheilten, kann man das Facettauge als eine Vereinigung zahlreicher einfacherer Sehorgane betrachten, die gleichsam alle unter Einen Hut, die Cornea gebracht sind. Diese Theilaugen stehen aber nicht bloß unter einem gemeinschaftlichen Dach, sie sind sogar in ein gemeinschaftliches Gehäuse, in eine chitinerne Hüllkapsel eingeschlossen. (Fig. 155.) Dieselbe gleicht im allgemeinen einem abgestutzten Kegel, dessen nach außen gekehrte Basisfläche eben die Hornhaut ist, während die innere und kleinere unmittelbar dem Sehganglion anliegende Begrenzung von Leydig mit dem eingestülpten Boden einer Weinflasche verglichen wird (Fig. 154 fg).

Dieser Augenkapselboden ist aber keine solide Membran, sondern sieht einem Siebe oder einem Gitter ähnlich, indem er wenigstens von so vielen feinen Oeffnungen durchbrochen wird, als Elementaraugen vorhanden sind.

Daß aber die letztern Gebilde diesen Namen wirklich verdienen, d. h. daß es sowohl morphologisch als physiologisch selbständige Sehorgane sind, das soll nun sofort gezeigt werden.

Am übersichtlichsten wird der Sachverhalt an einem in radiärer Richtung durch das Auge geführten Schnitte. Hier (Fig. 155) sieht man, daß der ganze Innenraum der gemeinsamen Augenkapsel von einem System eng aneinander schließender, cylindrischer oder, wegen des gegenseitigen Druckes, prismatischer Schläuche eingenommen wird, die sich in radiärer Richtung zwischen den einzelnen Oeffnungen des Skleraboden und den Hornhautfacetten ausspannen. Dies sind nun eben die Hüllen oder Futterale der Elementaraugen, wobei sich kein Mensch daran stoßen wird, einmal, daß sie so gar klein, d. h. schmal, und dann, daß sie nicht, wie an unserm Auge, kugel- sondern röhrenförmig sind. Betreffs des letztern Punktes wenigstens kann sich Jeder an einer künstlichen, nach dem Muster der Insektenaugen gefertigten Dunkelkammer überzeugen, daß diese Form ebensogut, wo nicht praktischer als die sphärische ist. — Von der das störende Licht abhaltenden dunkeln Auskleidung dieser schlauchartigen Augenkammern werden wir später sprechen, und gehen nun auf ihr Inneres über.

Es besteht aus zwei wohl gesonderten Abschnitten, nämlich aus dem sogenannten Krystallkegel, der den äußersten oder peripherischen Theil des Schlauches einnimmt, und dem specifischen, stabförmigen Sehnervenende, das nach innen folgt.

Seit Cuvier waren übrigens mehrere Forscher der Ansicht, und hat dieselbe auch in Leydig einen sehr gewandten Vertheidiger gefunden, daß der gesammte angegebene Inhalt der radiären Augenkammern etwas Kontinuirliches, d. h. daß der Kystallkegel kein eigentlicher Krystallkegel, sondern nur eine eigenthümlich modificirte Endpartie des Nervenfadens oder Sehstabes sei.

Seitdem aber der unsterbliche Max Schultze seine mustergiltige Untersuchungsmethode auch auf die Kerbthieraugen angewandt, kann eine solche Meinung unmöglich mehr geduldet werden, wenn wir auch gerne einräumen, daß die betreffenden Theile, wie das ja organischen Bildungen eigenthümlich, oft so innig zusammenhängen, daß man Anstand nehmen muß, sie als Gesonderte und Unterschiedene zu beschreiben. Von andern Umständen vorläufig abgesehen, geht indessen die selbständige Natur der Krystallkörper schon aus ihrer Entwicklungsgeschichte hervor. Diese lehrt uns, daß sie im Grunde genommen desselben Ursprungs wie die Cornealinsen sind, nämlich entstanden aus mehreren und zwar wahrscheinlich aus vier Epidermiszellen, deren Kerne häufig noch am ausgebildeten Auge erhalten sind. (Vgl. Fig. 157.)

Am deutlichsten wird uns der integumentale Charakter des Krystallkegels beim gemeinen Leuchtkäfer. Hier ist der letztere mit der Cornealinse in Eins verschmolzen, und das ganze lichtbrechende System somit ein einziges und einheitliches Chitingebilde.

Was nun vorerst die Gestalt der Krystallkörper betrifft, so ist hier die Mannigfaltigkeit noch größer wie an den Corneafacetten. Ein an der Spitze etwas abgerundeter Kegel (F. 156 A, k) ist allerdings die gewöhnliche Form. Dabei kann aber die äußere Basis bald flach sein, bald der inneren Cornea-Wölbung sich anschmiegen, also konkav erscheinen. Eine kolbenartige Gestalt besitzen unter anderm die Krystalllinsen von

Carcinus maenas, einem bekannten Taschenkrebs. Indeß ist die Sache hier so, daß im gewöhnlichen becherartigen Krystallkegel noch ein zweiter sitzt, der gleichsam den deckelartigen Aufsatz darstellt.

Als breiter Kegelstutz zeigt sich hingegen der Krystallkörper der Schweb- und anderer Fliegen, und ist hier auch die innere Fläche von beträchtlicher Ausdehnung. (F. 157 k.) — Aus dem Umstand, daß viele dieser Körper einen von einem weicheren Mantel umgebenen dichteren Kern besitzen, hat man geschlossen, daß ersterer die eigentliche den lichtbrechenden Binnenkörper umfangende Netzhaut sei.

Aber liegt denn nicht gerade in dieser Sonderung des Krystallkörpers in mehrere Schichten oder Theile von verschiedener optischer Dichtigkeit der klarste Beweis, daß wir in der That ein lichtbrechendes Organ oder System vor uns haben? Bisweilen liegt auch mitten in dem sonst völlig homogenen Gebilde ein stärker brechendes und nach Art der Cylinderlupen beiderseits konvex abgeschliffenes Zwischenstück. So unter andern beim Flußkrebs, bei Palaemon und etlichen andern Krustern.

Dies Verhältniß insbesondere ist es, das eine strenge Analogisirung mit gewissen Theilen des Wirbelthierauges unmöglich macht.

Der Krystallkörper der Kerbthiere ist weder der Linse noch dem gleichbenannten Gebilde der Wirbelthiere zu vergleichen. Er kann bald mehr das eine, bald das andere, bald beides zugleich sein.

Physiologisch wichtig ist selbstverständlich die Pigmenthülle, welche die Krystallkegel umgibt. Sie darf umsomehr für die Iris gelten, als auch gewisse andere Beigaben an dieses bedeutsame Organ erinnern. Leydig hat nämlich einen Kranz von Muskelfibern entdeckt, welche den vordern Theil des Kegels kranzförmig umspannen und so eine Selbstregulirung der auf die innere Linse fallenden Lichtmenge erlauben. Die unstäte zitternde Bewegung, welche wir an vielen lebenden Kerfaugen wahrnehmen, rührt eben von dem Spiel dieser Irismuskeln her. Es mag sich aber hier noch um eine andere wichtigere Funktion, nämlich um eine Akkomodirung an verschiedene Sehdistanzen handeln, die aber hier nicht durch eine Gestalt-, sondern durch eine Lageveränderung des Krystallkegels erzielt wird. Eine Contraktion oder Verkürzung der Linsenmuskeln muß nämlich den Krystallkegel etwas von der Cornea entfernen. Die Folge davon ist, daß dadurch der Brennpunkt des ganzen Systems weiter hinausgeschoben wird. Ein solches schwächeres System ist aber eben zum Sehen in größere Entfernungen angezeigt, während die in ihrer Ruhelage befindliche und daher stärker brechende Linse für Strahlen paßt, die aus größerer Nähe kommen. Wahrscheinlich ist aber der Mechanismus der Augeneinstellung ein weit komplicirterer.

Schon ältere Forscher, wie Leuwenhoeck und Gottsche hatten die Beobachtung gemacht, daß die Hornhautfacetten, wie das ja anders gar nicht möglich, scharfe Bilder der äußern Objekte liefern. Daraus suchte nun Leydig für seine Ansicht Kapital zu schlagen, daß die Krystallinse als lichtbrechendes Organ entbehrlich und daher der Netzhaut zuzurechnen sei. — Handelt es sich aber nur darum, daß im Auge überhaupt Bilder entstehen, oder vielmehr darum, daß sie am richtigen Orte, d. h. auf der Netzhaut, resp. an der Spitze des Krystallkegels entworfen werden?

Nach dem, was wir bisher vom optischen Mechanismus der radiären Abtheilungen des Facettauges erfuhren, kann gewiß kein Zweifel mehr bestehen, daß wir es hier mit selbstständigen und completen Sehorganen zu thun haben.

Wie verhält es sich nun mit dem lichtpercipirenden, d. i. mit jenem Apparat, der die einzelnen Dunkelkammern, welche wir jetzt beschrieben, erst zu eigentlichen Augen macht?

Wenn man von der Ansicht ausgeht, daß derselbe im wesentlichen mit dem der Wirbelthiere übereinstimmen müsse, so könnte man auf den ersten Blick allerdings in Zweifel gerathen, ob das betreffende Organ der Kerfe diesem Zwecke genügen könne.

Bei uns besteht die Netzhaut aus einer das dioptrische System nach Art eines Eierbechers umfassenden Ausbreitung des Sehnervs, die sich in eine Reihe übereinanderliegender Schichten sondert. Von diesen aber continuirlich ineinander übergehenden Netzhautlagen ist die äußerste, unmittelbar der dunkeln Pigmenthaut oder Chorioidea sich anschließende die für den Sehakt wichtigste, was wir schon daraus abnehmen, daß sie auf dem kleinen etwa 3 mm großen Hinterpol der Netzhaut, auf welchem die (bekanntlich sehr verkleinerten) Bilder projicirt werden, d. h. also an dem sog. gelben Fleck weitaus am dicksten ist, während hier die übrigen Retinazonen zu ganz dünnen Lamellen zusammenschrumpfen. Und woraus besteht diese dem Lichte abgewendete Netzhautschicht? Aus einer Mosaik, aus einem ganzen mikroskopischen Walde unsäglich schmaler Stäbchen resp. Zapfen, die sich zugleich als die eigentlichen Endigungen, als die äußersten wirksamen Spitzen der Sehnervenfasern erweisen. Wir müssen noch erwähnen, daß die Außenglieder dieser Sehzapfen und Sehstäbchen aus einem System übereinandergeschichteter und stark lichtbrechender Plättchen bestehen, und geht die Ansicht der Physiologen dahin, daß die Umwandlung der fortschreitenden Wellenbewegungen des Lichtäthers in stehende Wellen resp. in Reize der Sehnerven eben in diesen Plattensystemen erfolge.'

Wichtig für die Art und Weise der Uebertragung oder Aufnahme der Lichtreize durch die Netzhaut ist die Thatsache, daß die kleinste Distanz zweier Punkte des Sehfeldes, die wir noch als gesondert wahrzunehmen vermögen, ungefähr dem Abstande zweier nicht unmittelbar aneinanderstoßender Sehzapfen gleich ist. Letztere selbst haben einen Dickendurchmesser von

0.0015—0.002, während der erwähnte kleinste Abstand zweier getrennt wahrnehmbarer Punkte 0.005 mm mißt, was einem Sehwinkel von ungefähr 73 Bogensekunden entspricht. Auf Grund dieses Faktums dürfen wir annehmen, daß die auf dem gelben Fleck stehenden Sehnervenendigungen hinsichtlich ihres Perceptionsvermögens nicht ein kontinuirliches Ganzes ausmachen, sondern daß jeder einzelne Sehzapfen ein für sich allein wirksames Glied oder Organ des gesammten Perceptionssystemes vorstellt, daß also mit andern Worten das vorliegende Sehfeld nicht von einem einheitlichen Apparat und als etwas Ganzes und Einheitliches, sondern von zahlreichen gleichwerthigen Theilen oder Organen dieses Apparates und als eine entsprechende Vielheit kleiner Abschnitte aufgefaßt wird. Kurzum es stellt sich heraus, daß unser Sehen ein musivisches, ein aus zahlreichen aber ineinander verschmelzenden Einzelvorstellungen zusammengesetztes sei.

Nun können wir das Wesen der einzelnen Perceptionsorgane im Facettauge kurz angeben. Sie entsprechen, anatomisch sowohl als hinsichtlich ihrer Leistung, den einzelnen Gliedern oder Elementarorganen der Wirbelthierretina, nur mit dem Unterschiede, daß sie, entsprechend dem größeren Sehfelde, welches sie zu beherrschen haben, auch größer und komplicirter sind. Der von Leydig gebrauchte Vergleich macht dies anschaulicher. Die Netzhaut mit dem Sehnerv gleicht einer Doldenblüthe mit ihrem Stiele. An der Wirbelthierretina sind oder erscheinen die vom gemeinsamen Stiel ausgehenden Radien einfach; im Facettauge aber zerspalten sie sich neuerdings, ähnlich wie bei den zusammengesetzten Blüthenständen dieser Art jeder Radius selbst wieder eine Dolde trägt.

Zusammengesetzt, d. h. aus mehreren gleichen und gleichwirkenden Theilen gebildet, ist auch unsere Netzhaut; die der Kerbthiere ist nur noch zusammengesetzter.

Die älteren Untersucher der Facettaugen, wie Swammerdamm und selbst Joh. Müller, erkannten mit ihren unzulänglichen Mikroskopen innerhalb der Radiärschläuche allerdings nichts anderes als eine einfache zum Krystallkegel hintretende Faser, und baute speciell der berühmte Physiologe darauf seine Ansicht, daß, wie die Facetten der Cornea mit den anhängenden Schläuchen nur zur Sonderung und Isolirung der ins Auge fallenden Lichtstrahlen bestimmt seien, auch die einzelnen Sehnervenfasern nur unselbständige Theile der ganzen einheitlichen Netzhaut wären. Leydig aber und später M. Schultze lehrten uns in den „Sehstäben" vergleichsweise sehr komplicirte, aber auch im einzelnen äußerst mannigfaltige Gebilde kennen. Wichtig ist zunächst schon des Letztern Beobachtung, daß die Ausstrahlungen des sehr zusammengesetzten und vielleicht die innern Schichten der Wirbelthierretina enthaltenden Sehganglions nicht durch eine einzige Oeffnung des Augenkapselbodens in die radiären Kammern eintreten, sondern daß mehrere und zwar meist vier oder acht durch besondere feine Poren in das Innere des Augengehäuses sich begebende Fasern zur Bildung des Sehstabes sich vereinigen. Nach innen zu erscheinen diese Faserbündel zunächst als langgezogene und meist deutlich vierkantig-spindelförmige Gebilde Fig. 156 A, st. Nach außen hin verschmächtigen sie sich aber in einen dünnen scheinbar oft einfachen Faden (m), der aber vor seinem Ende häufig wieder zu einem gleichfalls vierkantigen Kopfe oder Becher anschwillt. Vor allem bedeutsam ist an diesen zusammengesetzten Sehstäben die ganz und gar an die Außenglieder der Wirbelthier-Retinazapfen erinnernde lamelläre Struktur, welche häufig dem ganzen Sehstab entlang sowie auch bisweilen an seinen vorne ausstrahlenden feinsten Endigungen bemerkt wird. Die Erforschung der letztern insbesondere ist M. Schultzes Verdienst. Einen Begriff davon gibt

Fig. 157. Man sieht die vier Fasern des Sehstabbündels (st) unmittelbar hinter der Krystallinse in einen Pinsel unsäglich feiner Fibrillen (cc) sich auflösen. Noch instruktiver ist die Sache bei der Stubenfliege, wo jede der vier Fasern ein separates Bündel haarfeiner Spitzen trägt. Bedenkt man, daß im Innern der Stäbe und Zapfen der Wirbelthiernetzhaut in jüngster Zeit gleichfalls solche feinste Fäserchen entdeckt wurden, so ist die Uebereinstimmung wirklich auf die Spitze getrieben und wir können nach all dem getrost behaupten, daß das Perceptionsorgan oder Netzhäutchen der in Rede stehenden Sehorgane von jenem unserer Retina im wesentlichen nur durch die weit geringere Zahl der beim Sehakt betheiligten Elementartheile, d. i. also lediglich durch den geringeren Umfang unterschieden ist.

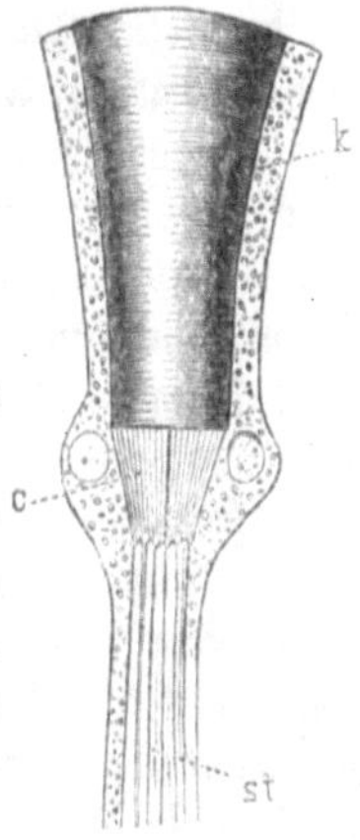

Fig. 157.
Aeußerer Abschnitt eines Elementarauges von Scarabaeus nach M. Schultze. st vierfaseriger Sehstab, c aus feinsten Fibrillen zusammenges. Netzhäutchen, k Krystallkegel.

Und trotz dieser geradezu wunderbaren Harmonie in der Gestaltung und Struktur der optischen Endorgane bei beiderlei Thierklassen ist an eine morphologische Vergleichung, an einen genetischen Zusammenhang dieser Bildungen nicht im entferntesten zu denken!

Man überlege, daß die Sehstäbe der Wirbelthiere dem lichtbrechenden Apparat den Rücken kehren, daß das Licht also nur auf Umwegen zu ihnen gelangt, während die Sehnervenspitzen der Kerbthiere geradezu auf die Linse losstreben, ja (F. 157) sie berühren. Hier ist also nichts weiter zu thun, als einzubekennen, daß zwischen der Kerbthier- und Wirbelthier-Retina ein fundamentaler und durch keinerlei Erwägungen zu vereinender Gegensatz besteht. Wenn aber der Leser unsere bisherige Anschauung über das Facettauge, und was es zu leisten berufen, richtig verstanden hat, so wird er auch zugeben, daß eine andere Einrichtung nicht gut möglich war, und wenn er die eigenthümliche Entwicklungsweise unseres Auges kennt, muß er von diesem das Gleiche sagen.

Bei der ins Einzelnste und Kleinlichste gehenden Absonderung und Differencirung, die wir am Facettauge allenthalben wahrnehmen, wird es den Leser nicht überraschen zu hören, daß an der gewöhnlichen Viertheilung des „Sehstabes" auch die Krystalllinse participirt, ja daß unter Umständen sogar der äußerste Augentheil, die Cornealinse, eine auf eine ähnliche Unterabtheilung bezügliche kreuzförmige Zeichnung aufweist.

Vom Wirbelthier-Auge wissen wir, daß das Innere seiner Kapsel, soweit die Netzhaut reicht, von einer dunkeln, zelligen Pigmenthaut austapezirt wird, welche, nach vorne zu, unmittelbar in die Pigmentzone der Iris übergeht. Das Nämliche beobachtet man am Facettauge, nur daß hier das Iris- und das Netzhautpigment häufig als gesonderte Lagen sich darstellen. An einem Augendurchschnitt, wie ein solcher in Fig. 155 zu sehen, zeigt sich in Folge dessen eine sehr malerische, zonenartige Gliederung des gesammten Augen-Weichkörpers. Unmittelbar unter der Cornea spannt sich ein schmaler Pigmentgürtel (i) aus. Dies ist die Iris, welche die Krystallkegel einhüllt. Der Umstand, daß ihre Färbung mit jener der Haut übereinstimmt, lehrt sie uns, so gut wie die Krystallkegel selbst, als integumentale Bildung kennen.

Es folgt nun eine verschieden breite, helle oder pigmentfreie Zone (r), in welcher die fädigen Ausläufer der Sehstäbe scharf und bestimmt hervortreten. Nach innen, gegen den Boden der Augenkapsel zu, kommt dann in einem breiten, dunkeln Gürtel das eigentliche Netzhautpigment, die Chorioidea.

Sie besteht nach Leydig erstlich aus einer Pigmentschale, die die gemeinsame Augenkapsel auskleidet und dann aus den schlauchartigen Pigmentscheiden, welche die einzelnen Sehstäbe umgeben. Oft sondert sie sich wieder in zwei separate Zonen.

Gleichsam als Stellvertretung der den Stoffwechsel unseres Auges unterhaltenden Gefäßhaut kann man hier das sogenannte Tapetum ansehen. Es ist dies eine Schichte büschelartig die einzelnen Sehstäbe umhüllender Luftröhren (Fig. 155 und 156 tr), welche den eigenthümlichen Silberglanz bewirken, der im Verein mit gewissen blassen Färbungen und den verschiedenen Contractionszuständen der Iris das herrliche Schauspiel des Augenleuchtens bedingt. In vielen Fällen zeigt diese „weiße Zone" einen zarten Rosaschimmer. Dieser rührt aber von den Plättchen der Nervenstäbe her, welche von den feinen Tracheenreisern umgürtet sind (vgl. Fig. 156 B, tr). Am schönsten ist diese Zone bei den Schmetterlingen und einigen Fliegen, z. B. Syrphus, ausgebildet.

Nun aber endlich die Hauptfrage: Welcher besondere Zweck und Vortheil knüpft sich an den so ganz eigenartigen Bau des Facettauges? Die Hauptsache läßt sich mit wenigen Worten sagen. Das Facettauge ist das vollkommenste aller Sehorgane, die wir kennen, ja die es überhaupt geben kann. Wir wissen, daß die in das Auge einfallenden Strahlen um so vollkommener in Einem Punkte vereinigt werden und in Folge dessen auch um so schärfere und getreuere Bilder geben, je weniger weit die Rand- von den Centralstrahlen abstehen, je kleiner also die Basis des betreffenden Strahlenkegels ist.

Bei den einzelnen Gliedern des Facettauges ist letztere nun eben auf ein Minimum, auf ein mit freiem Auge oft gar nicht wahrnehmbares, winziges Flächenstück reducirt. Wir dürfen also mit Recht annehmen, und die Erfahrung bestätigt dies, daß die Elementaraugen der Kerfe überaus scharfe Bilder liefern. Daß diese aber auch entsprechend percipirt werden, dafür bürgt uns die feine und komplicirte Struktur der einzelnen Netzhäutchen.

Noch wichtiger als diese scharfe Detaillirung und Präcisirung des Gesichtsfeldes ist aber die Möglichkeit seiner unbeschränkten Ausdehnung. Unserem Auge sind aus den oben erwähnten Gründen sehr enge Grenzen gesteckt; denn wenn sich auch die Hornhaut vergrößerte, so wäre der einheitliche Lichtbrechungsapparat doch nimmermehr im Stande, einen größeren Strahlenkegel gehörig zu concentriren. Die Facettaugen aber können sich beliebig ausdehnen, ja es kann der ganze Kopf zum Auge werden, indem ein Primitivauge sich an das andere reiht, indem die Flächenvergrößerung der Cornea stets auch von einer Vermehrung der lichtsammelnden und percipirenden Organe begleitet wird. Und wer zweifelt daran, daß es gerade für die Kerbthiere ein unschätzbarer Vortheil ist, wenn sie den größeren Theil des Gesichtskreises mit Einemmale überschauen, wenn sie also nicht bloß das sehen, was vor, sondern auch das, was neben, ja hinter ihnen vorgeht.

Daß sie dies aber können, daß viele Insekten in der That so viel wie allsehend sind, wer möchte dies bezweifeln?

Und muß man denn nicht diesen Thieren schon mit Rücksicht auf die Schnelligkeit und Sicherheit ihrer Bewegung, sowie in Hinsicht auf die Kleinheit der von ihnen verfolgten Dinge einen ganz besonderen Gesichts- oder Raumsinn zuschreiben?

Um so wunderlicher hört sich nun die in neuerer Zeit wieder selbst von einem Leydig vorgetragene Meinung an, daß alle Theilaugen des zusammengesetzten Sehorgans nur eins und dasselbe sähen. „Zieht man die Hornhaut ab“, sagt ein früherer Schriftsteller, „und hält sie gegen einen Menschen, so sieht man ein ganzes Heer von Zwergen.“

Diese Thatsache scheint freilich zu Gunsten der Theorie vom vervielfältigten Sehen zu sprechen. Ist diese Thatsache aber auch richtig, fragen wir, und wie wäre es möglich, daß Solches am Libellen- oder Bremsen- und überhaupt bei einem Auge geschähe, dessen Hornhaut mehr als Eine Halbkugel umfaßt? Wie können denn die von einem Sehobjekt ausgehenden Strahlen auf die jenseitige Hemisphäre gelangen, wie kann ein Gegenstand, der vor dem Thier sich befindet, auch von den hinten liegenden Theilaugen gesehen werden?

Wir geben zu und müssen es zugeben, daß mehrere benachbarte Facetten einen und denselben Theil des Gesichtsfeldes zur Abbildung bringen, wenn auch jedes derselben einen bestimmten Abschnitt am deutlichsten zeigen muß; es ist aber ein physikalischer Unsinn, zu behaupten, daß der Sehwinkel eines Theilauges mehr als 180° betrage. Wahrscheinlich ist er sogar bedeutend kleiner als der unserige, ja es ist möglich, daß das Einzelauge keinen viel größeren Bogen des Gesichtskreises umspannt, als der ist, welcher durch die Projektion der Facetten entsteht. Selbstverständlich würde auch im letzteren Falle eine Durchschneidung der unmittelbar benachbarten Sehfeder stattfinden, wobei gewisse Abschnitte des einer Facettengruppe zugehörigen Sehhorizontes von einer verschiedenen Anzahl von Augen gleichzeitig wahrgenommen werden. — Die nähere Erforschung dieses multiokularen Sehfeldes sowie die Frage nach der Kombination der einzelnen Gesichtswahrnehmungen am Einzel- sowie am Doppelauge muß aber der Zukunft überlassen bleiben.

Eine ganz besondere und zwar zugleich die allergemeinste oder verbreitetste Form von Kerbthieraugen haben wir uns auf zuletzt gelassen und zwar, weil diese, wenn auch nicht die vollkommenste, so doch die dem Wirbelthierauge verwandteste ist. Man findet sie, aber mit vielfachen Abänderungen, bei den Insektenlarven mit vollkommener Verwandlung, dann bei mehreren parasitisch lebenden ausgewachsenen Kerfen, weiters, und hier ähnlich wie bei den Raupen oft in größerer Zahl und wechselnder Gruppirung, bei verschiedenen Spinnenthieren, und schließlich, als die wohlbekannten Scheitel- oder Nebenaugen, in Gemeinschaft mit den zusammengesetzten Sehapparaten bei den meisten vollendeten Insekten.

Ihr Bau läßt sich zunächst an Fig. 150, einem Radialschnitt durch das Larvenauge einer Blattwespe, erläutern. Was die Retina anlangt, so zeigt diese eine ähnliche radiäre Zerfaserung wie am Netzauge. Die Sehstäbe, soweit man sie bisher hat kennen lernen, scheinen aber einfacher konstruirt. Das Charakteristische dieser zusammengesetzten Netzhaut liegt aber darin, daß sie keinen nach außen konvexen Polster, sondern, ähnlich wie in unserem Auge, einen Kelch bildet, wobei indeß die Stellung der Sehstäbe sogut wie am Facettauge eine diametral entgegengesetzte ist. Die Höhlung dieses Netzhaut-Kelches nimmt nun die stark nach außen, noch mehr aber nach innen vorspringende und relativ sehr große Cornealinse ein.

Hier kann somit, ähnlich wie am Corycaeusauge, nur ein einziges Bild erzeugt werden, und da dieses nur eine beschränkte Ausdehnung hat, so wird sich bei der Perception desselben auch nur ein kleiner, aber sonst, wie es scheint, durch Nichts ausgezeichneter Theil der ganzen Netzhaut direkt betheiligen, während am Facettauge die gesammte Retina ausgenutzt wird und kein Theil umsonst da ist.

Eine merkwürdige Erscheinung haben wir schon vor längerer Zeit an den Scorpionaugen entdeckt. Hier sondern sich die aus mehreren Körner- und Faserlagen sich erhebenden Sehstäbe in Gruppen von je fünf Individuen. Die Flächenansicht des Netzhautnapfes scheint in Folge dessen mit zahlreichen fünfstrahligen Sternen oder Rosetten besäet.

In Bezug auf den lichtbrechenden Apparat sind besonders die Raupenaugen bemerkenswerth, insoferne hier, ähnlich wie bei den Asseln, außer der kappenartigen Cornea eine besondere dreigetheilte Linse zugegen ist.

Das Nebeneinanderbestehen von zusammengesetzten und einfachen Augen bei den meisten Insekten muß schon a priori in uns die Ansicht erwecken, daß beiderlei Organe eine verschiedene aber sich gegenseitig ergänzende Aufgabe haben. Und das ist in der That ein köstliches Verhältniß.

Durch Versuche läßt sich zunächst feststellen, daß die Facettaugen zum Fernsehen bestimmt sind. Wenn sie nun auch etwas akkomodabel sind, so kann bei der Starrheit ihrer Chitinlinsen die Anpassung doch kaum soweit gehen, daß sie auch zum Sehen in nächster Nähe taugten. Diesen Fehler gleichen nun eben die als Hilfsorgane beigesellten Punktaugen aus. Daß aber die „Scheitelaugen" wirklich vorzugsweise zum Nahesehen dienen, beweist einmal die starke Krümmung ihrer Chitinlinsen, noch schlagender aber der Umstand, daß sie vorzugsweise bei solchen Kerbthieren vorkommen, deren ganzer Wirkungskreis, wie ja schon aus der Unvollkommenheit ihres lokotorischen Apparates hervorgeht, ein überaus enggezogener ist.

Und so stehen denn die Insekten, diese Muster- um nicht zu sagen Wunderwerke organischer Bildung, auch hinsichtlich des vornehmsten Orientirungsapparates ganz einzig da: es malt sich in ihren tausendfältigen Netzaugen und zwar mit unendlicher Schärfe und Präcision in weitem Umkreise die äußere Welt ab; mit ihren lupenartigen Kleinaugen nehmen sie aber gleichzeitig auch das geringste Stäubchen wahr, das unmittelbar vor ihren Füßen liegt.

Gehörorgane.

Bevor wir uns auf die Organe einlassen, die bei den Kerfen zur Vermittlung der Schallempfindungen geeignet sein möchten, sei früher die Frage erörtert, ob denn diese Thiere solche Empfindungen überhaupt haben.

Was man da im allgemeinen und mit völliger Zuversicht sagen darf, ist nur soviel, daß die meisten Kerfe durch gewisse Erschütterungen oder Oscillationen des umgebenden Mediums afficirt werden. Davon kann man sich durch den Versuch überzeugen. Erregt man, während eine Raupe, ein Käfer oder ein anderes Insekt langsam über eine Tischplatte sich bewegt, einigermaßen heftige Schalle, z. B. durch einen Strich über eine Violine, durch das Zusammenschlagen verschiedener Geräthschaften, mittelst einer Glocke, oder indem man einen starken Laut von sich gibt, so wird man in der Regel beobachten, daß die betreffenden Thiere in Unruhe gerathen, stehen bleiben, oder gar mit einem plötzlichen Satz zur Seite springen. Insekten, welche auf irgend eine Weise, z. B. durch Abtrennung eines Beines verletzt wurden, werden durch sehr intensive Schalle oft so stark erregt, daß sie am ganzen Leibe zittern oder wie besessen in die Höhe springen. Manche Kerfe werden auch durch ganz schwache Töne oder Geräusche beeinflußt und dies besonders zur Nachtzeit, wenn ringsum tiefe Stille herrscht. Ferner kann man sich überzeugen, daß manche Kerfe, wenn man längere Zeit hintereinander immer den nämlichen Ton hervorbringt, gegen denselben gleichgiltig werden und erst dann wieder eine Erregung kundgeben, wenn eine längere Pause eintritt, oder ein anderer Ton angeschlagen wird.

Wissen wir aus dem Mitgetheilten nun gleich, daß die Kerfe ziemlich detaillirte Schallempfindungen haben, indem sie ja nicht allein die Stärke, sondern auch die Höhe und wie es scheint selbst die Qualität eines Tones zu unterscheiden vermögen, so folgt daraus aber noch lange nicht, daß diese verschiedenartigen durch Schallschwingungen veranlaßten Erregungszustände mit jenen Empfindungen, die man nach menschlichen Begriffen hören nennt, vergleichbar seien.

Damit gleiche äußere Reize auch gleiche oder doch ähnliche innere Affekte hervorbringen, müssen nothwendigerweise die zugehörigen Vermittlungsapparate mit Einschluß der Centraltheile von derselben oder doch von sehr ähnlicher Art sein.

Wenn wir aber schon oben andeuteten, daß ein dem Nervenendapparat des Wirbelthierohres entsprechendes Organ den Kerfen mangelt, so darf man daraus wohl mit Sicherheit schließen, daß die Schallempfindungen der Kerfe wesentlich anderer Natur sind als bei uns — ja wahrscheinlich von einer Beschaffenheit, für deren Beurtheilung wir gar keinen Maßstab haben, für welche uns geradezu der Sinn fehlt.

Nun aber, womit und wie werden die Schallempfindungen der Insekten dann vermittelt? Unsere ersten Entomologen, wie Kirby, Burmeister u. s. f., hatten die feste Ueberzeugung, daß dies durch die Fühler geschehe, und einige Beobachtungen scheinen dies auch außer Frage zu stellen.

So bemerkte Kirby, daß eine an einem Fenster sitzende Motte, so oft er einen Schall erregte, ihm das nächste Fühlhorn zuwandte.

Ein anderer neuerer Beobachter, Dr. Rudow, will sich dann bei Laubheuschrecken, die bekanntlich äußerst lange Fühlhörner besitzen, überzeugt haben, daß sie dieselben stets der Richtung des Schalles zuwenden, und sollen dies namentlich die gewöhnlich stummen Weibchen thun, um das Plätzchen auszukundschaften, wo der musicirende Ritter sich verborgen hält.

Unsere eigenen Beobachtungen ergaben allerdings ein weniger bestimmtes Resultat; aber so viel können wir auch behaupten, daß viele Kerfe, wenn man sie anruft oder sonstwie durch Schalle erregt, ihre Antennen oft derart bewegen, als ob sie damit den Ort der Schallerregung damit auskundschaften wollten.

Fragt man, wie die Kerffühler ihrem Baue nach als Lauscher sich qualificiren möchten, so muß man gestehen, daß es kein anderes äußeres Organ am Insektenkörper gibt, welches zum Auffangen von Schalloscillationen geeigneter erscheint, ganz abgesehen davon, daß bei den Krebsen die Ohren in der That in der

Fühlerwurzel untergebracht sind, und daß wir vor kurzem ein otolithenartiges Gebilde auch im scheibenartigen Fühlerendglied einer Fliege (Sicus) entdeckten (Fig. 93 p. 144).

Aber wohl gemerkt, wir behaupten nicht, daß die Kerffühler, als Ganzes betrachtet, die Rolle der Gehörorgane spielen, wir sehen sie lediglich als akustische Leitungsapparate an und müssen noch eigens hervorheben, daß auch nach ihrer Exstirpation noch Schallempfindung stattfindet, nach einem ganz analogen Vorgang, wie bei den Wirbelthieren die Schallvibrationen auch durch die knöcherne Schädelwand auf das innere Reizorgan sich fortpflanzen.

Ja, was berechtigt uns aber überhaupt, für die Vermittlung der Schallempfindungen ein ganz bestimmtes Werkzeug anzunehmen?

Es ist allerdings wahr, viele andere wirbellose Thiere, die, so sollte man glauben, auch ohne Ohren ganz wohl existiren könnten, oder diese doch nicht dringender als die Insekten brauchen, haben dennoch solche und zwar in Gestalt kleiner meist dem Kopfganglion aufsitzender Bläschen, in deren wässerigem Inhalt ein von starren Nervenendigungen getragenes Kalkkonkrement nach dem Typus der Gehörsteinchen schwebt.

Doch die Insekten und die Gliederthiere überhaupt weichen ja in so vielen Stücken von anderen Thieren ab, und diese können daher für jene nicht maßgebend sein.

Bedenken wir nun, daß an ihrer Haut, vor allem aber an deren haarförmigen Vorsprüngen, wie im vergrößerten Maßstab auch die Fühler solche sind, zahlreiche Nerven endigen, so kann es ja wohl sein, und manche der von uns angestellten Experimente an enthaupteten Insekten machen dies noch wahrscheinlicher, daß die Kerfe gar keine Extra-Ohren besitzen, daß aber die durch verschiedene Schalle in Mitschwingung gerathenden Integumentgebilde gewisse Hautnerven in Mitleidenschaft ziehen und so eine vielleicht der durch intermittirenden Druck erzeugten Tastempfindung ähnliche Erregung veranlassen.

Nun kommen wir aber auf eine Sache zu sprechen, die, in gewissem Sinne wenigstens, die ganze Frage nach den Kerfohren noch verwickelter macht.

Wenn man bei einem Thiere nach Gehörorganen fahndet, so sollte man vorerst doch auch wissen, ob solche ihrem Besitzer von irgend einem Werth sind; denn da die Natur genug zu thun hat, um nur das Allernothwendigste beizuschaffen, ist es mehr als zweifelhaft, ob sie auch die Bildung solcher Werkzeuge begünstigt, die gerade nicht zu den dringenden Bedürfnissen zählen. Was man aber in dem Stücke speciell von den Insekten denken soll, ist wohl schwer auszusprechen; wir möchten uns aber eher der Ansicht zuneigen, daß mindestens viele von ihnen, so insbesondere parasitisch lebende, selten in die Lage kommen dürften, von ihren Ohren, wenn sie solche hätten, einen erheblichen Nutzen zu ziehen.

Ganz anders freilich verhält es sich mit jenen Kerfen, die wie die Heuschrecken und Grillen theils mit Hilfe ihrer Flügeldecken theils mittelst ihrer Hinterbeine sehr vernehmbare Lautäußerungen von sich geben.

Da diese Fähigkeit der willkürlichen Tonproduktion fast ausnahmslos nur den Männchen eigen ist, und da es als fast ausgemacht betrachtet werden kann, daß sie, während der Brunstzeit wenigstens, damit die Weibchen gefügiger zu machen bestrebt sind, so ist nicht zu läugnen, daß diesen ein gutes musikalisches Ohr sehr zu statten käme, ja es scheint, daß sie ein solches sogar besitzen müssen, weil sie sich sonst, da oft verschiedene Lockrufe gleichzeitig erschallen, unmöglich zurecht finden könnten.

Und siehe da, diese unbezahlten Musikanten haben wirklich Organe, deren äußerer Habitus so sehr an unsere eigenen Ohren erinnert, daß uns vor dieser Aehnlichkeit fast bange wird. Etwas ernüchtert werden wir nur durch die komische Lage. Bei den Schnarrheuschrecken befinden sie sich nämlich an den Seiten des ersten Hinterleibsringes, hart über dem Gelenk der Hinterbeine; bei den Grillen und Laubheuschrecken aber — an den Waden der Vorderfüße.

Nach dem aber, was oben über die Heranziehung verschiedener Hautnervenendigungen behufs gewisser Reizvermittlungen angedeutet wurde, wollen wir uns von vorneherein

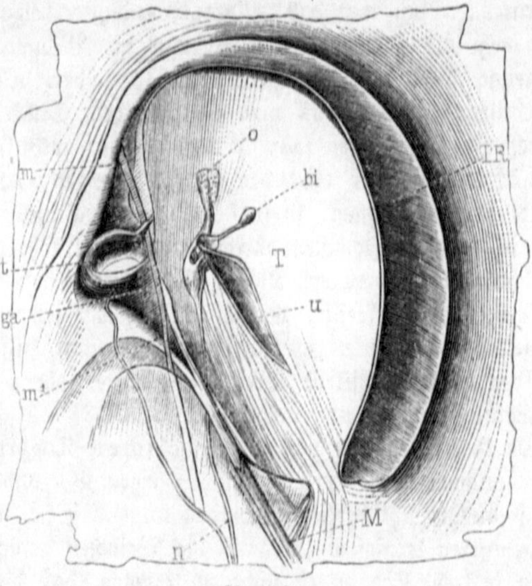

Fig. 158.
Gehörorgan einer Schnarrheuschrecke (Caloptenus italicus) von der Innenseite. T Trommelfell, TR seine Einfassung, o, u zweischenkelige Anschwellung, bi birnf. Wucherung, n Gehörnerv, ga Endganglion, st Stigma, m Oeffnungs-, m' Schließmuskel desselben, M Spannmuskel des Trommelfelles.

über diesen Punkt hinwegsetzen, umsomehr als auch gewisse **Schnecken ihre Ohren im Fuße haben.**

Sehr leicht zu verstehen und auch zu präpariren ist das „Ohr" der Schnarrheuschrecken. Aeußerlich gewahrt man zunächst ein wie ein dünnes Glimmerplättchen glänzendes und sehr elastisches Häutchen (Fig. 158 T) von ungefähr ovalem Umriß: ein wahres Miniatur-Trommelfell.

Im Grunde genommen ist dieses aber so gut wie etwa die facettirte Cornea, nichts weiter als eine stark modificirte d. h. verdünnte Stelle des Integuments, das sich oft nach Art einer Ohrmuschel (T—R) um die spiegelnde Membran erhebt, ja sie bisweilen bis auf einen engen Schlitz völlig verdeckt. Auch ein separater Trommelfellrahmen ist nachzuweisen. — Auf der Innenseite trägt das Trommelfell ein Paar auch durch ihre hornbraune Färbung auffällige Wucherungen. Ein winziges birn- oder herzartiges Körperchen (bi) und ein langgestrecktes bestehend aus zwei ungleich geformten Schenkeln (o, u), an deren Vereinigungspunkt ein hohler nach außen geöffneter Zapfen hervorspringt.

Am letzteren, sowie am kleinen Centralfleck heften sich die Nervenendigungen fest, aber, wie allerwärts, nicht an der Chitinhaut selbst, sondern an den mosaikartig gruppirten Zellen ihrer Mutterlage.

Der betreffende Nerv (n) steigt vom großen Hinterbrustganglion herauf und schwillt hart vor dem erwähnten Mittelzapfen zu einem glockenartigen Ganglion (ga) an. Aus diesem enspringt, ähnlich wie am Facettauge, ein Bündel von Nervenendröhren, die nach Art des Retinabechers den hohlen Chitinzapfen allseitig umfassen. Das Detail dieser Nervenenden zeigt Fig. 161: gz ist die Ganglienzelle, Sch ihre schlauchartige Fortsetzung, die schließlich mit einer zarten Faser (f) in eine Unterhautzelle (mu) übergeht. Diese Röhre ist aber nur das Futteral für das streng so zu nennende Nervenende. Dieß ist ein hohles, fast nach Art gewisser Tastkolben geformtes und eingeschachteltes stiftartiges Gebilde (sti), frei im Endschlauch schwebend und, wie an den erwähnten Sinnesorganen, auch von einem haarfeinen Faden durchzogen, der unweit der Ganglienzelle direkt in den Axenstrang ihrer peripherischen Verlängerung übergeht.

Ein kleines Bündel dieser Nervenendröhren geht auch zum birnförmigen Körperchen und ein anderes zum unteren Schenkel (u) der Chintinspange.

159. 160. 161.

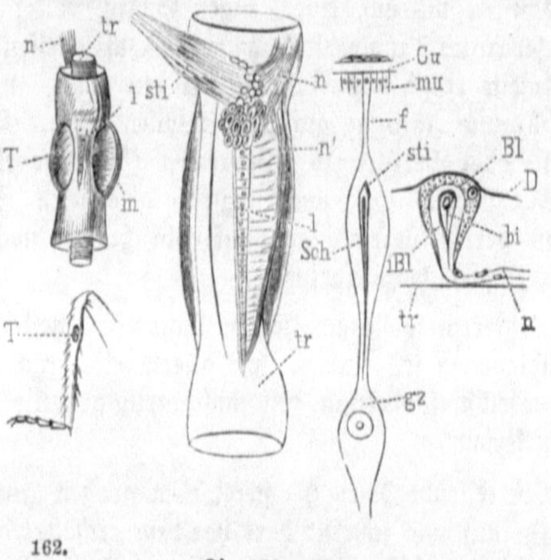

163.

162.

Fig. 159—163.

162. Vorderbein einer Laubheuschrecke. T Trommelfell.
159. Schiene derselben, vergrößert. T Trommelfell, tr Trachea, n Gehörnerv.
160. Trachca tr zwischen den Trommelfellen, darauf die Gehörleiste (l) und das gabelf. Endorgan (sti). n, n' Nerv.
161. Nervenendigung aus dem Gehörganglion der Schnarrheuschrecken. gz Ganglienzelle, Sch Endschlauch mit dem stiftf. Körperchen (sti), f Endfaser, an die äußere Haut (mu) sich heftend.
163. Einzelnes blasenf. Glied der Gehörleiste, zwischen der Trachea und der Deckmembran (D) ausgespannt. Bl Blase, i Bl helle Binnenblase, bi darin schwebendes birnf. Körperchen, in den Nerv (n) übergehend.

Von innen her wird das Trommelfell mit seinem Nervenendapparat von einer umfangreichen (hier nicht gezeichneten) Tracheenblase bedeckt, die sich vermittelst des vor dem Trommelfell angebrachten Stigmas (Fig. 158 st) mit Luft füllt.

An einem langen griffelartigen Fortsatz der vorderen Trommelfelleinfassung (m m') entspringt ferner ein Muskel (M), durch dessen Kontraktion das Trommelhäutchen nach einwärts gezogen und dadurch gespannt wird. Die Entdeckung dieses Organs rührt von Joh. Müller her; umfassender Studien über diese, sowie über die folgenden Gebilde haben wir uns selbst schuldig gemacht.

Es wäre wohl nie Jemand auf die Idee verfallen, die musikalischen Ohren der Grillen und Laubheuschrecken in den Beinen zu suchen, wenn die trommelfellähnlichen Häutchen derselben (Fig. 160, 161 T) nicht v. Siebold zu einem eingehenderen Studium dieser Glieder veranlaßt hätten. Die Trommelfelle selbst, an jeder Vorderschiene gewöhnlich in Duplo vorhanden (die Werre z. B. (Figur 121 H) hat ein einziges Tympanum), sind wahre Miniaturausgaben der Acridiertympana und wie dort häufig von schalenartigen Deckeln (m) eingeengt und beschützt. Merkwürdig ist aber vor allem, daß hier die Nervenenden nicht unmittelbar an die vibrirenden Membranen sich anheften und überhaupt bei Grillen und Laubheuschrecken trotz der anderweitigen Uebereinstimmung namentlich auch in Bezug auf die Qualität ihrer Tonproduktionen wesentlich verschieden sind.

Bei den ersteren finden wir oberhalb der Trommelfelle ein System klaviersaitenartig an der Haut fixirter Nervenröhren (Fig. 160 sti) von ganz identischen Bau wie am Müller'schen Ganglion der Schnarrheuschrecken.

Die Laubheuschrecken haben aber außerdem noch ein längs der zwischen den Trommelfellen etwas angeschwollenen Beintrachea (tr) herablaufendes Band von successive sich verjüngenden Nervenendblasen (Fig. 163 Bl), die, eingebettet in einer separaten Binnenkapsel (i Bl), ein den stiftartigen Körperchen ganz ähnliches, aber etwas dickeres Gebilde (bi) beherbergen.

Diese ganze Reihe von Nervenendblasen wird durch eine

besondere, über jedes Glied sich kuppelartig wölbende Deckmembran (D) an das als Resonanzkasten fungirende Luftrohr angeheftet.

Wer die erklärten Ohren anderer und speciell der höheren Thiere kennt, der wird zugeben müssen, daß sich die Aehnlichkeit mit den vorliegenden Organen eigentlich doch nur auf die trommelfellartige Membran und höchstens noch auf die gewissen, an die Paukenhöhle erinnernden Luftbehälter beschränkt; denn etwas den stift- und birnförmigen Gebilden Entsprechendes gibt es dort ein für allemal nicht.

Sehr bedeutungsvoll ist der Umstand, daß genau die nämlichen Organe, wie sie die zirpenden Heuschrecken besitzen, auch bei völlig stummen sich wiederfinden, und dann, daß die betreffenden Thiere nach Wegnahme dieser ohrartigen Einrichtungen wochenlang noch fort musiciren und sich, so viel wir zu erkennen vermögen, gegen Schalle eben so empfindlich wie früher zeigen. Bei diesem Sachverhalt weiß man in der That nicht recht wie man eigentlich daran ist, ob uns die Natur mit einem Trugbilde in die Falle locken will und hinter demselben vielleicht eine andere gerade für diese Insekten wichtige Funktion verbirgt, oder ob es dennoch Gehörorgane sind. Nach erneuten Studien in dieser Richtung scheint es uns übrigens nicht unwahrscheinlich, daß die „Acridierohren", welche schon frühere Forscher als Resonanzapparate auffaßten, in der That mit den bekannten, kri-kriartigen Trommelfellen der Cikaden verwandt sind, während den Tympanis der Laubheuschrecken und zumal der Grillen ganz homologe Wadentrommelfelle auch bei gewissen Schmetterlingen vorkommen, die zudem noch einen, bisher so gut wie unbekannten haarbüschelförmigen Sinnesapparat am Grunde des Bauches besitzen.

Tastorgane.

Sowie bei allen Thieren, so ist auch bei den Insekten das Tastgefühl über die gesammte Haut verbreitet, und sind es insbesondere die weich- und dünnhäutigen Larven, die sowohl gegen Berührung oder Druck als auch gegen die Einflüsse der Temparatur, der Feuchtigkeit, sowie auch der Elektricität außerordentlich empfindlich sind.

Hinsichtlich der Nervenendorgane, welche die betreffenden Reize vermitteln, wissen wir aber im einzelnen ebensowenig, wie über die betreffenden Werkzeuge der höhern Lebewesen.

Unter den zahlreichen über das gesammte Integument verbreiteten Tastnervenendigungen findet man aber auch hier durch ihre Struktur und Lage besonders ausgezeichnete Bildungen, die wir als Organe des Tastsinns im engeren Sinne bezeichnen. Bei den Insekten erscheinen diese um so nothwendiger, als die dicke Panzerhaut, in der sie stecken, für die Vermittlung eines feineren Tastgefühles gewiß wenig tauglich erscheint, wenn gleich die Kerfe auch durch ihre Chitinkruste hindurch intensivere Reize wahrnehmen, in ähnlicher Weise, wie unsere auch mit dem dicksten Lederzeug bekleideten Füße gegen äußere Einflüsse gröberer Art nicht ganz unempfindlich sind.

Die erwähnten Organe des Tastsinns sind bei den Kerfen im allgemeinen von zweierlei Art. Es sind entweder sehr nervenreiche dünne Hautabschnitte (Fig. 164 c c') oder, und diese Form ist die häufigste und aus nahe liegenden Gründen auch die praktischeste, haar- oder stäbchenartige Ausstülpungen des Integumentes, in welches gleichfalls (Fig. 147 h) ein Nervenende eintritt.

Letztere Tastorgane haben unter anderm das Gute, einmal, daß die Solidität der Körperdecke nicht geschmälert oder unterbrochen zu werden braucht, und dann, was ebenso wichtig, daß die für das Leben der Kerse oft sehr gefahrdrohenden Objekte, von denen der Tastsinn sie unterrichten soll, zu diesem Zwecke nicht unmittelbar an dieselben herankommen müssen.

Jetzt werden wir auch verstehen, warum, von andern Ursachen abgesehen, viele Kerse von einem Wald von Haaren starren und warum letztere, wie z. B. bei der herrlichen Corethra-Larve, von oft so bedeutender Länge sind. Um den Besitzer eines solchen Kranzes von Tasthaaren ist gleichsam ein Bannkreis gezogen, den kein fremdes Wesen ohne Wissen desselben überschreiten kann. Höchst interessant und mannigfaltig erscheinen gewisse mechanische Hebelvorrichtungen, wodurch die die Taststäbchen treffenden Stöße auf das an ihrer Basis befindliche Nervenende applicirt werden, und muß man wohl auch annehmen, daß die specifische Form und Konsistenz des dem eigentlichen Nervenende vorgelagerten Chitinfortsatzes auf die Qualität der Empfindung nicht ohne Einfluß ist, ja daß nach dem allerwärts beobachteten Principe der Arbeitstheilung für die verschiedenen Arten von Tastreizen sich nach und nach auch besondere Aufnahmsorgane gebildet haben.

Wie aber zum Behufe einer ausgiebigen Respiration neben dem allgemeinsten Organe dieser Art, der Haut, noch besondere, wir möchten sagen, potenzirte und den jeweiligen Organisationsverhältnissen speciell angepaßte Werkzeuge der Athmung vorkommen, ebenso sehen wir bei allen höheren Thieren und desgleichen auch bei den Insekten die Funktion des Tastsinnes in erhöhtem Grade an gewisse Körperabschnitte gebunden oder lokalisirt, die sonach als die Träger der feineren Tastorgane anzusehen und, um sie von diesen zu unterscheiden, am passendsten wohl als Tastapparate bezeichnet werden.

In erster Linie denken wir dabei an die Fühler, die sich ja schon nach ihrer gewöhnlichen äußeren Form als nichts anderes denn als sehr verlängerte, biegsam gemachte und mit willkürlicher Bewegung versehene Tastborsten präsentiren. Daß aber die Kerfantennen, und wir meinen zunächst die des Kopfes, in der That die wichtigsten Tastvorrichtungen sind, das lernen wir theils durch die Beobachtung ihres Gebrauches, theils ersehen wir es aus dem Reichthum von feineren Tastwerkzeugen, womit sie ausgestattet sind.

Es wäre indeß weit gefehlt zu glauben, daß die Kerffühler bloß Tastwerkzeuge und pantomimische Glieder etwa im Sinne unserer Finger wären, daß sie also mit andern Worten nur zum Betasten von festen oder tropfbarflüssigen Medien dienten. Sie sind, und dies oft ausschließlich, vielmehr Lufttaster, oder Luftwedel, womit ihre Besitzer über verschiedene Zustände des gasförmigen Mediums, dem sie ja recht eigentlich angehören, Erkundigungen einziehen. Daß aber die durch diese aeroskopischen Organe vermittelten Empfindungen von sehr verschiedener Art sind, das beweist schon der Umstand, daß sie häufig mit mehreren Gattungen von Tastorganen versehen sind, wie denn Leydig z. B. mindestens viererlei Kategorien und darunter auch solche unterschied, welche, da sie von den strenge so zu nennenden Tastborsten überragt werden, unmöglich zum Befühlen von festen Objekten dienen können. —

Hier sollten wir wohl auch einer seltsamen Gewohnheit gewisser Kerfe gedenken, da sie uns den angestellten Vergleich ihrer Antennen mit unsern Fingern noch anschaulicher macht. Verschiedene Insekten mit langen Fühlern, namentlich die Geradflügler, ziehen von Zeit zu Zeit mit den Vorderbeinen diese Gliedmaßen gegen den Mund und lassen sie nun, wie einen Draht, zwischen der Kinnbackenzange hindurchlaufen. Solches geschieht, wie leicht zu beobachten, nicht bloß zum Zwecke der Reinigung, sondern häufig wenigstens, so scheint es, lediglich zum Zeitvertreib oder aus langer Weile, und die

Erscheinung ist also sicherlich eine ganz analoge wie die bekannte Gewohnheit der Kinder, ihre Finger in den Mund zu stecken, oder wie die auch von Erwachsenen kultivirte Unart des Nägelkauens.

Tastapparate von mehr einseitiger Natur sind dagegen die sogenannten Freßpalpen, welche man, um ihre Bestimmung kurz auszudrücken, am Besten als Mundtaster bezeichnet. Sie erfüllen als solche aber nicht bloß die Aufgabe unserer Lippen und z. Th. auch der Zunge, sondern zugleich als willkürlich bewegliche und zum Greifen eingerichtete Werkzeuge, die der Finger, indem sie jeden Bissen, bevor er zwischen die Zähne oder überhaupt in den Mund genommen wird, von allen Seiten betupfen, betasten und auf seine oberflächliche Beschaffenheit prüfen. Und hiezu sind sie auch vortrefflich organisirt. Das meist stark verbreiterte Endglied bildet mit seiner weichen nachgiebigen Tastfläche wie an unseren Fingerspitzen einen elastischen Polster, in dem zahlreiche kölbchenartige Chitinzapfen (Fig. 164 a) eingepflanzt sind. Und so wie die gegliederten Chitinröhren der Antennen nur die Hülsen oder Scheiden des dicken, sie durchziehenden Nervs darstellen, so sehen wir auch hier, z. B. an einem feinen Längsschnitt durch das beilartige Endglied einer Werrenpalpe, ihr Inneres fast ausschließlich mit feinen Nervenfasern erfüllt, welche, wie die Sehfasern des Facettauges, radienförmig zu den einzelnen Tastkölbchen ausstrahlen.

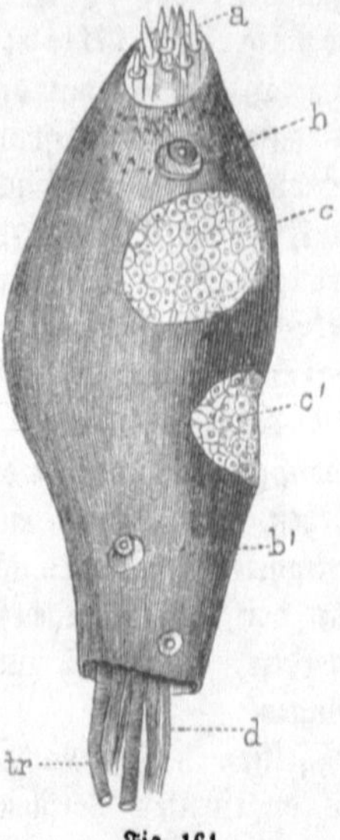

Fig. 164.
Palpe einer Maikäferlarve nach Leydig. a Tastborsten, b, b' auffallende Chitinbecher, c, c' sehr dünne nervenreiche Hautstellen, d Nerven, tr Tracheen.

Zu diesen separaten Tastgliedern der Mundregion gesellen sich dann noch zahlreiche, mehr zerstreut liegende Organe dieser Art, wie wir denn unter anderm fast an sämmtlichen weichern Theilen des Mundes einen mehr oder weniger dichten Besatz von Tastborsten antreffen. Besonders zahlreich sind diese aber an der Spitze der rüsselartigen Mundwerkzeuge und speciell an der Saugscheibe der Zweiflügler, die, wie Fig. 165 zeigt, von einem ganzen Kranze feiner Tastborsten umsäumt ist, während auf der Fläche selbst wieder eine besondere Art solcher Gebilde vorkommt.

Sowie die Kieferpalpen bei der Kontrolirung der Nahrungsaufnahme zu thun haben, so werden die Tarsen der Beine als Tastapparate im Dienste des Ortswechsels verwendet, indem sie das Thier, von anderen Nebenleistungen abgesehen, über die Beschaffenheit des zu beschreitenden Mediums unterrichten. Und wer weiß nicht, daß die Fußspitzen resp. Sohlen der Kerfe namentlich gegen Erschütterungen ihrer Unterlage ungemein empfindlich sind? So erklärt es sich auch, daß oft bei der geringsten Berührung eines Strauches, auf dem Insekten leben, dieselben sofort unruhig werden, und, wenn sie nicht durch Fliegen oder Springen der drohenden Gefahr auszuweichen vermögen, sich sofort unvermerkt auf den Boden fallen lassen.

Die feineren Organe aber, welche diese Tastempfindungen vermitteln, sind im wesentlichen wieder dieselben wie an den Luft-, Mund- und Aftertastern, und müssen wir noch extra konstatiren, daß Leydig in allen diesen sensibeln Gliedmaßen, und hierher zählen auch die Flügel und Schwingkolben, die nämlichen stiftartigen Nervenenden wie an den sogenannten Heuschreckenohren wahrnahm, eine Erscheinung, die darauf hinzuweisen scheint, daß die erwähnten akustischen Werkzeuge nichts Anderes als specifische, für die

Perception von regelmäßigen Luftoscillationen angepaßte Tastapparate sind. —

Geruchsorgane.

Keine Beobachtung läßt sich leichter machen, als daß sich viele Insekten eines sehr feinen und ausgebildeten Riechvermögens erfreuen, und daß sie namentlich gewisse Stoffe, welche für ihr Dasein besonders wichtig sind, schon aus einer Entfernung wittern, bei der unser eigenes allerdings sehr vernachlässigtes Geruchsorgan nicht das mindeste wahrnimmt.

Wir erinnern zunächst an die Aasfresser. Wenn man an einem noch so verborgenen Orte seines Gartens ein faulendes Stück Fleisch unterbringt, so kann man sicher sein, daß es gewisse Insekten, welche auf derlei Dinge passionirt sind, bald ausgeschnüffelt haben. Ist dies doch eine beliebte Methode, um einer Menge von Kerfen habhaft zu werden, die sich sonst selten blicken lassen. Auch unsere Küchenschaben müssen eine gute Nase haben; denn sie wissen die versteckteſten Leckerbissen ausfindig zu machen. Von gewissen Ameisen, welche Sklaven halten, ist es ferner bekannt, daß sie, gleich Hunden, welche die Spur eines Wildes verfolgen, den Boden beschnüffeln — und es ist auch sehr wahrscheinlich, daß die Ameisen eines Staates ein nicht zuständiges Individuum, das aber derselben Art angehört, an seinem specifischen Geruch erkennen, was ein ganz analoger Fall ist, wie der, daß manche tropische Wespen die mit einer starken Ausdünstung behafteten Eingebornen mit ihren Stichen verschonen, während sie Europäer nicht ungestraft reizen dürfen.

Auch die meisten blutsaugenden Kerfe, wie gewisse Wanzen, Läuse und Zweiflügler werden offenbar durch die Ausdünstung ihrer Opfer angezogen. —

Geradezu staunenswerth ist das Witterungsvermögen

mancher Schmetterlingsmännchen. Es kommt nämlich vor, daß solche mit äußerster Zudringlichkeit ein völlig verschlossenes Gartenhaus oder einen Käfig umflattern, worinnen ein Weibchen versperrt ist, nach dem es sie gelüstet, und von dem sie offenbar nur mit Hilfe ihrer Nase Kunde erhalten können.

Nicht minder hoch entwickelt ist auch das Riechvermögen jener Kerfe, welche stark gewürzte Blumensäfte saugen. So wissen wir von der Biene, daß sie durch den Geruch von Honig oder künstlichen Zuckersorten angelockt wird, und müssen wir auch annehmen, daß sie bei ihrer Feldarbeit weniger durch das Auge als durch die feine Nase zu den geeigneten Honigquellen hingeleitet wird.

Angesichts dieser Thatsachen ist es gewiß sehr befremdend, daß lange Zeit hindurch Niemand über das Organ des Geruches etwas Gescheidtes zu sagen wußte. Allerdings hatten Kirby und Andere die Ueberzeugung ausgesprochen, daß die Kerfnase eine ähnliche Lage wie bei uns haben müsse, und bezeichnete man eine dünnhäutige Einstülpung über der Oberlippe geradezu als Rhinarium, als Nasenhaut; es fehlte aber, von andern Umständen abgesehen, der unerläßliche Nachweis geeigneter Nervenendigungen.

Von der ganz richtigen Ansicht ausgehend, daß die riechenden Stoffe die Riechnervenendigungen meist nur dann afficiren, wenn die Luft, d. i. der Träger derselben, in Bewegung ist und an der Nase vorübergleitet, was bei uns beim Einathmen geschieht, meinte Burmeister, daß bei den Kerfen solches nur an den Tracheen möglich sei, und daß also bei der weiten Verbreitung dieser Luftröhren gewissermaßen der ganze Körper eine einzige große Nase vorstelle. Doch auch dieser Anschauung gebrach es am Nachweis der geeigneten Riechzellen, abgesehen davon, daß, wenn die Gerüche von allen Seiten in den Körper eindrängen, die nöthige Orientirung bei der Aufsuchung der Riechquelle geradezu unmöglich wäre. Da man nun keine passende Nase fand und ein Extra-Organ für diesen Sinn doch gerne haben wollte, machte man sich eines, d. h. Leydig ließ die Fühlhörner, die allerdings reich genug an den verschiedensten, und auch an die Riechstäbchen erinnernden Nervenendigungen sind, neben den gewissen anderen Leistungen auch noch diesen hochwichtigen Dienst verrichten.

Aber wie, muß man sich fragen, kommen denn die Antennen

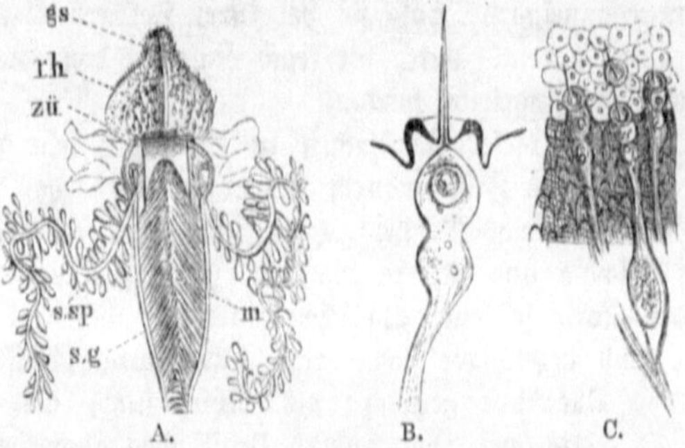

Fig. 164*.

Ueber das Riechorgan der Biene. A Schlundrohr mit den Speicheldrüsen s, sp, den Schlundgräten sg und dem sog. Zünglein zü. gs Gaumensegel, beiderseits die Riechhaut rh. C Endigungen des Riechnervs. B Riechnervenende isolirt, noch stärker vergrößert.

gerade bei den Kersen, wo doch sonst allerwärts die bis ins Extreme gehende Theilung der Arbeit an der Tagesordnung ist, dazu, Sinnesgliedmaßen für Alles, somit wahre Universalperceptionsapparate zu werden, und bedenkt man denn gar nicht, daß diese Fühlhebel mit dem, was man sich unter einer Nase gewöhnlich vorstellt, auch nicht die entfernteste Analogie besitzen?

Aber trotz alledem und obwohl noch Niemand bewiesen hat, daß die Kerfantennen gegen riechende

Stoffe irgend eine Empfindlichkeit an den Tag legen, würde man dieses Mährchen bis auf heute geglaubt haben, wenn nicht Dr. Wolf in dem schon erwähnten Werke über das Riechorgan der Biene den Leuten die Augen geöffnet hätte.

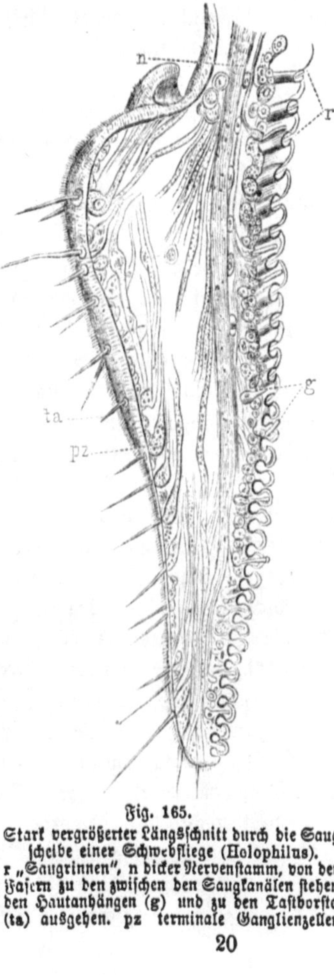

Fig. 165.
Stark vergrößerter Längsschnitt durch die Saugscheibe einer Schwebfliege (Holophilus).
r „Saugrinnen", n dicker Nervenstamm, von dem Fasern zu den zwischen den Saugkanälen stehenden Hautanhängen (g) und zu den Tastborsten (ta) ausgehen. pz terminale Ganglienzellen.

Nach den Untersuchungen dieses Forschers scheint es nunmehr ausgemacht, daß die Kerfe eine eigene Nase haben, und zwar eine Nase, die sich mit der unserigen auch hinsichtlich der Lage messen kann. Um es kurz zu sagen, so ist die betreffende Riechhaut eine besonders differencirte Stelle der weichen Membran, welche sich vom Gaumen zur Oberlippe hinzieht. An der oberen Schlundwand (vgl. Fig. 88* S. 134) unmittelbar vor dem Uebergang der weit ausdehnbaren Mundhöhle in das enge Schlundrohr sieht man bei der Biene eine ungefähr herzförmige, seitwärts in die Wangenhaut übergehende Platte (Fig. 164 A gs), welche längs ihrer Mitte von einem Wulst, gleichsam einer freilich sehr unvollständigen Scheidewand durchzogen wird, und welche Duplikatur nach Art eines Gaumensegels (Fig. 88* gs) in die Mundhöhle herabhängt. Beiderseits dieses Wulstes erscheint nun die zierlich getäfelte Chitinhaut mit einer großen Anzahl winziger Borsten besetzt, die gleich den gewöhnlichen Haaren aus der Tiefe einer kraterartigen Chitinerhebung hervorsprossen (Fig. 164 B und C). Dies sind die den Riechstäbchen zu vergleichenden Endigungen des betreffenden Nerven. Letzterer (Figur 88* rn) entspringt als ein ziemlich dicker Strang im oberen Schlundganglion, begibt sich dann längs der oberen Schlundwand nach vorne, spaltet sich am Grunde der Riechplatte in zwei Aeste, welche sich nun auf beiden Seiten des Gaumensegels baumartig in feinere, zu den einzelnen Riechhaaren hintretende Zweige auflösen. Eine Eigenheit dieser Endfasern des Riechnervs ist die, daß sie schon in beträchtlicher Entfernung von ihrem Ende eine gangliöse Anschwellung bilden und dann unmittelbar am Grunde der Riechborste ein weiteres und zwar durch eine halsförmige Einschnürung in zwei Abtheilungen zerfallendes also bisquitförmiges Ganglion formiren. Letzteres zieht sich dann in einen feinen Haarfortsatz aus, der im Innern der Chitinborste dem Auge entschwindet (Fig. 164 C).

Wichtig für die Beglaubigung dieser neu entdeckten Kerfnase ist selbstredend der Umstand, daß sie an einem Orte liegt, wo die mit den Riechstoffen geschwängerte Luft, sobald sich der Schlund erweitert, nothwendig vorüberstreichen muß. Inwiefern aber die respiratorischen Bewegungen der den Schlund umlagernden Luftbehälter mittelbar auch die Einziehung der Luft in den Schlund beeinflussen, ist uns noch nicht recht klar geworden. Wichtiger dünkt uns der gleichfalls von Wolf gelieferte Nachweis von der Gegenwart einer umfangreichen flaschenförmigen Drüse (Fig. 88* ksp) mit ihrem ganz specifischen schleimigen Sekret, welches durch eine schmale Spalte am Grunde der Oberkiefer entleert wird und die Nasenhaut fortwährend feucht erhält.

Schließlich ist gewiß auch der Umstand für unsere Angelegenheit von großem Belang, daß unter allen honigsaugenden Aderflüglern gerade bei der domesticirten Biene, welche unzweifelhaft den allerfeinsten Geruch hat, auch die Riechhaut, namentlich in Bezug auf die Zahl und Feinheit der einzelnen Erdorgane weitaus am vollkommensten entwickelt ist.

Geschmacksorgane.

Daß manche Kerfe ein weitgehendes Unterscheidungsvermögen für schmeckende Stoffe haben, wird schwerlich Jemand leugnen wollen. Denn wie wäre es sonst zu erklären, daß z. B. viele monophage Raupen lieber Hungers sterben, bevor sie ein Kraut fressen möchten, an das ihr Gaumen nicht gewöhnt ist. Und wenn es gleich wahrscheinlich ist, daß, wie bei uns selbst, in vielen Fällen die Nase an die Stelle des Schmeckorganes tritt, so gibt es doch wohl eine Reihe von Stoffen, über deren chemische Qualität die letztere keinerlei Auskunft gibt. Aber was weiß man nun vom Geschmacksorgan der Kerfe? Obwohl dasselbe seiner ganzen Natur und Bestimmung halber nur im Munde gesucht werden kann und also sicherlich nicht so schwer zu entdecken wäre, so fand man es bisher doch nicht der Mühe werth, eines, wie man zu sagen pflegt, so untergeordneten Organes wegen ernstliche Nachforschungen anzustellen. Bei dem Umstande freilich, daß die Eruirung der specifischen Schmeckorgane selbst beim Menschen mit großen Schwierigkeiten verbunden war, darf man allerdings bei den Kerfen nicht viel erwarten.

Indessen muß es doch als ein Fortschritt begrüßt werden, daß uns Wolf wenigstens bei der Biene auf eine Stelle an der Zungenwurzel aufmerksam machte, die (vgl. Fig. 88* g) zum Schmecken wie geschaffen scheint. Abgesehen davon, daß an dieser Stelle der in der hohlen Zunge aufsteigende Honig in die äußere Rüsselhöhle sich ergießt, bemerkt man hier zwei Gruppen von feinen Poren oder Vertiefungen, an welche die feinen Fasern eines eigenen Nervs herantreten, während unmittelbar hinter ihr die langen Ausführungsgänge einer besonderen Drüse sich öffnen.

Gestützt auf ähnliche anatomische Befunde hatten wir selbst schon früher bei den kauenden Insekten den sogenannten Hypopharynx, d. h. den fleischigen von der Unterlippe gegen den Schlund sich hinziehenden Wulst (Fig. 87 p. 131 zu) für die eigentliche Zunge angesprochen. Auch hier fanden wir nämlich zwei vom untern Schlundganglion abgehende Nerven, die an besonderen, hier aber papillenartigen Chitingebilden zur Endigung gelangen.

IX. Kapitel.

Verdauungsapparat.

Wer möchte es den Insekten, diesen schon vermöge ihrer leiblichen Konstitution zu ununterbrochener Thätigkeit und Arbeit angehaltenen Kreaturen verdenken, daß sie stets bei gutem Appetit sind, daß sie fortwährend das lebhafteste Bedürfniß empfinden, die durch ihre Kraftanstrengungen verbrauchten Stoffe durch neue zu ersetzen und die Gewebe ihres abgehetzten Körpers zu rehabilitiren? Wie kommt es aber, wird man dennoch fragen, daß im ganzen so minutiöse Geschöpfe häufig so unverhältnißmäßig große Quantitäten von Nahrungsstoffen consumiren?

Abgesehen davon, daß viele Substanzen, welche die Kerfe

aus Passion oder in Ermanglung von etwas Besserem genießen, wie z. B. das Holz, das die Borkenkäfer, oder die Wolle, welche die Motten verspeisen, einen nur verschwindend kleinen Nährwerth haben, dürfen wir zunächst nicht vergessen, daß bei vielen dieser armen Schlucker das Essen an und für sich schon ein schweres Stück Arbeit ist und ihnen sozusagen der Appetit während oder richtiger *in Folge* ihres Mahlzeitens kommen muß. — Die Kerfe bedürfen aber der reichlichen Nahrung nicht bloß, um die laufenden Bedürfnisse zu decken, sie haben, wenigstens während der größeren Periode ihres Lebens, einerseits für ihr eigenes Wachsthum und andererseits für die zu erzeugende Nachkommenschaft die nöthigen Mittel aufzutreiben, und speciell von den noch unentwickelten Insekten, den Larven, können wir geradezu sagen, daß es ihre einzige und ausschließliche Lebensaufgabe ist, sich für den künftigen Zustand des geschlechtsreifen und zeugenden Wesens *zu mästen und das todte Protoplasma in lebendiges umzuwandeln.* Auch gibt es bekanntlich der Fälle genug, wo, nachdem die Larven ihrer wenig ruhmvollen Pflicht getreulich nachgekommen, die von dem aufgehäuften Vorrath zehrenden Wesen sich, wie z. B. die Eintagsfliegen und manche Blattläuse, dieser gemeinen Verrichtungen entweder ganz entschlagen oder, wie manche Falter, doch nicht mehr zu sich nehmen, als zur Erledigung ihrer weiteren Obliegenheiten unbedingt erforderlich ist.

Ja noch mehr. Die Männchen einiger Insekten, wie z. B. gewisser Blattläuse, die, wenn sie in den vollkommenen Zustand eingetreten und ihrer Gattenpflicht nachgekommen sind, weiter nichts mehr auf der Welt zu schaffen haben, verlieren bei ihrer letzten Umwandlung den Verdauungsapparat ganz und gar, und erinnern so an die gleichfalls zu beständiger Abstinenz verurtheilten Räderthiermännchen.

Es ist gewiß eine bemerkenswerthe Thatsache, daß bei den verschiedenartigsten höhern und niedern Thieren, welche in Bezug auf ihr Aeußeres und häufig selbst hinsichtlich der inneren Einrichtung nicht das Mindeste miteinander gemein haben, doch ein wo nicht der Entstehung so doch dem Bau und noch mehr der Bestimmung nach gleichartiges Organ vorhanden und daß dieses gerade das Werkzeug der Verdauung, oder der Darm ist.

Aber wie, wird man uns antworten, könnte dieses auch anders geartet sein als es eben ist, welche bessere und praktischere Einrichtung könnte das mitten durch die Leibeshöhle durchziehende und von einem zum andern Körperpol sich erstreckende Rohr ersetzen, durch das die Nahrung aufgenommen, durch das sie dann, aber doch als etwas vom lebendigen Körper Abgesondertes und Fremdes, mitten in ihn hineinversetzt und behufs der gehörigen Zubereitung dort festgehalten, und nachdem das Brauchbare angeeignet ist, wieder am andern Ende aus demselben ausgestoßen wird?

Noch lehrreicher aber ist es für den auf das Besondere achtenden Forscher wahrzunehmen, wie neben einer solchen „Katholicität“ der gesammten Verdauungs- und Assimilationsweise im Einzelnen dennoch die allergrößte Mannigfaltigkeit möglich sei. Letztere zeigt sich aber nirgends anschaulicher als in der unermeßlichen Klasse der Insekten; denn wo hätte man eine größere Verschiedenheit der in den Darm eingeführten Nährsubstanzen zu verzeichnen und wo also auch schon von vorneherein eine größere Fülle von specifischen Einrichtungen zu deren mechanischen und chemischen Zubereitung vorauszusetzen? Indem wir aber dem Leser das unumwundene Geständniß unserer Unwissenheit über die physiologische Bedeutung der meisten dieser morphologischen Besonderheiten des Kerfdarmes ablegen, wird er um so lieber auf eine ausführliche Beschreibung derselben Verzicht leisten.

Wie bei anderen Thieren hat man auch am Verdauungsapparat der Kerfe Zweierlei zu unterscheiden, nämlich einmal das Hauptrohr, den eigentlichen Darm, und dann die als mehr oder minder separirte Hilfsorgane beigegebenen Anhänge oder Drüsen.

Was vorerst den Darmschlauch betrifft, so läßt er meistens schon äußerlich die bekannte Abtheilung oder Gliederung in den sogenannten Mund-, (Fig. 166 da), Mittel- (ab) und Enddarm (bc) hervortreten. Der Munddarm oder das sogenannte Speiserohr, bei nüchtern lebenden und namentlich bei saugenden Kerfen einen meist sehr dünnen, einfachen Schlauch bildend, bläht sich bei Insekten, welche eine derbe, sei es nun animalische oder pflanzliche Kost in größeren Quantitäten zu sich nehmen, in seinem Hintertheil zu einem oft die ganze Brusthöhle einnehmenden Sacke oder Kropf (Figur 169 Kr) auf, der, wie wir hören werden, nicht bloß eine Art Futterreservoir oder Wanst, sondern in vielen Fällen zugleich die Retorte vorstellt, in welcher sein Inhalt abgekocht wird. Die vornehmste Bestimmung des Schlundkanals bleibt aber doch immer die Einfuhr der Nahrung, also die mechanische Thätigkeit des Schluckens, und dem entsprechend werden wir auch seine Wandungen gebildet finden. Die Hauptsache sind (Figur 167) zwei dicke Muskellagen, wovon die Fasern der äußeren (a), selbst wieder aus mehreren mantelartigen Schichten bestehend, das Speiserohr ringförmig umspannen, während die des inneren Stratums aus längslaufenden und häufig in mehrere Bündel vertheilten Fibern b sich aufbaut. Die rythmische Thätigkeit dieser Schlundmuskulatur, d. h. seine abwechselnde Kontraktion und Erschlaffung läßt sich am schönsten an durchsichtigen Larven unter dem Mikroskop beobachten.

Die innerste Auskleidung des Munddarms, die sog. Intima, ist gleich der Muskellage selbst nichts anders als eine Ein-

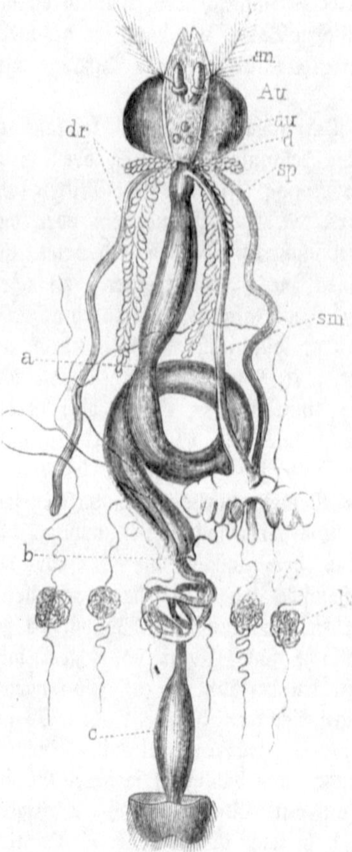

Fig. 166.
Verdauungsapparat einer Schwebfliege (Volucella zonaria) nach L. Dufour. dr traubige Munddarmdrüsen, sp Speichelorgane, sm Saugmagen, b Einmündung der 4 Malpighi'schen Röhren (ha), c Dickdarm.

stülpung der äußeren chitinisirten Körperhaut, deren dünnzellige Mutterschicht in der Figur nicht angedeutet ist.

Aber wie praktisch erweist sich auch hier wieder diese Chitinlage und wie vortrefflich lassen sich speciell ihre Rauhigkeiten gebrauchen und verwerthen. Wir machen diesbezüglich den Leser zunächst auf das kurze Speiserohr gewisser im Wasser lebender Fliegenmaden aufmerksam. Hier wird der mit ganzen Stachelkränzen bewaffnete Chitinschlauch geradezu zu einer Fischreuse, oder einem Fangkorb, aus dem es für die einmal hineingerathenen kleinen Thiere kein Entrinnen gibt.

Noch interessanter ist aber die folgende Anpassung.

Der Leser kennt den aus zwei wie Mühlsteine sich gegeneinanderreibenden Platten bestehenden Kaumagen der Vögel, womit sie die härtesten Samenkörner zu Bräu zermalmen. Ein völlig analoges Organ besitzen nun auch die meisten Raubinsekten, wie z. B. die Caraben, die Schwimmkäfer, die

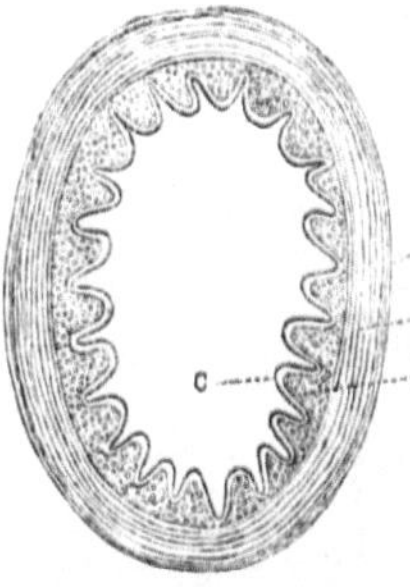

Fig. 167.
Querschnitt durch die Speiseröhre des Kiefernprachtkäfers. c dicke Chitinhaut, b Längs-, a Ringmuskellage, d äußere Hüllmembran. (Peritoneum.)

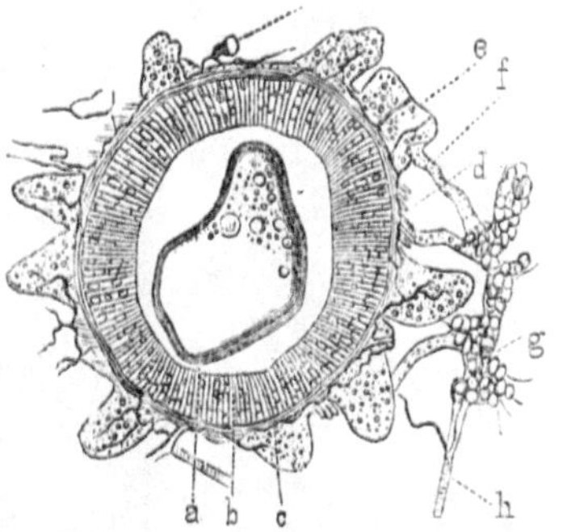

Fig. 168.
Dasselbe vom Mitteldarm. a Chitinhaut (sehr zart und abgehoben), b dicke Zellschichte (Epithel), c dünne Muskellage, e Drüsenanhänge, g zelliger, continuirlich in die äußere Hüllmembran übergehender Fettkörper, h Tracheen.

Skorpionsfliegen, manche Ameisen und dann außer den Laub- und Grabheuschrecken auch viele xylophage Insekten, wie z. B. die Borkenkäfer. Es ist dies, freilich in einer Nuß, die seltsamste Mühle, die man sich vorstellen kann. Aeußerlich erscheint sie als eine oft ganz unansehnliche kugelförmige Auftreibung unmittelbar hinter dem Speisesack (Fig. 59 b, 169 km). Eigentlich ist sie aber nichts Anderes, als ein dicker, hohler Muskel, ausgekleidet von einer derben Chitinhaut, welche inwendig oft mit tausenden von Zähnen, Stacheln und anderen spitzen oder schneidenden Werkzeugen bewaffnet ist.

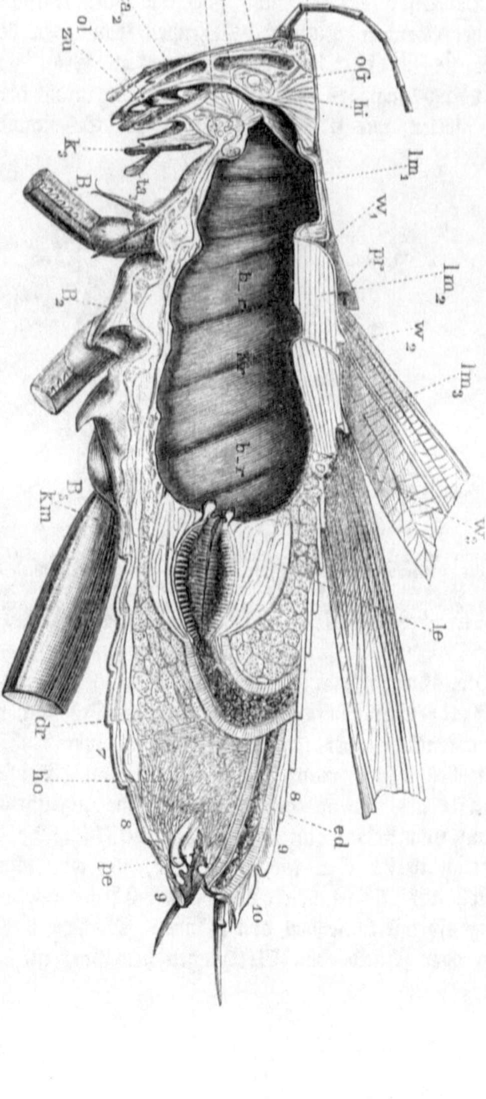

Fig. 169.
Längsschnitt einer Laubheuschrecke (vergl. pag. 102). schr Schlundröhre, kr Kropf, km Kaumagen, le Leber, ed Enddarm.

Meist sind diese Chitingebilde schön in Reih und Glied gestellt, und der Hohlraum des Ganzen zeigt am Querschnitt eine rosettenartige Figur, also den nämlichen radiären Typus, wie wir ihn z. B. an dem höchst komplicirten Kauapparat der Seeigel antreffen.

Wenn wir annehmen, daß, gleich wie bei uns, die Darmbewegungen der Kerfe nicht willkürlich, sondern automatisch

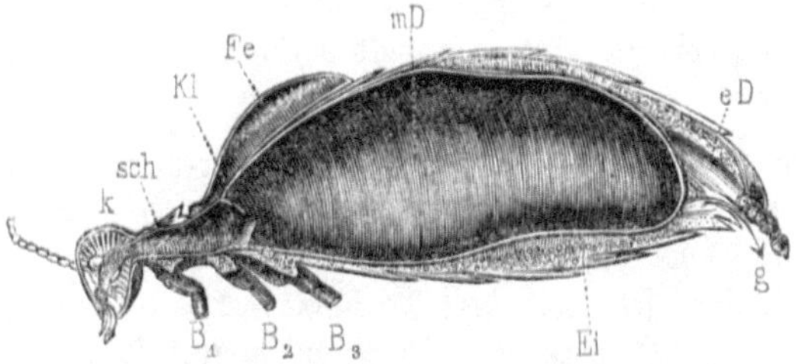

Fig. 170.

Längsschnitt einer Meloë. sch Schlund, kl Klappe vor dem kolossalen Mitteldarm (mD), eD, End- oder Mastdarm. g Geschlechtsöffnung.

geschehen, so könnte man die glücklichen Besitzer dieser internen Häckselmaschinen unfreiwillige Wiederkäuer nennen.

Wichtig ist der starke Schließmuskel oder Pförtner des Kaumagens, der von dessen Inhalt nicht eher etwas in den Mitteldarm übertreten läßt, bevor es nicht gehörig zerkleinert und zugleich für die überaus zarten Wandungen desselben unschädlich gemacht ist.

Noch mehr als die kauenden können sich aber die meisten saugenden Insekten mit einer Einrichtung brüsten, der sich bei anderen Thiergruppen nichts Aehnliches an die Seite stellen läßt. Es ist der sogenannte Saugmagen, der bei vielen Kerfen

z. B. den Aderflüglern mit dem Speisesack oder Kropf identisch ist, in seiner ausgeprägtesten Form aber, wie wir ihn hier vor Augen haben, als ein vom übrigen Speiserohr ganz und gar abgesondertes und nur mit einem langen dünnen Kanal damit verbundenes Behältniß (Fig. 166 s m) sich darstellt. Durch künstliche Fütterung mit einer gefärbten zuckerigen Flüssigkeit kann man sich bequem überzeugen, daß dieser „gestielte Saugmagen" wirklich nichts Anderes als ein vom übrigen Darm abgeschnürter Speisehälter ist. Zusehends füllt er sich mehr und mehr mit dem pigmentirten Fluidum und dehnt sich oft zu einer den halben Hinterleib einnehmenden Blase aus.

Die irrthümliche Ansicht, daß dieser Kropf das eigentliche Saugorgan wäre, haben wir schon früher dahin rectificirt, daß als solches die erweiterte Schlundpartie im Kopfe (Fig. 93) zu betrachten sei; mit dem Mechanismus des Saugmagens verhält es sich aber so. Ober- und unterhalb der Ansatzstelle des Saugmagenstieles besitzt das Darmrohr einen ringförmigen Schließmuskel, von welchen Muskeln aber bisher nur der untere bekannt war. Der Saugmagen selbst hat hingegen nur ganz zarte zu einem lockeren Gitter verwebte Muskelfasern, die, ähnlich wie an unserem Magen, den Beutel in schraubenartigen Zügen umspannen. Im nüchternen Zustand ist derselbe (Fig. 166) in zahlreiche Falten gelegt. Der Hergang bei der Flüssigkeitsaufnahme spricht sich nun von selbst aus. Beginnt die Fliege zu saugen, so schließt sich der hintere scheibenartige Sphinkter, und die eingenommene Flüssigkeit hat keinen andern Ausweg als in den Saugmagen, der sich allgemach voll füllt.

Nun kommt es aber darauf an, das in größerer Quantität hier angesammelte Nährmaterial nach und nach wieder in den eigentlichen Darm überzuführen.

Das geschieht durch eine entsprechende Zusammenschnürung der Saugmagenmuskeln, wobei, damit die heraufgewürgte Flüssigkeit nicht wieder in den Mund zurück gelange, der vordere Schließmuskel den Zugang von dieser Seite abschließt, während dieselbe durch den inzwischen geöffneten hintern Sphinkter, den eigentlichen Pförtner, in das verdauende Cavum eintritt. Jedenfalls ist also der gestielte Fliegenkropf, und bei den Faltern ist es wohl nicht anders, eher einer Druck- als einer Saugpumpe zu vergleichen.

Die Strecke, welche man als Mitteldarm bezeichnet, läßt sich, wo keine äußere Abtheilung ersichtlich, am zuverlässigsten aus der feineren Struktur erkennen. Das Verhältniß gegenüber dem Munddarm (Fig. 167) ist gerade umgekehrt. Entsprechend der vorwiegend chemischen Thätigkeit dieses Abschnittes ist nämlich die dort kaum angedeutete Epithellage (Fig. 168 b) aus langen drüsenartigen Schlauchzellen gebildet, während die stark reducirte, oft nur schleierartige Muskelschichte (c) zwar kräftig genug ist, die nöthigen peristaltischen Bewegungen zu vollführen, aber auch locker genug, um dem durch die Darmwandungen durchsickernden Chymus kein Hinderniß zu bereiten. Die innere Chitinhaut verschwindet dagegen entweder ganz oder verdünnt sich zu einem feinen porösen Ueberzug der Epithelschichte.

Mit dem tausendfältigen Detail der speciellen Beschaffenheit dieses Darmabschnittes können wir uns aber unmöglich aufhalten: genug, daß seine Länge, resp. die Größe der theils drüsigen, theils resorbirenden Oberfläche auch bei den Kerfen einen Schluß auf den Nährwerth des eingenommenen Futters erlaubt, indem z. B. beim pflanzenfressenden Maikäfer dieser Trakt wenigstens fünfmal so lang als der ganze Körper und also vielfach gewunden ist, während er bei einem fleischfressenden Laufkäfer ein beinahe gerades Rohr darstellt. Des größten Darms resp. Magens, den irgend ein Kerf besitzt, darf sich wohl die Meloë (Fig. 170) rühmen. Daß es aber auch Ausnahmen von der Regel gibt, sieht der Leser am fleischfressenden Schwimmkäfer in Fig. 59, dessen dünne Gedärme (c) nicht minder weitläufig und verwickelt sind wie bei den exclusivsten Vegetarianern.

Die Gemeinsamkeit des Darmbaues bei den höheren Thieren und den Insekten, wie wir sie eingangs betonten, geht aber doch niemals soweit, wie es sich die älteren Entomologen einbildeten, welche außer dem Speiserohr einen besonderen Magen-, Zwölffinger-, Dünn-, Dick- und Mastdarm auch bei den meisten Insekten annahmen und beschrieben, und machen wir den Leser schon jetzt darauf aufmerksam, daß den meisten Kerfen ein dem drüsenreichen Wirbelthiermagen vergleichbares Organ völlig zu mangeln scheint.

So wie die beiden vorhergehenden Darmstrecken ist auch die letzte oder der Enddarm am besten durch ihrem histologischen Bau charakterisirt, der, weil es sich hier hauptsächlich um eine mechanische Arbeit, d. i. um die Entleerung der Verdauungsrückstände handelt, fast ganz und gar mit dem des Munddarmes übereinstimmt, also nebst der starken namentlich am Mastdarm überaus kräftig entwickelten Muskulatur durch das Zurücktreten des Epithels und die Derbheit, Rauhigkeit und Faltung der chitinösen Ausfütterung sich kennzeichnet.

Ein ganz specifisches und sehr sehenswerthes Kerforgan ist die kugel- oder keulenartige Auftreibung am Mastdarm. Aeußerlich erinnert sie durch ihre meridional verlaufenden Einkerbungen an den zuckermelonenförmigen Kaumagen. Der Umstand, daß die inneren radiär gestellten Vorsprünge dieses Abschnittes aber häufig eine ähnliche Blätterung und einen gleichen Reichthum an Tracheen, wie die Darmkiemen der Libellenlarven zeigen, veranlaßte Leydig, sie für rückgebildete Respirationsorgane zu erklären. Allein abgesehen davon, daß diese Organe vorwiegend nur bei den ausgebildeten Land-Insekten hervortreten, während man sie nach Leydigs Hypothese gerade bei den im Wasser lebenden Larven erwarten sollte, verräth nach den neuesten Untersuchungen von Kohn ihr Bau doch mehr einen drüsenartigen Charakter. Im übrigen freilich hat auch diese anspruchsvolle Arbeit unsere Erkenntniß betreffs dieser räthselhaften Gebilde wenig gefördert.

Genau dasselbe Princip der Sonderung und Arbeitstheilung, wie wir es in Bezug auf die Bildung des Gesammtkörpers und insbesondere des ursprünglich mit der Athmung betrauten Hautrohres wirksam fanden, wiederholt sich auch an dessen vornehmsten inneren Einstülpung oder dem Darmschlauche. Auch hier ist die Oberfläche der einfachen glatten Darmwand bei einem einigermaßen lebhaften Stoffwechsel viel zu klein, um die zur Chymificirung der Nahrung erforderlichen Stoffe zu liefern, und sie sucht sich daher theils durch einfache Faltungen, theils durch umfangreichere und vielfach zertheilte Ausstülpungen den bestehenden Bedingungen anzupassen. Damit ist zugleich der große Vortheil verknüpft, einmal, daß diese vom Darm sowohl als auch untereinander abgesonderten Drüsen von den rein mechanischen Arbeiten des ersteren sich emancipiren und dann, daß die von ihnen producirten Sekrete zur rechten Zeit und auch am rechten Orte dem Darminhalte beigemengt werden können.

Ein ganz eigenes Verhältniß, das man aber, seltsam genug, bei keinem neueren Schriftsteller mehr ausgesprochen findet, muß jedem intensivern Beobachter, der die einzelnen Theile eines lebendigen Ganzen in ihrer gegenseitigen Beziehung zu erkennen strebt, betreffs der erwähnten Drüsen gerade bei den Insekten sich aufdrängen: Die Lockerheit und Weitschweifigkeit derselben gegenüber der Gedrungenheit und Kompaktheit der Drüsenkörper bei den höheren Thieren.

Die Ursache ist klar. Bei den letztern können sich die secernirenden Zellen und Zellschichten noch so dicht und in noch so großen Massen an und ineinanderfügen, so gebricht es ihnen doch nie an der nöthigen Säftecirculation, da das Blut durch besondere Gefäße mitten in sie hinein- resp. auch wieder heraus befördert wird, währenddem bei den ganz gefäßlosen Insekten, wo alle Binnenorgane im Blute gleichsam schwimmen oder „flötzen", unstreitig diejenigen am besten daran sind, welche eine möglichst große äußere Oberfläche besitzen.

Im übrigen werden wir nun die einzelnen Darmdrüsen sehr kurz abthun.

Jene, welche im Munde oder dessen Nähe ausmünden, pflegt man gewöhnlich sammt und sonders als Speicheldrüsen zu beschreiben. Manche Kerfe scheinen übrigens gar keine solchen zu haben, während andere, namentlich die saugenden, oft mit zwei, drei, ja selbst vier Paaren gesegnet sind, die, wie schon ihr differenter Bau besagt, auch sehr verschiedene Secrete liefern.

So kennen wir unter anderm bei der Biene eine Zungen-, eine Schlund- und eine Oberkieferspeicheldrüse. Erstere scheint für die Verdauung die wichtigste, während die übrigen dabei wohl nur mittelbar betheiligt sind.

Dies schließen wir einmal daraus, daß bei Insekten mit nur Einem Paar solcher Organe, wie z. B. bei den Geradflüglern, dieselben gleichfalls an der Zunge sich öffnen, und im Wesentlichen den gleichen bedeutenden Umfang haben. Die betreffende Drüse, und hier haben wir den schönsten Commentar zu dem vorhin Bemerkten, beschränkt sich nämlich nicht blos auf den Kopf oder gar, wie bei höheren Thieren auf eine bestimmte Stelle desselben, sondern hier liegen nur die mit einer spiralfederartigen Chitinhaut ausgekleideten Ausführungsgänge, sowie, gelegentlich auch, die blasenartigen Speichelbehälter (Fig. 88* zu, sp u. Fig. 87 sp), während die Drüse selbst, d. h. das weitläufige traubenförmige Konglomerat der mehrzelligen Drüsenfollikel in der Brust, ja bei der Werre z. B., zum Theil sogar — im Bauche liegt, eine' Situation, die für eine Speichseldrüse gewiß nicht minder komisch ist als die des Schlundspeichelorgans (Fig. 88* sch sp), das, als ein knäuelartig aufgewickelter Schlauch, dem Gehirn auflagert.

Die Unauffindbarkeit eigentlicher Magendrüsen einer- und die relativ ganz kolossale Entwicklung der besagten Speichelorgane andererseits mußte die Frage nahe legen, ob letztere nicht vielleicht, z. Th. wenigstens und unter Umständen, die ersteren ersetzen könnten und ist Basch unter unseres großen Brücke's Anleitung zu dem für die Kerfdarmphysiologie hochwichtigen Resultat gelangt, daß der reichlich in den Munddarm ergossene „Speichel" gewisser Geradflügler, z. B. der Küchenschabe, in der That nicht bloß die Stärke in Dextrin resp. Zucker verwandelt, sondern, was sonst nur der Magen kann, auch das Fleischfibrin peptonisirt, und ließ sich die saure Einwirkung dieses Speichelsekretes bis gegen den traditionellen Magen id est Mitteldarm verfolgen.

Bei dem Sachverhalt rechtfertigt es sich auch, daß wir oben den weiten Heuschreckenkropf mit einer Retorte verglichen.

Freunde von sehr absonderlichen Formen erlauben wir uns noch auf die Speicheldrüsen der Wanzen und Läuse aufmerksam zu machen. —

Viel zu sehen und zu denken, aber fast keinerlei positive Aufschlüsse geben uns die Drüsenadnexe des Mitteldarmes; die Zahl, Gestalt und der feinere Bau derselben ist nämlich unendlich variabel, während wir über den Zweck ihrer Sekrete — und nicht einmal ob sie solche liefern, ist immer gewiß — ganz aufrichtig bekannt auch nicht das Allergeringste wissen.

Einen überaus reichlichen Drüsenbesatz, um doch einige Formbeispiele zu nennen, haben viele Käfer. Beim Dyticus unter Anderm (Fig. 59) ist der Vorderabschnitt dieses Darmtheils äußerlich über und über mit konischen, dünnhäutigen Schläuchen (Fig. 168e) besetzt und mag denn, um mit Kirby zu reden, wie ein „Pelzrock" aussehen. Beim Kiefernprachtkäfer hinwiederum, dessen Verdauungssystem wir seinerzeit*) eingehender beschrieben, ist die nämliche Sache viel praktischer angelegt, insoferne der betreffende Darmtheil glatt ist, dafür aber von seinem Ursprung zwei lange, zottig-wurmartige Blinddärme ausgehen, allwo man auch die kolbenartigen Epithelzellen prächtig studiren kann.

Am nämlichen Orte sehen wir auch bei vielen andern Kerfen, z. B. den Läusen, zwei große taschenartige Aussackungen, die bei den Laubheuschrecken (Fig. 169 le) ein ganzes Konvolut faltenartig aus- und eingestülpter Drüsenflächen vorstellen. An letztern erscheinen die Schlauchzellen trübkörnig und mit gelben Fetttropfen erfüllt und dieß, sowie der bittere Geschmack der in Rede stehenden Drüsen erinnert ganz und gar an die gleichfalls hart hinter dem Kaumagen situirte aber noch viel umfangreichere „Leber" der Schalenkrebse. Hingegen tragen die langen „Blinddärme" bei den Schaben, Schnarr- und Fangheuschrecken eine ungefähre Analogie mit den sogenannten Pförtneranhängen der Fische zur Schau.

Eine gar absonderliche Mitteldarmdrüse ist bei etlichen Läusen beobachtet. Es ist eine unmittelbar der Darmwand

---

*) Graz, 1875. Vereinsdruckerei.

aufliegende zellige Scheibe, die man, anstatt sie genauer zu untersuchen, mit dem Namen „Bauchspeicheldrüse" abfertigt.

Nun kommen wir endlich zu den interessantesten Anhängen des Kerfdarmes, über die man sich lange den Kopf zerbrochen hat, obwohl sie, nach der oben ausgesprochenen Maxime beurtheilt, ihre wahre Natur unmöglich verbergen können.

Am Anfang des Enddarmes entdeckte der ruhmreiche Entomologe Malpighi eine Anzahl hier einmündender langer fadendünner, und sagen wir es nur gleich, meist fast im ganzen Weichkörper herumirrender Schläuche, die sogenannten Malpighi'schen Gefäße, die der Entdecker für Milch- oder Chylusgänge, also für Vorrichtungen ansah, womit die im Darme gewonnenen Ernährungssäfte in die entfernteren Regionen des Körpers transportirt und gehörigen Orts dem Blute zugeführt werden sollten. Cuvier, Ramdohr u. A. erklärten sie dann für Gallengefäße, gleichfalls nicht bedenkend, daß für die Entleerung des betreffenden Sekretes ihre Ausmündungsstelle unweit des Afters wohl nicht der richtige Platz wäre, da ja hier die Verdauung schon zu Ende sein muß.

Erst der Umstand, daß man diese M.-Röhren nicht selten voll von den Harnkonkrementen ganz ähnlichen Krystallen fand, führte darauf, sie für das auszugeben, was sie nach neueren chemischen Untersuchungen und im Hinblick auf die vielfach analogen Exkretionsorgane der Würmer auch unzweifelhaft sind, nämlich für Nieren, für die specifischen Exkretionsorgane. Mit einer Niere nach der gebräulichen Vorstellung, d. h. mit der kompakten, äußerlich blutgefäßreichen, innerlich aus Systemen im Nierenbehältniß radiär zusammenlaufender Röhrchen gebildeten Drüse scheinen sie auf den ersten Blick allerdings wenig gemein zu haben. Aber abgesehen davon, daß die M.-Röhren hier und dort einen ganz analogen Bau haben, dürfen wir keinen Augenblick vergessen, daß dieselben in ein so gedrungenes Organ wie bei den Wirbelthiernieren zusammengefaßt ihrer Aufgabe nimmermehr entsprechen könnten. Gleich den Tracheen, also gleich den Drüsen für die Gasexkretionen des Blutes können auch diese Abzugs-Kanäle nicht weitläufig genug vertheilt und zerstreut sein, und so soll sich den Niemand länger mehr verwundern, wenn er sie nicht bloß in dichten Zügen am ganzen Darm auf- und absteigen, sondern selbst die entlegeneren und entlegensten Organe, wie den harnstoffreichen Fettkörper, sowie das Herz und selbst die Ganglienkette aufsuchen und umstricken sieht. Die Malpighi'schen Gefäße der Insekten sind eben zu treuen Begleitern und Bundesgenossen der Tracheen berufen.

Im einzelnen bliebe freilich genug hierüber zu sagen übrig.

Lehrreich ist das Verhältniß ihrer Zahl und Länge. Nur zwei solcher Röhren sollen die Rosenkäfer haben. Die Vierzahl ist häufig, z. B. bei den meisten Käfern, Fliegen und Wanzen.

Hier sind sie denn auch von der größten Länge und tragen stellenweise, oder doch am Ende größere Säcke oder röhrige Anhänge.

Sechs Nierenkanäle haben dann etliche Fliegen und Käfer; acht soll der Ameisenlöwe aufweisen, vierzehn die Ameisen selbst und zwanzig die Blattwespenraupen. Eine oft sehr beträchtliche, ja in die Hunderte gehende Menge ist dagegen für die Libellen, die Geradflügler und die meisten Immen charakteristisch. Dafür sind sie aber viel kürzer und vereinigen sich, z. B. bei der Werre, zu einem gemeinsamen Ausführungsgang, womit ja eigentlich die „Nierenpyramide" fertig ist.

Im übrigen empfehlen wir dem Leser sich diese Kerfnieren von einem befreundeten Mikroskopiker zeigen zu lassen. Die vielfachen Verwicklungen, am lebenden Thier in beständiger Veränderung begriffen, sowie die bald schön chokoladenbraune, bald violette Färbung und die oft perlschnurartige Anordnung ihrer großen Zellkörper gibt eine ganz artige Augenweide.

Sollten wir zum Schlusse aus dem Vorhergehenden die letzte Konsequenz ziehen, so wäre es der Vorschlag, das ganze Enddarmstück hinter der Einmündung der Harnorgane künftig hin als Kloake zu bezeichnen.

Da wir schon, rein aus anatomischen Gründen, von Exkretionen reden mußten, die mit der Verdauung eigentlich nichts zu schaffen haben, deren Organe also gleichsam mehr zufällig als nothwendig mit dem Abzugsdarm vereinigt sind, so möchte diese Stelle ganz schicklich sein, um über die **Absonderungen** der Kerfe überhaupt einiges anzuknüpfen. Dies um so mehr, als sich die einzelnen Exkretionsdrüsen unserer sowie der Thiere im allgemeinen, nicht als Theile eines einheitlichen und besonderen Ausscheidungs-Systemes, sondern lediglich theils als separate Abschnitte theils, wie gerade die Nierenkanäle, als mehr selbständige Anhänge gewisser anderer Organapparate zu erkennen geben.

Man kann sich schon zum vorhinein denken, daß die Kerfe auch in diesem Stücke, d. i. in Bezug auf die Mannigfaltigkeit ihrer verschiedenen Absonderungen und Absonderungsorgane einen Vergleich mit irgend einer anderen Thierklasse nicht zu scheuen brauchen. Und in der That sind außer den schon bei der Verdauung genannten und mitthätigen Drüsen, und abgesehen von jenen, welche bei den geschlechtlichen Absonderungen zu nennen, wie z. B. den Kittorganen, noch eine Menge eigenthümlicher, von Art zu Art wechselnder Einrichtungen bekannt geworden.

Wenn wir die noch wenig untersuchten und sicherlich nicht auf die Hautflüglerstachel allein beschränkten „Schmierdrüsen" ausnehmen, deren Aufgabe es ist, gewisse viel in Anspruch genommene Bestandtheile des Hautskelet-Mechanismus gehörig einzuölen und dadurch glatt und schlüpfrig zu erhalten, so läßt die Mehrzahl derselben einen nahen Bezug zur Beschirmung oder Vertheidigung ihrer Besitzer erkennen.

Häufig wissen wir freilich nicht, ob gewisse Ausdünstungen der Kerfe, die wir da besonders vor Augen haben, nur deshalb einen so abschreckenden Geruch haben, um zudringliche Räuber fern zu halten, oder ob sie nur deshalb so stinken, weil sich eben bei der jeweiligen Natur der Nahrung und des allgemeinen Stoffumsatzes kein wohlriechenderes Destillat ergab.

Man muß aber doch die Möglichkeit zugeben, daß auch in dieser Richtung nützliche Abänderungen und Anpassungen stattfinden können, daß also mit andern Worten der ganze destruktive Chemismus eines Insektes sich dergestalt umändern lasse, daß gewisse Abfallsprodukte nach und nach eine auch für das äußerliche Leben eines Thieres vortheilhafte Beschaffenheit annehmen.

Drüsen, welche unzweifelhaft in die Kategorie der Vertheidigungs- resp. Angriffsmittel gehören, sind jedenfalls alle diejenigen, welche ihre Sekrete nur im gereizten Zustande ausscheiden. Hierher zählen also zunächst die sogenannten Giftorgane der stechenden Aderflügler. Bei den Bienen und Wespen bestehen sie aus der eigentlichen Drüse, einem langen im Hinterleib gelegenen Schlauch und aus einem namentlich bei Polistes schön entwickelten muskulösen Druckwerk, welches das in ihm angesammelte Gift im entscheidenden Momente mit großer Gewalt in den Stachel hineinpreßt.

Bei den Ameisen hat das betreffende Sekret bekanntlich eine stark saure Beschaffenheit, wie uns denn schon die alten Entomologen mit sichtlichem Behagen erzählen, daß sich dieselben die Füße verbrennen, wenn sie über einen Kreidestrich gehen.

Weit komplicirter als bei den Hautflüglern ist die analoge Einrichtung des berüchtigten Bombardierkäfers, der, wie allbekannt, auf seine Angreifer mehrere Ladungen eines stinkenden Dunstes aus dem After abfeuert. Sein Geschütz besteht aus einem doppelten Apparat, wovon jeder wieder aus zwei Gefäßen gebildet ist. Die eigentliche Gaskammer, ein dünnhäutiger Sack, nimmt im gefüllten Zustand fast den ganzen Hinterleib ein.

Die Käfer sind aber überhaupt sehr reich an derlei Organen, und gibt es, wie Kirby sagt, kaum einen stinkenden oder Wohlgeruch, den man bei ihnen nicht anträfe, so daß sich hier die beiden Geschlechter schon aus der Ferne an ihrem specifischen Geruch erkennen. Nach derselben Autorität soll z. B. der Staphylinus suaveolens, wie eine reife Birne, eine zweite Art wie die Seerose, eine dritte wie Brunnenkresse, und eine vierte gar wie Safran duften, während der Bisambock einen angenehmen Rosen-, die Callichroma sericeum einen Zeder- und eine kleine Gallwespe sogar den bekannten Diptamgeruch verbreitet, der die Katzen anlockt. Weniger angenehm sind die Gerüche der Wanzen, welche von einer in der Hinterbrust ausmündenden Drüse präparirt werden. Nach dem Sprüchwort, varietas delectat, dürften uns indeß auch diese Parfüms nicht ganz zuwider sein. Die meisten auf den Schutz des Körpers berechneten Absonderungen haben wir natürlich von den sonst oft ganz hilflosen Larven zu erwarten, und sind speciell die unappetitlichen schmierigen Exkrete vieler Kerflarven, die aus eigenen Hautwarzen hervortröpfeln, sowie die brennenden und z. Th. auch sehr giftigen Säfte in den Haaren gewisser Raupen hervorzuheben. — Einen ähnlichen Zweck mögen auch die lack-, woll-, mehlstaub- und wachsartigen Hautincrustationen gewisser Blattläuse und Cicaden erfüllen. Die Chermes Fagi z. B. sieht in ihrem Flaumrock wie eine Feder, und eine gewisse Käferlarve wie ein Stachel-igel aus, und so mögen sie denn in dieser wunderlichen Tracht manchen Nachstellungen entgehen.

X. Kapitel.

Circulationsapparat.

Bei allen Thieren von einigermaßen verwickelter Organisation finden wir nebst dem Apparat, der die für den allgemeinen Körperhaushalt erforderlichen Stoffe besorgt und zubereitet, auch besondere mechanische Veranstaltungen, um die gewonnene Nährflüssigkeit in Umlauf zu bringen. Der Zweck dieser Circulation, auf welcher zum großen Theile die Energie und der gleichmäßige Fortgang des thierischen Lebens beruht, ist ein doppelter. Die nährende Säftemasse muß allenthalben so vertheilt werden, daß jedes Organ, daß jede Zelle den ihrem Wirkungskreis und ihrem Bedürfniß entsprechenden Antheil bekommt; es soll ihr aber auch Gelegenheit geboten werden, sich der während ihres Rundganges in sie entleerten Zersetzungsprodukte, vor allem der Kohlensäure zu entledigen und durch Aufnahme von neuem Sauerstoff sich selbst zu regeniren.

Die denkbar höchste Vollendung zeigt der gesammte Säfteleitungsapparat unstreitig bei den Wirbelthieren.

Hier ist außer dem strenge so zu nennenden Circulationssystem, in welchem die eigentliche Nährflüssigkeit, d. i. das rothe Blut sich herumbewegt, noch ein besonderes weitläufiges Lücken-, Kanal- und Drüsennetz vorhanden, das den fettreichen milchigen Chylus unmittelbar an Ort und Stelle, wo er aus dem Darme ausgeschieden wird, in sich auffaugt, weiter leitet und unter vielfachen, aber chemisch noch wenig bekannten Beimengungen, Ausscheidungen und Umwandlungen, wobei insbesondere auch die Bildung der Lymph- resp. der sogenannten weißen Blutkörperchen eine wichtige Rolle spielt, zur endlichen Aufnahme und Ueberführung in das Blut angemessen vorbereitet. Dieselbe scharfe räumliche Absonderung, wie sie sich hier zwischen den zwei Hauptgattungen der thierischen Nährflüssigkeiten, nämlich zwischen dem eigentlichen Blut und dem zum Blute werdenden Chylus und der Lymphe entwickelt hat, ist in noch höherem Grade beim ersteren selbst ausgeprägt. Das Blut macht zwar — und es ist dies ein bewunderungswerther Mechanismus — in einem allseitig geschlossenen, alle Organe durchdringenden und mit einem eigenen Pumpwerk, dem Herzen, verbundenen Kanalsysteme einen ununterbrochenen Kreislauf durch den ganzen Körper; es ist aber zugleich Vorsorge getroffen, daß die beiden chemisch verschiedenen Blutsorten, nämlich das kohlensäurereiche oder das dunkle Venen- und das mit Sauerstoff gesättigte oder das helle Arterienblut, sowohl auf dem kurzen Abstecher durch die Athmungsorgane, als auf jener weitern Bahn durch den ganzen Organismus nirgends miteinander sich vermischen, sondern überall ihr eigenen Wege wandern. Mit einem Worte, es ist eine besondere Röhrenleitung vorhanden, welche das reine Blut in Umlauf setzt, und eine andere, aber durch die Kapillarnetze aus jener entspringend, welche das in den letzteren abgenützte und verunreinigte Blut zunächst in die betreffende Abtheilung des Centralorgans und von da zur abermaligen Regenirung in die Lungen führt, worauf es, in die arterille Herzkammer zurückgekehrt, neuerdings dem Verkehr übergeben wird.

Steigen wir nun zu den wirbellosen und speciell zu den gegliederten Thieren herunter, so ist vor allem Zweierlei zu beachten. Erstens, daß den Chylus- und Lymphgefäßen der höheren Thiere analoge Einrichtungen gänzlich zu fehlen scheinen, und dann, daß das, was man das Blut dieser Lebewesen zu nennen pflegt, kein eigentliches Blut, sondern eine Flüssigkeit ist, welche wenigstens hinsichtlich ihrer geformten Bestandtheile mehr an die Lymphe, als an das Blut der Wirbelthiere erinnert. Eine große Unsicherheit hinsichtlich der richtigen Auslegung der hier obwaltenden Verhältnisse entspringt aber aus dem Folgenden. Unzweifelhaft bestehen auch bei diesen Thieren vorherrschend venöse und arterielle Gefäßbezirke. Da aber betreffs der darin enthaltenen Flüssigkeit ein namhafter Unterschied weder äußerlich zu erkennen noch innerlich nachgewiesen ist, so können wir die Ausdehnung der venösen und arteriellen Blutleitung häufig nicht genauer bestimmen — ja bisweilen beiderlei Gefäße überhaupt gar nicht unterscheiden.

Ein ganz eigenartiges aber selten richtig ausgedrücktes Verhältniß bietet vorerst das Circulationssystem der Ringelwürmer. Es besteht aus einem den ganzen Körper entlang sich erstreckenden Bauch- und Rückenrohr, welche beiden Gefäße vorne und hinten durch baumartige Kapillarnetze ineinander übergehen und nebstbei noch von Ring zu Ring durch circuläre Quergefäße vereinigt sind. Außer den letztern Segmental-Blutgefäßen haben wir dann noch beiderseits Gefäßschlingen, welche die Verbindung mit den rückenständigen Kiemen (Fig. 28 S. 49) unterhalten.

Indem hier die Kiemen das aus dem Rückenstamm ihnen zugeleitete Blut, welches sich hier (man besehe sich einen Regenwurm) von hinten nach vorne bewegt, in das Bauchgefäß zurückleiten, ist es allerdings klar genug ausgedrückt, daß letzteres die arterielle Blutbahn bezeichnet, während die dorsale, und den Respirationswerkzeugen näher liegende Längsader den venösen Abschnitt der Kreisbahn vorstellt. Sind denn aber die in diesen Gefäßbezirken kreisenden

Blutsorten auch wirklich in der Weise verschieden, wie das Venen- und Arterienblut der Wirbelthiere, und wie, wird uns der Leser fragen, erhält dann der Rückentheil sein ernährendes Blut, wenn hier nur abgenütztes circulirt? Das ist es eben. Morphologisch besteht die Scheidung in Venen und Arterien, physiologisch aber nicht, indem das für arteriell ausgegebene Bauch- und das für venös gehaltene Rückenblut beständig sich vermischen. Denn welchem andern Zwecke dienten denn die circulären Segmentalgefäße, als um das von den Kiemen präparirte und in das Bauchgefäß geleitete Arterienblut auf kürzestem Weg wieder ins Rückenrohr zu spediren? Die Sachlage ist sonnenklar. Sowie der Gesammtkörper, so besitzt auch jedes einzelne Segment des Ringelwurmes seinen besondern, seinen Extra-Kreislauf. Vom Rückengefäß geht das „venöse" Blut in die Kieme, von dort als arterielles Blut in das Bauchrohr und durch die Quergefäße — wieder zurück ins „venöse" Dorsalgefäß, das dann mit diesem aus erster Hand empfangenen Arterienblut das betreffende Körperterritorium zu speisen hat.

Eine merkwürdige, aber dem übrigen organischen Bau bestens angepaßte Modifikation des vorbeschriebenen Circulationsschema's ist den höhern Krebsen und Spinnen eigen. Zuvörderst gibt es hier nur einen einzigen allgemeinen Kreislauf, wobei also auch eine scharfe Trennung der beiden Blutarten möglich ist. Das der Rückenader der Anneliden homologe Gefäß bildet entweder, wie bei den mehr gleichringeligen Heuschreckenkrebsen und Skorpionen, fast in seiner ganzen Ausdehnung ein rohrartiges Herz, oder es nimmt, bei den gedrungenern Krustern, die Gestalt eines dickwandigen Sackes an, von dem in beiden Fällen sowohl nach vorne und hinten und bei der ersteren Form auch seitwärts, in den einzelnen hintereinander gelegenen Herzsegmenten in Kapillarnetze sich auflösende Schlagadern entspringen, in welche das hier rein arterielle Blut stoßweise hinausgepreßt wird.

Soweit ist an ihrem Circulationssystem Nichts auszusetzen. Fataler steht es mit dem andern, dem negativen Abschnitt der Kreisbahn. Das beim Durchgang durch die Organe venös gewordene Blut begibt sich zunächst zum Zwecke seiner Reinigung zu den bauchständigen Kiemen und fließt dann, als arterielles Blut, wieder in das dorsale Centralorgan zurück, von wo es ausgegangen. Das Eigenthümliche an der Sache ist aber der Umstand, daß dieser ganze Rücklauf nicht in besonderen Gefäßen zurückgelegt wird, sondern, daß hier die Lücken und Zwischenräume des einem viellöcherigen Schwamme vergleichbaren Körpergewebes deren Stelle vertreten müssen, wobei allerdings gewisse als Hauptstrombette fungirende Höhlungen, wie namentlich die herzartigen Sammlungsräume in der Nähe der Kiemen, hiezu besonders angepaßt erscheinen.

Wie kommt aber das im Leibesraume sich frei ergießende Blut wieder in das Herz hinein? Dies klärt sich am schönsten auf, wenn man einen größern Krebs, z. B. eine Meerspinne, der Länge nach halbirt. Hier sieht man, daß das Herz in einem verhältnißmäßig sehr geräumigen Beutel liegt, in welchen die das Blut von den Kiemen herauf führenden Lückenräume oder Abzugsröhren einmünden. Dies ist also gewissermaßen die improvisirte Vorkammer, in welcher das Blut zum Zwecke seines Eintrittes in das eigentliche Herz sich zu sammeln hat.

Letzterer selbst kann aber offenbar nicht anders erfolgen, als durch besondere von Zeit zu Zeit sich öffnende Pförtchen, oder Ostien, von denen wir Näheres unten sagen werden.

Möchten wir bei den Krebsen die organisirende Natur fast einer ungerechtfertigten Knickerei beschuldigen, weil sie sich durch Benützung der allgemeinen Hohlgänge des Körpers als blutführender Kanäle die Anlage besonderer Gefäße wenigstens an einem Abschnitt der Kreisbahn ersparte, so könnten die Insekten über sie noch mehr ungehalten sein. Separate Gefäße nämlich, in welchen das Blut ein für allemal zu verbleiben hat, gibt es hier gar nicht. Das eigentliche und allgemeine Blutbehältniß ist vielmehr die Leibeshöhle, d. h. jener vielspaltige weitverzweigte Raum, in welchen auch die Darmhäute die verdauten Nährstoffe und die im Blute badenden Weichorgane ihre verschiedenen Absonderungen entleeren. Trotzdem ist diese indifferente Nährflüssigkeit der Kerfe weder schlechter noch besser als das „Blut" der anderen Wirbellosen.

Gewöhnlich erscheint das Kerfblut vollkommen wasserklar, seltener milchig getrübt, opalisirend und chylusartig, oder es nimmt, bei Pflanzenfressern, eine durch gelöstes Chlorophyll grünliche Farbe an. Die in verschiedener Anzahl aufgeschwemmten „Blutkörperchen" (Fig. 171 k) sind oft sehr große Protoplasmakügelchen mit oder ohne Kern, bald fast homogen bald körnig, aber nicht durchwegs ungefärbt. Die in den meisten Lehrbüchern kursirende Behauptung nämlich, daß die Farbe des Kerfblutes stets vom Plasma oder Serum, aber niemals von den Blutzellen herrühre, ist durch unsere Untersuchungen, nach welchen sie bei gewissen Insekten mehr weniger mit lebhaft gelb oder selbst hyacintroth gefärbten Fetttröpfchen besetzt sind, längst widerlegt worden. Bei manchen Kerfen erscheint das Blut in Folge dessen geradezu ölartig, und ist es ja schon von früher her bekannt, daß gewisse Fettsub-

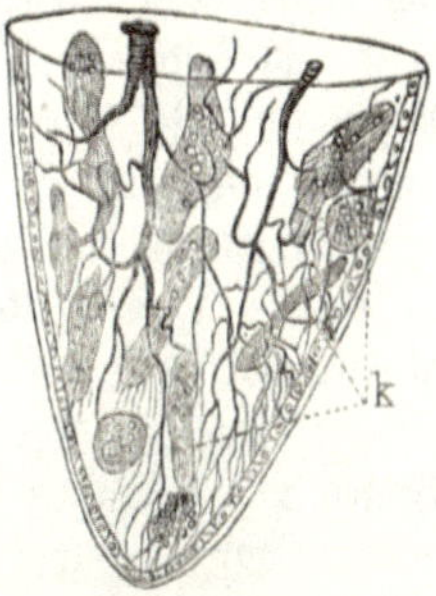

Fig. 171.
Tracheenkiementasche einer Netzflüglerlarve zur Demonstrirung der verschieden geformten Blutkörperchen (k), stark vergrößert.

stanzen der Kerfblutkörperchen als zierliche Krystallrosetten sich ausscheiden. Der Reichthum des Kerfblutes an unverseiftem oder unverarbeitetem Fett zeigt uns auch am deutlichsten, daß wir es hier mit einer Mischung von eigentlichem Blut und Chylus, ja vielleicht ausschließlich nur, von gewissen anderen Beimengungen oder Verunreinigungen abgesehen, mit einem verfeinerten, wir möchten sagen raffinirten Chylus zu thun haben.

Indessen möchte gerade hier gewisser den Kerfen ganz eigenthümlicher Einrichtungen zu gedenken sein.

Wenn der Leser ein höheres Thier, z. B. einen Hund, secirt, so sieht er bei Eröffnung der Leibeshöhle, daß die einzelnen Weichtheile durch zarte und äußerst dehnbare Häute sowohl untereinander als mit der innern Körperwand verkettet werden. Diese vorwiegend aus faserigem Bindegewebe bestehenden Mesenterien, in welche alle Organe gleichsam wie in Tücher eingeschlagen sind, bilden zugleich die Unterlagen für die Blut-, Chylus- und Lymphgefäße, welche denn auch mit ihren reichen Verästelungen auf diesen glasartig transparenten Häuten gar zierlich sich ausnehmen. An und zwischen diesen Hautfalten sehen wir aber auch das aus den Saftleitungsröhren ausgeschiedene überflüssige Fett sich aufspeichern, das in Form von talgweißen oder dottergelben Streifen und Klumpen daran hängt.

Ein ganz analoges Bild erhält der Leser, wenn er ein Insekt und namentlich ein noch im Wachsthum begriffenes unter Wasser, wo sich die Weichtheile ordentlich ausbreiten können, aufschneidet. Alle Lücken des Körpers sind von einem mehr oder minder schwammigen bald weißen, bald gelben, oder auch grünen fettreichen Zellgewebe erfüllt, das zugleich den äußersten Ueberzug das sog. Peritonaeum aller Organe bildet. Wenn wir etwa bei einer großen Weidenbohrerraupe die dicken wurstartigen Fettmassen erblicken, welche hier einen äußerst penetranten Geruch verbreiten, so weiß wohl auch der Laie, daß wir es da mit dem allmälig angesammelten Hausschatz des der Vollendung entgegengehenden Thieres zu thun haben, der erst beim spätern Ausbau des Körpers zur Verwendung gezogen wird. Mit dieser Erklärung des **„Fettkörpers“** ist aber nicht Alles abgethan. Vorerst ist zu konstatiren, daß er, wie Fig. 171* c, d anschaulich macht, als Träger oder Stroma der vielverzweigten Luftröhren dient, ja im unzertrennlichen Verein mit diesen gewissermaßen nichts Anderes als *eine einzige viellappige Lunge* (c) darstellt

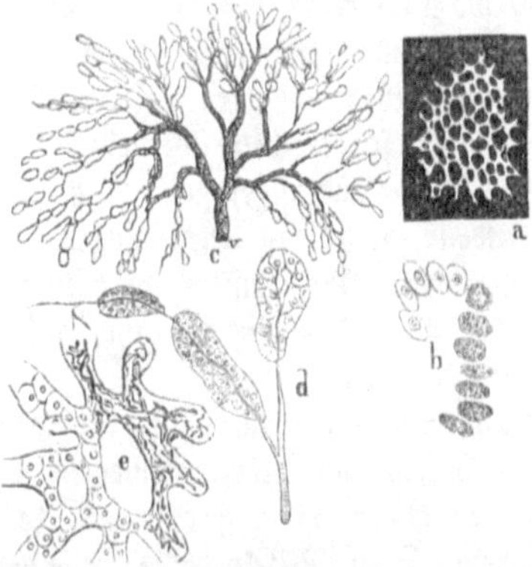

Fig. 171*.
Verschiedene Arten des von Luftröhren durchflochtenen Fettkörpers. a netzartiges Fettgewebe einer Fliegenmade, b zelliges ebendaher, c an den baumförmigen Tracheen hängende Fettzellappen von einem Falter, d ein Stück stärker vergrößert, e netzartiges (rechts von Harnconcrementen erfülltes) corpus adiposum einer Heuschrecke.

die aber, und das ist der eigentliche Schlüsselpunkt zum Verständniß des ganzen inneren Kerforganismus, nicht wie bei anderen Thieren auf einen bestimmten Platz eingeschränkt ist, sondern welche den gesammten Leibesraum occupirt, und zugleich alle Organe desselben, bis hinaus in die entferntesten Punkte der Peripherie, an den Fühler- und Fußspitzen, umhüllt und einschließt. *Das von Tracheen allseitig durchwachsene,* im übrigen aber so einfach organisirte **Kerffeltnetz** ist aber **nicht bloß die allgegenwärtige Athmungsdrüse, es bildet zugleich einen doppelten Saftleitungsapparat.** Damit verhält es sich so. Wenn man ganz durchsichtige lebende Kerflarven unter dem Mikroskope beobachtet, so sieht man vom äußersten Schlauch der mehrschichtigen Darmwandung ganze Netze von Röhren (Fig. 168 g) entspringen, welche nichts anderes sind als Ausläufer, als integrirende Bestandtheile der größeren Fettkörperkammern. Wer zweifelt nun daran, daß die aus dem Darme austretenden Nährstoffe, wo nicht ganz so doch zum Theile, auch in die erwähnten Röhren des Fettkörpers eintreten und dort mancherlei Stoffe unmittelbar ablagern. Damit haben wir aber die geschlossenen und früher den Wirbellosen abgesprochenen Resorptionswege oder Chylusgefäße. Das wäre also das innere oder interne Netz des oben angezogenen doppelten Saftleitungsapparates. Das äußere aber bilden die vielgestaltigen Zwischenräume des innern: und das sind eben die „Blutgefäße" der Insekten.

So unvollkommen einem also auch auf den ersten Blick das Circulationssystem der Kerfe erscheinen mag, und im Grunde genommen haben sie ja gar keines, so ist hier doch mit den denkbar einfachsten Mitteln das Höchste geleistet. Indem die Tracheen in alle Organe sich eindrängen, zwingen sie dieselben, den nöthigen Austausch der Gase durch sie und nicht durch das Blut vorzunehmen, wodurch letzterem begreiflicher Weise seine ganze Arbeit sehr erleichtert wird. Das Gelungenste ist aber das, daß das **nicht bloß, wie bei uns, sporadisch, sondern ununterbrochen in der allgemeinen Lunge verweilende Blut,** immer rein und frisch bleibt, daß es somit im Insektenorganismus gar nicht zur Bildung eines eigentlichen Venenblutes kommen kann. Im nämlichen Augenblicke nämlich, wo es an ein Organ all seinen Sauerstoff abgibt und dafür mit Kohlensäure überladen wird, sind auch schon wieder die in ihm schwimmenden Tracheen bei der Hand, um den früheren Zustand herzustellen.

Nicht minder bequem und einfach vollzieht sich der übrige Stoffwechsel. Hat die in den Fettkörperporen befindliche Nährflüssigkeit Mangel an gewissen plastischen Stoffen sowie an Fett, so wird es mit dem in diesem Gewebe aufgespeicherten Vorrath versorgt, während letzteres auch wieder bereit ist, gewisse Zersetzungsproducte wie z. B. Harnstoffe demselben stellenweise abzunehmen und so für den übrigen Organismus unschädlich zu machen. Wir müssen nämlich beifügen, daß gewisse Parthieen des „Fettkörpers" in der That ganz mit derartigen Koncrementen erfüllt sind. (Fig. 171* e.)

Wenn aber auch bei dieser ganzen Sachlage ein besonderes Gefäßnetz überflüssig, ja dem freien Wechselverkehr zwischen den Körper- und Blutsubstanzen sogar hinderlich wäre, so kann doch aus nahe liegenden Gründen auf keinen Fall eine Einrichtung entbehrt werden, welche das Blut in beständigem Umschwung erhält. Und dieß ist in der That ein merkwürdiges Verhältniß. Die Insekten haben ein besonderes Blut-Triebwerk oder Herz und keine Blutgefäße, während viele Würmer zahlreiche Adern und kein eigentliches Centralorgan besitzen. Dieses isolirte Insektenherz ist aber keineswegs, wie man wohl vermuthen könnte, eine ganz aparte und neue Bildung, sondern ist, gleich dem segmentirten Rückengefäß der gliedleibigen Krebse und Spinnen, nichts Anderes als jene etwas umgearbeitete kontraktile Dorsalader der Ringelwürmer, an welcher aber die davon auslaufenden Quer-Adern mit der fortschreitenden Entfaltung des Tracheensystems überflüssig und daher abortiv geworden sind.

Um die freilich nur oberflächliche Bekanntschaft mit

diesem Kerforgan zu machen, bedarf es keiner langwierigen Präparation, die nicht Jedermanns Sache ist; im Gegensatz zu den übrigen Weichtheilen und der Abgeschlossenheit und der Verstecktheit des inneren Kerforganismus überhaupt kann man das Herz bei vielen Insekten schon äußerlich, durch die Rückenhaut hindurch, schlagen sehen. Trotzdem hat vor dem unsterblichen Malpighi, der dieses wichtige Werkzeug der Ernährung allerdings an sehr passenden Objekten, nämlich

Fig. 172.

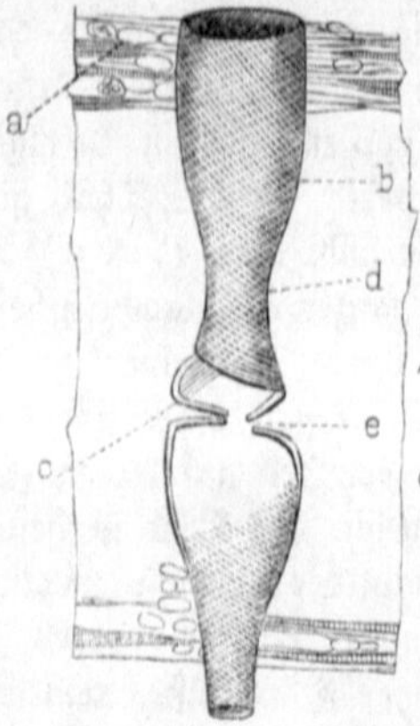

Fig. 173.

Fig. 174.

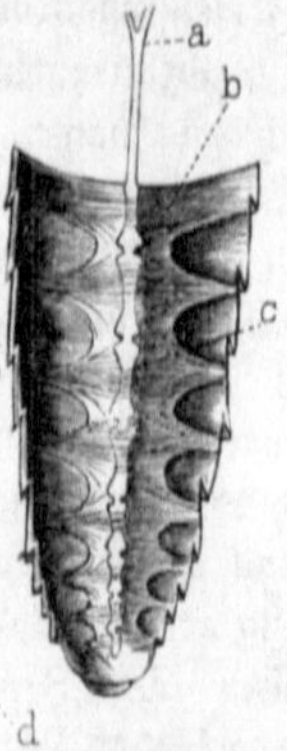

Fig. 172.

Rückengefäßstück eines Dyticus marginalis, Muskeln in Spiraltouren. c geschlossene, e geöffnete Herzspalte, a dorsales Zwerchfell mit eingewebten Muskelfasern.

Fig. 173.

c Schematische Darstellung der Spaltöffnungen des Herzens sammt der Zipfelklappe (e) und dem Zellventil (d) eines Maikäfers. a Spalten einer Zweiflüglerlarve mit den an der Grenze der Herzkammern liegenden oder Interventrikularklappen b.

Fig. 174.

Hinterleib einer Werre, auf dem Rücken liegend. c das gegliederte Rückengefäß in das einfache Rohr a auslaufend, b segmentirtes Zwerchfell unter demselben.

bei jungen Seidenraupen sah, Niemand davon eine Ahnung gehabt; und haben hiewiederum, nachdem sich Swammerdamm's vermeintliche Entdeckung der seitlichen Herzarterien, welche er sogar injicirt haben wollte, als irrig herausgestellt hatte, Lyonet, Cuvier und Marcell de Serres dasselbe für ein allseitig geschlossenes Absonderungsgefäß, beziehungsweise für einen Apparat gehalten, in welchem der Chylus aufgesaugt und in eigentliches Blut umgewandelt werde.

Der Leser wird aber erst dann ein lebhafteres Interesse für dieses delikate Organ fassen, wenn er es an einer jener durchsichtigen Kerflarven, welche eigens zum intensivern Studium der Mysterien des feineren Insektenbaues da zu sein scheinen, selbstverständlich mit Hilfe eines guten Mikroskopes, in voller Thätigkeit sieht. Ueber dem Darm, und oft durch denselben verdunkelt, bemerkt er, aber es heißt oft scharf zusehen, ein schmales, helles und eigentlich nur an den gelblichen Seitenkonturen erkennbares Rohr, das sich vom Hinterende des Körpers bis gegen den Kopf erstreckt. Regelmäßige Pulsationen sind aber nur an dem dem Abdomen entsprechenden weiteren Hinterabschnitt (Fig. 174 c) zu bemerken, während es sich nach vorne in ein oft haardünnes Rohr fortsetzt. Ersterer Theil des Rückengefäßes ist mithin das eigentliche Herz, letzterer die davon entspringende Aorta (a), über deren Verlauf über den Kopf hinaus wir vor der Hand nichts Bestimmtes zu sagen wissen. Dieses Herz ist aber, wie oben erwähnt, kein einfaches schlichtes, sondern ein entsprechend den äußeren Hautsegmenten abgegliedertes Rohr also, wie es schon Malpighi nannte, eine Reihe oder Kette von im ganzen etwa spindelartigen Herzen, welche ganz in analoger Weise wie die Skeletreifen, je nach den Volum- und Spannungsverhältnissen des Körpers bald enger aneinanderrücken, bald weiter sich von einander entfernen. Die Zahl der einzelnen Herzabtheilungen stimmt aber nicht genau mit jener der äußeren Ringel, sondern stellt sich meist, ähnlich wie jene der Bauchmarksknoten, etwas niedriger.

Interessante Einzelheiten bietet die histologische Zusammensetzung, deren Erkenntniß aber, wie der Schreiber, der sich über ein Jahr mit diesem Gegenstand beschäftigt, am besten weiß, überaus kitzliche Vorbereitungen erfordert. Die Hauptsache ist der eigentliche, aus relativ sehr fein organisirten Ringfasern bestehende Muskelschlauch, der in- und auswendig von einer homogenen beziehungsweise von einer starken elastischen Haut überzogen ist. Bisweilen (Fig. 172b) erinnert aber die Anordnung der Muskelfasern mehr an die schraubenartigen Züge des menschlichen Centralorgans, wobei dieselben in der erweiterten Mitte der Kammern mehr quer, gegen die Enden zu aber vorwiegend longitudinal verlaufen, lauter Verhältnisse, die mit ihrer ganzen Thätigkeit innig harmoniren.

Man darf es den obengenannten Zoologen nicht übel nehmen, daß sie das Kerfherz für ein allseitig abgeschlossenes Gefäß erklärten, denn die zuerst von Strauß Dürckheim und später von Wagner und Carus genauer beschriebenen Oeffnungen sind nicht immer so leicht zu sehen. Auch hier geben durchsichtige Zweiflüglerlarven die klarsten Bilder. Im mittleren erweiterten Theil jeder Kammer bemerkt man seitwärts oder mehr dorsal je eine quergestellte schlitzförmige Spaltöffnung. (F. 172 e und 173 a.) Daß dieß die wahren Ostien oder Thüren des Herzens sind, sieht man daraus, daß sich in deren Nähe die Blutkörperchen oft in großer Menge ansammeln, um, sobald die Spalten sich aufthun, in jäher Hast in das Herz hineinzustürzen. Einfach und praktisch ist der zuerst von uns richtig erkannte Verschlußmechanismus. Er besteht aus einem ∞ förmig um beide Schlitze sich herumlegenden Muskel, dessen Zusammenschnürung fast allein schon genügt, die Zugänge abzusperren. Doch ist dies nicht Alles. Vorder- und Hinterrand der Ostien stülpen sich blattartig gegen das Herzlumen ein und bilden so mit der äußeren Wand zwei Taschenventile, die, bei der Systole vom nachdrängenden Blut erfüllt, nicht bloß die Seitenöffnungen hermetisch abschließen, sondern auch, bei gleichzeitiger Zusammenschnürung der ganzen Kammer durch die Ringmuskeln, in der Mitte derselben gleich zwei gegeneinander laufenden Schubthüren sich derart nähern, daß sie eine quere Scheidewand in der Kammer selbst bilden. Zum letztern Zweck, d. h. zur Absperrung der Kammern von einander gibt es aber meist besondere Vorrichtungen. Beim Maikäfer z. B. finden wir außer einem die Mitte der Kammern einnehmenden Segelventil (Fig. 173 e), noch eine gestielte große Zelle (d), welche bei der Diastole, bei der Ausdehnung des Herzens frei an den Herzwänden herabhängt, bei der Systole oder Zusammenziehung aber pfropfengleich die mittlere vom Segelventil nicht ganz versperrte Höhlung abschließt. Förmliche Interventrikularklappen, welche also die Kammern nicht in der Mitte, sondern an den eingeschnürten Enden von einander trennen, haben wir seinerzeit bei einer Corethralarve entdeckt. Sie bestehen (Fig. 173 b) aus zwei längsgerichteten Hautfalten, die ungefähr wie die beiden Blätter einer Insektenklappe sich gegeneinander bewegen.

Nun wozu bedarf es denn aber einen so komplicirten Mechanismus? Träte alles Blut von hinten her in das Herz ein, so würde zu dessen Weiterbeförderung ein einfaches Muskelrohr genügen, dessen Ringfasern nach einander sich zusammenzögen. Das Herz endigt aber, einige Larven ausgenommen, hinten blind, und das Blut kann nur durch eine Reihe seitlicher Spaltenpaare in dasselbe hineinkommen. Nun wären bezüglich der Aufnahme und des Weitertransportes des Blutes von vorne herein zwei Fälle denkbar. Der einfachste Fall wäre der, daß das Schlauchherz seiner ganzen Länge nach gleichzeitig erschlaffte oder sich erweiterte, daß ferner hiebei durch alle Spalten gleichzeitig das Blut angesaugt würde und daß dann auch die Zusammenziehung oder Systole an allen Stellen des Herzens im gleichen Moment erfolgte. Dieß wäre aber offenbar bei einem so langgestreckten dünnen Gefäß höchst unpraktisch, denn durch eine solche Manipulation würde ja die im Herz befindliche Blutmasse mehr zusammengequetscht, als wirklich nach vorwärts bewegt. Es ist demnach nur der zweite Fall zulässig und das ist der, daß die einzelnen Kammern nach einander, d. i. von hinten nach vorne fortschreitend ihre Pulsationen vollführen. Dann müssen aber auch die einzelnen Segmentherzen durch Ventile von einander geschieden sein. Beobachten wir, um uns darüber ganz klar zu werden, ein pulsirendes Kersherz, und zwar am besten in einer seiner mittleren Kammern. Die betreffende Abtheilung dehne sich (und zwar einfach durch Erschlaffung seiner Ringmuskeln!) aus; es öffnen sich in Folge dessen auch die Ostien, und wird eine angemessene Blutportion aus dem Vorraume aufgesaugt. Was würde nun bei der nachfolgenden Zusammenziehung geschehen, wenn keine Zwischenventile vorhanden wären? Das Blut würde nicht bloß nach vorne, sondern auch nach rückwärts einen Ausweg suchen. In Wirklichkeit aber schließt sich bei dieser Gelegenheit das Ventil der Hinterkammer, während bei gleichzeitiger Erweiterung der vordern deren Pforte aufgeht und diese Herzabtheilung zugleich auf den Inhalt der Hinterkammer ansaugend wirkt. Dieser Vorgang wiederholt sich nun in gleicher Weise von Kammer zu Kammer, welche also abwechselnd als Ventrikel und Vorkammer oder als Saug- und Druckwerke thätig sind. Unwillkürlich erinnert man sich dabei an die sinnvolle Manipulation, durch welche vermittelst abwechselnden Oeffnens und Schließens von Schleußen Schiffe stromaufwärts befördert werden.

Diese wellenartige Bewegung des Kersherzens hat auch den Vortheil, daß, bevor noch eine Pulswelle die vordersten Kammern erreicht hat, die hintersten schon wieder zur Erzeugung einer zweiten sich anschicken, was dann freilich, da oft 60 ja selbst 100 und bei sehr agilen Insekten selbst 150 Wellen in einer Minute über die Herzgliederkette hinlaufen, das Verfolgen ihrer Verlaufsformen sehr schwer macht.

Das Herz selbst ist aber nur ein Theil des gesammten propulsatorischen Apparates, zu dem vornehmlich noch folgende Einrichtung gehört. Unter dem Rückengefäß spannt sich, wovon schon einmal die Rede gewesen, eine Art dachförmiges Zwerchfell aus, d. i. eine Hautplatte, ähnlich gewölbt wie die Rückenwand des Hinterleibes, welche sich an den Seitenrändern derselben auf eine eigenthümliche Art befestigt. Den besten Einblick gewährt zunächst ein Querschnitt durch den ganzen Körper (Fig. 175), a ist das enge Rückengefäß, bc das genannte Diaphragma. Eine Flächenansicht gibt Fig. 174. Hier erscheint es als eine Platte mit beiderseits regelmäßig ausgekerbtem Rande. Genauer verhält es sich so. Von jeder Rückenschiene des Hinterleibes entspringen seitwärts ein Paar gegen das Herz zu fächer- oder flügelartig sich ausbreitende Muskelbündel, wobei die Fasern der einen Seite entweder direkt in die der andern, oft sich spaltend, übergehen, oder zwischen beiden ein vielfach durchlöchertes, fast spinnwebenartiges elastisches Sehnengewebe (Fig. 172 a) sich ausspannt. Früher meinte man und gedankenlose Leute schreiben es noch jetzt nach, diese von Lyonet entdeckten sog. Flügelmuskeln dienten zur Erweiterung des Herzens, während, wie man sich an jedem Strumpf überzeugen kann, bei ihrer Kontraktion das Rohr doch nur in die Breite gezogen und dadurch das

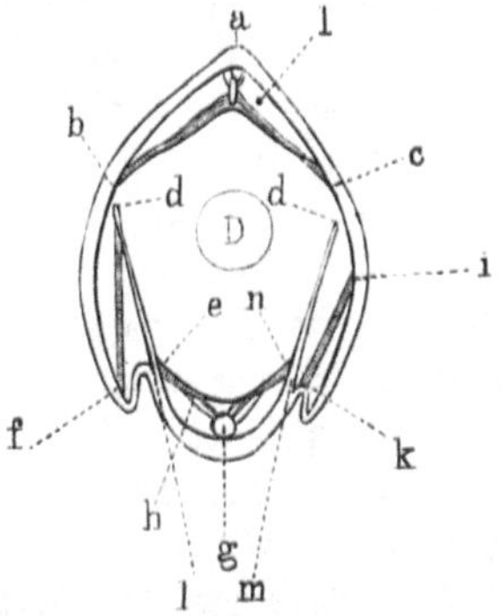

Fig. 175.
Querschnitt durch den Hinterleib einer Heuschrecke (vgl. Fig. 68), a Rückengefäß, bc Rückendiaphragma, durch das eine Art Herzvorraum (l) abgegränzt wird, en Bauchdiaphragma.

Ansaugen des Blutes unmöglich gemacht würde. Um aber deren wahre Bedeutung zu begreifen, blicke man neuerdings auf den Querschnitt. Was geschieht, wenn die Seitentheile also die Muskeln b und c dieses Gewölbes sich zusammenziehen? Es wird ausgespannt, also nach unten rücken, ganz wie unser Zwerchfell bei der Athmung. Dabei drückt es aber die darunter befindlichen Organe etwas zusammen. Das zwischen den letzteren befindliche Blut muß also ausweichen und in den Raum über der Platte eintreten, der aber nicht leer ist, sondern von einem großblasigen schwammigen Bindegewebe, einem förmlichen Schwellkörper sich erfüllt zeigt. Nun aber das Weitere. Das Rückengefäß liegt der äußeren Haut nicht fest an, sondern ist mittelst zahlreicher Muskeln an der Rückendecke aufgehängt, und außerdem tauschen seine Wandungen unter Intervention der genannten Zellen zarte Fasern mit dem genannten Diaphragma aus. Spannt sich nun letzteres an und rückt nach unten, so muß auch das gleichzeitig, aber sogut wie unser Centralorgan ganz aus eigener Kraft sich erweiternde Herz mit, und wird so gewissermaßen im Blute des Sinus geschüttelt. Später federt der ganze Apparat dann wieder zurück.

Was das Kerfherz eigentlich zu thun hat, wurde schon früher gesagt. Es ist nichts weiter, als ein Regulator, als ein Organ zur Steuerung des Blutes, damit dieses nicht ganz ins Stocken gerathe, oder nur zum Spielball anderweitiger bewegender Kräfte werde, wie sie z. B. durch jene des äußeren Hautschlauches und des inneren oder des Darmes gegeben sind. In gleichmäßigen Intervallen wird eine Portion Blut durch dasselbe aufgesaugt und dann mittelst des vordern Ansatzrohrs nach vorne gegen den Kopf expedirt, von wo es dann in die Lücken der Gewebe eindringt. Die verschiedenen Spannungszustände, unter welchen die Blutmasse in den einzelnen Körperregionen steht, bewirken nun den weitern

Umlauf. Außerdem scheint oft durch separate kleinere Pumpwerke, sowie durch gefäßartig umwandete, also muskulöse Hohlräume, namentlich in den Extremitäten ein regelmäßiger Ab- und Zufluß ermöglicht, wie dieß speciell in den Beinen, Flügeln, Fühlern und gewissen Afteranhängen der Fall ist. Stellenweise will es allerdings oft gar nicht recht vom Fleck, und kommt es durch Anhäufung der Blutkörperchen oft zu bedeutenden Stauungen.

Bei vielen Insekten besteht übrigens noch ein auf das Herzblut als Aspirator wirkendes Bauchherz, oder richtiger ein von einem pulsirenden Zwerchfell abgeschlossener Bauchsinus, in dem auch die Ganglienkette liegt. Am schönsten ist diese, wie wir nachträglich lesen, schon von Reaumur bei der „Rosensägefliege" entdeckte und durch uns wieder zu Ehren gebrachte Einrichtung bei den Libellen und Heuschrecken zu sehen. Ein Blick auf Fig. 141, S. 230 enthebt uns einer weitläufigeren Beschreibung. Die Bauchwand bildet eine Rinne und zwischen ihren Rändern (Fig. 175, e n) spannt sich und zwar gleichfalls mittelst besonderer Zipfel, das Diaphragma aus. Beim Anziehen der Muskeln — und diese erfolgt hier von vorne nach hinten — steigt die Membran in die Höhe und macht dem Blute Platz, das nun längs des Bauchmarkes nach rückwärts läuft.

In ihrer Vereinigung aber bilden Rücken- und Bauchsinus offenbar nichts Geringeres als eine geschlossene Kreisbahn.

Zwei andere Hauptströme des rückläufigen Blutes folgen dann, und wahrscheinlich auch in eigenen Sinussen, den großen Seitenröhren der Luftleitung.

Alles in allem genommen, glauben wir den Leser überzeugt zu haben, daß die Kerfe auch in Bezug auf die Säftevertheilung durchaus nicht zu kurz kommen, und um ihr gleichmäßig frisches, sauerstoffreiches Blut wird er sie entschieden beneiden müssen.

XI. Kapitel.

Athmungsapparat.

So ändern sich die Anschauungen. Aristoteles war trotz der wiederholt gemachten Erfahrung, daß Insekten, deren Haut mit Oel beschmiert wird, in kurzer Zeit (des Erstickungstodes!) sterben, bei der Ansicht geblieben, daß diese Thiere gar nicht athmen, und Plinius schien ungefähr derselben Meinung. Jetzt aber wissen wir, daß in ihrem Organismus für Nichts so gut vorgesehen ist, als gerade für den Gasaustausch, ja daß das Insekt, das Oken'sche Drossel- oder Luftthier gewissermaßen die höchste Potenz eines athmenden Wesens vorstellt. Ist ja eigentlich der ganze Kerfleib nur ein einziger Ventilationsapparat, ein, in Stamm und Gliedern, von unzähligen Tracheenbäumen durchzogener, schwellbarer und zum Zwecke der regelmäßigen Entleerung, zugleich von einem komplicirten Schnürzeug umgürteter Ballon.

Auch nach dieser Richtung haben die ersten, in ihren Entdeckungen gleichsam schwelgenden Kerfzergliederer Malpighi, Swammerdamm und Lyonet den anatomischen Grund gelegt, während gleichzeitig Männer wie Scheele, Spallanzani, Vauquelin, Georg Ellis u. a. das Physiologische erörterten. So fand z. B. der Erstgenannte, daß eine Kerflarve — und die unentwickelten Insekten haben ein geringeres Athmungsbedürfniß — „welche nur etliche Gran wog, ebensoviel Sauerstoff verzehre, als ein Lurch, der tausendmal größer ist," eine Behauptung, die wir allerdings nicht unterschreiben möchten.

Ueber die Unkenntniß der Alten betreffs eines so wichtigen Gegenstandes haben wir uns aber um so weniger zu verwundern, als die äußerlichen Oeffnungen oder Zugänge zum innerlichen Luftröhrennetz theils in Ansehung ihrer Kleinheit, theils wegen ihrer verborgenen Lage oft selbst mit Hilfe des Vergrößerungsglases schwer zu entdecken sind. Bequem kann sie sich indeß der Leser bei den großen nackthäutigen Raupen der Schwärmer vor Augen führen, da sie hier als dunkle Flecken oder Male — woher sich denn auch der jetzt gebräuchliche Terminus Stigmen datirt — von dem meist lichtern Untergrunde scharf sich abheben. Analog den Ausmündungsstellen der Wasser- oder Exkretionsgefäße bei den Ringelwürmern und in völliger Harmonie mit der gesammten Stückform des Kerfleibes hat im allgemeinen jedes seiner Rumpfringe ein Paar solcher Stigmata oder „Spiracula", welche meist genau die (bei den Raupen oft auffallend kolorirte) Seitenlinie einnehmen.

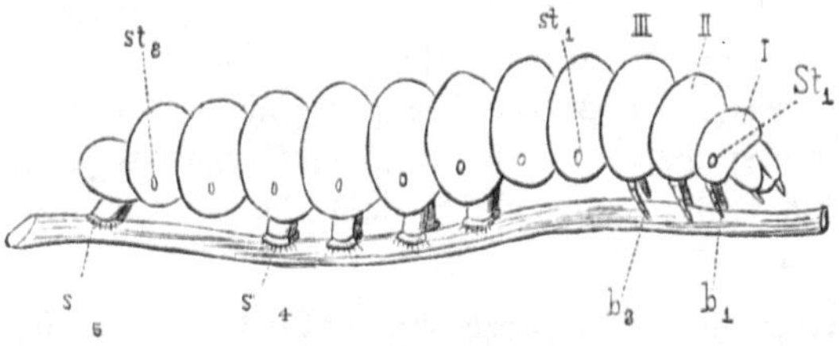

Fig. 176.
Schmetterlingsraupe. St_1 Vorderbrust-, st_1 — st_8 Hinterleibsstigmen. Mittel- und Hinterbrust (II und III) stigmenlos.

Neben der strengsten Regularität und Symmetrie sehen wir aber auch hier wieder die größte Mannigfaltigkeit, ja scheinbare Willkür walten. Gleich bei unserem Vorbild, der Raupe (Fig. 176) muß sich der Leser fragen, warum, von den allerletzten hiezu überhaupt nicht prakticabeln Leibesringen abgesehen, gerade das zweite (II) und dritte (III) eine Ausnahme machen und keine Athemspalten besitzen, um so mehr, als hier oberhalb der betreffenden leeren Stellen später die Flügel hervorkommen, von denen wir wissen, daß sie unausgesetzt mit reichlicher Luft gespeist sein wollen. Dieses Räthsel vermeinte Gegenbaur mit der Annahme zu lösen, daß eben die Flügel, als umgewandelte ehemalige Kiemenplatten, deren Stelle einnähmen, nicht erwägend, daß, sobald in der Puppe diese Anhänge sich zeigen, unter ihnen, am gewöhnlichen Platz, auch die Stigmen sich einstellen, die sogar, wie überhaupt an Theilen, wo ein großer Kraft- und Stoffverbrauch stattfindet, ungleich größer als anderswo zu sein pflegen.

Ein Seitenstück zu diesem Fall, wo mehrere Leibesabschnitte mit Einem Stigmenpaar vorlieb nehmen müssen, findet sich übrigens auch hinsichtlich des Kopfes, der niemals dergleichen Löcher trägt, sondern die Rumpflüfter für sich arbeiten läßt, und dann ferner an der Grenze zwischen Brust und Bauch, wo gleichfalls, z. B. bei den Heuschrecken und Cicaden, Ein Stigmenpaar für zwei Ringe den Luftbedarf zu schöpfen hat, was denn freilich gegenüber dem später zu erwähnenden Verhalten, wo der Gasaustausch des gesammten Leibes gar nur durch ein einziges Luftloch vor sich geht, nicht viel sagen will.

Lehrreich ist es zu sehen, wie die bei den Larven frei und offen daliegenden Stigmen bei den vollendeten Thieren, wo der Hautpanzer sich mehr konsolidirt und die vorher einheitlichen Ringe in ein System unterschiedlicher nnd häufig ineinander geschobener harter und weichbleibender Platten sich sondern, größtentheils in sichere Verstecke sich zurück ziehen, ja oft ihre frühere Lage zu wechseln scheinen. Gewöhnlich hat man sie allerdings auf den seitlichen Gelenkshäuten, resp., an der Brust, und hier nicht selten in fast unauffindbaren Stellungen, zwischen den Seitenplatten zu suchen, sie kommen aber auch, z. B. bei den Käfern, scheinbar weiter nach oben, an die Ränder der Rücken- oder, wie bei den Wanzen und andern, tiefer nach unten, an den Grenzsaum der Bauchschienen zu liegen.

Mehr als an der Lagerungsweise dieser in Ansehung unseres eigenen Organismus so gar absonderlichen Gebilde wird aber der Leser an ihrer jeweiligen Form und Wirkungsweise Gefallen finden, wenn er sie nur erst, ordentlich zubereitet, unter dem Mikroskope, oder, um ihre Thätigkeit zu studiren, mit einer scharfen Lupe am lebendigen Thiere sich anschaut.

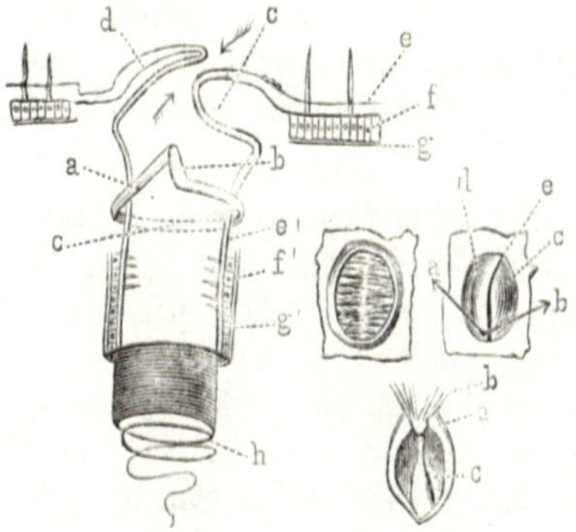

Fig. 177—180.

177. Etwas schematisch gehaltener Längsschnitt durch das Stigma und den daraus entspringenden Tracheenstamm eines Insettes. e, e' Chitincuticula, f, f' zellige Mutterlage derselben g, g' bindegewebige Stützmembran. h Spiralfaden der Tracheencuticula. d, c äußere Stigmenlippen. a b c innerer Verschlußring einer Vanessa (letzterer nach H. Landois).

178 Stigma einer Raupe, 179 einer Schnarrbeuschrecke und 180 eines Zweiflüglers (mit den beiden als Stimmbänder functionirenden Lippen c, b Muskel).

Die Stigmen sind nämlich keine einfachen Löcher oder Schlitze der Hautkruste, durch welche die Athemgase nach Belieben und ohne Wissen des Thieres ein- und ausgehen können, sondern freilich im kleinsten Maßstab ausgeführte Pförtchen oder Thüren mit Schloß und Riegel, welche vom Bewohner dieses ganzen wunderlichen Gebäudes geöffnet und geschlossen werden, so daß dieses unter Vermittlung des

Nervensystems die Regulirung der Luftaus- und Einfuhr vollkommen in seiner Gewalt hat.

Aber alle Thüren und Schlösser der Welt vermögen uns keinen genügenden Begriff zu geben von der Mannigfaltigkeit dieser respiratorischen Sperrvorrichtungen, und alle die architektonischen Verzierungen, mit denen man die Eingänge menschlicher Wohnstätten zu schmücken pflegt, werden von den tausendfältigen Skulpturen dieser minutiösen Pforten des Athemgehäuses wenigstens in dem Einen weit übertroffen, daß das dem Auge Gefällige hier meist auch einen praktischen Werth hat.

Eine ziemlich schmucklose Einrichtung wird dem Leser zunächst in Fig. 180 vorgestellt. Das ganze Stigma ist von einem einfachen, wie aus Ebenholz geschnitzten Rahmen umgeben. Das eigentliche Thor besteht aus zwei schön nußbraunen Flügeln, die sich aber nicht um eine Angel, sondern wie Schubthüren gegeneinander bewegen. Wirkliche drehbare Doppelthüren stellen dagegen die Stigmen vieler Netz- und Geradflügler vor (Figur 179); doch sind ihre Flügel nicht flach, sondern schalenartig, und so gleicht das Ganze mehr einer minutiösen Muschel, welche beständig auf- und zuklappt. Meist, z. B. bei den Schnarrheuschrecken, wird aber nur die eine größere Thür d gelüftet. Der nähere Mechanismus ist dann der. Die bewegliche Lippe stellt einen einarmigen Hebel dar, welcher mit der andern c, dem sog. Bügel, durch ein dem elastischen Schlußband der Bivalven ähnliches Scharnier (e) verknüpft ist. Am freien griffelartigen Ende des Hebels entspringt nun zunächst ein Muskel (b), der gegen die andere Lippe oder den „Verschlußbügel" hinübergeht. Die Zusammenziehung des Muskels bewirkt also den Verschluß der Stigmenspalte. Nach H. Landois, der diese schon von den ältern Kerfanatomen sehr genau beschriebene Vorrichtung näher studirte, würde dagegen, genau wie bei den Muschelschalen, die nachmalige Oeffnung derselben ausschließlich durch das springfederartige Zwischenband geschehen. Allein der in feineren Präparationen einigermaßen geübte Leser wird bald den zum Abduktor gehörigen Antagonist, d. i. den Abziehmuskel oder Abduktor (a) gefunden haben (vgl. auch Fig. 158 S. 292 m, m'), und wenn er nur mit einiger Ausdauer bei diesen Studien verweilt und sich auf sein Auge mehr als auf vage Behauptungen verläßt, so wird er sogar einen dritten Muskel entdecken, der, freilich in ganz anderer Weise, nämlich durch Anziehung des Verschlußbügels, zum Assistenten des Abduktors wird.*)

Oftmals, z. B. bei den Schmetterlingen erscheint der Zugang zu den Luftröhren von außen her ganz frei oder nur mit einem schwachen Gehege umzäunt. Man gelangt dann zunächst in einen weiten Vorraum, in dessen Grunde man aber auf eine innerliche, geheime Thür stößt. Der Mechanismus dieses nach innen gerückten Verschlußapparates ist aber, wie Fig. 177 erläutert, ein ganz ähnlicher wie bei den äußern Schlössern: c ist wiederum der die Trachea von einer Seite umgebende Bügel und b der gebogene Hebel mit seiner Handhabe, der nun, wenn der zwischen beiden Theilen sich ausspannende Muskel (a) sich kontrahirt, das Luftrohr fest zusammenkneipt.

Die freien Ränder der beiden Stigmenlippen tragen fast durchgehends einen Besatz von Haaren, welche sich über der dazwischen liegenden Spalte ausbreiten, ja bisweilen, z. B. beim Hirschkäfer, zerfasern sich die beiden Thürflügel in eine Menge federartiger Gebilde (Fig 178) wodurch ein zur Verwunderung zierliches Gitter entsteht. Dies ist aber offenbar

*) Vgl. unsere Arbeit über die abdominalen Tympanalorgane der Cikaden und Gryllodeen im 36. Bd. der Denkschriften der kais. Akademie der Wissenschaften in Wien.

nichts anderes als eine Staubwehr oder ein Staubfiltrum, in welchem alle in der Außenluft befindlichen gröberen Verunreinigungen, die in den inneren Geweben böse Zustände erzeugen, oder gar die feinern Luftkapillaren verstopfen möchten, zurückgehalten werden.

So viel ist dem Leser wohl schon klar geworden, daß die Kerfstigmen, wenn wir sie schon mit analogen Gebilden unserer eigenen werthen Leiblichkeit vergleichen wollen, nicht dem äußeren Luftfang oder der Nase, sondern dem Anfang der Trachea oder dem Kehlkopf entsprechen.

Merkwürdig ist es nun zu gewahren, daß die beiden Lippen dieser kleinen Mündungen, welche wir zunächst als Verschlußvorrichtungen haben kennen lernen, unter Umständen auch zu Stimmbändern werden (Fig. 180 c), die von der zwischen ihnen gewaltsam herausgepreßten Luft angeblasen, jene vielfachen brummenden und summenden Geräusche hervorbringen, wie wir sie bei Bienen, Hummeln, Fliegen, Mücken u. s. w. oft zum Ueberdruß hören können, ohne indeß recht zu wissen, ob diese seltsame Musik lediglich eine Folge der Respiration und deren eigenthümlichen Werkzeuge ist, oder ob die betreffenden Kerfe beim Blasen dieser Zungenpfeifchen gelegentlich auch irgend welche Nebenabsicht verfolgen. Wer sich aber über den oft sehr kunstvollen Bau dieser Blasinstrumente, sowie über deren Handhabung und die dadurch hervorgebrachten Melodieen des Genauern unterrichten will, mag die einschlägige Arbeit Landois' zur Hand nehmen; wir erfreuen uns am meisten an der neuerdings gewonnenen Einsicht in die unendliche Bildsamkeit des zu allen nur erdenklichen Geräthschaften des Lebens tauglichen Chitinstoffes.

Dieß ist der Typus der Vertheilung und Form der Stigmen bei jenen Kerfen, welche beständig in der freien Luft athmen. Es gibt aber eine Menge Insekten, welche im Wasser leben, und trotzdem sie eigentlich niemals ganz aus demselben hervorkommen, ihren Luftbedarf doch auf die nämliche Art, wie die Land- oder Luftkerse einnehmen. Aber wie soll dies möglich sein; wird sich denn, wenn sie wie andere Insekten die Binnenluft durch Zusammenziehung des Bauches hervorpressen, und dann durch Erschlaffung desselben neuer Luft Platz machen, ihr Tracheennetz nicht anstatt mit Luft mit Wasser anfüllen?

Hinsichtlich der meisten ausgebildeten Insekten, z. B. der Wasserkäfer und Wasserwanzen, löst sich das Räthsel einfach. Wir wissen, daß gewisse Krabben, wenn sie an das Land steigen, in ihren Seitentaschen eine beträchtliche Menge Wasser zur Speisung ihrer Kiemen mitnehmen. Gerade umgekehrt machen es jene Kerfe, die, obwohl sonst ganz und gar für das Luftleben organisirt, es dennoch vorziehen, im Reiche Neptuns sich aufzuhalten: sie athmen strenge genommen gar nicht im Wasser, sondern in einer besonderen Atmosphäre, die sie mit sich in das flüssige Medium hinunterziehen, und, sobald sie wieder an die Oberfläche kommen, durch eine neue ersetzen. Jetzt weiß der Leser auch, was es mit den rotirenden Silberkugeln vergleichbaren Taumelkäfern auf sich hat. Die Luft bleibt aber theils an dem feinem Dunenkleide haften, theils wird, wie bei den größern Wasserkäfern, eine Portion davon unter die gewölbten Deckflügel aufgenommen, die, ringsum fest an den Rumpf schließend, eine geräumige als Gaskammer sehr geeignete Rückentasche bilden. Zudem haben viele dieser Wasserinsekten auch größere sackartige Luftreservoirs im Innern des Leibes, die, wenn das Kerf zur Lufterneuerung an den Wasserspiegel kommt, schleunigst vollgepumpt werden. Ob und inwieweit diese Blasbälge zugleich als hydro- beziehungsweise auch als aerostatische Vorrichtungen sich verwerthen lassen, kann mit voller Sicherheit wohl kaum gesagt und auch schwer ermittelt werden.

Die genannten Kerfe sind alle mit den gewöhnlichen

Stigmen versehen. Ganz eigenthümliche Surrogate zeigen uns aber manche Insekten während ihres Larvenzustandes. Leicht zu beschaffende Demonstrationsobjekte sind diesfalls zunächst die Larven der Stechschnacken, welche man, als kleine dickköpfige Würmchen, in Regenbottichen oft zu Millionen wimmeln sieht. Statt aller Athemlöcher haben sie weiter Nichts als einen von der Seite des vorletzten Leibesgliedes schief nach hinten vorspringenden Tubus, an dessen Spitze zwei größere Tracheenstämme ausmünden. Bringt man diese überaus ergötzlichen Thierchen in ein Trinkglas mit Wasser, so kommen sie ab und zu, und oft gleichzeitig in großer Menge, an den Wasserspiegel, an dem sie sich mittelst des entfalteten Borstenkranzes ihres Athemtubus kopfüber aufhängen, um nun in dieser komischen Stellung in aller Bequemlichkeit den erwünschten Gaswechsel vorzunehmen.

Der Leser erinnert sich vielleicht noch, daß viele Kerfe die fernrohrartig aus- und einziehbaren letzten Körperringe theils zur Uebertragung des Samens, theils zum Ablegen der Eier benützen. Wenn es sich nun nach menschlicher Vorstellungsweise auch etwas sonderbar anhört, daß gewisse Thiere nicht, wie wir, mit dem Munde, sondern mit dem andern Leibespole athmen, so wird man nach dem Obigen es doch ganz begreiflich finden, daß manche Insekten veranlaßt wurden, ihren Schwanz auch zu diesem Geschäfte herzugeben. Und was er für ausgezeichnete Dienste leistet! Bei der sog. Rattenschwanzlarve, welche man freilich in sehr unappetitlichen Pfützen aufsuchen muß, sind die in lange Röhren ausgezogenen Schlußsegmente geradezu mit dem Schlauche zu vergleichen, mit dem die am Grunde eines Wasserbeckens befindlichen Taucher ihren Luftbedarf an sich ziehen.

Dieses Ventilationsrohr der Schlammfliegenlarve gewährt aber noch den großen Vortheil, daß es, weil aus mehreren

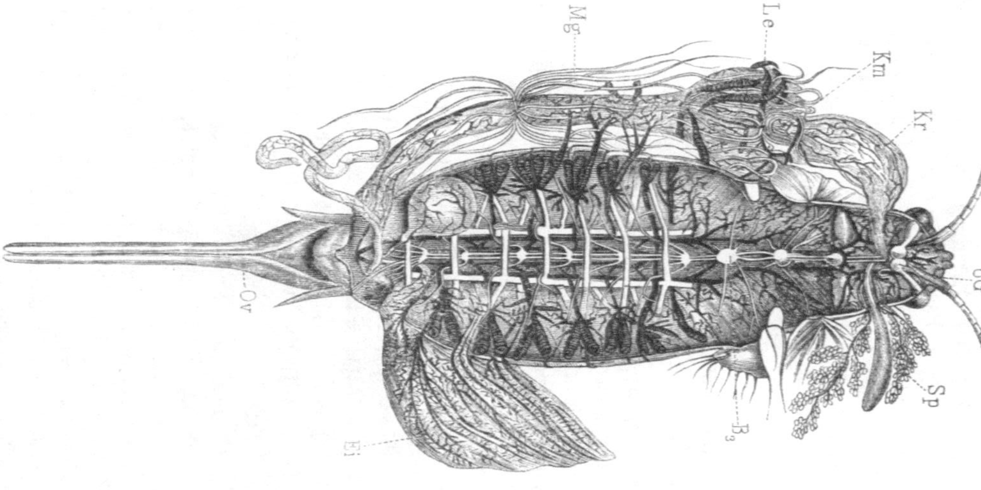

Fig. 181.

Tracheensystem einer weiblichen Laubheuschrecke (Locusta viridissima). Die Luftröhren sind schwarz gehalten. Sie entspringen an den Körperseiten und geben Aeste ab in den Kopf, die Speicheldrüsen (Sp), den Kropf (Kr), die Leber (Le), die Malpighi'schen Gefäße (Mg), den Eierstock (Ei) u. s. w. Beiderseits der Ganglienkette (oG, B_3) bilden sie ein besonderes Strickleitersystem.

verschiebbaren Tuben bestehend, je nach dem Wasserstand ganz nach Willkür des Thieres, welches sich nicht vom Flecke zu rühren braucht, verkürzt und verlängert werden kann. — Mehr an die Stechschnacke erinnert hingegen das Gebahren der Waffenfliegenlarve, die gleichfalls mit dem verlängerten Schwanze respirirt. Das Ende desselben trägt einen Kranz von fiederigen Haaren, mit denen das Thier sowohl am Wasserspiegel sich aufhängen, als auch, nachdem es genug an der Luft verweilt hat, durch geschicktes Zusammenlegen eine erkleckliche Portion davon noch als Reisezehrung mit in die Tiefe nehmen kann.

Der durchaus provisorische Charakter dieser Bildungen gegenüber dem typischen Luftaufnahmeapparat tritt noch deutlicher durch die Wahrnehmung hervor, daß die ausnahmsweise bewegungsfähig bleibenden Puppen der meisten dieser Kerfe wiederum ihre besonderen Athemröhren haben, die dießmal, gleich zwei „eselohrartigen Anhängseln" oben auf dem Brusthöcker sitzen. — Einer lehrreichen Anpassung müssen wir noch gedenken, die bei gewissen, in theils ganz flüssigen, theils schmierigen Substanzen lebenden Fliegenmaden zu beobachten. Sie haben zwei schwarze Stigmen auf der nach Art eines Stempels einziehbaren Afterplatte. Dadurch werden die Luftlöcher der Gefahr entzogen, durch die gewissen Substanzen verstopft zu werden.

Nun ist es aber Zeit, einen Blick in das Innere zu thun. Die menschliche Athmungsdrüse besteht bekanntlich aus einem dicken elastischen Knorpelrohr, das innerhalb der Brusthöhle gleich einem Baume in immer feinere und feinere Aeste sich zertheilt, welche zuletzt in kleine blasige, aber in einander verfließende Behälter übergehen, die ungefähr wie die Beeren einer Traube, aber nur in vielmal größerer Zahl dem vielzweigigen Tracheenbaume aufsitzen.

Oeffnen wir nun vorsichtig und unter Wasser ein größeres lebendes Kerf, z. B. eine Laubheuschrecke (Fig. 181), so bietet sich ein geradezu bezaubernder Anblick. Hier sehen wir nicht einen einzigen Drosselbaum, sondern tausende und abertausende — ja die ganze Körperkapsel mit allen ihren Kammern und Gliedern ist ein einziges Luftröhren-Behältniß. Wohin das verwunderte Auge schweift, auf den Darm, auf das Herz, auf die Ganglienkette, auf die Geschlechts- und die vielfältigen andern Drüsenkörper, Anhänge und Fettlappen, überall die nämlichen Tracheen, aber stets in anderer buntwechselnder Erscheinung. Und welchen prächtigen Atlasschimmer diesen zarten Röhren die eingeschlossene Luft verleiht! Ist es doch, als ob sie mit dem reinsten, glänzendsten Quecksilber injicirt wären.

Ja, wer nur einmal auf dem dunkeln Untergrunde der Darmwand die schneeweißen, den subtilsten Silberfiligranen gleichenden Tracheenbäumchen und die wie aus Spinnfäden geflochtenen Wundernetze erblickt hat, der wird zugeben, daß die Natur eine zartere Bildung nimmer könnte hervorbringen.

Fig. 182.
Stück eines Hinterleibssegmentes des Todtenkopfschwärmers. m Muskeln sammt Tracheen. h Zarte Innenhaut (Stützmembran des Integumentes), die ihre feinen Luftröhrchen aus einem besonderen Stamm (tr) empfängt.

Und wenn wir meinen, daß ein „über alle Begriffe feingewordenes Tracheenreis“ auch wirklich sein Ende erreicht habe und wir bringen nun das betreffende Gewebsstück unter's Mikroskop, so gewahren wir mit Erstaunen, daß der vermeintliche Endausläufer nur der Anfang, der Stamm eines neuen Baumes ist. Dazu kommen dann noch, um das ganze Bild zu vermannigfaltigen, kleine und große Bläschen und Säcke — bald vereinzelt, bald kettenartig dem schimmernden Röhrennetze an und eingefügt.

So lieblich aber auch das Tracheennetz anzuschauen, so unbequem findet es der Anatom. Es umstrickt und verknüpft ja alle Organe so fest, daß oft eine unsägliche Geduld dazu gehört, alle die Bindfäden zu lockern oder zu zerreißen, und häufig genug endet die Operation mit der Zerstörung dessen, was man eben hat isoliren wollen. Bei dieser innigen Ver-

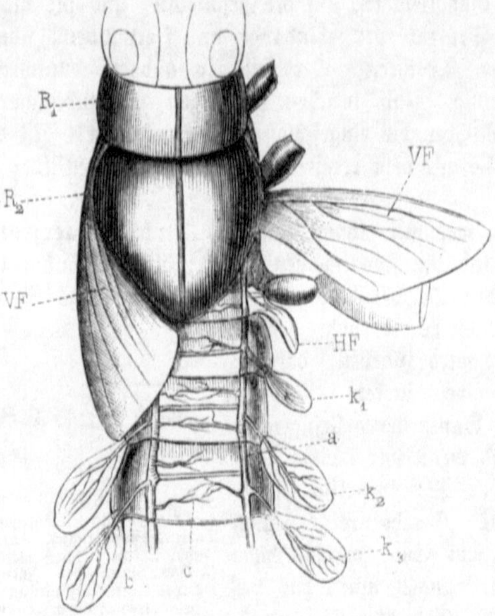

Fig. 183.
Cloeon dimidiatum, Larve. vF Vorder-, HF Hinterflügel, homolog den Tracheenkiemen (k_1—k_3) der Hinterleibssegmente. a Längstracheenstamm, c innere Tracheenkapillaren, b zu den blattartigen Tracheenkiemen führender Ast. (Original.)

kettung aller Weichtheile ist es dann auch erklärlich, daß, wie man gar schön bei durchsichtigen Larven sieht, die geringfügigsten Bewegungen in und an dem Körper alle Eingeweide in Mitleidenschaft ziehen, und daß hinwiederum diese Zerrungen und Verschiebungen der Weichtheile auch die Bewegung des sie durchkreisenden Blutes beeinflussen.

So wirr und regellos aber, beim allerersten oberflächlichen Ansehen, die Kerfdrosseln durcheinander zu liegen scheinen, so wird doch ein aufmerksamer Beobachter auch hier bald den streng systematischen Verband herausfinden, der nun freilich von Gruppe zu Gruppe, ja oft von Gattung zu Gattung ein anderer ist. Eins des verbreitetsten und wir möchten beisetzen, eins der dem ganzen Baustyle der Kerfe angemessensten Schemen ist dieses. Ein paar große geräumige, vom Kopf bis zum After laufende Seitenstämme (Fig. 183 a) besorgen den Hauptverkehr. In sie münden, von den lateralen Stigmen her, und zwar von Ring zu Ring, die zuleitenden Kanäle ein (F. 181), während leitersprossenartige Zwischenröhren die wünschenswerthe Kommunikation vermitteln. Ein ähnliches, aber schmäleres und schwächeres Strickleitersystem zieht auch oben am Rücken, dem Herzen, und unten am Bauche, der Ganglienkette entlang (B_3), welches bald nur mit den lateralen Hauptstämmen, bald unmittelbar mit den Stigmen verbunden ist. Diese dreifache Hauptleitung bildet nun das grobe Gerüste, von dem die eigentlichen Drosselbäumchen und die feinen Capillaren ausgehen, welche die allseitige Vertheilung der Luft in den entsprechenden Bezirken zu besorgen haben.

Statt eines solchen einheitlichen Leitungsapparates, mit bald zwei, bald vier, bald acht Längsstämmen findet man anderwärts, z. B. bei den Cicaden, manchen Käfern u. s. w. nur eine Reihe von unter sich mehr oder weniger getrennten Segmentalsystemen. Hier wurzeln nämlich die Tracheenbäumchen unmittelbar in den Stigmen selbst, und zwar können in der Regel drei Pakete unterschieden werden, wovon eins in der Mittel-, ein zweites in der Rücken- und das dritte in der Bauchregion sich ausbreitet. Diese Anordnung kann aber für das Thier insoferne verhängnißvoll werden, als, wenn Ein Stigma sich verstopft, die betroffene vom direkten Luftbezug abgeschnittene Leibesregion in Ermangelung der verbindenden Röhren keinerlei Succurs von den Nachbarsystemen zu hoffen hat.

Aber was sind denn eigentlich diese den ganzen Leib durchkriechenden Tracheen? Nichts als besondere Theile, als röhrenartige Fortsätze der äußeren Haut. Auf den ersten Blick möchte man ihnen das freilich nicht ankennen; denn wie grell stechen diese Gefäße, die wir als ein Muster alles Zarten, Feinen und Biegsamen hinstellten, von dem starren hölzernen Integumente ab! Die Sache klärt sich indeß, wie Fig. 180 (pag. 349) lehrt, sehr einfach auf. Die Tracheen sind wahre Einstülpungen der äußeren Haut, nur haben die einzelnen Schichten derselben eine für die Gasdiffusion angemessene Verdünnung beziehungsweise Modifikation erfahren. Das Wesentlichste, nämlich die einschichtige Zellhaut (F. 180 f'), in ihrer wahren Natur bis vor kurzem total verkannt, ist vorerst genau dieselbe, wie an der allgemeinen Körperdecke (f) und zeigt bisweilen auch eine ähnliche, gelbe, rothe oder violette Pigmentirung. Das Gleiche gilt betreffs der zarten Hülle (g, g'), welche sie auswendig bekleidet. Nur die Chitinlage (e') möchte der Leser nicht wieder erkennen. Sie ist nämlich, wie dieß in ihrer Eigenschaft als Athemmembran auch sein muß, selbst in den großen Hauptstämmen, noch mehr aber in den feinern Verzweigungen von großer Zartheit und mit einer Eigenthümlichkeit behaftet, die uns, trotzdem wir sie schon in den verschiedensten Gestalten haben kennen lernen, von neuem in Erstaunen setzt. Das charakteristische Bild unserer Trachea ist dem Leser gegenwärtig. Es wird bedingt durch die ringförmigen Knorpeleinsätze, durch deren Spannung das Rohr stets klaffend erhalten und zugleich in hohem Grade elastisch gemacht wird. Genau dasselbe Princip hat sich nach und nach — das Wie kennt freilich noch Niemand — am innern Chitinschlauch der Kerftracheen ausgeprägt. Wir getrauen uns zu sagen „nach und nach“, weil es vom einfachen glatten Schlauch bis zur vollendetsten Tracheenform zahlreiche Uebergänge gibt. Letztere aber ist eine geradezu unübertreffliche Bildung, ein mechanisches non plus ultra. Das Kerftracheen-Chitinrohr ist nämlich nicht bloß mit Reifen umspannt, es ist vielmehr eine continuirliche Spiralfeder (h), welche sich sowohl mit Leichtigkeit zusammendrücken, als auch in die Länge ziehen und biegen läßt. Wenn man einen gröbern Tracheenstamm mit Präparirnadeln bearbeitet, so rollt er sich oft gegen unsern Willen zu einem elastischen Faden auf, und wenn dieser auch an den Theilungsstellen plötzlich aufhört, so setzen doch sofort andere, kunstvoll zwischen den Touren des ersten eingefügt, die endlosen Windungen weiter fort, bis endlich die ganze Chitinhaut, an den äußersten Enden; selbst so unsäglich fein wird, daß es gleichsam unmöglich wäre, darauf noch Verdickungen anzubringen.

Nun aber die Kardinalfrage: wie und wo tritt die Tracheenluft in Contakt und Wechselwirkung mit den zu expedirenden oder zu verbrennenden Körpersubstanzen? Bei den höhern Thieren haben wir eine durch die Blutkapillaren vermittelte innere oder Gewebsathmung und eine durch die eigentlichen Respirationsdrüsen, die Lungen und ihre Kapillaren zu bewerkstelligende äußere Athmung. Wesentlich anders ist's bei den Kerfen; hier ist alles Respiriren ein innerliches, ein die Elementartheile betreffendes, indem sozusagen jedes einzelne Organ, die Haut, der Darm, das Genitalsystem, das Herz, das Gehirn u. s. f. seine eigene, seine separate Lunge hat.

Die Begründung dieser Auffassung gibt das Folgende.

Das wahrhaftige Ende einer Trachea, d. h. der luftführenden Röhren ist dort zu suchen, wo ihre chitinöse

Innenhaut gänzlich abbricht und nichts mehr übrig bleibt, als der äußere zarte Hautschlauch. Diese Tracheenhülsen sind aber nichts weiter als Ausläufer einerseits gewisser Zellen, namentlich der fettführenden und andererseits jener Umhüllungshäute, welche die verschiedenen Organe theils äußerlich überziehen, theils in die bestehenden Lücken und Spalten sich einsenken. Danach ließen sich zunächst zweierlei Tracheenkapillaren unterscheiden. Solche, die direkt in Zellen übergehen, welche dann oft wie die Beeren einer Traube den Tracheenverästelungen aufsitzen, oder (Figur 171* c, d) von ihnen förmlich durchwachsen sind, und andere, welche theils gewisse Drüsenzellen nur umspinnen, vorzüglich aber an den rein animalischen Gewebselementen, den Muskel- und Nervenelementen sich verbreiten. Muthmaßlich stellt sich dann der innere Athmungsproceß so dar. Vielleicht mit Ausnahme der dicksten Hauptstämme ist die Innenhaut der Tracheen, namentlich zwischen ihren verdickten Stellen zart genug, daß allenthalben eine Auswechslung oder Diffusion ihrer Gase mit jenen des sie überall umspülenden Blutes möglich ist. Weitaus am geeignetsten sind aber hiezu die gewissen den Tracheenenden aufsitzenden Zellen- und Zellkomplexe des Fettkörpers. Hier möchte aber dann abermals ein doppelter Vorgang zu unterscheiden sein, nämlich der Stoffwechsel, den der Inhalt dieser Zellen als solcher mit der Tracheenluft eingeht und jener, den sie als Zwischenwerkzeuge, nämlich an Stelle des Blutes, das ja nirgends unmittelbar mit der äußeren Luft zusammen kommt, unterhalten. Oder ist es nicht sehr wahrscheinlich, daß bei jedem Athemzug eine ansehnliche Quantität der in den echten Fettzellen aufgespeicherten Kohlenhydrate direkt zu Kohlensäure und Wasser verbrannt wird? In dem Sinne darf man dann diese Gewebselemente wohl kurzweg als Respirations- oder Heizzellen bezeichnen. Eine ähnliche, nämlich theils direkte, theils indirekte Wirkung üben auch die anderen an den Drüsen-, Muskel- und Nervenelmenten endenden Tracheen aus, und so ist es völlig unmöglich zu sagen, was in Bezug auf die Oxydirung der Gewebssubstanzen die Elementartheile des Körpers auf eigene Rechnung zu Stande bringen und was erst durch Intervention der allgemeinen Ernährungsflüssigkeit geschieht; genug, daß kein Gebilde einen Mangel leidet, sondern auf die eine oder auf die andere Weise das Nöthige an sich ziehen und das Verbrauchte beseitigen kann.

Ja, wird denn aber auch das Tracheennetz regelmäßig ventilirt, und auf welche Weise geschieht dieß? Einer gar naiven Ansicht huldigte in dieser Beziehung der sonst so große Reaumur. Er meinte, daß die Kerfe die Außenluft durch die Stigmen ein-; die mit Kohlensäure überladene Binnenluft hingegen theils durch den Mund, theils durch den After und die Hautporen ausathmeten. Indessen hatte doch schon Vauquelin das Richtige getroffen, indem er den Bauch, „der sich erweitern und verengen, verlängern und verkürzen, erheben und niederlassen kann", für das Hauptorgan der Athmung ansah, während Chabrier wieder der Meinung war, daß der Bauch nur zum Ein- und die Brust nur zum Ausathmen bestimmt sei, eine Anschauung, die freilich nicht vollkommen, aber doch z. Th. richtig ist.

Die rythmischen Volumsveränderungen der Leibeshöhle, welche durch die in bestimmten Pausen aufeinanderfolgenden Zusammenziehungen und Erschlaffungen der abdominalen Segmentalmuskeln bewirkt werden, kennen wir bereits vgl. (Fig. 70 S. 111). Aehnlich nun wie das gegliederte Herz ein Druck- und Saugwerk für das flüssige Leibesmedium, das Blut ist, so ist das geringelte Kerfabdomen ein solches für das gasförmige oder die Körperluft.

Das Tracheennetz mitsammt dem ganzen Weichkörper haben wir schon wiederholt mit einer Lunge verglichen, die, mit der Wand des Athemkastens unzertrennlich verwachsen ist. Wird nun der äußere Hautschlauch zusammengeschnürt, so pflanzt sich der dadurch auf die inneren Weichtheile und das Blut ausgeübte Druck auch allseitig auf seine leicht komprimabeln Einstülpungen, d. i. auf die Tracheen fort. In Folge der dadurch gesteigerten Spannkraft der Binnenluft muß sich nun durch die Stigmen wieder das Gleichgewicht mit der äußern Luft herstellen, d. h. es muß ein Theil der verdichteten Tracheenluft das Weite suchen. Dieß ist also die Exspiration. Erschlaffen dann aber die Exspirationsmuskeln, so kehrt theils in Folge seiner eigenen Elasticität, theils in Folge der Spannkraft des unnatürlich zusammengezwängten Weichkörpers der äußere Hautschlauch wieder in die „ruhende Form" zurück, und dasselbe thun auch seine gleichsam wieder frei aufathmenden internen Spiralfedern oder die Luftröhren. Jetzt ist aber das Uebergewicht der Expansionskraft auf Seite der Außenluft, welche denn auch sofort in die luftverdünnten Hohlräume hineinstürzt, womit also die Inspiration vollzogen ist.

Aber wie, fragen wir nun, soll denn bei der Komprimirung des Hinterleibes die Luft aus den inkomprimabeln Theilen, also namentlich aus dessen starren Seitenröhren, den Fühlern, Beinen, Flügeln u. s. w. ausgetrieben werden, ja wird sie nicht im Gegentheile aus dem eigentlichen Athemgehäuse sich dorthin flüchten, und angenommen auch, daß sie dort durch den allseitig sich fortpflanzenden Blutdruck resp. durch die gewissen pulsirenden Membranen etwas komprimirt wird, dennoch, da der Gegendruck in der eigentlichen Athemmaschine jedenfalls viel stärker ist, dort sozusagen gefangen gehalten werden? Darauf scheint in der That noch Niemand gedacht zu haben. Die inkomprimabeln Kerfabschnitte athmen wirklich entgegengesetzt wie die und alternirend mit den andern, d. h. für sie ist der erweiterte Hinterleib eine Saugpumpe, gewissermaßen die verdünnte äußere Atmosphäre, während der verengerte als Druckwerk fungirt, das neue Luft in sie hineinpreßt.

Daß der regelmäßige Rythmus der Athmung durch alle pulsirenden Organe, wie den Darm und das Herz, sowie namentlich auch durch die beiden Längszwerchfelle beeinflußt wird, sei gleichfalls noch flüchtig angemerkt.

Das wären so ungefähr die wichtigsten flüchtig skizzirten Grundzüge der Kerfathmung. Im einzelnen wäre nun freilich sowohl betreffs des Mechanischen als des Chemischen Vieles zu leisten. Denn, wenn wir auch durch das bewunderungswürdige Werk Newport's über die nach den einzelnen Species sowie nach ihren Entwicklungsstufen, nach Tages- und Jahreszeiten, ferner nach dem Grade ihrer Bewegung und Ernährung äußerst wechselnde Athemfrequenz und die damit Hand in Hand gehende und oft sehr beträchtliche Eigenwärme dieser Kreaturen sehr genaue und sehr ausgebreitete Kenntniß erhielten, so haben uns doch die Physiologen noch verläßliche Messungen der absoluten und relativen „Athemgröße“ sowie autographische Darstellungen der Athembewegungen zu liefern, während wir von den Chemikern genaue Analysen der insektischen Athem-, Gewebs- und Blutgase erbitten müssen.

Bisher war stets von einem offenen, d. h. von einem mit der Außenwelt durch besondere Oeffnungen frei verkehrenden Tracheensystem die Rede, in welchem beständig ganze Ströme von Luft aus- und einziehen, und, freilich stets in denselben Bahnen, durch den ganzen Körper circuliren. Es gibt aber auch Insekten, bei denen solche äußere Ventilationskanäle fehlen, deren Tracheensystem also ein völlig in sich abgeschlossenes Röhrennetz ist.

Wie es aber kommt, daß diese Kerfe nicht ersticken, und

wie und durch welche Mittel die in ihren Tracheen fest eingeschlossene und scheinbar stagnirende Luft dennoch bewegt und erneuert wird, das müssen wir noch kurz anzeigen.

Wenn man eine eben aus dem Ei geschlüpfte Frühlingsfliegenlarve, in einem Tropfen Wasser, das ihr Medium ist, unters Mikroskop legt, so bemerkt man, wenigstens in Momenten, wo das lebhaft zappelnde Ding eine Ruhepause macht, daß ihr durch die glashelle Körperdecke nicht im geringsten verschleiertes Tracheensystem im ganzen und großen dem obengeschilderten Schema der meisten Freiathmer entspricht. Wir können speciell die großen Längsgefäße und die daraus entspringenden Kapillarröhren unterscheiden, welche die direkte innere oder Gewebsathmung besorgen. Nun, und wie wird die bei letzterer verunreinigte Luft der Tracheenhaargefäße nach außen geschafft und durch sauerstoffreiche ersetzt? Es ist, wenn auch nirgends deutlich ausgesprochen, die einfachste und sinnreichste Einrichtung, die es geben kann, eine Einrichtung, welche wenn die von den modernen Physiologen gemachte Unterscheidung in eine innere und äußere Athmung noch nicht bestünde, dieselbe nothwendig hervorrufen müßte. Was bei der Kärderlarve durch die inneren Tracheenkapillaren an der Luft verdorben wird, das wird durch die äußeren oder Hautkapillaren wieder gut gemacht. Bei aufmerksamer Musterung unseres Objektes sehen wir nämlich, daß die seitlichen Luftkanäle, welche bei den Freiathmern zu den Oeffnungen des Athemkastens hinführen, hier, in unzählige feinste Haargefäße zertheilt, an die Haut hintreten, wodurch denn eine Art Hautlunge, d. i. ein integumentales Luftkapillarsystem entsteht, das mit dem äußeren Medium, d. i. dem luftgespeisten Wasser, einen genau aequivalenten Gasaustausch unterhält, wie das innerliche mit dem Blut und den übrigen Weichgeweben.

Diesen Dienst kann aber die Haut der Athmung offenbar nur bei Thieren leisten, die im Wasser oder, wie manche Springschwänze, deren Tracheen nach Lubbock aus einem Kapillarnetz des Kopfes gespeist werden sollen, doch mehr an feuchten Orten leben, und ferner auch nur insolange, als sie, bei jugendlichen Thieren, eine hinlängliche Zartheit besitzen. Dafür sehen wir aber bei ältern Wasserkerflarven in demselben Maße, als ihr Integument verharscht, nach und nach aus demselben zartwandige Ausstülpungen hervorwachsen, die aber hier weniger zur direkten Desoxydirung des Blutes, d. h. als einfache Kiemen denn als geräumige Hülsen dienen, in welchen die Hautkapillaren oder Luftsaugadern in Form dichter, aus Millionen der feinsten Röhrchen bestehenden Büscheln genugsam sich entfalten können. (Fig. 171 S. 333.)

Aber wie viele Modifikationen bieten uns diese merkwürdigen Organe nach ihrer Form, Größe, Lagerung und Zahl im einzelnem dar, wobei der allmälige Stufengang von ganz einfachen zu immer vollkommeneren Bildungen dem vergleichenden Forscher nicht verborgen bleiben kann.

Manche dieser Tracheenkiemen, wie wir sie z. B. bei mehreren Fliegen- und Käferlarven sehen, sind nichts weiter als über den gesammten Körper regellos vertheilte Hautwarzen. Nicht viel anders ist es bei gewissen Mottenlarven und Kärdern, während sie bei den meisten der letzteren in Form langer im Wasser flötzender Fäden, Fransen oder Büschel ausschließlich den Hinterleib auszeichnen und ihm ein gar seltsames Aussehen verleihen. Hinwiederum sind bei den Larven mancher Perliden diese Gebilde auf die Brust beschränkt, oder sie hängen zugleich, wie auch bei den Sialiden, als zierliche Federn oder Zotten vom Bauch herab (F. 50 S. 88)

Als die vollkommensten Organe dieser Art sind aber ohne Zweifel die schon mehr genannten paarweise an den Seiten des Hinterleibes entspringenden, meist blattartigen

Anhängsel der Eintagsfliegen- (Figur 183 k_1 k_3) und einiger Käferlarven zu betrachten, da sie sich zum Range von selbstständigen d. h. durch eigene Muskeln sich selbst und den Körper steuernden Gliedmaßen erhoben haben, wobei wir aus einer großen dießbezüglichen Arbeit, die aber noch immer in unserem Pulte verschlossen liegt, noch mittheilen müssen, daß bei mehreren Sialiden diese respiratorischen Schwimmfüße fast eine beinartige Gliederung eingegangen sind. Interessanter als dieß ist aber die zuerst von unserem größten vergleichenden Anatomen Gegenbaur aufgeworfene Frage, ob denn nicht eben, beim Uebergang dieser Wasserkerfe in die Luft, durch den Abfall der paarigen Kiemenblätter resp. durch das Abreißen des zu ihnen führenden Tracheenhauptrohres (Fig. 183 b), die Luftlöcher der Imagines entstehen, womit denn freilich ein wichtiges Geheimniß sehr einfach gelöst wäre. Unsere wiederholten Nachforschungen haben aber gezeigt, daß die betreffenden Male oder Narben blind sind — während wir anderseits bei den Perliden die eigentlichen Stigmen neben den Tracheenkiemen schon frühzeitig als förmliche Neubildungen sich allmälig entwickeln sehen. (Vgl. Bd. II.)

Letzteres Faktum wird gar anschaulich durch Newport's Beobachtungen bestätigt, nach denen bei manchen ausgewachsenen Perliden, wahren Amphibien, neben den Stigmen, welche ja alle Luftkerfe besitzen, noch Ueberreste der Kiemen sich erhalten, die ihnen wohl auch, nach Gerstäcker's jüngsten Mittheilungen, gelegentlich, wenn sie z. B. vom Wasserstaub eines Sturzbaches sich touchen lassen, als Beiorgane, d. i. als Reserve-Respiratorien gute Dienste leisten.

Was aber sind alle diese verschiedenen, wenn auch im ganzen auf Einem Princip beruhenden und aus einer Quelle entspringenden Athmungsvorrichtungen gegenüber dem Wasserluftpumpwerk der Libellenlarven? Bei diesen Kerfen, welche schon die abenteuerliche Gesichtsmaske genug seltsam macht, ist auch der Gegenpol höchst sonderbar. Das Darmendstück bildet nämlich eine einzige vielblätterige Tracheenkieme, welche durch besondere Muskeln pumpstengelartig im hintern Leibesabschnitte aus- und eingezogen wird. Geht der Stempel zurück, so stürzt durch den After ein Strom Wasser in seine erweiterte Höhlung hinein, das dann wieder in einem heftigen Strahle herausgestoßen wird, wenn jener zurückfedert. Aehnlich wie bei den Tintenfischen, wird diese zunächst im Interesse der Athmung in Scene gesetzte Pumpbewegung zugleich als ein mächtiges Vehikel der Lokomotion benützt. —

Zuletzt wäre noch Eines auszusprechen. Die Flügel, diese charakteristischesten Organe der Insekten, wurden oben als dem Luftleben angepaßte Tracheenkiemen angesprochen. Nach dem nun, was wir bezüglich der Entstehung der letztern eben erfuhren, können wir sie — auf ihre Primitivanlage zurück geführt — geradezu als aus dem Bedürfniß nach lebhafterer Athmung und Bewegung entsprungene Abschnitte des integumentalen Tracheennetzes bezeichnen.

Flügel und Tracheen sind also eigentlich nur zwei verschiedene, sich gegenseitig bedingende, modificirende und vervollkommnende Gattungen von Luftwerkzeugen, die, im brüderlichen Verbande, das Insekt, dieses köstlichste und gelungenste aller Luftthiere, hervorbrachten. —

XII. Kapitel.

Fortpflanzungsapparat.

Jene den Fortbestand, die Vervielfältigung, Erneuerung und damit zugleich die beständige Um- und Weiterbildung der Lebewelt bedingende Funktion aller organischen Naturen, welche man als Zeugung oder Fortpflanzung bezeichnet, ist, so mannigfaltig, versteckt und geheimnißvoll sie im Einzelnen vor sich gehen und im Allgemeinen sich darstellen mag, auf ihre Endursache zurückgeführt, doch nichts Anderes, als eine besondere, durch einen Ueberschuß von plastischem Nährmaterial hervorgerufene und von gleichzeitiger, auf ein energischeres Leben hinarbeitenden Separirung und Differencirung begleitete Wachsthums- oder Entwicklungsform.

Bei den niedersten, einzelligen Lebewesen spricht sich dieß von selbst aus. Sie vervielfältigen, d. h. sie theilen sich nur, wenn sie, bei genügender Nahrung, zu einer gewissen Größe herangewachsen sind, und diese Theilung oder Absonderung ist dasselbe und beruht auf denselben Ursachen, wie die Sichselbstzerlegung, die Furchung der Eizelle bei den höheren Thieren, nur daß hier die Produkte der Zellvermehrung beisammen bleiben und sich nach und nach, unter dem Einfluß verschiedener Verhältnisse, zu den mannigfachsten und das Mannigfachste wirkenden Elementarwerkzeugen des Organismus umgestalten, während sie dort, als der Mutterzelle gleichende und selbständige Lebensindividualitäten, voneinander sich trennen, zerstreuen und, wo nicht für immer, so doch insolange und durch so viele Generationen untereinander gleich bleiben, als sie nicht durch die wechselnden Daseinsbedingungen gleichfalls verändert, ja ins Unendliche vermannigfaltigt werden.

Noch anschaulicher, sinnlicher und greifbarer stellt sich dieses, die engen Schranken der in sich abgeschlossenen Individualität überspringende Wachsthum bei der Knospung dar, wobei die aus der Stammmutter hervorsprossende Tochtergeneration häufig sogar mit dieser verbunden bleibt, und, indem, wie bei den Korallen z. B., die einzelnen Individuen der letzteren, nach Lage und Umständen, verschiedenen und sich gegenseitig ergänzenden Leistungen angepaßt werden, ein Organismus, ein einheitliches Lebewesen höherer Gattung hervorgehen kann, das denn, mit seinen differenten Theilen, nichts anderes als eine Wiederholung jenes früher erwähnten, wohl organisirten Zellstaates oder Zellstockes im Großen ist.

Wesentlich verschieden von diesen einfachsten und ursprünglichsten Arten der Fortpflanzung scheint jene durch Keimung zu sein. Im Grunde besehen sind aber die betreffenden Fortpflanzungskörper doch nur innerliche, nur verborgene oder verhüllte Knospen, und wenn wir sie meist, aber bei gleichzeitiger Vermehrung ihrer Zahl, so gar unansehnlich, ja in der Regel auf die Stufe eines einzigen Elementartheiles, d. i. einer Keimzelle herabsinken sehen, so entspricht dieß ganz der Oekonomie der zu höhern Leistungen sich emporschwingenden Organismen, welche, ohne sich völlig erschöpfen zu müssen, dennoch, die Vermehrung im Großen zu treiben, Anlaß genug haben.

Eine merkwürdige, aber hinsichtlich ihrer Veranlassung noch immer, ja wahrscheinlich für immer ins tiefste Dunkel gehüllte Weiterentwicklung und Steigerung des Zeugungsphänomens liegt nun darin, daß der Keimstock, d. i. das innere und einheitliche Zeugungsorgan, in der Weise sich sondert und spaltet, daß ein Theil desselben nur den Keimzellen äußerlich oft ganz identische Gebilde, nämlich Eizellen hervorbringt, während der andere eine wenigstens qualitativ ganz verschiedene Gattung von Keimelementen, nämlich die Samenzellen resp. die „Samenthierchen" (Spermatozoen) erzeugt, welche letztere mit den erstern sich verbinden, gleichsam sich damit kopuliren oder, wie man sagt sie befruchten müssen, um sie entwicklungsfähig zu machen, oder wenigstens den sonst in der Regel latent bleibenden Entfaltungstrieb zu wecken.

Leichter als diese innerliche Theilung oder Duplicität des Zeugungsapparates und der Zeugungsstoffe verstehen wir schon die äußerliche Trennung und Abtheilung, d. i. den Dualismus der Zeugungspersonen. Die beiden

Geschlechter, d. h. die „weiblichen“ oder ausschließlich Eizellen producirenden und die „männlichen“ oder ausschließlich Samenzellen hervorbringenden Zeugungsindividuen stehen nämlich nicht zu einander in einem polaren Gegensatz; sie sind nur auf dem Princip der Ersparung von Kraft und Zeit beruhende und durch das leicht zu erklärende Verkümmern einer der beiden Zeugungsdrüsen bei den ursprünglich zwitterigen oder richtiger einheitlichen Zeugungswesen hervorgerufene Theilerscheinungen oder Spaltungen der letzteren, und die vielfachen spontanen Vorkommnisse von Hermaphroditismus bei bereits getrennt geschlechtlichen Wesen bedeuten in der Regel nichts anderes als eine Restitution, als eine Wiederherstellung des seinerzeit verloren gegangenen zweiten oder komplementären Keimorganes.

Ermöglicht, begünstigt und immer weiter ausgeprägt wird aber ein solches räumliches und morphologisches Auseinandergehen der beiderlei Zeugungswesen durch die stufenweise Zunahme und den gesteigerten Gebrauch der lokomotorischen Organe, sowie des Orientirungs- und Beziehungsapparates überhaupt, in Folge dessen die beiden zu gemeinsamer Zeugungsarbeit berufenen Geschlechter, wenn sie auch, ihren verschiedenen Gewohnheiten nachgehend noch soweit von einander sich entfernen, dennoch, wenn sich das unausbleibliche Verlangen nach gegenseitiger Vereinigung oder Kopulation einstellt, sich aufzufinden und einander zu nähern vermögen, während hingegen Organismen, welche, wie z. B. die meisten Pflanzen und die ihnen in mancher Beziehung analogen Pflanzen- oder Stockthiere, sich gar nicht, oder, wie z. B. viele Schnecken, doch nur sehr träge und langsam von der Stelle bewegen können, nothwendig zu beständigem Diöcesismus verdammt sind, falls nicht äußere Lokomotoren, wie Wind und Wasser, die von den getrennten Zeugungswesen abgesonderten und des gegenseitigen Kontaktes bedürftigen Fortpflanzungsprodukte zusammenbringen.

Für welche Organismen möchte sich aber nun die Zweigeschlechtigkeit, die differencirteste und vollendetste Zeugungsform besser schicken und bei welchen möchte die ganze Arbeitstheilung auf dem Gebiete des Geschlechslebens einen höhern anatomischen Ausdruck erhalten haben als eben bei den Insekten, diesen mobilsten, flüchtigsten, unruhigsten, energischesten und sonderlüstigsten aller thierischen Existenzen?

Und in der That, wenn wir von der geradezu schreienden Mesalliance bei etlichen Rankenfüßlern absehen, deren Männchen, die knirpsigsten Zwerge, die es gibt, oft nicht einmal den tausendsten Theil von der Größe der Weibchen erreichen, so ist der äußere sexuelle Dimorphismus oder der Geschlechtskontrast nirgends, auch nur annähernd, so auffallend, wie bei den Kerfen, von denen es nicht zu viel ist zu sagen, daß die ohnehin ungeheuerliche Mannigfaltigkeit ihrer Formen durch den Zwiespalt und den Wettstreit der Geschlechter noch verdoppelt worden.

Bei der organischen und biologischen Verschiedenheit der Einzelwesen muß freilich diese Differenz sehr verschiedene Grade haben. Es gibt Insekten, z. B. viele Käfer, Wanzen u. s. w., bei denen Mann und Weib einander so vollständig gleich sehen, daß sie nur der Specialist mit Hilfe der specifischen oder primären Geschlechtsmerkmale zu unterscheiden vermag; es gibt aber andere, und in allen Abtheilungen, deren beide Geschlechter, getrennt betrachtet, einander so unähnlich sind, daß man sie häufig in verschiedene Gattungen, ja Familien einreihte und hinterher nicht wenig erstaunt, ja verblüfft war, wenn man diese heterogenen Formen, zum zeugenden Doppelwesen, zur geschlechtlichen Zweieinigkeit verbunden, die Freuden der Liebe genießen sah.

Ist es nöthig, dem Leser in Erinnerung zu rufen, daß

die Weiber der Bienenbremen (S. 64), gleich Schmarotzer=würmern, in der Haut verschiedener Aderflügler, und jene gewisser Motten (Psychiden), gleichfalls madenartige, elende und schutzbedürftige Existenzen, in selbstgefertigten Röhrenhäuschen stecken, indeß ihre Männer, mit Flügeln und allem, was zum Insekt gehört, ausgestattet, munter in den Lüften gaukeln? Aber eben dieses Beispiel lehrt uns, warum und wie es so kommen mußte, sie lehrt uns die gestaltende Macht der lebendig sich durchkreuzenden Verhältnisse. Das Weib, eine oft kolossale und schwere Menge von Kiemen bergend, und, um sie zu entwicklungsfähigen Eiern heranzubilden, zu ununterbrochener Nahrungsaufnahme von der Natur gezwungen, wird wenig Veranlassung haben, wenn es nicht der lokal eintretende Futtermangel erheischt, sich viele Lokomotion zu machen und dadurch das mühselig erworbene Eimaterial zu vergeuden. In Folge dieses Prävalirens der vegetativen Verrichtungen und des Nichtgebrauches der specifisch animalischen Werkzeuge werden aber, zu Gunsten der erstern, die letztern immer mehr eingehen.

Wie schlimm würde es aber um die Fortpflanzung bestellt sein, wenn die Männchen, die an ihren, im Vergleich zu den Eierstöcken verhältnißmäßig kleinen Hoden nicht schwer zu tragen haben, sich nicht allerwärts herumtrieben, um die schwer beweglichen und oft auch schwer erregbaren Weibchen aufzusuchen und sie durch allerlei Künste zur Erfüllung ihrer Pflicht willig und bereit zu machen? Und so muß denn in der That die Unvollkommenheit des einen Geschlechts eine höhere Vollendung des andern hervorrufen. — Der Natur ist aber nicht nur sehr daran gelegen, die Männchen in Bezug auf ihren Lokomotions= und Orientirungsapparat immer besser zu stellen, sie verleiht ihnen noch allerlei scheinbar unnöthige Zierrathen und Hilfsorgane, um sie dadurch für das andere Geschlecht möglichst anziehend, ja unwiderstehlich zu machen.

Oder läßt es sich anders denken, als daß das in die prächtigsten Hochzeitsgewänder gehüllte Falter- oder Libellenmännchen auf seine Auserwählte einen bezaubernden Eindruck macht, und könnte der Heuschreck seiner Gattin wohl in einer schicklichern Ausrüstung sich nahen, als mit der wohlbesaiteten für ihr Ohr gewiß sehr melodisch tönenden Fidel? —

Ja die Natur hat, um die Zeugung zu fördern, wirklich seltsame Erfindungen gemacht und zur Erreichung des Höchsten, um das es ihr zu thun, selbst die kleinlichsten, die lächerlichsten Mittel nicht verschmäht. —

Aber das ist nicht Alles. Es sind nicht bloß die Männchen, ihrer äußern Natur nach, von den Weibchen verschieden, sie sind es oft auch untereinander, indem sie, unter ganz abweichenden Trachten mitsammen um die Gunst der letzteren rivalisiren. Mit andern Worten, der Dimorphismus, die Zweigestaltigkeit, betrifft nicht nur das komplete Zeugungswesen, oder, wie wir es schon genannt, die sexuelle Zweieinigkeitsperson, sondern, in vereinzelten Fällen, auch jedes einzelne Geschlecht, das indeß nicht bloß unter zwei, sondern selbst unter drei, ja, wenn wir uns nicht durch Worte binden lassen wollen, oft unter sehr vielen Gestalten sein Glück zu machen sucht.

Aber auch damit hat die aller Schranken spottende Bildsamkeit des Kerfwesens noch lange nicht den höchsten Grad erreicht.

Bei den zu staatlichen Gemeinwesen verbundenen Aderflüglern, bei den Bienen, Ameisen, gewissen Wespen u. s. w. sowie bei den Termiten, bei welchen nicht bloß das Geschäft der Fortpflanzung, sondern auch die Ernährung und Erziehung des Erzeugten im großen Maßstabe kultivirt wird, hat die Natur eben im Interesse einer möglichst zahlreichen und kräftigen Nachkommenschaft die Theilung der Arbeit soweit getrieben, daß gewisse, ursprünglich geschlechtlich differencirte und gelegentlich auch jetzt noch producirende Individuen gegenwärtig nur mehr für die Ernährung und Pflege der eigentlichen

Geschlechtsthiere und ihrer Brut zu sorgen haben, die denn nun, aller Sorgen um die materiellen Interessen enthoben, sich ganz und ungetheilt ihrem heiligen Amte widmen können, während hinwiederum die kostbare Zeit und Arbeitskraft der Nähr-, Pfleg-, Bau- und Kriegerindividuen, bald Eunuchen, bald Vestalinen, nicht durch sexuelle Ausschweifungen vergeudet werden.

Um aber nicht das andere Extrem zu vergessen und den ursprünglichen indifferenten Zustand, aus dem so komplicirte ja zur Verwunderung vollkommene Einrichtungen allmälig hervorgegangen, müssen wir, dem zweiten Bande vorgreifend, noch kurz erwähnen, einmal, daß manche Kerfweibchen, ohne einen Mann zu „erkennen", zeugungsfähig sind und dann, was aber vielleicht nur ein niedriger Grad derselben Erscheinung, daß manche Kerfe, scheinbar in einem noch ungeschlechtlichen Zustand und z. Th. schon als Puppen und Larven, keimähnliche Fortpflanzungsprodukte liefern, eine Erscheinung, die aber stets nur alternirend mit der gewöhnlichen Zeugungsart vorkommt.

Nunmehr aber halten wir den Leser für genug vorbereitet, um, in das Besondere eingehend, sich dafür zu interessiren, wie denn die Apparate beschaffen sind, in welchen die beiden Zeugungsprodukte gebildet und abgesondert werden, und wie es ferner mit der Natur und der Entwicklung der letzteren bestellt ist.

Die inneren Geschlechtstheile der Insekten entsprechen ganz und gar der seitlich symmetrischen Anlage des Gesammtkörpers, indem sie, wie die meisten andern Organe (Fig. 184 und 185), paarweise auftreten. Vollkommen getrennt erhalten sich aber bei den Kerfen nur die eigentlichen Keimdrüsen also die Eierstöcke (Fig. 184 ov) und die Hoden (Fig. 185 ho), sowie deren gleichfalls drüsige Beiorgane (dr) und eine Strecke ihrer Ausführungsgänge oder Leitungskanäle, d. h. die Eier- (el) und die Samenleiter (sl) die sich aber dann, und dieß offenbar aus Ersparungsgründen, im weiteren

Verlauf zu einem gemeinsamen mittleren Gange, nämlich der Scheide (sch) resp. dem Samenausspritzungskanale (ag) vereinigen, während z. B. bei vielen Krebsen und auch bei gewissen Tausendfüßern (sowie bei der Chironomuspuppe) die genannten Röhren bis zu ihrer äußeren Mündung einen vollständig getrennten Verlauf nehmen, so daß also hier zwei separate Scheideneingänge und ebenso zwei separate Ruthen vorhanden sind, was denn bei näherer Betrachtung, so viel heißt, daß hier jede der beiden Körperhälften eine Zeugungsindividualität für sich vorstellt, in analoger Weise, wie bei den meisten gleichmäßig zerstückelten Ringelwürmern jedes einzelne Körperglied eine solche ist.

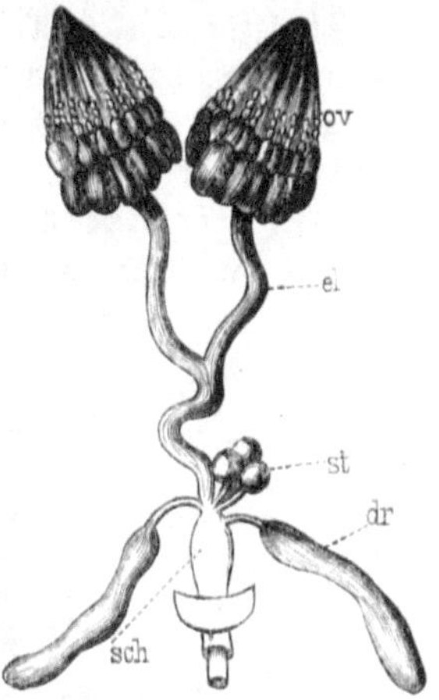

Fig. 184.
Weiblicher Geschlechtsapparat von Gymnosoma rotundata (Zweiflügler). ov Eierstock (ovarium), el Eileiter, dr Anhangs- oder Kittdrüsen. sch Scheide. st Samentaschen.

Aus der eben bewerkstelligten flüchtigen Anschauung und Vergleichung der innerlichen Kerfgenitalien lernen wir Zweierlei. Einmal, daß die Insekten auch in diesem Stücke keinen Anspruch auf Originalität erheben

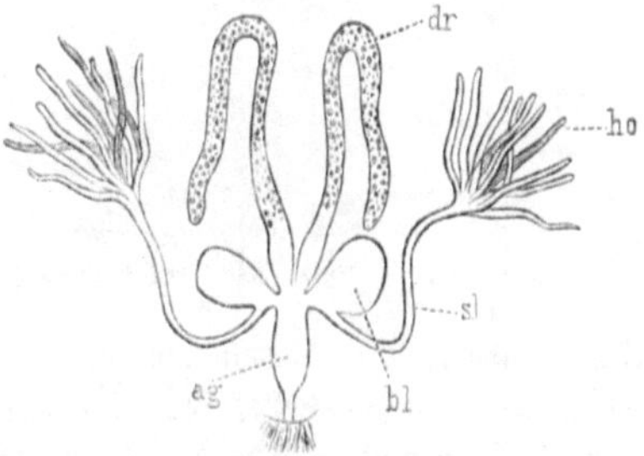

Fig. 185.
Männlicher Geschlechtsapparat eines Borkenkäfers. ho Hoden oder Samendrüsen. sl Samenleiter. bl Samenblase oder Samenbehälter, dr Drüsenanhänge. ag unpaarer Samenausführungsgang. (ductus ejaculatorius.)

dürfen, und dann, was wohl kaum wo deutlicher, daß die weiblichen und die männlichen Zeugungsorgane äußerlich, und zwar Theil für Theil, einander so täuschend nachgeahmt sind, daß die vielfach vorgekommenen Verwechslungen sich leicht entschuldigen lassen. Lehrreich für die Wertschätzung und Unterscheidung der auf das Innerliche und Aeußerliche getrennt einwirkenden Agentien ist es aber zu sehen, daß die innerliche Conformität dieser Organe die Natur

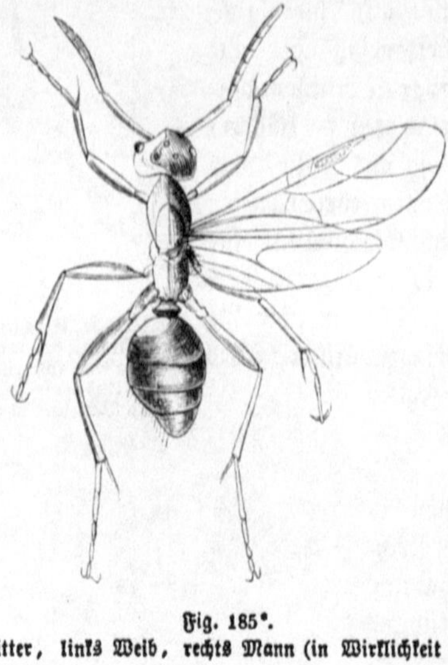

Fig. 185*.
Ameisenzwitter, links Weib, rechts Mann (in Wirklichkeit umgekehrt).

nicht hindert, die beiden Geschlechter äußerlich abzuändern, während hingegen neben der innerlichen Verschiedenheit die ursprüngliche äußere Identität ganz wohl bestehen kann.

Die oben erwähnte Halbirung des ganzen Zeugungsapparates und die so eben ausgesprochene Form-Convergenz der einzelnen weiblichen und männlichen Organe macht es uns ferner verständlich, wie, und dieß sind gar keine seltenen Fälle, die eine Seite des Eierstocks durch einen Hoden, und umgekehrt ersetzt sein könne, wobei dann bezüglich der übrigen, unpaarigen Theile, bald mehr das eine bald das andere Geschlecht sich hervordrängt, und, betreffs der äußeren Erscheinung solcher Mannweiber, alle nur erdenklichen Kombinationen und Kreuzungen vorkommen, wenn auch in der Regel, in Uebereinstimmung mit der innerlichen Zweitheilung, die einfachen Verwachsungszwitter am häufigsten sind, welche uns dann den etwa bestehenden äußern Geschlechtsdimorphismus gar anschaulich in Einer Person vor Augen bringen. (Fig. 185*.)

Betreffs der Lagerung der Geschlechtstheile wissen wir bereits, daß sie dem Hinterleibe oder Bauche angehören, der ja überhaupt als der Heerd und Sammelort des vegetativen Lebens zu gelten hat, und ist deren Situirung, in der Nähe des Körperschwerpunktes, eine solche, daß sie relativ leicht getragen werden.

Ungemein verschieden ist aber ihre Massigkeit. Bei jungen Thieren oft ganz unansehnlich und in dem sie umhüllenden Tracheen- und Fettkörpernetz oft derart versteckt, daß sie nur ein guter Praktiker herauszuschälen vermag, drängen sie sich mit dem zunehmenden Alter immer mehr in den Vordergrund, während das genannte Fettgewebe, auf dessen Kosten sie sich zumeist vergrößern, entsprechend lockerer, ja oft völlig aufgezehrt wird.

Die männlichen Theile, im Allgemeinen, gemäß der Kleinheit der betreffenden Zeugungsprodukte, von relativ geringerer Größe, füllen aber doch nicht selten, man sehe den Schwimmkäfer in Fig. 59, S. 96 (ho, dr) an, die gesammte Bauchhöhle aus, während die oft so große und so zahlreiche Eier bergenden Ovarien sehr häufig bis in die Brust sich erstrecken, ja selbst, wo solches möglich, sogar den Kopf aus seiner Gelenkspfanne herausheben, so daß schließlich der gesammte, namentlich beim Termitenweibe bis zum Platzen auseinander gezerrte Hautschlauch, als eine einzige große Eierbüchse sich darstellt, die mittelst der eingepflanzten Füße nur mit Mühe weiter transportirt wird, während die Flügel, wenn solche überhaupt in angemessener Größe vorhanden, sich vergeblich anstrengen würden, eine solche lebendige Brutanstalt in die Höhe zu heben.

Zeugungsorgane der Männchen.

Wie billig, fangen wir ihre Beschreibung mit den wesentlichsten Theilen, d. i. den Hoden an, müſſen aber hinsichtlich ihrer äußeren Gestalt auch sofort bekennen, daß wir da, dem Besondern Aufmerksamkeit und Bedeutung beilegend, in eine

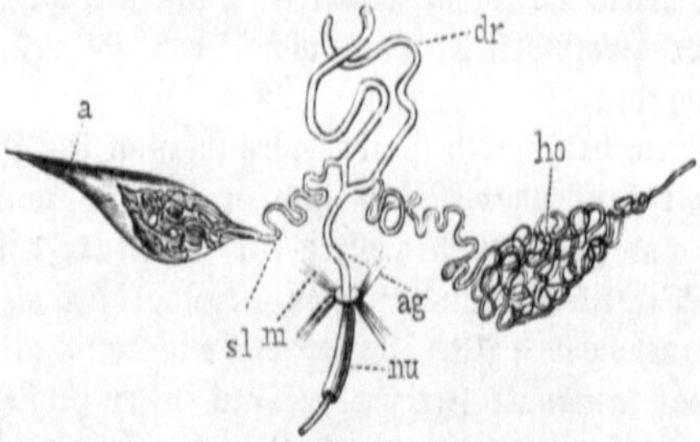

Fig. 186.
Männlicher Geschlechtsapparat von Staphylinus erytropterus. ho Hoden, links (bei a) noch mit der Hülle, sl Samenleiter, dr Anhangsdrüsen, nu Ruthe sammt Etui, m Muskeln zu dessen Bewegung.

neue unendliche Welt hineingerathen. Wer die zahlreichen, diese Verhältnisse prächtig darstellenden Tafeln vom fruchtbarsten aller Entomotomen, von L. Dufour, zur Hand nimmt, der wird zugeben, daß, um ein geläufiges Gleichniß zu bringen, die Hoden der Kerfe noch weit verschiedenartiger sind, wie die gleichfalls von Gattung zu Gattung sich ändernden Blüthentheile aller höhern Pflanzen zusammengenommen.

Verhältnißmäßig einfach gestaltet sich ihr Bau bei vielen Raubkäfern. Hier ist nämlich jeder Hoden nichts Anderes, als (Fig. 186 ho) ein haardünnes und knäuelartig aufgewickeltes Röhrchen, dessen Länge, im gerade ausgespannten Zustand gemessen, jene des ganzen Körpers sicherlich mindestens um das Zehnfache übertreffen möchte. Dieser Samenröhrenknäuel steckt aber in einer besonderen Hülle, d. h. der alle innern Weichtheile umwickelnde und verkettende von Tracheen durchsponnene Fettkörper bildet ringsherum eine kontinuirliche äußere Scheide, zu der dann noch eine eigene von Muskeln übersponnene innere Kapsel dazu kommt. Das typische Verhalten (Fig. 185 ho) ist aber dieß, daß jeder Hoden sich radien- oder fingerförmig in mehrere kleinere Follikel gliedert, die aber selbst wieder ganze Bündel oder Bäume kleinerer Samendrüsen darstellen können. — Bemerkenswerth ist das Verhalten bei vielen Faltern, Aderflüglern (Scolia scabro) und einigen andern (Galleruca), wo beide Hoden, analog den meisten Bauchganglien, bis zur Berührung genähert und von einer gemeinsamen Kapsel umschlossen, den Eindruck eines unpaaren Organes machen.

Die Farbe der Hoden ist meist weißlich oder blaßgelblich, es gibt aber auch pomeranzengelb, carminroth, ja selbst violett pigmentirte.

Der feinere Bau und die Absonderung der Hoden wird sich am besten an ihrer in neuerer Zeit durch Bessels studirten Entwicklung erläutern lassen.

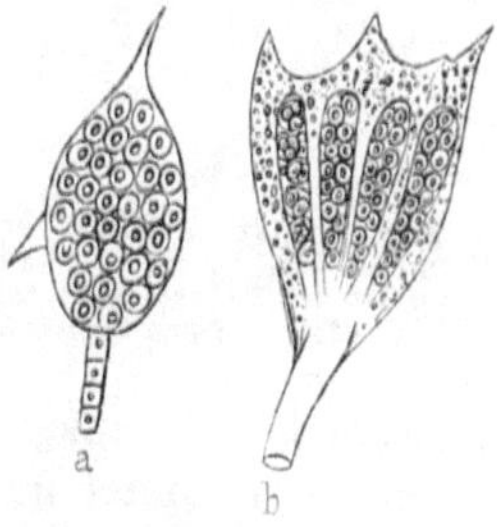

Fig. 187.
a Erste Anlage der Falter-Hoden, b weiteres Stadium, wo die primären Zellen sich in mehrere Stränge, die späteren Samenröhren oder Hodenfollikel gesondert haben. (Nach Bessels.)

Ihre erste Anlage (und das Gleiche gilt von den Ovarien) ist schon sehr frühzeitig, ja schon im Ei vor der anderer Organe nachzuweisen.

Bei eben ausgekrochenen Räupchen gewisser Falter (Zeuzera) erscheinen sie als kleine von einer sackartigen Hülle umschlossene Zellpakete. (Fig. 187 a.)

Nachdem sich die Zahl dieser embryonalen Samenzellen durch beständige Theilung bedeutend vermehrt hat, tritt eine angemessene Sonderung ein. Sie ordnen sich, gruppenweise, in mehrere Stränge und schwitzen ein häutiges und, wie sich eigentlich von selbst versteht, chitinöses Futteral, die sog. tunica intima aus (b). Damit sind die Samenröhren und also auch

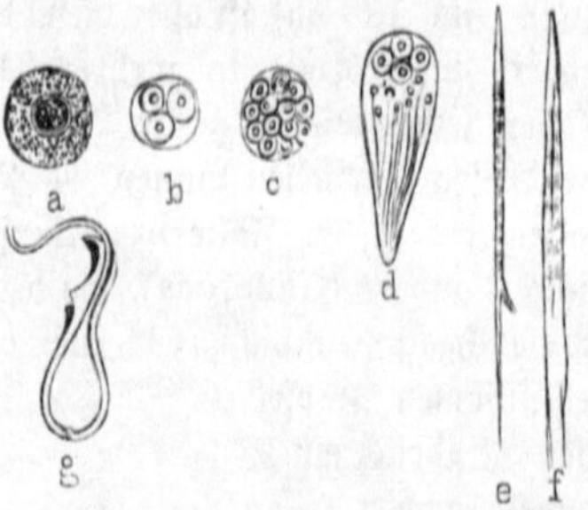

Fig. 188.
a Samenmutterzelle. b Tochterzelle 1. Generation, c 2. Generation, d in einem späteren Stadium, wo sich innerhalb der gemeinsamen Zellhülle aus den eigentlichen Samenzellen die Samenfäden entwickeln. e Ein solches Samenkörperchen von der Seite, f von der Fläche. g Samenpatrone der Feldgrille.

die Hoden im Wesentlichen fertig, und fehlt zur Vollendung des ganzen Apparates nur noch, daß sich ein gleichfalls aus der Hodenanlage hervorgehender perlschnurartiger Zellstrang zum spätern Samenleiter umbildet, der natürlich zugleich mit den primitiven Hodenfollikeln in Fühlung treten muß.

Bedeutsam ist die Entwickelung des männlichen Zeugungsstoffes, in welcher Beziehung gerade die Insekten ganz klassische Objekte sind.

Die häutigen Hodenfollikel resp. Samenkanälchen sind, wie wir eben erfuhren, von einer Menge kleiner heller Zellkügelchen erfüllt. Die den Wänden anliegenden ordnen sich später zu einem einschichtigen Beleg oder Epithel, indeß die in der Mitte und frei bleibenden als die eigentlichen Samen- oder richtiger Samenmutterzellen zu betrachten sind. Nach Art eines sich furchenden oder klüftenden Eies, entwickeln sich in den letztern (Fig. 188 a), durch Theilung, zwei Generationen oder Bruten von Tochterzellen (b, c). Meist sieht man in den Mutter- oder Keimzellen 4—6, oft aber auch 20—40 und noch mehr solcher. Aus letztern gehen nun, durch wiederholte Sonderung, die eigentlichen Samenzellen hervor, welche aber, bei den Faltern wenigstens, paketweise in der allmälig zu einem Schlauch (d) sich umbildenden Hülle der Mutterzelle vereinigt bleiben.

Die im reifen Sperma schwimmenden Samenfäden oder Spermatozoen sind nun nichts anderes, als die umgewandelten Leiber der Samenzellen. Ihre typische Gestalt, ein kleines rundliches Köpfchen mit einem langen schlängelnden Schwanzfaden, ist die der höhern Thiere. Doch finden sich allerlei Abweichungen, ja bei hinlänglich scharfer Betrachtung möchte wohl fast jede Gattung ihre specifischen Samenkörper zeigen. Sehr eigenthümlich ist oft namentlich der Kopftheil. Schon vor Langem hat der um die Erforschung der Thierzeugung hochverdiente v. Siebold auf die pfeilzungenartigen Spermatozoenköpfe der Laubheuschrecken aufmerksam gemacht. In neuerer Zeit hat man aber auch nagelförmig und besonders schraubenartig gestaltete Bildungen kennen gelernt, während eine genauere Analyse des ursprünglich für homogen angesehenen Schwanztheiles einen von einem feinsten Axenfaden durchzogenen, aus verschieden dichten Gliedern zusammengesetzten Körper nachwies, von dem oft noch ein kleines Seitenschwänzchen absteht (e, f). Merkwürdige Samenkörper zeigen, was wir nebenbei bemerken, manche Krebse: einfache Kugeln mit radspeichenartigen Anhängen, womit sie sich lebhaft herumrollen, und ist auch das Verhalten der Wasserassel auffallend, wo sich der sonst so häufige Geschlechtsdimorphismus sogar auf die Samenfäden zu erstrecken scheint.

Ueberaus verschieden ist die Größe respektive die Länge der Samenfäden. Bei den meisten Kerfen kaum den vierzigsten Theil eines Millimeters messend, strecken sie sich bei vielen Geradflüglern und Käfern bis zu 2 Millimetern aus — indessen jene der Muschelkrebschen selbst das drei- bis vierfache der Körperlänge erreichen.

Da die Samenfäden meist nicht isolirt, sondern paketweise entstehen, so dürfen wir uns auch nicht wundern, daß wenigstens die Einer Brut angehörigen Spermatozoen auch noch nach ihrer Vollendung beisammen bleiben. Aber in welchen seltsamen Formen gefallen sich diese Samenthiergesellschaften! Meist wurmartige Stränge oder Ruthen und Büschel bildend ahmen sie unter Anderm bei den Locustiden sogar die Gestalt zarter Dunenfedern nach.

Nun kommen wir zu den Gefäßen, welche die in den Hoden erzeugte Samenflüssigkeit nach außen führen. Was zunächst die paarigen, d. i. die Samenleiter (Fig. 185, 186 sl) angeht, so erscheinen sie oft nur als einfache Fortsetzungen der tubulösen Drüsenröhrchen. Nur verstärkt sich das zarte Muskelnetz, das der innern Röhrenwandung aufliegt. Die Samenleiter lieben aber in der Regel nicht den geraden und kürzesten Weg, sondern machen, analog wie bei uns selbst, mannigfache Biegungen, ja bei manchen Schnabelkerfen und Geradflüglern glauben wir in den knäuelartigen Verwickelungen sogar eine Art Nebenhoden zu erblicken. Bisweilen sind in diesen Samengängen auch weitere Behältnisse, die Samenblasen

(Fig. 185 bl) eingeschaltet, die hauptsächlich bei Kerfen am Platze sind, bei denen das Sperma nur tropfenweise abreift, während bei der Begattung doch eine größere Quantität auf einmal benöthigt wird und dieß nicht etwa deßhalb, weil zur Befruchtung der Eier so viele Millionen von Samenfäden gegenwärtig sein müssen, sondern, so nehmen wir an, einerseits deßhalb, weil ein großer Theil derselben in den weiblichen Geschlechtsgängen für die letztere vorloren geht, und weil andererseits die Natur durch reichliche Zumessung dieses Sekretes die Männchen in die erfreuliche Lage setzen wollte, jedem Weibchen, auf das sie gerathen, von diesem Stoffe Genügendes mitzutheilen.

Am Ende der Samenleiter sehen wir fast bei allen Kerfen Drüsen (dr vgl. auch Fig. 59 u. 96) einmünden, welche an Gestalt und Umfang nicht weniger verschieden und merkwürdig wie die Hoden selbst sind. Ein einziges Paar findet sich bei den Zwei- und Schuppenflüglern, während gewisse Käfer beiderseits mehrere Follikel besitzen, die insbesondere bei den Wanzen und Geradflüglern die wunderlichsten Büschel und Bäumchen bilden. Die Bestimmung ihres Sekretes ist aber größtentheils dunkel; denn Meinungen, wie die, daß es zur Verdünnung oder auch zur Parfümirung des Samens diene, zählen wohl nur zu den nichtssagenden Redensarten.

Dagegen ruft eine gelegentliche andere Funktion unser höchstes Interesse wach. Bei Kerfen, welche, warum ist schwer zu sagen, keine eigentliche Ruthe haben, werden in besonderen Abtheilungen des Leitungsapparates die periodisch abreifenden Samenmassen derart im gallertigen Sekret dieser Drüsen eingebettet, oder davon umschlossen, daß dadurch förmliche mit Samen gefüllte und an der Luft zu einer harten Kapsel erstarrende Patronen zu Stande kommen.

Ueber den unpaarigen Samenleiter oder das Samenausspritzungsrohr (ductus ejaculatorius) (Fig. 185 ag) wollen wir nur, was zwar selbstverständlich, beifügen, daß es eine sehr kräftige Längs- und Ringmuskulatur besitzt, und inwendig von einer derben rauhen Chitinhaut ausgefüttert ist.

Die Uebertragung des Samens ist eine doppelte, nämlich entweder eine direkte oder innerliche vermittelst eines eigenen bereits oben beschriebenen Begattungsgliedes, das sich mit der Scheide des Weibes zu einem kontinuirlichen Leitungskanale vereinigt, oder eine indirekte, oder besser äußerliche, vermittelst der erwähnten Samenpatronen oder Spermatophoren. Beiderlei Vorgänge bieten aber manche Besonderheiten. Um zunächst die Uebertragung der Spermatophoren zu besprechen, so werden diese entweder mit besonderen Zangen oder Klappen in die Scheide eingeführt oder derselben nur äußerlich angehängt, in welchem letztern Falle also von einer eigentlichen Kopulation gar nicht die Rede sein kann.

Zum letztern Zweck besitzen die Samenpatronen, wie bei der Grille (Fig. 188 g) eigene Häckchen, die sich leicht an korrespondirenden Vorsprüngen der Weibchen verfangen, laufen wohl auch bisweilen, was ebenfalls hier zu sehen, aber noch niemals recht aufgefaßt worden, nach Art eines Spritzfläschchens in eine gleichsam die fehlende Ruthe ersetzende Injektionskanüle aus.

Den Teleologen, d. h. den Zweckmäßigkeitsfanatikern zum Trotze sei es ausdrücklich gesagt, daß nach unseren vieljährigen Beobachtungen die Grillenmännchen, in Abwesenheit ihnen zusagender Weibchen, viele dieser kostbaren Samenpakete ungenützt zur Erde fallen lassen. Wir sagen **ungenützt**, weil hier noch kein Fall konstatirt ist, daß samenbedürftige Weibchen, wie bei den Erdasseln, sie aufsuchen und — horribile dictu — sich selbst in die Scheide stecken.

Daß aber die Natur nicht darnach frägt, was, nach menschlichen Begriffen, sich schickt oder nicht schickt, praktisch oder unpraktisch scheint, sondern immer und allzeit nur mit den gegebenen Faktoren rechnet und sonach jedes zeugende Wesen für sich betrachtet und beurtheilt werden muß, das können wir auch bei den Libellen sehen.

Wie bei allen Insekten mündet der Samengang auch hier an der Hinterleibsspitze aus. Verschiedene eigenthümliche Verhältnisse haben es aber mit sich gebracht, daß sich zur Samenübertragung besser die Wurzel des Abdomens eignet, und so wird das dort entleerte Sperma durch die leicht zu bewerkstelligende Einkrümmung des Hinterleibes in einen besonderen Beutel der zweiten Bauchschiene entleert und erst von hier aus mittelst geeigneter Rinnen in das dem Männchen von unten her auf die Brust gepflanzte Hinterleibsende des Weibchens übertragen.

Dieß einmal wissend, kann es uns nicht mehr befremden, daß manche Assel- und Krebsmännchen den Samen in den rinnen- oder hohlhandartigen Füßen dem Weibe entgegenbringen, und muß man endlich auch einmal aufhören, die frivole Manipulation der Spinnen, welche den Samen in die Taster nehmen, als eine Art von Wunder auszuposaunen.*)

Zeugungsorgane der Weibchen.

Die weiblichen Genitalien sind in der Regel nicht bloß viel umfangreicher, sondern auch etwas komplizirter als die

*) Wie wenig der Mensch berufen, auch in geschlechtlichen Dingen zum Maßstab für andere Thiere zu gelten, zeigt auch der Fall bei Psammoryctes, einem Verwandten des Regenwurms, bei dem die Spermatophoren, mit einem scheinbar einem Echinorrhynchus entlehnten Rüssel ausgerüstet, frei herumschwimmen, und dann der bei der Seewalze wo sich die Weibchen den Samen mittelst der Tentakel — in den Mund stopfen!

männlichen, da hier zu den Keimdrüsen und den Ausführwegen meist noch eigene Behälter zur Aufnahme des männlichen Gliedes und des Samens hinzutreten.

Begreiflicherweise verdienen auch hier die erstern die meiste Beachtung, die ihnen denn auch seit Swammerdamm, Malpighi, Degeer, Sukow, Hegetschweiler, Herold u. s. w. im reichsten Maße zu Theil geworden. Nur selten, vielleicht bei einigen Schmetterlingen (Nachtpfauenauge?) bestehen sie aus einem einzigen, äußerst langen und schön spiralförmig aufgewundenen Rohr, sonst ist auch hier, wie bei den Hoden, und dießmal aus noch naheliegenderen Gründen, die radiäre Gliederung oder Theilung in mehrere gleichwerthige Follikel oder Tuben (Fig. 189 ov) die Regel, für deren Gesammtheit also die Bezeichnung Eierstock vollkommen am Platze ist. Aber wie unendlich mannigfaltig ist die Größe, Zahl und Verbindungsweise der Eiröhren, und wie wenig ist auch hier noch die Abhängigkeit dieser Verhältnisse theils vom übrigen Bau, theils von den besonderen sexuellen Anforderungen studirt! Relativ sehr wenige, nämlich nur je drei, aber sehr lange und am dünnen Endtheil bischofsstabförmig eingerollte Eierschläuche besitzen unter Anderm viele Aderflügler, z. B. die Hummeln, manche Wespen u. s. w., während bei der viel producirenden Bienenkönigin oft gegen 180 und bei der Termite 2—3000 gezählt werden.

Wir nannten absichtlich eine beiläufige Ziffer, weil — was sich die frommen Gläubiger des Stabilitätsdogma's hinters Ohr schreiben mögen — die Zahl und wohl auch die Länge der Eiröhren, und zwar nicht bloß bei den einzelnen Individuen, sondern, wie v. Siebold bei der franz. Wespe beobachtet, selbst an den beiderseitigen Eierstöcken eines und desselben Thieres, und zwar unverkennbarer Weise mit gewissen äußern Verhältnissen, so namentlich der Nahrung, bedeutend zu variiren pflegt.

Sinnreich ist ihre Verbindungsweise. Meist pflanzen sie sich wirtel- oder fächerförmig, also hart nebeneinander in einer kelch- (ke) „oder muttertrompetenartigen" Enderweiterung des Eileiters ein. Bisweilen, z. B. bei der Skorpionfliege und bei der Fangheuschrecke, sitzen sie diesem aber auch seitlich oder quer, wie die Zweige einer sog. „einerseitswendigen" Trugdolde auf.

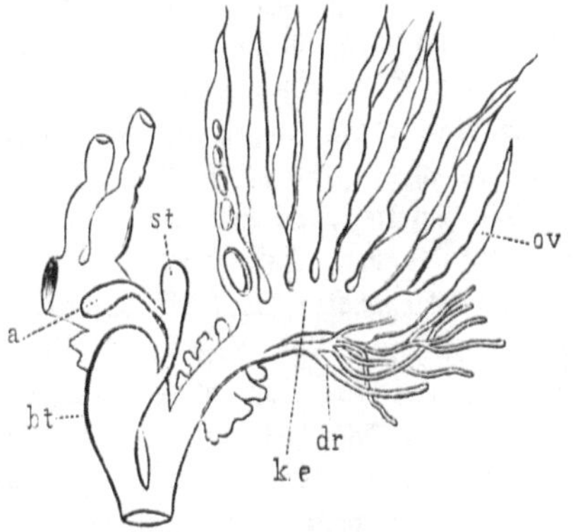

Fig. 189.

Weiblicher Geschlechtsapparat von *Hydrobius fuscipes*. ov Eierstock (links abgeschnitten). ke kelchartige Erweiterung des Eileiters. dr Anhangsdrüsen. bt Begattungs-, st Samentasche. a Anhangsdrüse der letzteren.

Wichtig, aber wie es nach den einschlägigen Mittheilungen unserer zoologischen Kompendien scheint, für die Vergessenheit bestimmt ist die Beobachtung des auch auf diesem Gebiete in erster Reihe zu nennenden Leydig*), daß der untere Theil der überaus langen Falter-Eiröhren vom obern

*) Vgl. insbesondere sein namentlich wegen der prächtigen, naturgetreuen Abbildungen nicht genug zu würdigendes Werk „Eierstock und Samentasche der Insekten". Dresden, Blochmann 1866.

durch besondere zweilippige Klappen abgeschieden, eigentlich zum Eileiter zu rechnen ist, was ein ganz analoger Fall ist wie bei den gewissen Raubkäfern, wo das lange Samendrüsenrohr scheinbar ohne Grenze in den Samengang übergeht.

Eine eigenthümliche Sache ist es um die obere Endigung der Eiröhren. Wie Figur 185 und 190 veranschaulichen, spitzen sich dieselben zu einem feinen Faden zu und bilden im dichten gegenseitigen Anschluß ein pyramiden- oder kegelförmiges Gebinde, das durch die zu einem Strange vereinigten Endfäden, wie schon Swammerdamm bei der Wespe gesehen, vorne am Rückengefäß angeheftet ist. Joh. Müller, der dieß Verhalten zuerst genauer studirte, glaubte sich dann am längsten aller Insekten, nämlich bei Phasma ferula bestimmt überzeugt zu haben, daß jeder einzelne der 50 Eifollikel mittelst eines separaten kapillaren Endröhrchens direkt in das Herz übergehe, so daß diese Kanäle gewissermaßen besondere Ovarialarterien wären, durch welche den sich entwickelnden Eiern das Herzblut direkt zugeleitet würde. In einem ähnlichen Sinne sprachen sich auch Dufour und Stein in ihren verdienstvollen Monographieen der weiblichen Insectengenitalien aus. Wir können indeß schon aus dem Früheren abnehmen, daß am Blutleitungssystem den Eierstöcken zu Liebe keine Ausnahme gemacht wird, und klärt sich nach Leydig's einschlägigen Studien der Sachverhalt sehr einfach und völlig in dem von uns wiederholt vorgetragenen Sinne auf.

Wie alle anderen Weichorgane der Kerfe haben auch die Eiröhren eine doppelte Hülle, eine, welche ihr eigentliches und eigenthümliches Kleid ist, d. i. also die sog. tunica propria, und dann eine Art Ueberwurf, das Peritonäum, das allen innern Organen gemeinsam ist. Das innere Rohr dieses zwiefachen Futterals ist eine vom zelligen Inhalt der Eifollikel, resp. von ihrem später zu erwähnenden Epithel abgesonderte homogene, glashelle und äußerst elastische Chitinhaut, zu der dann, in der Regel wenigstens, auswendig noch eine bald aus stern- bald aus balkenartigen Muskeln gebildete gitterförmige kontraktile Schichte hinzutritt. Diese innere Eifollikelscheide endet, und zwar oft in einer gemeinsamen blasigen Erweiterung mit den benachbarten Ovarialröhren und meist schon in beträchtlicher Entfernung vom Rückengefäß, blind, und kann sonach von einer direkten Kommunikation mit diesem absolut nicht die Rede sein. — Der äußere, lockere Ueberzug aber ist nichts Anderes, als das meist sehr fettreiche „zellig-blasige" und von dichten Tracheennetzen durchflochtene Binde- oder, wie wir es schon mehrfach genannt, Lungen und Saftleitungsgewebe, mittelst dessen alle einzelnen Organe zu einem einheitlichen Ganzen verbunden sind. — Speciell an den Eiröhren erscheint es oft als eine aus ineinander geflossenen Zellen gebildete weiche, feinkörnige Protoplasmaschichte mit eingestreuten Kernen, bisweilen auch nach außen hin eine kontinuirliche zarte Chitinhülle abscheidend. Und was sind nun die erwähnten „Aufhängbänder"? Die über die Endigungen der innern Ovarialscheiden hinaus bis zum Peritonäum des Herzens sich fortsetzenden und damit kommunicirenden äußern Futterale, denen aber, da der erwähnte Ueberzug des Herzens demselben ziemlich fest ansitzt, nicht bloß kein nennenswerthes Blutquantum zufließt, sondern gar keines zufließen kann.

Nun kommen wir auf das Interessanteste, was an einem Lebendigen überhaupt zu betrachten, nämlich auf die Entwicklung der Eikeime, ein Gegenstand, der gleichfalls von einer Reihe der ausgezeichnetsten Forscher, wie v. Siebold, Leydig, Leukart, Claus, Lubbock, Huxley, Ludwig u. s. w. auf das Eingehendste untersucht worden. — Während die Formelemente des Samens nur Produkte, nur Abkömmlinge von Zellen darstellen, sind die Eier wahrhaftige, echte

Zellen, die sich von den übrigen, den gleichen Namen führenden Elementargebilden des Körpers betreffs ihrer äußeren Erscheinung nur durch ihre verhältnißmäßig kolossale Größe, sowie durch eine derbere und komplicirtere Umhüllung auszeichnen. Wie aber die Eizellen eben diese Eigenschaften erlangen, d. h. wie die primitiven weiblichen Keimzellen Eier werden, soll nun kurz erläutert werden.

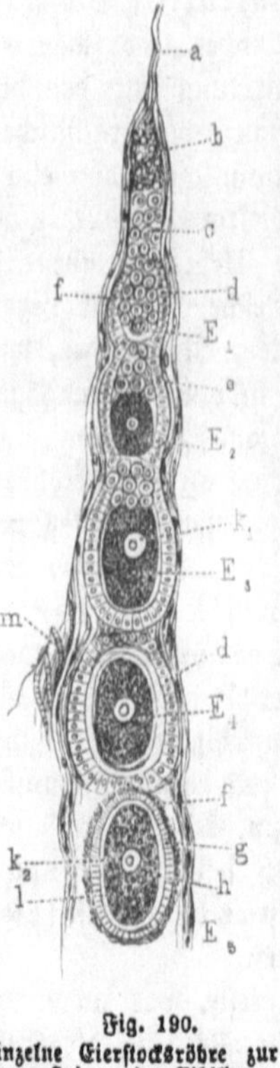

Fig. 190.
Einzelne Eierstocksröhre zur Demonstrirung der Eibildung. a Endfaden. b, c Keimlager. E_1, E_2 ... Eizellen in den aufeinanderfolgenden Entwicklungsstadien. e sog. Dottersack. d Eiröhren-Epithel. m äußere von Tracheen durchwobene Hülle der Eierstockröhren.

Man hat von den fötalen Eifollikeln auszugehen, die, gleich den Samenröhren, durch strangartige Sonderung des primitiven zelligen Keimorgans entstehen. Jeder solche Follikel ist zu einer gewissen Zeit mit einer großen Anzahl unter sich vollkommen gleicher Zellen angeschoppt, wie solche am oberen blinden Ende der Eiröhre in Fig. 190 bei (b) zu sehen sind. Strenge genommen sind dieß eigentlich keine Zellen, insoferne sie nur aus einem von einem hellen Protoplasmahof umgebenen Kern oder **Keimbläschen** bestehen und eine häutige Umhüllung erst später erhalten (c). Im Laufe der weiteren Entwicklung kommt es zu einer **räumlichen und physiologischen Scheidung** dieser Zellen, indem die der Eiröhrenwand zunächst anliegenden im selben Maße, als sich die Eier vergrößern ein die letztern anfangs becher- und später schalenartig umgebendes Epithel (d) bilden, während sich der den Mittelraum einnehmende, oder der axiale Zellstrang, durch Bildung querer Einschnürungen in eine Anzahl perlschnurartig übereinander gereihter Zellgruppen oder Zelltrupps zu sondern beginnt. Später nimmt an dieser queren Gliederung der Kammersäulen auch die innere und zuweilen, wenn auch in geringerem Grade, auch die äußere Follikelscheide Theil, d. h. der ursprünglich einfache Drüsenschlauch sondert sich in eine Reihe im weiteren Verlauf der Dinge von oben nach unten an Größe zunehmender Abtheilungen, oder Specialdrüsen.

Die in den einzelnen Keimschlauchsegmenten liegenden freien Zellgruppen sind nun die Bildungsheerde oder Brutstätten je eines Eies und führen deßhalb auch den Namen Keimlager. Die Sache ist die. Eine der in sehr wechselnder Anzahl (meist zu 5—10) vorhandenen Zellen des ganzen Keimlagers, und zwar ist dieß meist die unterste (E_1) erhält den Vorzug vor ihren Schwestern, den strenge so zu nennenden Keimzellen; sie ist dazu auserkoren, ein Ei zu werden, oder richtiger gesagt, sie oder ihr Keimbläschen (k_1) ist der Grundstock, das wirksame und sammelnde Centrum, an und um welchem der dicke fette Leib der Kerf-Eizelle sich aufbaut.

Das Material zur Vergrößerung, man möchte sagen zur Mästung der Eizelle kommt aber von sehr verschiedenen Seiten. Einmal von der Blutflüssigkeit, die alle Eiröhren und namentlich die selbst auch an plastischem Material sehr reiche und gleichsam als eine Art Schwellgewebe fungirende äußere Scheide derselben durchtränkt. Dann von den Zellen des Keimfach-Epithels, die ja, wie wir erfahren, im Grunde genommen von gleicher Abkunft wie die Ei- und Keimzellen selbst sind, vorzugsweise aber von den letzteren, die man geradezu als Nährzellen des Eies, d. i. als jene Gebilde betrachten muß, die sich für das letztere und zwar, wie wir hören werden, bis auf den letzten Rest aufopfern und hingeben.

Indem das Ei auf diese Weise sich vergrößert, wird die Eiröhrenwand an der entsprechenden Stelle ausgebaucht und so eigentlich erst die definitive Eikammer geschaffen, während die immer magerer werdenden Keimzellen über demselben im sog. Keimfach vereinigt bleiben, das z. B. bei den Faltern, den Wespen u s. w. auch äußerlich wohl zu erkennen ist. Bei manchen Insekten, z. B. bei den Blattläusen und bei Bombus, ist die Kommunikation des Inhaltes der Eizelle mit den Keimzellen wesentlich dadurch erleichtert, daß von jenem ein Schlauch zu den letzteren, resp. zum Keimfache hintritt, durch den ihm die erforderliche Nahrung zuströmt, während in den übrigen Fällen das durch die halsartige Einschnürung zwischen dem Ei- und Keimfach gebildete Rohr diesen Dienst versieht.

Bekanntlich wird der Kern der Eizelle (k_1) als Keimbläschen und sein dicker Leib, also der bräuartige Protoplasmahof des letzteren als Dotter bezeichnet. Aus dem Grunde nannte man die Keim- oder Einährzellen auch Dotterzellen. Die specifischen Dotterelemente, nämlich die zahlreichen in der zähflüssigen Grundsubstanz eingebetteten, oft schön gelb, roth oder auch grünlich gefärbten Körnchen und Fettkügelchen, welche eben dem Eidotter das charakteristische Aussehen geben, scheinen aber nicht immer direkt von den „Dotterzellen" herzustammen, sondern entwickeln sich in der Eizelle selbst, allerdings, z. Th. wenigstens, aus dem von jenen gelieferten Materiale, so daß der schon lange beliebte Streit hinsichtlich der Benennung der verschiedenen an der Eibildung betheiligten Zellformen wahrlich ein höchst müßiger ist. —

Wir haben noch beizufügen, daß die dem Ei vorgelagerten Dotterzellen unter fettiger Degenerirung schließlich zu einer schwefelgelben pfropfartigen Masse zusammenschrumpfen, die dann mit dem nächsten Ei ausgestoßen wird.

Werfen wir nun einen Blick auf die Gesammtheit der in einem Follikel zur Entwicklung kommenden Eizellen.

An unserer Figur 190 und 189 vergrößern sich dieselben schrittweise von oben nach unten, d. i. vom blinden gegen das offene, dem Eikelche zugekehrte Ende zu. Dieß rührt daher, daß die Ausbildung der Eier von unten nach oben fortschreitet, d. h., daß die Eier der untersten Fächer bereits fertig sein können, wenn die der obersten sich erst zu bilden anfangen. Die linear übereinandergereihten und stufenweise sich vergrößernden Eizellen einer Eierstockröhre bieten uns also, und zwar auf einmal, ein getreues Abbild aller aufeinanderfolgenden Entwicklungsphasen, welche die Eizelle eines bestimmten, sagen wir des untersten Faches, allmälig zu durchlaufen hat. Das Nacheinander in der Zeit ist hier im Hintereinander des Raumes wiedergegeben.

Aehnlich wie bei der Produktion des Samens thut die Natur aber auch bei jener der Eier ein Uebriges. Jeder Ovarialschlauch enthält in der Regel die Anlagen zu sehr vielen Eiern, von denen aber nur die untersten vollkommen abreifen. Aber eben die Existenz der übrigen, gewissermaßen in der Reserve stehenden halbreifen und unreifen Eier bietet der Natur, und, wie wir an der Biene sehen, auch der künstlichen Züchtung die Möglichkeit dar, die Produktivität gewisser Insekten zu steigern, ja fast ins Unbegrenzte auszudehnen.

Wie nicht anders zu erwarten, ist die Durchschnittszahl der in einem Ovarialtubus abreifenden Eier bei den verschiedenen Insekten eine sowohl relativ, als absolut genommen sehr ungleiche, d. h. die eine Kerfart producirt häufig nicht bloß deßhalb weniger Eier als eine Andere, weil dieselben etwa verhältnißmäßig größer sind, sondern weil überhaupt ihr gesammtes Zeugungsmaterial ein geringeres ist. Beispiele von sehr armeiigen Ovarialtuben geben manche Fliegen, Läuse und Käfer, indem in jedem derselben nur 1—6 Eier stehen, während die reicheiigen Follikel der Biene je gegen 17 und jene gewisser Schmetterlinge sogar gegen 100 bergen.

Die dicke Chitinschale, welche den feinorganisirten Weichkörper der Insekten umgibt, ist, wie wir genugsam überzeugt, die praktischeste und solideste Aussteuer, welche die Natur diesen Thieren hat geben können. Werden denn aber ihre zarten Keime oder Eier, welche oft monatelang denselben schädlichen Einflüssen, wie ihre Erzeuger ausgesetzt sind, eine eigene Schutzdecke oder Hülle nicht ebenso von Nöthen haben, und könnte sie aus einem schicklicheren und überhaupt aus einem anderen Stoffe als aus Chitin bestehen, das ja beinahe von allen Zellen des Insektenkörpers abgesondert wird?

Das Eigenthümliche ist aber dieses. Bei den höhern oviparen Luftthieren, z. B. bei den Vögeln, wird der eigentliche Leib des Eies und seine Schale in separaten, weit von einander gerückten Drüsen; bei den Insekten aber Beides an Einem Orte, dem Eierstock erzeugt, der sich sonach scheinbar als eine komplicirtere Bildung erweist. Wir sagen „scheinbar", weil das nämliche, dem Ei sich nach und nach allseitig anschmiegende Follikel-Epithel, welches, solange das Ei noch klein ist, demselben neue Stoffe zuführt und also bei seinem Aufbau, soviel es vermag, mitthätig ist, später, wenn es hinlänglich erstarkt ist und die eigentlichen Nähr- oder Dotterzellen zu dessen Fertigstellung genügen, die neue und jetzt wohl ausschließliche Funktion einer **Schalendrüse** übernimmt.

An feinen Durchschnitten durch die Hülle der Kerfeier hat übrigens Leydig eine nicht minder zusammengesetzte und für die Lebensunterhaltung der Keime bedeutungsvolle Struktur aufgedeckt, wie sie nach neuern Untersuchungen bei den Vögel- und Reptilieneiern nachgewiesen. Der Genesis nach sind zwei Hüllen zu unterscheiden, die primäre oder Dotterhaut (Fig. 190 E, h), welche nichts Anderes als ein Theil, als eine hautartige dünne Rinde der Substanz des Eikörpers selbst ist, und die sekundäre oder die eigentliche derbe und chitinisirte Schalenhaut, das sog. Chorion (E, g), welches schon durch seine oft hornbraune Farbe, sowie durch die hohe Elasticität und die oberflächlichen Skulpturverhältnisse an den Hautpanzer erinnert. Es zeigt indeß eine weit komplicirtere Bildung. Die erste oder innerste Schichte — so wenigstens nach unserm Gewährsmann an den Eiern des Todtengräbers — ist eine dünne homogene Cuticula, eine Art mittelfeiner Zwischenlage. Die zweite oder Mittelschichte möchte man fast der Säulchenlage der Muschelschalen vergleichen; denn sie zeigt sich an Schnitten wie aus haardünnen Stäbchen aufgebaut. Der Grund dieses Aussehens ist aber ein ganz anderer. Die Bläschen des Epithels tragen nämlich, gleich Flimmerzellen, einen Büschel feiner, im Groben und an der Flächenansicht den Zähnen eines Steckkammes vergleichbarer Fortsätze, um die sich nun, scheidenartig, die in Folge dessen porös werdende Chitinhaut absetzt. Die äußerste oder oberflächlichste Lage zeigt dann die Ab- oder Eindrücke der nach der Resorption der feinen Cilien übrig bleibenden Zellleiber.

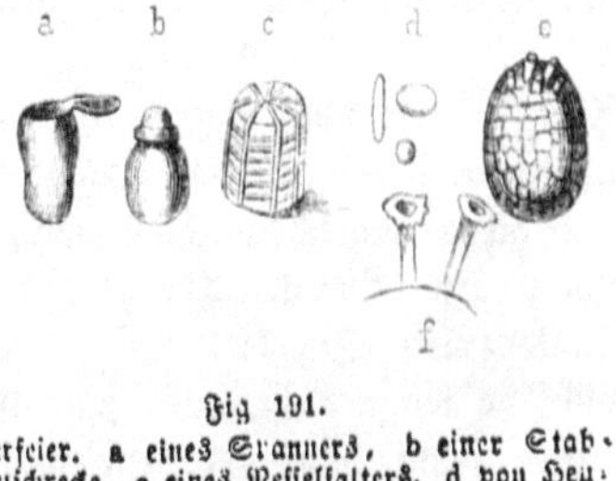

Fig 191.
Kerfeier. a eines Spanners, b einer Stabheuschrecke, c eines Nesselfalters, d von Heuschrecken, e von Pyrrhocoris apterus mit dem Mikropylapparat am oberen Eipol, f zwei stärker vergrößerte Mikropylen.

Wie mannigfaltig und zierlich aber das dadurch bedingte Eischalenrelief der Kerfe ist, vermögen wir unmöglich mit Worten wiederzugeben. Leukart hat Mühe gehabt, dieß auf vielen prächtig gestochenen Tafeln zu thun, und wollen wir denn auch gleich anmerken, daß man vom unendlichen Gestaltenreichthum der Insekteneier höchstens dadurch einen schwachen Begriff bekommt, daß man anerkennt, sie seien von Art zu Art mindestens eben so verschieden und nicht minder würdig, in einer eigenen Sammlung hübsch geordnet aufgestellt zu werden, wie die Samenkörner der einzelnen Pflanzenspecies. (Vgl. Fig. 191.)

Zu den erwähnten feinen Ventilationsporen der Eischale kommen aber bei manchen Kersen, z. B. beim Weinvogel, noch größere und zwar theils dem gefelderten Außen-, theils dem fibrillären Innenchorion angehörige Hohlräume oder Kammern hinzu, die, wenn die Eier die Mutter verlassen, sich nach und nach mit Luft füllen, womit es sich auch erklärt, warum viele Kerseier ihre Farbe wechseln und jene des ja aus dem nämlichen Grunde weiß erscheinenden Schnee's annehmen.

Mit manchen der weiteren Eischalenporen, welche schon Malpighi's aufmerksames Auge wahrgenommen, hat es aber allem Anschein nach ein anderes Bewandtniß. Sie werden als Mikropylen, als Einlaßpförtchen für die Samenfäden angesehen. In eigenthümlicher, oft röhren- oder trichterartiger Form und Gruppirung, d. i. zu einem förmlichen Mikropylapparat vereinigt, trifft man sie zumal am oberen Eipol an, und aller Wahrscheinlichkeit nach entstehen diese absonderlichen Bildungen durch die an dieser Stelle befindlichen Dotterzellen (Fig. 191, e, f). Wenn nun aber einerseits auch nicht zu leugnen ist, daß, falls die Spermatozoen in den Eidotter selbst hineingerathen müssen, derartige separate und geräumigere Gänge in der harten Eischale unerläßlich sind, und andererseits die Samenfäden auch in der That oft in der Nähe des Mikropylapparates oder gar in der zapfenartigen hohlen Ausstülpung der Dotterhaut dieser Gegend bemerkt werden, so ist nach Leydig doch auch nicht zu vergessen, daß bei vielen Kerseiern solche Mikropylen gänzlich fehlen, während hinwiederum die gewisse Trichteröffnung bei manchen lebendig gebärenden Insekten mehr zur Respiration und zur Nahrungsaufnahme innerhalb des Uterus bestimmt zu sein scheint.

Die Kerfeier erhalten aber zu guter Letzt noch eine dritte, oberflächliche Umhüllung, und dieß so. Wenn das unterste Glied der ganzen Eierkolumne eines Follikels sowohl in- als auswendig völlig fertig ist und durch die von oben nachdrängenden Eier aus seinem Stammsitz verdrängt und in den Eierkelch hinabgedrückt wird, so geht auch die betreffende Kammerwandung mit, und das in sich zerfallende Epithel derselben bildet um das beschalte Ei einen meist unebenen, hyalinen und schlüpfrigen Ueberzug (Fig. 190 f).

Wir sind es schon gewohnt, in allen Theilen des weiblichen Apparates nur Wiederholungen des männlichen zu sehen. Dieß gilt auch von den mannigfachen drüsigen Anhangsorganen (Figur 184, 189 dr), welche bald als paarige Schläuche, bald z. B. bei Mantis, als große strauchartige Konvolute von solchen an und neben den Eierstöcken sich hervordrängen. Ihre Bestimmung ist aber minder problematisch wie dort. Es sind Kittdrüsen, d. h. sie liefern jene gummiartige, an der Luft gerinnende Materie, durch welche die Eier vieler Insekten, bald einzeln an fremde Gegenstände angeleimt, bald zu größern und oft bewunderungswürdig schön geordneten Paketen verpackt werden, welches letztere Verfahren leider noch wenig studirt ist. Warum nun gerade die erwähnte Mantis so mächtige Kittdrüsen hat, ist begreiflich. Die ganze, an einen Stein oder Stengel abzusetzende Eiermasse bekommt (vergleiche den 2. Bd.) hier eine doppelte Einwicklung.

Ueber den Ausleitungsapparat der Eier ist wenig zu sagen. Die paarigen Eileiter sowohl, als der unpaarige Gang bestehen im Wesentlichen aus den nämlichen Gewebslagen wie die Eiröhren selbst, nur daß hier eine kräftige peristaltische Bewegungen vollführende Längs- und Ringmuskulatur und dann, wie allenthalben, eine chitinöse Auskleidung hinzukommt, während das Epithel zu einer dünnen Lage zusammenschrumpft.

Der hintere Theil des unpaaren Eierganges dient als Scheide für das männliche Glied und darüber ist noch Einiges beizufügen.

Bei Insekten, bei welchen, wie z. B. bei den Käfern, Faltern u. s. w. die Ruthe sehr umfangreich ist, versteht es sich von selbst, daß auch die Scheide sich angemessen erweitert, und ist es gewiß auch ganz in der Ordnung, daß durch die Herstellung einer seitlichen Scheidenausstülpung (Fig. 191 bt) diesem Organe ein besonderer Platz, eine eigene hinlänglich starke Tasche angewiesen und dadurch seinem oft sehr ungestümen Vordringen ein Ziel gesetzt wird.

Noch mehr hat aber der injicirte Samen ein besonderes reservirtes Plätzchen nöthig. Wir müssen nämlich bedenken, daß die meisten Kerfweibchen nicht so gar häufig Gelegenheit finden, sich das zur Befruchtung der Eier nöthige Sperma zu verschaffen. Da aber die einzelnen Eier der Ovarialfollikel oft in sehr weit, ja bei der Biene selbst jahrelang auseinander gelegenen Zeiträumen abreifen und ihrer Lage wegen unmöglich alle zugleich, sondern nur nach und nach befruchtet werden können, so würde der einfach in die Eigänge eingespritzte Samen durch die beständig in denselben herunter gleitenden Eier offenbar mitgerissen und somit bald, und bevor noch die letzten Eierstockseier besamt wären, völlig weggeräumt sein.

Wo eine besondere Begattungstasche vorhanden, kann zur Noth allerdings diese, oder irgend eine andere Falte des Eileiters dem Samen den nöthigen Unterstand geben; d. h. es sind zu dem Zwecke separate Samenaufbewahrungsorgane nicht unbedingt erforderlich und fehlen bisweilen auch wirklich. Da aber der Samen einerseits, um jahrelang lebenskräftig zu bleiben, von Zeit zu Zeit gewisser Zuthaten von Seite des ihn beherbergenden Trägers bedarf und es andererseits im Interesse einer weisen Haushaltung mit diesem kostbaren Stoffe gelegen sein muß, daß jedem einzelnen Ei nur eine bestimmte Portion zugeführt wird, so erscheint, was auch Leydig zugeben wird, ein separates und „specifisches" Hilfsorgan, das beiden Anforderungen entspricht, wenigstens bei den Insekten, bei welchen derartige Verhältnisse obwalten, unerläßlich.

Und die meisten Insekten besitzen auch in der That eine solche, bereits von Malpighi und Herold gekannte Spermatheca, ja manche wie die „Russen" und Libellen deren zwei, oder gar wie gewisse Fliegen dreie (Fig. 184 st).

Lehrreich für das Zustandekommen dieser Samentaschen ist zunächst nach Stein das Verhalten gewisser Käfer, wo die Spermatheca keinen separaten Anhang der Scheide, sondern nur einen besonders angepaßten Abschnitt der Begattungstasche darstellt (vgl. Fig. 189 st).

Nun, wie entspricht der durchschnittliche Bau der Samentasche den an sie gestellten Anforderungen?

Was den ersten Punkt, nämlich die verlangte Gegenwart einer durch ihr Sekret den Samen konservirenden Drüse betrifft, so ist eine solche fast durchgehends nachgewiesen, sei es, daß der Samenbehälter selbst eine solche ist, sei es, was die Regel, daß ihm eine solche aufsitzt (Fig. 189 a).

Wie steht es aber mit dem zweiten Punkt, d. h. wie wird der Samen in die Tasche aufgenommen und durch welchen Mechanismus in gehöriger Qantität und zu gehöriger Zeit aus derselben entleert und den Eiern zugeleitet?

Das Erstere, nämlich die Aufnahme des Samens an=

langend, so gibt man allgemein zu und muß es z. Th. nach den anderwärts beobachteten Samenwanderungen zugeben, daß die Samenfäden ganz aus eigener Kraft und aus eigenem Antrieb die betreffenden und oft sehr langen Zugänge zu den betreffenden Behältnissen passiren können, welche in einzelnen Fällen, z. B. bei den Faltern (Fig. 189) direkt mit der Begattungstasche kommuniciren, wenn wir es andererseits gleich auch für sehr wahrscheinlich halten, daß das bei der Begattung mit großer Kraft in die Geschlechtsgänge eingespritzte Sperma direkt und vielleicht sogar durch die kanülenartige und in die Samentasche selbst eindringende Ruthe dorthin befördert wird.

Wenn man aber zugibt, daß die Samenfäden aus eigenem Antrieb in die Samentasche hineingelangen können, warum sollen sie, wenn unter Intervention der vielfach darin nachgewiesenen „Tastkölbchen“ auf sie ein angemessener Reiz ausgeübt wird, nicht auch zur rechten Zeit wieder die Rückwanderung antreten? Doch das schien speciell Leukart und v. Siebold nicht plausibel genug, und sie suchten an der Samentasche nach einem Druck- oder Schnürwerk, durch das das Sperma von Zeit zu Zeit mit Gewalt herausgepreßt würde. Und hier beginnt das Heitere der Geschichte. Der sonst so ausgezeichnete Leukart nämlich behauptete, daß, was gegen alles Herkommen im Kerforganismus, das tracheenführende Samentaschenperitonäum von einem feinen, aber bisher nicht wieder gesehenen Muskelnetz umsponnen sei, während v. Siebold gar die Epithelzellen der Samentasche, welche ihre dicke, **völlig inkomprimable** Chitinauskleidung absondern, zu kontraktilen Fasern werden läßt, durch deren Verkürzung das Samentaschenlumen verengt werden sollte, während dadurch in Wahrheit nur die äußere nachgiebige Wand der innern unnachgiebigen Kapsel genähert würde, ihr Inhalt selbst also von jeglichem Drucke verschont bliebe.

Ist denn aber eine passive Bewegung des Samentaschensperma's nicht auf andere Weise möglich? Leydig hat nachgewiesen, daß der Ausführungsgang der Samentasche durch einen starken Muskel verschlossen werden kann. Stellen wir uns nun vor, daß das durch einen solchen Sphinkter in der Samentasche gleichsam gefangen gehaltene Sperma unter einem gewissen durch die Absonderungen seiner Drüsen auch leicht und beliebig zu vermehrenden Drucke steht, braucht es dann, wenn ein gewisses Samenquantum im Eileiter benöthigt wird, mehr, als daß der gleichfalls unter der gemeinsamen Kontrole der Genitalnerven stehende Samentaschenschließer angemessen sich aufmacht? —

Und so schließe denn unser Buch mit einem komplicirten Probleme der Mechanik, was ja für den auf den Grund der Erscheinungen dringenden Forscher der gesammte Organismus der Kerfe ist, und welches Problem aufzulösen hier ernstlich versucht, und, es vollkommener zu thun — wie wir hoffen — auch einige Anregung gegeben worden.

Nothwendigste Verbesserungen.

S. 2 Z. 13 v. u. statt allerdiugs lies: allerdings
" 3 " 3 v. o. " nur in etwas ꝛc. " nur etwas und häufig nicht einmal sehr gelungen accomodirt an den neuen Aufenthalsort.
" 23 " 13 v. u. " bewegen " runzeln
" 24 " 14 v. u. " bilden. Diese " bilden, diese
" 26 " 5 v. o. " hineingeschoben " hineingezogen
" 26 " 13 v. u. " dadurch, daß " dann, wenn
" 42 " 13 v. u. " Gliederthiere " Gliederthierwelt
" 42 " 8 v. u. " eine cinzige " ein einziges
" 113 " 5 v. u. " Fig. 89 " Fig. 69
" 121 " 9 v. u. " der " die
" 125 " 12 v. o. " (m) " (Fig. 79 m)
" 129 " 9 v. o. " bloßen " bloß
" 130 sind dic Erklärungen der zwei Figuren zu verwechseln.
" 166 Z. 4 v. u. statt einer lies: seiner
" 192 " 17 v. o. " Zwecke " Zweck
" 204 " 4 v. o. " (7a) " (Za)
" 211 " 10 v. o. " eines " einen
" 224 " 8 v. o. " Einstrich " Einstich
" 231 " 14 v. o. ist willkürlichen zu streichen.
" 241 " 10 v. u. statt Respirationswerkzeuge d. i die ꝛc. lies: Respirationsmaschine überhaupt, sowie die ꝛc.
" 255 " 13 v. o. " zusammenhängen lies: zusammenhängt
" 283 " 13 v. o. " dieser " dieser „Augenpurpur"
" 287 " 17 v. u. " locotcrischen " locomotorischen
" 289 " 8 v. u. streiche: Ein: damit
" 307 " 8 v. v. statt Erdorgane " Endorgane
" 332 " 11 v. o. " Rücklauf nicht " Rücklauf meist nicht
" 379 " 2 v. u. ist selbst zu streichen.

www.ingramcontent.com/pod-product-compliance
Lightning Source LLC
La Vergne TN
LVHW092110300926
849161LV00002B/93